深智數位
股份有限公司

深智數位
股份有限公司

推薦序一

　　近年來，網際網路、巨量資料、雲端運算、人工智慧和區塊鏈等資訊技術快速發展。我們從人類社會—物理世界的二元空間，進入人類社會空間（Human）—資訊網路空間（Cyber）—實體物理空間（Physical）的人機物三元空間時代。資訊網路空間分別與實體物理空間、人類社會空間進行資訊互動，源源不斷地產生大量的資料。因此，資料成為關鍵生產要素，滲透到生產、工作、生活的各方面。建構新型態資料基礎設施，全面啟動資料生產力，推動數位經濟發展，成為時代熱點。

　　在人機物三元空間日益深度融合的背景下，圖技術（Graph technology）作為資料基礎設施的底層關鍵技術，迅速發展起來。圖（Graph）身為表達能力強且通用的資料結構，能夠呈現複雜的連結關係，讓資料在網路空間中「活起來」，讓使用者實現從「高效管理資料資產」升級到「有效提取資料價值」的能力大大提高。舉例來說，在現實社會中，無論是高達數億節點的龐大社群網站，還是即時動態變化的複雜金融交易網路，都能運用圖技術從全新的資料審閱和認知的角度，更進一步地挖掘發現巨量資料中隱藏的模式和規律，極大地提升數位技術解決現實社會實際複雜問題的能力。

　　作者具有多年的圖技術領域的研究和實踐經驗。該書分為理論篇和實踐篇兩大部分，分別描述了圖技術的主要研究內容和豐富的圖技術應用案例，內容翔實，深入淺出，兼具實用性和可讀性，是一本不可多得的圖技術教科書。

中國工程院院士，浙江大學電腦科學與技術學院教授

i

推薦序二

過去十年，圖型計算學術研究領域發展迅速。論文數量呈倍增增長趨勢，整個圖型計算產業的應用也在市場中大步向前。微軟、亞馬遜、螞蟻、騰訊等產業巨頭都投入了巨大的資金、人力和精力到圖型計算及技術的研發和應用中。

進入巨量資料時代，圖技術在模型靈活性、深度連結分析便利性及圖智慧的可解釋性方面表現突出，是人工智慧和高性能計算的重要支撐技術，將迎來發展的黃金時代。儘管圖技術研究在學術界方興未艾，但受制於市場對其認知尚未成熟，圖技術產業仍處於商業化初期，因此本書的問世顯得尤為重要。作者沒有將視野侷限在圖資料技術之內，而是將技術發展與行業實踐結合，深入淺出地闡述了從技術框架到前端演算法，從圖應用場景到圖解決方案等各方面的內容，非常契合當前圖技術市場的發展需求。相信此書能為廣泛的圖技術實踐者帶去有意義的指導和啟發。

一本書的出版，從選題、創作到出版，每個環節都需要付出巨大努力。本書結構清晰、內容翔實、案例豐富，從中表現出作者張晨作為科技企業的 CEO 在技術與商業間跨界融合與思考的能力。這種跨界思維與創新實踐的能力，在張晨的博士後研究工作中就已初見端倪。也正是這種特質，加上長期不懈的實幹與不斷的自我突破，讓他能夠帶領團隊成為新興的圖資料庫技術領域的弄潮兒。

圖技術作為資料互聯的基礎設施，是數位經濟發展的重要引擎。我希望這本書能夠成為一盞指路明燈，幫助讀者看清圖技術未來的道路，並激勵讀者擁抱圖技術所帶來的無限機遇。掌握圖技術對於每位讀者必然獲益匪淺。歡迎來到圖技術世界，開啟你的新航程！

劉學

加拿大工程院院士，IEEE Fellow，麥吉爾大學電腦學院教授

推薦序三

在數位化時代，資料作為關鍵生產要素，不斷塑造著我們的世界。圖身為表達實體與實體之間關係的新型態資料類型，近年來獲得了人們越來越多的關注和應用。尤其是社交媒體的興起，讓圖的研究更加成為一個熱點。承載「圖」類型態資料的圖資料庫身為新興的資料庫技術，正逐漸成為處理複雜資料結構的有力工具。學術界和工業界都迫切需要一本既系統又全面的圖資料庫教材。本書正是這樣一本書，它不僅由淺入深地介紹了圖資料庫的核心概念、查詢語言、程式設計方法、圖型演算法和圖型視覺化，還詳細闡述了圖資料庫在知識圖譜、金融、製造、零售、資產管理和政府事務等領域的實際應用，讓讀者從理論到實踐都受到很大的啟發。

書中的理論篇介紹了圖資料庫的基本概念、核心原理、架構設計及各種圖查詢語言和圖型演算法。不僅幫助讀者建構起對圖資料庫的基本理解，還提供了豐富的技術細節，使得資料庫開發人員、資料科學家及技術決策者能夠更深入地了解並應用圖資料庫。

與理論篇相得益彰的是實踐篇。在這部分中，作者以案例為中心，展示了圖資料庫在不同行業中的應用。從知識圖譜到金融、從零售到生命科學，各個案例詳細揭示了圖資料庫如何解決實際問題，以及如何在各行業中創造價值。這些案例不僅為從業者提供了現實的指導，也介紹了圖資料庫的強大潛力和廣泛應用。

本書特別介紹了圖資料庫前端研究，包括對 Galaxybase 等先進圖資料庫技術產品的分析，這無疑是本書的一大亮點。對於致力於圖資料庫學習、研發和實際應用的專業人士而言，本書是一本不可多得的教材。

隨著技術的不斷進步和行業的不斷演變，圖資料庫技術將在未來扮演越來越重要的角色。本書作為這一領域的重要著作，將引領讀者走進圖資料庫的世界，探索其在各個行業中的應用，並啟發讀者開拓更多創新的使用場景。讓我們一同走進圖資料庫的世界，探索資料的無限可能。

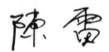

IEEE Fellow，ACM 傑出科學家，
香港科技大學電腦科學與工程系講座教授
(Chair Professor)

推薦序四

近年來，隨著巨量資料時代的到來，資料種類變得日益豐富多樣，資料量也呈現出爆炸式的增長態勢。與此同時，相關的資料分析和處理技術也獲得了長足的發展。但對於複雜拓撲關係的表示和處理，已經超出傳統關聯式資料庫的能力邊界。在許多行業和領域的需求驅動之下，20 世紀初，以 Neo4j 為代表的資料庫開始專注用於高效儲存、查詢、操作圖資料為第一設計原則的資料庫管理系統。經過近 20 年的快速發展，圖資料庫領域百花齊放，在相關處理技術和資料規模上都有長足的發展；而相關的專業技術圖書在市面上相對較少，本書正好能補足相關方向。本書由創鄰科技的創始人兼 CEO 張晨領銜撰寫，作者以其深厚的學術造詣和豐富的實踐經驗，對這些問題進行了全面而深入的分析，為讀者提供了清晰的理論框架。

作為一本全面闡述圖資料庫理論和實踐的圖書，不僅詳細介紹了圖資料庫的基本概念和發展歷程，還對圖資料庫的理論基礎，包括圖模型、查詢語言、索引技術等方面進行了深入的剖析。同時，本書還介紹了圖資料庫的實際應用，包括社群網站、推薦系統、知識圖譜、金融等多個領域的案例。這些案例不僅展示了圖資料庫的強大能力，還為讀者提供了寶貴的實踐經驗和啟示。作者用簡潔明了的語言和豐富的配圖，深入淺出地講解了圖資料庫的相關概念和技術，具有非常強的易讀性。

作者們在圖資料庫領域的深入研究和前瞻性思考，為本書注入了獨特的價值，其擁有的理論基礎和實踐經驗使得本書不僅是一本理論指南，更是一本實踐手冊。隨著人工智慧、巨量資料和物聯網等技術的不斷發展，圖資料庫的應用場景將越來越廣泛。我相信，本書將成為圖資料庫領域的重要參考書，為推動這一領域的發展做出重要的貢獻。

總的來說，本書是一本難得的圖資料庫參考書，無論是對初學者還是有經驗的開發者都值得一讀。我相信，本書的出版將為巨量資料事業做出更大的貢獻。同時，我也期待著幾位作者在未來的研究中繼續取得突破，為我們帶來更多的驚喜。

王文成

騰訊雲端資料庫總經理

推薦語

圖資料庫是一個高速發展的領域。本書從圖資料庫的儲存結構、分散式處理技術、查詢語言、演算法和應用案例等方面開始進入了討論，並舉出了基於 Galaxybase 的程式設計實例，為圖資料庫開發者提供了全面且系統的內容資料。

陳文光　　北京清華大學教授，螞蟻技術研究院院長

本書是一本引人入勝的作品，為讀者提供了深入理解和掌握圖資料庫的寶貴機會。無論你是學術界的研究者、產業界的資料科學家，還是對資料庫技術感興趣的初學者，本書都是一本不可或缺的指南。作者以其在圖資料庫 Galaxybase 上的開發與架設經驗為基礎，用清晰、通俗的語言闡釋了圖資料庫、圖型計算、圖學習等核心理論，同時提供了知識圖譜、金融、泛政府等領域的豐富實踐案例，幫助讀者將理論知識轉化為實際應用的技能。透過這本書，你將領略到圖資料庫的無限潛力，掌握建構和最佳化圖資料庫系統的關鍵策略。無論你是在探索學術前端還是尋求解決實際業務挑戰，這本書都將為你開拓想法。

鄒磊　　北京大學王選電腦研究所教授

本書針對圖資料庫系統的原理與應用進行了系統的介紹。全書內容翔實，涵蓋了圖資料庫的核心功能；案例豐富，結合典型應用場景介紹了圖資料庫的應用實作。本書是一本不可多得的兼顧了原理介紹與應用展示的圖資料庫專業圖書，對圖資料庫的學習者、實踐者均有重要的參考價值。

肖仰華　　上海復旦大學電腦科學技術學院教授

本書不僅深入剖析了圖資料庫的核心原理和技術實現，而且在知識圖譜應用方面提供了很有價值的見解和案例分析。透過閱讀，我們不僅能夠理解圖資料庫在知識圖譜建構和管理中的關鍵作用，還能夠學習到如何高效率地利用圖資料庫解決其他的實際問題。特別是書中對於各種圖資料庫產品，包括 Galaxybase 的詳細介紹和評估，為我們在選擇合適的圖資料庫技術時提供了寶貴的參考。無論是在知識圖譜的建構、資料整合還是智慧分析應用中，這本書都是一部不可多得的參考資料。

陳華鈞　浙江大學電腦科學與技術學院教授

作為圖資料研究工作者，我強烈建議所有對圖資料庫感興趣的朋友閱讀這本書。毫不誇張地說，這是一本具備系統化理論深度、涵蓋廣泛應用場景和豐富案例、兼顧理論與實踐的圖資料庫圖書。本書既從理論層面講解了圖資料庫的概念和底層技術原理，包括主流圖資料庫核心原理與架構設計、圖查詢語言、圖型演算法等內容，又透過知識圖譜、金融、泛政府、零售、製造業供應鏈管理、企業資產管理、生命科學等行業的豐富案例，讓讀者深入了解圖資料庫的實際應用場景。此外，針對每個案例，本書還免費提供詳盡的原始程式碼，便於讀者動手實踐。因此，無論您是新手還是專家，都可以透過閱讀本書探索圖資料庫的無窮奧秘！

楊洋　浙江大學電腦科學與技術學院副教授，人工智慧系主任

圖結構表達能力強且應用廣泛。近年來，由於圖型計算、知識圖譜和圖學習等新興技術的興起，圖資料庫備受學術界和工業界的關注。作為打拼多年的資料庫老兵，也是全球領先的圖資料庫 Galaxybase 的主要研發人員，本書作者系統、全面地介紹了圖資料庫的基礎理論和應用實踐。值得一提的是，本書不僅涵蓋了圖資料庫的定義、分類和主流資料庫的介紹等，而且首次詳細揭露了核心設計和架構，並對技術選型和評測進行了全面細緻的分析。此外，本書涵蓋的應用領域之廣也是前所未有的，不僅包括金融和泛政務，還包括智慧製造、企業資產管理等。對於圖資料庫乃至圖型計算的從業者，本書是不可多得的參考書。

王昊奮　同濟大學百人計畫特聘研究員

本書作者張晨博士、吳菁博士、周研博士是資料庫領域的行業知名專家和科技創業先鋒，團隊在圖資料管理、計算與學習等方向有著十多年的研發經驗。本書比較全面地介紹了圖資料庫的基礎理論、前端技術和系統，以及多個行業的應用案例。更難能可貴的是，作者開放原始碼了本書中大量應用案例的程式。對圖資料庫感興趣的在校學生和科技工作者來說，本書是非常好的學習讀物。

王平輝　西安交通大學自動化科學與工程學院教授

在這個資訊化快速發展的時代，圖型計算已成為處理複雜資料結構和關係的關鍵技術。本書精心闡述了圖資料庫的核心原理，特別是圖型演算法部分，提供了深入的技術解析和實踐指導。透過閱讀，讀者不僅能夠掌握圖資料庫的高級技術，還能了解如何有效應用這些演算法解決現實世界的問題。書中的案例分析和實際應用範例尤其寶貴，它們直觀地展示了圖型演算法在多個領域，如社群網站分析、推薦系統和知識圖譜中的實際應用。對於希望深入了解圖型計算和圖型演算法的學者、研究人員和實踐者，本書提供了寶貴的學習材料和實踐經驗。

陳紅陽　之江實驗室圖型計算研究中心副主任

近年來，圖資料庫作為充滿活力的新領域，擁有的巨大潛力有待挖掘。本書內容翔實，配有豐富的圖表和生動的案例，對圖資料庫領域的各方面進行了全景式的介紹，講解細緻，理論與實踐並重。更可貴的是，本書還結合社會真實需求，闡述了圖資料庫如何賦能企業和政府，是了解、邁入圖資料庫領域的指南，令人受益匪淺。

李佳

香港科技大學（廣州）資料科學與分析學域助理教授，圖資料實驗室聯席主任

面對日益複雜的資料結構和龐大的資料集，查詢性能對我曾是一項巨大的挑戰。幸運的是，如今有一門技術解決了當年的難題——圖資料庫。這本書回答了我曾對圖資料庫的疑惑，幫助我理解這一領域的基礎，了解行業應用。我堅信圖資料庫將為未來的資料管理和分析領域帶來革命性的變革。我真誠希望這門技術能夠蓬勃發展，為更多的人解決複雜資料問題提供幫助。如果你正渴望深入了解圖資料庫，請毫不猶豫地翻開它，探索圖資料庫的無限潛力。

楊文豔　《金融電子化》雜誌社執行董事

本書全面且深入地探討了圖資料庫的理論基礎和實踐應用，為我們制定相關技術標準提供了寶貴的參考材料。本書對圖資料庫核心原理、查詢語言、圖型演算法和圖資料庫選型標準的詳細介紹，不僅有助我們深入理解圖資料庫技術的本質，還有助推動業界標準的制定。特別是本書對圖資料庫在多個領域的應用案例，如知識圖譜、金融和泛政府，為我們提供了業界標準制定的現實場景。此外，本書對圖資料庫技術發展前端的分析，對於我們把握技術發展趨勢具有重要意義。

魏凱

中國資訊通訊研究院人工智慧創新中心負責人、
雲端運算與巨量資料研究所副所長

圖是表達連結資料最直觀的數學模型。隨著企業數位化轉型的深入，圖資料庫在未來的資訊基礎設施建構方面將發揮更大的價值。本書從圖資料庫的理

論到實踐，提供了詳細的分析，為對圖資料庫感興趣的讀者提供了很好的參考，值得閱讀。

呂韜　中國軟體評測中心資訊技術發展應用研究測評事業部技術總師

本書深入淺出、十分詳盡地講解了圖資料庫——巨量資料時代利器的基礎原理和實踐案例，無論是新手入門還是作為工具書，抑或用來開闊視野、激發場景產品創新，都值得閱讀。對於正在或即將開展圖資料庫領域學習和研究的朋友，本書非常值得學習和收藏。

羅曉峰　中國農業銀行研發中心

正如 Oracle、MySQL 等關聯式資料庫在傳統資訊時代和網際網路時代中的基礎性地位，圖資料庫已成為萬物互聯和人工智慧時代的底層基礎設施。我們非常看好這一領域的發展。本書作者之一張晨博士是圖技術領域的先驅，一直奮戰在圖資料庫創新發展的最前線。本書凝聚了作者豐富的理論知識和實踐經驗，不僅是關鍵前端技術的應用指南，而且是巨量資料基礎軟體自主可控處理程序的重要理論基石。

馬嘉輝　中國銀河證券投資銀行總部資訊技術行業組總監

本書是圖技術領域非常值得學習的入門和精進寶典，系統地介紹了圖資料庫、圖型計算引擎、圖查詢語言、圖型視覺化技術、圖型演算法和典型應用場景，深入淺出地講解了整個技術堆疊的全貌。本人從事圖相關工作已近 10 年，還是第一次讀到如此全方位介紹和技術剖析深度的行業圖書。無論是作為大專院校學生的入門教材，還是專業技術人員的參考書，都值得一讀，定會常讀常新！

張晨逸　華為雲圖引擎服務（GES）總監、技術專家

一直以來，關聯式資料庫都是行業應用軟體的支撐主體。隨著資訊化技術發展和客戶需求變化，圖資料庫已成為新的支撐平臺。本書正是一本應對這一轉變所帶來的新技能需求的教材。本書透過詳盡的理論闡述和豐富的實際案例，幫助工程師快速掌握圖資料庫技術，補充新技能。對那些追求專業成長的軟體開發者來說，本書是理解圖資料庫並將其應用於實際專案的寶貴學習材料。希望透過本書的學習，技術工作者能得到更大的幫助和提升。

左春　中科軟科技股份有限公司總裁

本書深入探討了圖資料庫的理論和實踐，為讀者提供了豐富的知識和實用技巧，特別是在透過非結構化資料處理獲取推理能力的任務方面有翔實的闡述。作者用通俗易懂的語言解釋了複雜的概念，並透過豐富的實例展示了如何應用這些知識解決實際問題。無論你是初學者還是專業人士，本書都將為你帶來寶貴的啟示和指導。特別值得一提的是，本書還涵蓋了圖資料庫在社群網站分析、推薦系統、知識圖譜等領域的應用案例，對從事相關行業的人士來說尤為具有價值。

李明洹　科大訊飛認知圖譜應用創新中心主任

作為一本由圖資料庫產品的創始團隊所著的圖書，不僅有紮實的理論基礎，還有多個領域的實踐經驗總結。這本書值得我們細細品讀，相信大家可以從中獲益良多。幾年前，我們就曾在一些巨量資料下的業務場景中與創鄰的 GalaxyBase 進行過深度合作，對產品的優越性能讚賞有加。即使在大模型席捲宇宙的背景下，基於圖的知識圖譜等仍然因其結構化和決斷性的知識表示形式、能夠提供準確且明確的知識、具有強大的符號推理能力以及能夠生成可解釋的結果等特點而顯得至關重要。而一個強大的圖資料庫和計算引擎則是支援其發展關鍵所在。祝賀這本書的出版，對張晨團隊為行業所做出的貢獻表示讚賞。

葉新江　每日互動 CTO

常言道，道高一尺魔高一丈。這句話用在我們風控和反詐騙領域再合適不過。詐騙者的技術手段越來越先進，作案手法也越來越隱蔽，利用傳統的統計學方法往往會有很多「漏網之魚」。我們在實踐中發現，結合圖型計算技術能大大提升召回率，幫助客戶顯著降低詐騙損失。但是很多時候，都需要花大量的時間去摸索使用方法。本書的出版，填補了這方面的空白，既有深入的理論基礎，又有作者多年服務各行各業客戶的實踐經驗，非常值得一讀！

張新波　同盾科技聯合創始人

萬物互聯的數位經濟時代推動了圖技術的崛起。圖技術涵蓋了圖資料管理和分析，專注於研究客觀世界中實體之間的關係，處理大規模異質資料，展現出強大的應用潛力。圖型計算、圖學習、圖資料庫等與圖技術相關的前端技術正日益融合，成為人工智慧領域的新熱點。本書為讀者提供了深入了解圖資料庫的機會，幫助讀者全面理解圖資料庫的核心概念和行業實踐。作者在書中深入探討了圖資料庫的基本原理，包括資料建模、查詢語言和性能最佳化等。此外，本書還包括豐富的實際案例，幫助讀者將理論知識應用到實際問題中。作為專注於巨量資料即時智慧基礎軟體及行業解決方案公司的創業者，我強烈建議我們的團隊以及所有對圖資料庫感興趣的從業者閱讀。

王新宇　邦盛科技 CEO

圖資料庫是一種專門用於儲存和管理圖資料結構的資料庫，它能夠高效率地處理複雜的關係和層次結構。相比於傳統的關聯式資料庫，圖資料庫具有更高的靈活性和可擴充性，能夠更進一步地滿足資料儲存和管理的需求。本書是創鄰科技創始人張晨等技術菁英傾力打造的一本介紹圖資料庫的力作。本書詳細闡述了圖資料庫的資料模型、儲存結構、查詢語言等內容，並結合實際案例，深入剖析了圖資料庫在社群網站、推薦系統、金融風控等領域的應用。對於從事巨量資料、資料倉儲、資料探勘等相關領域的人員，本書都具有很高的學習價值。

張文軍　同創偉業合夥人

圖資料庫發展的重點是以使用者需求為中心強化產品技術和完善生態。未來技術趨勢為圖 HTAP、Graph+AI、Graph+ 聯邦學習、大規模圖資料分散式管理、圖資料庫處理時序資料等。本書從金融、社會治安、製造業供應鏈、電力、生命科學等行業入手分析了典型案例，理論與實踐相結合，值得關注數位新經濟的朋友們深度閱讀。

迮鈞權　達晨財智業務合夥人

前言

　　圖資料庫（Graph Database）是近年來新興的先進資料庫技術。隨著巨量資料和物聯網產業的蓬勃發展、資料型態的日益豐富以及資料間連結度的爆發式增長，傳統分析方法針對小資料量、單維度、靜態化資料已無法滿足日趨 VUCA 的數位經濟時代下巨量資料處理與分析的需求。對於數量劇增的資料以及蘊含其間複雜連結關係的有效分析和高效處理已成為行業痛點。傳統的關聯式資料庫（Relational Database）對於資料間複雜關係的處理能力有所欠缺，而圖資料庫能高效處理巨量、複雜互聯、動態多變的網路拓撲結構資料，其性能比關聯式資料庫提升了數個數量級。

　　儘管圖資料庫在 2007 年前後才開始商業化，但根據資料庫領域權威統計機構 DB-Engines 基於公開資料的分析，自 2013 年起，全球對圖資料庫的技術關注度增長已遠超其他資料庫類型。著名 IT 技術顧問諮詢機構 Gartner 於 2020 年將圖資料庫列入企業亟須優先設定的技術矩陣，並評估其為該矩陣中不可或缺的重要底層技術，預測圖資料庫將在未來 2 至 4 年成為企業 IT 架構的主流設定之一。Gartner 在 2022 年進一步預測，到 2025 年，圖技術將用於 80% 的資料分析，圖型分析能力將成為數位化企業最核心的競爭優勢。在亞馬遜官方發佈的技術矩陣中，圖資料庫已成為與關聯式資料庫並列的核心技術組成部分。在資料庫領域的三大頂級學術會議之一 ICDE 2022 中，圖技術相關論文佔比高達 34.6%。至今，圖資料庫已在金融、能源、電信、物流、零售、航空和網際網路等多個行業中得到應用，創造出巨大的商業價值和社會價值。

　　不論是學術界的創新探索、工業界的規模創造，還是國家社會經濟發展的整體規劃，以圖資料庫為核心的圖技術已登上技術發展史的主流舞臺，成了一顆冉冉升起的新星。

為什麼撰寫本書

時間回到 2013 年，當時我在矽谷的一家初創公司擔任軟體架構師。我們開發了世界上第一款基於 Hadoop 的分散式關聯式資料庫，其底層核心的分散式資料一致性技術正是基於我的一篇博士論文《如何在 HBase 上實現分散式事務》。我們的目標是有效地儲存企業每天收集的巨量資料，並支援高效的分散式查詢。然而，在產品實際實作的過程中，我們面臨了一個巨大的挑戰：一些金融客戶和數位行銷公司經常需要進行二三十個資料表的連接操作以支援即時分析決策的需求。即使是我們當時傾盡全力打造的分散式關聯式資料庫，也很難解決這個問題。

偶然的機會，我與我的太太吳菁女士，也是本書的第二作者，討論了長期以來困擾我的技術問題。她是社群網站分析領域的專家，認為我遇到了一個非常有意義的問題。然而，這可能不是一個僅透過最佳化關聯式資料庫就能解決的工程問題，而是需要從資料建模甚至底層資料儲存結構上進行處理的問題。在她看來，這些多表連接操作實質上是在解決對事物物件的連結關係分析問題。在未來的世界中，關係將無處不在：大到社會經濟發展、科學技術研究，小到企業商業活動、個人日常社交、出行和購物。連接只會越來越多、越來越廣、越來越深，而記錄這些連接的資料也必然會展現出複雜連結的特性。然而，我們如今還缺乏一項能夠高效處理和分析如此龐大連結資料的技術。她鼓勵我利用我所學和所長，打造一項具有劃時代意義的巨量資料處理技術。

本著這樣的初心，我與太太於 2015 年共同創立了 Graph Intelligence Inc，位於加拿大多倫多，並獲得了多倫多大學旗下的著名硬科技創業加速器之一「創新顛覆實驗室」（Creative Destruction Lab，CDL）的孵化支援。我們致力於研發世界上第一款深度整合於 Hadoop 的分散式圖資料庫。在 CDL 導師的指導下，必然產生巨量資料和豐富的應用場景，成為圖資料庫技術發展和應用的最佳市場。同年，恰逢浙大竺可楨學院校友會，師兄宋宏偉博士也強烈呼籲我們回國投身巨量資料技術創新事業。因此，2016 年 8 月，我們回國，與同為技術夢想所感召的周研博士共同創立了創鄰科技（Createlink Technology）寓意「創造連接」，將我們的初心和夢想延續在這個更廣闊的領域中。

在創業的過程中，我們經歷了風風雨雨。在過去的 8 年裡，我們不斷探索和鑽研，對創鄰科技的核心產品 Galaxybase 原生分散式圖資料庫進行了多次儲存核心和產品架構的設計迭代。2017 年，受到客戶對兆級即時資料分析需求的推動，我們完全摒棄了對笨重第三方開放原始碼系統 Hadoop 的依賴，選擇了自主研發儲存核心的道路。這個決定困難重重，但我們堅定地走了下去。曾經有投資者質疑我們的選擇，認為我們選擇了一條「賺錢慢」的商業路線，然而，我們堅信只有放棄對第三方開放原始碼系統的依賴，我們才能不受其技術實現的限制；只有在儲存核心上真正實現自主可控，我們才能降低系統間的黑盒通訊成本，實現分散式系統的極致技術性能。我們早年的技術路線選擇成為公司商業競爭上的關鍵門檻。如今，創鄰科技已經成長為一家多次被評為「未來獨角獸」的科技創新企業，獲得了百度、高瓴、騰訊、同創偉業和達晨等一流投資機構的青睞和支援，與騰訊、百度、華為、中國電子、科大訊飛等行業巨頭進行了深度的產品合作。我們的核心產品 Galaxybase 多次打破了擴充性和查詢性能的世界紀錄，作為圖資料庫的代表產品被列入了 Gartner、IDC、Forrester、CBInsights 等國際知名機構的研究報告中，客戶遍佈金融、網際網路、能源、電信、政府等各行業領域，獲得了廣泛的認可。在今年首份問世的圖資料庫市場廠商評估報告中，IDC 將創鄰科技列為了圖資料庫市場領導者象限的領頭企業，企業戰略與產品能力維度雙雙領先行業。同時，我們與香港科技大學、浙江大學、北京理工大學等校級和院級合作夥伴進行了產學研合作。

在服務客戶和與生態夥伴合作的過程中，我們發現圖資料庫應用廣度和深度整體落後於海外數年，市場對圖技術的認知普遍匱乏，導致很多使用者不清楚如何使用圖資料庫以及如何發揮其作用，對技術供應商的技術諮詢服務有很高的依賴性。尤其近年來，出現了許多不同技術路線的開放原始碼和閉源產品，廠商之間的觀點也不一致。一些客戶即使業務部門非常期待推動圖技術賦能業務創新，技術部門在產品選擇和使用上也常常感到無所適從。

造成這種局面主要有兩個方面的原因。一方面，相對於已經發展了 40 多年的關聯式資料庫，圖資料庫技術本身仍然是一個新興的事物，處於技術發展早期階段。在全世界看圖資料庫市場，還沒有統一的資料庫查詢語言，並且缺乏共識的統一評估標準。儘管圖資料庫在技術原理和使用方法上與傳統關聯式資料庫有很大的區別，但目前市場上還沒有形成一套成熟完備的圖資料庫系統的理論框架，大學裡也缺乏一本類似《資料庫系統》的圖資料庫領域的經典教材。另一方面，與圖資料庫不斷增加的應用需求所對應的，是圖技術的開發和應用人才也變得緊缺。身為深度分析業務內在關係的技術，圖技術的應用人才需要高度綜合素質：既需要了解業務、資料分析和建模，又需要了解資料庫技術、資料庫查詢語言，甚至需要了解圖型演算法的設計和開發。然而在市場上，我們沒有找到一本能夠幫助圖技術同好從入門到精通的實踐手冊。

我們發現市場急需一本具備系統化理論深度、涵蓋廣泛應用場景和豐富案例、兼顧理論與實踐的圖資料庫書籍。這啟發我們和團隊將創鄰多年的研究成果和實踐總結下來，以推動圖資料庫這項新技術在市場的普及和發展。作為行業的主要參與者和技術開拓者，我們深感有責任和義務，分享我們在各個領域頂尖客戶實作過程中累積的經驗和場景認知。

本書主要內容

本書包括理論篇和實踐篇兩部分，其中理論篇包含 8 章，實踐篇包含 7 章。理論篇從圖資料庫的發展歷史、定義、分類等基礎知識開始，涵蓋了圖資料庫的核心和架構設計原理、圖查詢語言、圖資料庫程式設計方法、圖型演算法、視覺化圖型分析、圖資料庫測試和技術選型等理論內容。此外，還提供了一套多家大型客戶在實踐中採用的技術選型和測試方法供參考。無論是軟體開發人員、業務分析師、學生還是技術選型決策者，都可以透過理論篇快速、全面地了解圖資料庫技術的全貌，掌握其核心知識系統。

圖資料庫適用於具有網路連結關係、關係動態變化、需要即時決策分析的場景。實踐篇旨在為圖技術的創新應用提供幫助和指引，涵蓋了圖資料庫在知識圖譜、金融、泛政府、零售、製造、企業資產管理和生命科學 7 大領域近 20 個場景的應用案例。每個案例都詳細分享了場景背景、行業痛點、圖技術解決方案、圖模型設計和圖型分析程式範例。各行業從業者和解決方案供應商可以直接閱讀相關章節，並將書中的圖模型作為應用圖資料庫的入門指南。其他讀者也可以通過了解不同場景下的圖建模和圖型分析過程，系統學習使用圖思維發現問題、分析問題和解決問題的方法和想法，做到活學活用、舉一反三。

致謝

　　我首先要特別感謝本書的另外兩位作者，也是創鄰科技的兩位聯合創始人——吳菁博士和周研博士。他們為本書提供了大量的素材、做了大量編纂及修訂工作。我也要感謝為本書撰寫提供幫助的創鄰科技的朋友們——馮鼎、楊蕾紅、徐驥龍、唐澤鵬、楊萬秋、童冰、陶源、詹志龍、丁涵煒、林曼武、呂富林、劉施展、葉紀坤、夏方星晨、趙亮羽、馬超、陳一傑、黃孟雲、李歡、徐文龍、王子夫、王楠、佘珊、文焱貝和張旺。無論是創鄰科技的 Galaxybase 圖資料庫，還是這本書的內容，都是團隊集體智慧的結晶，沒有創鄰萬眾一心的朋友們，就不會有這本書的問世。

　　感謝電子工業出版社博文視點宋亞東編輯對於本書的支援和重視。在審稿過程中，他的專業意見對書稿的修改完善造成了重要作用。得益於他的耐心和專業指導，我們順利完成了撰寫工作，再次感謝宋亞東編輯為本書出版所做的一切。

　　由於作者水準有限，時間緊迫，書中可能存在不足和欠妥之處。此外，由於圖資料庫技術涉及的知識面廣、領域知識艱深，難免有所紕漏。敬請各位專家和讀者海涵，給予批評和指正。

張晨

張晨，創鄰科技創始人兼 CEO，國家特聘專家，中國電腦學會（CCF）資訊系統專委會執委，北京理工大學校外博士生指導教授，香港科技大學（廣州）實踐副教授、圖資料實驗室聯席主任，正高級工程師，浙江大學竺可楨學院電腦科學與技術學士、加拿大滑鐵盧大學電腦科學博士、麥吉爾大學博士後，圖資料庫、分散式系統及平行計算領域專家，近 20 年分散式並行系統研發經歷。曾任美國運通巨量資料科學家、矽谷初創 Splice Machine 軟體架構師、加拿大初創 Graph Intelligence 聯合創始人。

吳菁，麥吉爾大學執行資訊系統博士，荷蘭萊頓大學 ICT in Business 碩士，浙江大學竺可楨學院電腦科學與技術學士。圖型分析領域專家，現任浙江創鄰科技有限公司聯合創始人兼 COO，前加拿大初創 Graph Intelligence 聯合創始人兼執行董事，近 10 年圖技術商業轉化及解決方案諮詢實作經驗，曾獲評創業邦 2022 最值得關注的女性創業者。

周研，大學畢業於浙江大學竺可楨學院混合班，博士畢業於浙江大學電腦學院，師從陳純院士。曾為 Apache 開放原始碼專案貢獻者，具有 10 餘年大型軟體專案的研發和管理經歷。圖資料庫和分散式系統領域的專家，現任浙江創鄰科技有限公司聯合創始人兼 CTO，承擔多個圖型計算領域省級、市級重大研發專項專案，是圖資料庫、知識圖譜領域國內外多個標準化委員會成員，主導 / 參與制定多項業界標準。

目錄

理論篇

Chapter 1　初識圖資料庫

Chapter 2　主流圖資料庫的核心原理與架構設計

Chapter 3　圖查詢語言

Chapter 4　圖型演算法

Chapter 5 圖資料庫使用者端程式設計

Chapter 6 圖資料庫服務端程式設計

Chapter 7 圖型視覺化

Chapter 8 圖資料庫選型

實踐篇

Chapter 9　知識圖譜

Chapter 10　金融

Chapter 11　泛政府

Chapter 12 零售

Chapter 13 製造業供應鏈管理

Chapter 14 企業資產管理

Chapter 15 生命科學

理論篇

　　在原創性引領性科技攻關成為實施創新驅動發展戰略的當下，讀者對圖資料庫這種令人期待和興奮的底層資料庫技術肯定會有很多好奇之處：圖資料庫究竟是用來做什麼的？它是用來處理圖片的嗎？主流的圖資料庫有哪些？圖資料庫到底怎麼使用？有沒有通用的查詢語言？圖型演算法有哪些，應用到哪裡？如何透過訂製化程式設計來實現複雜業務邏輯？是否有視覺化分析工具？如何評估和選擇？

　　本書的理論篇將帶著讀者由淺入深地了解圖資料庫，了解其概念和底層技術原理，找到上述問題的答案，並透過豐富的實操講解，讓讀者能夠快速上手使用圖資料庫，為後續的圖資料庫應用實踐打下基礎。

初識圖資料庫

「To Graph or Not to Graph?That is Not the Question—You Will Graph.」

用圖還是不用圖？這不是問題——你終將用圖。

——Gartner 2020

　　隨著雲端運算、巨量資料、物聯網等技術的發展，資料量呈幾何級數增長，新的資料來源層出不窮，資料型態越來越多，資料關係越來越複雜。傳統的對小資料量、簡單維度、靜態化資料的分析方法已經難以滿足使用者需求。傳統的關聯式資料庫在處理複雜的資料關係方面表現得不是很完美。圖資料庫非常適合處理巨量連結資料，對於揭示資料之間的內在聯繫具有很大的性能優勢，效率是關聯式資料庫的千百倍甚至數萬倍。因此，圖資料庫在具有錯綜複雜的事物關係的場景中──社交、金融、能源、保全、交通、物流、製造等──有廣闊的應用空間,發展潛力巨大。

圖資料庫是什麼?圖資料庫裡的資料儲存形式是怎樣的?圖資料庫與現存的其他資料庫、巨量資料、人工智慧等領域是什麼關係?透過本章的學習,讀者對上述問題會有一定的理解,也能更深入地了解圖型計算、圖型視覺化等與圖資料庫相關的基礎概念,同時對圖資料庫技術的發展趨勢有基礎性的認知。

1.1 圖資料庫的發展背景

隨著萬物互聯時代的到來,全球資料呈井噴式增長。據國際資料公司(IDC)監測顯示,近幾年全球巨量資料儲量以每年 40% 的平均增速持續上升,2016 年漲幅更是高達 87.21%,2019 年全球巨量資料儲量已達 41ZB 之多。隨著資料體量的不斷上升,資料型態多樣化,資料間的連結關係變得更加複雜、多變。巨量資料時代對人們駕馭資料的能力提出了更高的要求。與此同時,為了在激烈的市場競爭中勝出,企業對資料分析處理的回應速度和精度的追求也越來越高。資料庫管理系統的發展也隨之演變,如圖 1-1 所示。

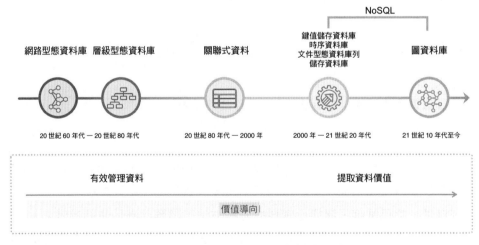

▲ 圖 1-1 資料庫管理系統的演進歷程

　　過去 40 年，以 Oracle、MySQL 等產品為代表的關聯式資料庫幾乎壟斷了全球的資料庫市場。關聯式資料庫是建立在關係模型基礎上的資料庫，它借助幾何、代數等數學概念和方法來處理資料庫中的資料，在處理有限體量且高度結構化的資料時，能保證快速地逐行存取和資料一致性；當處理資料量大、存在複雜關係、動態變化的資料時，則存在很大瓶頸，單純依賴升級硬體已經無法滿足複雜的處理需求。

　　為了解決關聯資料在描述量大、非結構化、零散、動態資料存在的問題，非關係（NoSQL）資料庫應運而生。常見的 NoSQL 資料庫根據資料模型的不同，可以分為鍵值儲存（Key-Value Store）資料庫、列儲存（Column Store）資料庫、文件型（Document Store）資料庫、關聯式資料庫及圖資料庫（Graph Database）等，如圖 1-2 所示。

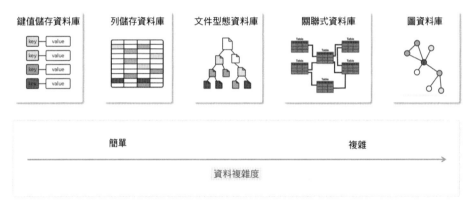

▲ 圖 1-2　不同資料庫管理系統的資料模型

　　據世界知名的第三方資料庫排名網站 DB-Engines 統計，從 2013 年起，在全球內，NoSQL 的整體發展快於傳統關聯式資料庫。其中，圖資料庫的受歡迎程度增長最快，大大超過了其他各類型的資料庫技術，呈現爆發式增長，如圖 1-3 所示。

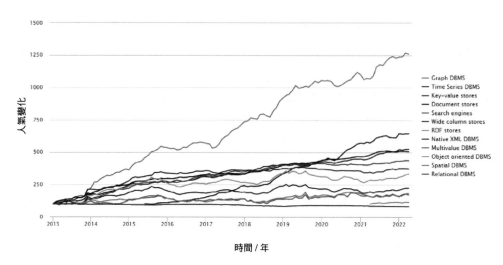

▲ 圖 1-3　DB-Engines 資料庫發展趨勢[1]

　　那麼，為什麼圖資料庫技術能夠一枝獨秀，伴隨巨量資料時代的脈搏快速發展呢？在深入理解圖資料庫之前，首先需要清晰地理解「圖」的核心概念。

1.1.1　什麼是圖

　　同樣由碳原子組成，石墨中碳原子的組織結構與金剛鑽的碳原子組織結構的不同（見圖 1-4），決定了前者柔軟、滑膩，而後者成為天然存在的最堅硬的物質。可見，決定客觀世界的不僅要看其組成要素，而且要看要素間的關係組織形式及結構。

　　理解客觀世界中事物、現象內在組成要素及要素間關係的方法就是圖。這裡的「圖」不是「圖片」（Picture）或「影像」（Image）的意思，而是指「圖論」（Graph Theory）中的「圖」（Graph）——一種表達物件及其之間關係的拓撲結構。用數學的語言，圖 $G=(V,E)$ 是一個二元組 (V,E)，V 代表頂點（Vertex）的集合，E 代表邊（Edge）的集合[2]。頂點描述的是現實世界中的物件，邊描述的是物件之間的關係。

---

[1] DB-Engines [EB/OL].[2022-05-20].https://db-engines.com/en/ranking_categories.

用通俗的話說，圖描述的是現實世界中的一組物件及這些物件之間存在的一組連結關係。

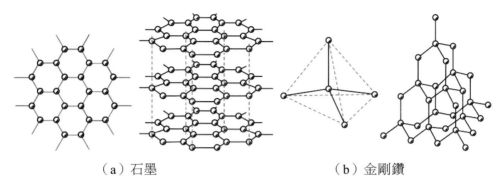

（a）石墨 　　　　　　　　　（b）金剛鑽

▲ 圖 1-4 石墨與金剛鑽的碳原子組織結構

圖在日常生活中無處不在。不論是微觀的分子結構、生物體內的神經網路，還是宏觀世界中的交通網絡、能源網路，抑或是現實世界中的社群網站、通訊網路，甚至是數位世界的交易網、網際網路，一切相互連結的事物都可以用圖表示。

用圖的語言對客觀事物進行描述的過程，稱為圖建模。在圖模型中，頂點一般用小數點或圓圈表示，邊則用連接兩個小數點或圓圈的線表示，相鄰的兩個頂點稱為鄰居，如圖 1-5 所示。邊分為無向邊、有向邊和雙向邊。無向邊用不帶箭頭的線表示，有向邊用帶箭頭的線表示，箭頭方向表達指向。舉例來說，夫妻關係是一種無向關係，A 與 B 一定互為夫妻。再如，關注關係是一種有指向的關係，A 關注 B（A 指向 B）時，B 並不需要同時關注 A；如果 B 同時也關注 A，那麼 A、B 之間是雙向關係。由無向邊組成的圖，稱為無向圖（見圖 1-6）。由有向邊組成的圖，稱為有方向圖（見圖 1-7）。

---

② 除了 Vertex，在英文中，有時也會用 Node（節點）表示相同的含義。因為 Node 在電腦詞彙中常用於表示一個叢集（Cluster）中的組成單元，所以，為避免歧義，本書統一用「頂點」（Vertex）表示圖中的物件，用「節點」表示叢集中的組成單元（譬如主節點）。在應用場景中，通常會使用更通俗的「實體」或「實體點」表達圖中分析物件，本書將不對「頂點」「實體」做區分。

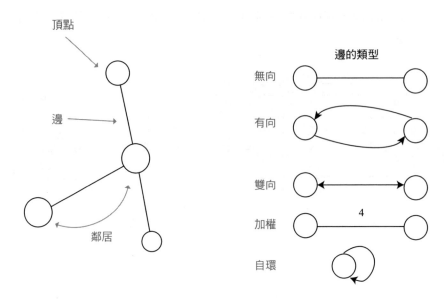

▲ 圖 1-5　圖的基本術語

此外，一個頂點既可以指向其他的頂點也可以指向自己，當一個頂點與自身形成關係時，我們稱之為自環。邊上還可以有權重，我們稱之為加權。舉例來說，*A* 與 *B* 每週通話 3 次，與 *C* 每週通話 1 次，則在 *A* 與 *B* 和 *C* 通話邊上可以分別賦予 3 和 1 的權重，來表達 *A* 與 *B*、*C* 之間不同的通話頻度。頂點和邊還可以分別帶有各自的屬性，我們稱這樣的圖模型為屬性圖。

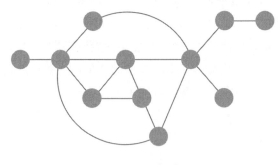

▲ 圖 1-6　無向圖

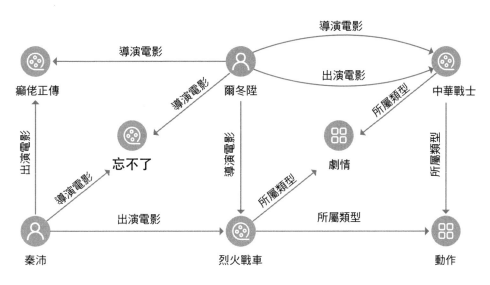

▲ 圖 1-7 有方向圖

1.1.2 理解圖的手段：圖型分析

　　圖模型的建構過程是人類理解刻畫外界事物及其關係的過程，它高度接近人腦的思維方式，尤其適用於整理、解決錯綜複雜的問題、進行歸因和推理。完成對客觀世界的圖建模後，我們透過分析頂點在圖中的位置、頂點的圖特徵、圖的整體結構來判斷事物之間存在的內在聯繫與規律，從而理解客觀世界的內在執行規律、有效地支撐商業決策。這個過程我們稱為圖型分析。

　　圖型分析適用的場景非常多，如 IG、Threads、Meta 等社群網站是由人和人之間的關注、評論、按讚等互動行為，以及同學、同事、親友等社會或血緣關係組成的圖（見圖 1-8）。這些互動方式如果變成打電話、發簡訊，則組成了一張人與人之間的通訊圖。透過分析這樣的社群網站組成結構，以及節點在網路中的位置，我們可以找到興趣相似的社群並評估社群中個體的影響力大小及其傳播不同類型資訊的效率。這些洞察對企業行銷起著至關重要的作用。

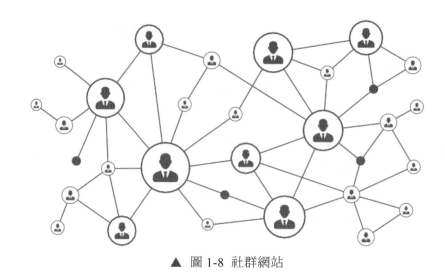

▲ 圖 1-8 社群網站

　　再如，大型製造企業涉及的複雜的供應鏈網路也是一張圖（見圖 1-9）。為了造一輛車，需要上萬個零組件和數百家供應商。這些零組件的生產、組裝、整合涉及海、陸、空等不同的運輸方式。

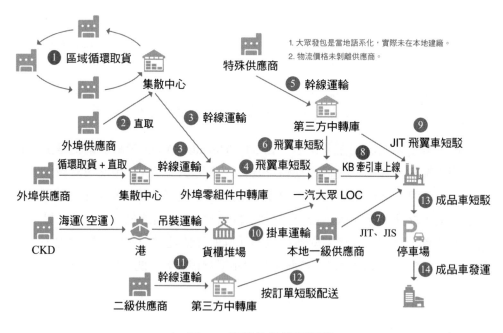

▲ 圖 1-9 複雜的供應鏈網路

　　透過建構產品及其零組件間的組成關係、產品或零部件與廠商的生產關係、廠商生產加工廠房間的交通網絡關係，圖模型可以直觀有效地整理整個供應鏈的多個參與方以及他們之間複雜的互動關係。基於這樣的供應鏈網路，我們可以分析供應鏈中的薄弱環節，更敏捷地組織生產活動。

　　在人們的日常出行中，目的地之間由公路、鐵路、航線等交通方式組成的交通網絡也是一張圖（見圖1-10）。透過建構交通網絡，可以分析起止網站之間的最佳路徑，最佳化個人的出行決策、降低企業物流成本；可以發掘網路中的關鍵節點，更進一步地規劃城市治理中高架及道路的修建，降低城內及城市間的交通擁堵程度，做好災害應急備案。

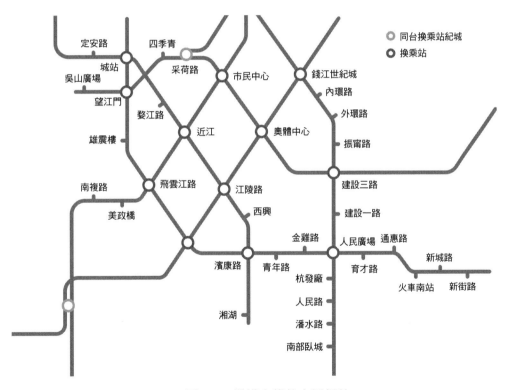

▲ 圖 1-10 縱橫交錯的交通網絡

現代化工業文明的發展離不開電力系統的支撐，負責傳輸用電的電力系統也是一張天然的電力傳輸網路（見圖 1-11）。即時監控電力傳輸網路，對於電能的高效排程、電力綠色能源的使用追蹤、電網故障的及時排除都具有重大意義。同時，對電力傳輸網路的拓撲結構進行分析，還能尋找更優的電線敷設路線，節省資源成本，減少電能浪費。

在數位化時代，上述業務場景都產生了巨量的資料。要對這些資料進行圖建模和圖型分析，離不開各類別圖技術系統的有效支撐。

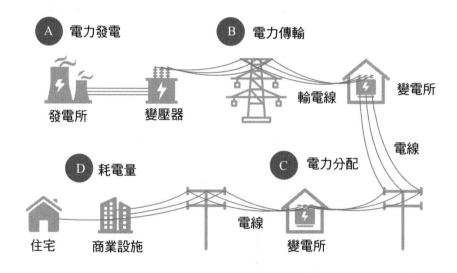

▲ 圖 1-11　覆蓋大小城鎮的電力傳輸網路

1.2　圖技術

圖技術是指一切研究人類世界中事物和事物之間的關係，描述、刻畫、分析和計算事物之間關係的技術，用於從圖資料中挖掘出有價值的知識或規律來指導業務決策，如風險評估、事件溯源、因果推理和影響分析等。圖型計算引擎（Graph Computing Engine）、圖資料庫和圖型視覺化（Graph Visualization）是當下三個主要的圖技術領域。

1.2.1 圖型計算引擎

　　早期，在專門針對圖型分析的電腦系統出現之前，業內主要透過單機圖型演算法函式庫或通用巨量資料計算系統來實現單機和叢集環境下的圖型分析任務。單機圖型演算法庫存在磁碟儲存局限性，而通用巨量資料計算系統，如 Google 推出的大規模資料並行處理計算模型 MapReduce，以及加州大學柏克萊分校（UC Berkeley）AMP Lab 開發的 Spark 等，則存在一些性能、好用性等方面的問題。

　　隨後，專業的圖型計算引擎誕生了。圖型計算引擎基於記憶體中採用「頂點—邊」的圖資料模型，將計算應用於頂點和邊，並提供了一組高效的演算法實現和查詢介面，讓使用者在大規模圖資料上進行演算法開發，執行計算與分析任務，並得到結果。圖型計算引擎一般都是某種圖型計算框架的具體實現，如 Apache Giraph、Apache Flink 等，也有一些獨立的圖型計算引擎存在。圖型計算框架提供圖型計算引擎理論模型的抽象設計，如定義計算迭代的程式設計模型、定義訊息通訊的同步模型，以及部分通用的參考實現。

　　2010 年，Google 在 SIGMOD 會議上公開了 Pregel 系統，它是現代圖型計算框架的起源。Pregel 系統遵循的整體同步平行計算模型，又稱 BSP（Bulk Synchronous Parallel）模型，是大規模圖型計算的重要基石，相當於圖型計算領域的 MapReduce。BSP 模型把計算分為多個超步，每個超步分散式並行地執行多個子任務，整理後再繼續執行新的計算輪次，輪次之間用訊息來協作資訊。BSP 在每個超步之間都要同步資料，可保證任務收斂性和結果正確性，但也會導致網路通訊量大，運算資源耗費大。高效的圖分割演算法可以最佳化超步間的訊息傳遞，進而提升圖型演算法性能。因此出現了「點分割」「邊分割」「混合切分」等圖分割演算法。同年，卡內基梅隆大學推出了 GraphLab 圖型計算框架，提出了 GAS（Gather-Apply-Scatter）非同步計算模型，將每個計算步驟分為收集資訊、歸納資訊、對外輸出新資訊三個過程。相比 BSP 模型，GAS 模型透過劃分計算階段來提高靈活性和運算資源使用率，提高系統的併發處理能力，但也會犧牲部分任務的正確性。Pregel 和 GraphLab 對後續其他圖型計算引擎的設計產生了深遠的影響，目前大部分圖型計算引擎的運算模型仍以 BSP 模型和 GAS 模型為主，常見的圖型計算引擎有 Apache Spark 旗下的 GraphX、源於 Facebook 的 Giraph、源於 Alibaba 的 GraphScope 和源於 Tencent 的 Plato 等。

1.2.2 圖資料庫

圖資料庫是以高效儲存、查詢、操作圖資料為第一設計原理的資料庫管理系統。圖資料庫中的資料組織形式不再是傳統關聯式資料庫中由「行」和「列」組成的二維的表（Table）結構資料，而是以「頂點」和「邊」為基礎的資料儲存單元：頂點與邊分別表示物件以及物件之間的關係。不同於關聯式資料庫，連結關係在資料表之間以外鍵的形式隱性存在，必須透過連接（Join）操作從多張表中挖掘計算出來。在圖資料庫中，連結關係，以「邊」的形式顯性存在，直接被儲存與查詢。正是由於圖資料庫的底層資料模型能更自然、更直觀地表現關係，因此它能更加高效率地完成對現實生活中複雜業務邏輯與連結關係的處理。關聯式資料庫與圖資料庫的對比見表 1-1。

▼ 表 1-1　關聯式資料庫與圖資料庫的對比

對比項	資料庫類型	
	圖資料庫	關聯式資料庫
資料模型		
理論基礎	圖論	關係模型
資料儲存方式	頂點	二維度資料表
關係儲存方式	邊	主鍵、外鍵
關係查詢方式	圖查詢語言直接查詢	表連接
關係查詢速度	快	慢

相比於圖型計算引擎，圖資料庫能夠實現圖資料在儲存媒體上的持久化，這表示圖資料可以被反覆查詢、分析、迭代與分享，極大地擴充了圖資料的應用場景。因此，圖資料庫的發展對圖技術行業的發展造成了重要的推動作用。

自 2007 年第一款開放原始碼商用圖資料庫誕生以來，圖資料庫的發展雖然不過十餘年，但在底層儲存、架構等方面已經歷了數次重大變革，由最初的單機圖資料庫向分散式大規模圖資料庫發展。圖技術的發展可以大致分為三個階段，如圖 1-12 所示。

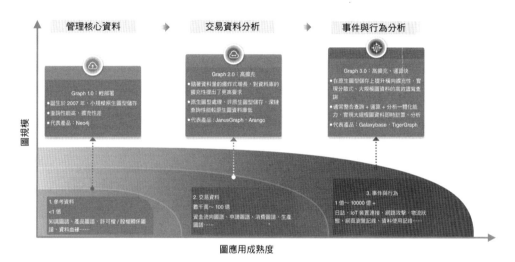

▲ 圖 1-12 圖技術的發展

1.Graph 1.0：小規模原生圖型儲存

在 Graph 1.0 時代（2007—2010 年），早期的圖應用領域聚焦在知識圖譜、資產圖譜、股權關係、血緣資料等分析型小資料場景，資料量相對靜態且有限，頂點、邊及其屬性在圖應用的生命週期內不會有大的變動或更改。傳統方案常以關聯式資料庫作為儲存，在記憶體或快取層中實現圖模型。但是，當關聯式資料庫透過多表連接實現關係查詢時，查詢耗時會隨全域資料量的增加而呈指數級增長，即使在小資料場景中，查詢性能也無法滿足業務需求。第一代真正意義上的圖資料庫以 Neo4j 為代表，它創新地實現了原生圖資料庫（Native Graph Database），即透過免索引鄰接（Index-Free Adjacency）技術高效率地實現了屬性圖的儲存結構，無須額外索引，僅透過頂點的 Key 即可直接找到所有與該頂點相連的邊，使任何一個頂點都可以在常數時間內找到與之相連的鄰居。這樣的技術實現決定了圖查詢的耗時僅與被查詢頂點所連結的局部資料量相關，而不會如同傳統方案那樣隨全域資料量的增長而增長。然而，這個階段的圖型儲存在軟體架構設計上僅支援單機部署或主備的叢集模式，性能始終受單機資源限制，橫向擴充能力不足。

2.Graph 2.0：分散式大規模圖型處理

　　在 Graph 2.0 時代（2010—2016 年），隨著巨量資料時代的到來，企業面臨巨量資料處理的痛點，系統的橫向擴充能力成為業界剛需。隨著圖資料規模的日漸擴大和圖應用的逐步成熟，圖型分析應用開始從靜態參考資料擴充到核心交易資料，如資金流向、信貸申請、消費及生產關係上，資料規模達到 TB 等級。此時，誕生了 Titan（後改名為 JanusGraph）、ArangoDB、HugeGraph 和 NebulaGraph 等一系列分散式圖資料庫，它們在開放原始碼的分散式 NoSQL 資料庫（如 HBase、RocksDB 等）上透過引擎層實現圖資料語義處理。這個階段誕生的分散式圖資料庫解決了資料擴充性的問題，但由於底層儲存層依然是基於鍵值資料庫、列式資料庫等在設計理念上並不以「關係」的表達和處理作為重點的其他資料庫管理系統，所以，圖遍歷查詢無法高效獲得底層儲存系統的支援，存在儲存容錯多、載入耗時長、遍歷查詢記憶體耗費高等諸多問題。因此，即使在同樣的小規模資料上，其性能也往往落後於原生圖資料庫幾個數量級。

3.Graph 3.0：原生分散式圖型儲存

　　在 Graph 3.0 時代（2016 年至今），圖型分析的價值獲得了行業認可，其應用場景也被進一步拓展至企業營運的各方面，逐步涵蓋基於事件和行為的資料分析，如監管機構的反洗錢、電子商務平臺的交易反詐騙、基於物聯網 IoT 資料的數位孿生、基於生產及物流記錄的智慧供應鏈等。因商業、生產、經營活動而產生的行為、事件資料，其規模輕易達到了 TB 甚至 PB 等級。基於巨量的即時資料做業務決策的最佳化，對底層資料庫系統的巨量資料處理的結果實效性也提出了更高的要求。為了解決上一代圖資料庫在巨量資料處理和查詢時效間的矛盾，Graph 3.0 時代的圖資料庫不再依賴其他分散式儲存系統，而是應用資料切割演算法、分散式資料通信機制等技術，直接在原生圖型儲存的基礎上實現了系統的分散式架構，代表產品有 Galaxybase、TigerGraph 等。這一代圖資料庫不僅具備了良好的橫向擴充性，還因為控制了底層的資料儲存機制、實現了原生圖型儲存，在大規模圖資料的處理和查詢性能上也有了大幅的提升。

總而言之，圖資料庫技術的發展是為了滿足同時代的圖應用對資料規模、查詢計算性能、結果即時性的要求服務的。其趨勢背後是巨量資料的複雜連結和即時決策需求，這推動著各行各業的數位化、智慧化的不斷進步。目前，在行業參與者中，既有阿里巴巴、騰訊、螞蟻、字節跳動、亞馬遜、微軟等全球公有雲、軟體服務、資料庫等領域的巨頭，也有 Neo4j、TigerGraph、創鄰科技等國內外商業化圖資料庫公司。一方面，圖資料庫作為底層技術基礎設施的一部分，巨頭具備巨大的流量入口優勢，同時擁有完整的資料庫及巨量資料處理平臺產品矩陣，極易透過捆綁銷售實現自有產品的推廣；另一方面，由於巨頭產品線眾多，其圖資料庫產品仍以服務內部業務需求為主，在專案實施、中小客戶及行業客戶的需求回應、訂製化開發等方面能力不足，給商業化圖資料庫公司創造了競爭空間。

1.2.3 圖型視覺化

圖型視覺化技術泛指透過電腦圖形學和影像處理等相關技術，將圖資料轉為視覺化圖形並呈現給使用者的技術。常用的圖型視覺化技術包括以下內容。

- 頂點 - 邊圖：將圖中的頂點和邊以點和線的形式表示，並使用不同的顏色、形狀、大小等屬性來表達頂點和邊的特徵，以便使用者觀察和分析。
- 矩陣圖：將頂點和邊表示為一個矩陣，其中每個儲存格代表一對頂點之間的連通關係，並使用不同的顏色和陰影表達頂點和邊的權重和特徵。
- 佈局演算法：透過佈局演算法將頂點和邊排列在一個平面上，以便使用者觀察和互動。常用的佈局演算法包括力導向佈局、圓形佈局和樹形佈局等。
- 時序圖：將圖中的資料按時間順序繪製成一組圖，以便使用者觀察和分析圖資料隨時間的變化和發展趨勢。

- 三維圖：將頂點和邊呈現在三維空間中，並使用不同的顏色、形狀、大小等屬性來表達頂點和邊的結構特徵，以便使用者觀察和互動。

　　透過圖型視覺化技術實現的視覺化工具，可以幫助各領域的資料科學工作者更進一步地理解和分析圖資料，透過簡單的人機互動，探查圖資料中潛在的模式、異常和趨勢。圖型視覺化同樣也是一種視覺的藝術形式，透過建模與著色，凸顯關鍵、有效的資訊。相比數字與文字，人類的大腦更善於感知處理影像資訊：當一張密密麻麻滿是數字的記錄數百筆交易流水的表格被視覺化為帳號之間的交易網路時，我們能更為迅速地理解許多帳戶間的交易關係；在使用視覺化工具對分析頁面進行縮放、擴充、佈局等互動操作的過程中，我們也能更迅速地判斷各類帳戶及交易行為的重要特徵。

　　專業的圖型視覺化產品需要克服並解決諸多技術困難，包括大圖資料在瀏覽器端的高效著色、有效的繪圖佈局、演算法分析與檢索加工處理等。好的圖型視覺化產品需要帶有圖型分析和商業智慧（BI）的功能，不僅涉及圖中頂點和邊的有效表達，還需幫助使用者快速理解、統計、分析整體或局部的圖結構。市場上已有許多成熟的圖型視覺化產品，Gephi 便是其中著名的一款。它可以實現大圖資料的展示，進行複雜的圖型視覺化設定，呈現豐富的視覺化效果，如圖 1-13 所示。

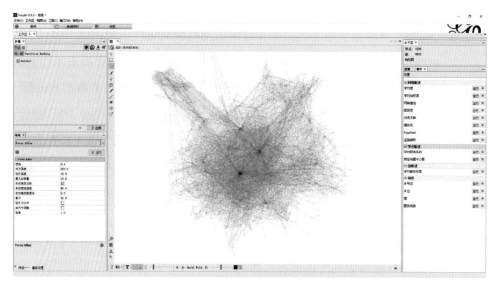

▲ 圖 1-13 Gephi（備註：此圖為簡體版本）

　　完整的圖型分析（Graph Analytics）往往涉及上述三種圖技術的綜合運用：透過圖資料庫實現對圖資料的高效查詢，透過圖型計算引擎挖掘圖資料的特徵與模式，透過視覺化工具實現查詢與計算結果的展示與分析。三者相互連結，又各有不同（見表 1-2）。

▼ 表 1-2 圖技術分類

對比內容	圖技術		
	圖資料庫	圖型計算引擎	圖型視覺化
應用類型	偏重 OLTP	偏重 OLAP	離線分析
主要解決問題	偏重圖資料的儲存和查詢，實現增刪查改等動態資料操作	偏重透過演算法在靜態資料上實現資料分析與特徵學習	透過視覺化互動操作完成對靜態或動態資料的探查與分析，關注模式發現與歸因分析
主要面向場景	對局部子圖進行併發操作	對全圖進行迭代計算	業務邏輯導向的互動式分析與數據洞察

　　圖資料庫偏重支援 OLTP（Online Transaction Processing）類的查詢與增刪查改等操作，支援動態資料的即時讀寫，對資料事務、一致性、即時處理能力要求較高。圖型計算引擎則偏重 OLAP（Online Analytical Processing）類的計算與挖掘，由於資料儲存於記憶體中，一般不涉及資料的即時更改，所以它更適合需要全圖迭代的圖型計算任務，透過批次處理的方式執行，即時性要求低。

　　圖型視覺化技術與圖資料庫、圖型計算引擎的區別在於：圖型視覺化技術只負責圖資料的視覺化展示，既不持久化儲存圖資料，也無法對其進行複雜的計算。圖型視覺化技術透過 GUI（Graphical User Interface），以某種「點—邊」的形式將給定的輸入（Input）視覺化展示出來，但輸入的資料來源可以來自圖資料庫或圖型計算引擎，也可以來自文字檔或其他關聯式資料庫、非關聯式資料庫。

在實際應用中，圖資料庫和圖型計算引擎的能力呈現融合趨勢，圖資料庫企業正在將 OLAP 能力與 OLTP 能力結合，向 HTAP 混合型態資料庫方向發展。部分領導廠商將三種技術結合，提供涵蓋圖資料儲存、查詢、計算、視覺化分析等功能的整合式圖平臺（Graph Platform）。

1.3　圖資料庫技術的優勢

在資料體量日益增加和資料間連結關係日益複雜的今天，關聯式資料庫在資料連結分析方面的不足日益凸顯。在業務場景的驅動下，越來越多的企業渴望透過運用圖資料庫技術增強自身的商業決策能力。整體上來說，圖資料庫在處理大量、複雜、互聯、多變的圖結構資料時，相比傳統關聯式資料庫有三個優勢。

首先，圖模型直接還原業務場景，可以極大地降低業務人員與工程師的溝通成本。關聯式資料庫模型並不直觀，產品經理需要與工程師進行長時間的溝通，將錯綜複雜的業務邏輯轉化成滿足關聯式資料庫複雜設計範式的一系列表結構，以及不同表之間的依賴，如圖 1-14（a）所示。圖模型由於直接還原業務，非常直觀，產品經理可以根據自己對業務的理解快速建模，如圖 1-14（b）所示。工程師開發時也是基於同一套模型進行開發，無須任何翻譯，極大地提升溝通效率，降低溝通成本。隨著產品經理對業務理解的加深，想要修改和迭代圖模型也非常簡單，直接刪除或增加對應的點、邊關係即可。

其次，圖查詢語言擁有精簡的語法，對複雜關係查詢有強大的表達能力比 SQL 更為高效，能顯著減少程式量，提升開發效率。舉一個簡單的例子，當需要查詢所有的乳製品及其所屬的多層級類目關係時，圖查詢敘述只需執行一個簡單的多跳遍歷、非常簡潔，如圖 1-15（b）所示；但相同的場景，為了滿足關聯式資料庫設計範式，產品各層級類目之間的從屬關係需要單獨建表，因此 SQL 查詢涉及多表連結，複雜了很多，如圖 1-15（a）所示，並且層級越多，需要執行連接操作的表越多，表達越複雜。

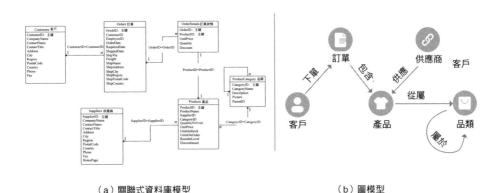

（a）關聯式資料庫模型　　　　　　　　（b）圖模型

▲ 圖 1-14　圖模型更簡潔靈活直觀[①]

```
SELECT p.ProductName
FROM Products AS  p
JOIN ProductCategory pc ON (p.CategoryID = pc.CategoryID
AND pc.CategoryName = "Dairy Products")

JOIN ProductCategory pc1 ON (p.CategoryID =
pc1.CategoryID)
JOIN ProductCategory pc2 ON (pc1.ParentID=
pc2.CategoryID AND pc2.CategoryName = "Dairy Products")

JOIN ProductCategory pc3 ON (p.CategoryID=
pc3.CategoryID)
JOIN ProductCategory pc4 ON (pc3.ParentID=
pc4.CategoryID)
JOIN ProductCategory pc5 ON (pc4.ParentID=
pc5.CategoryID AND pc5.CategoryName = "Dairy Products")
;
```

```
MATCH (p:Product)-[:CATEGORY]->
(pc:ProductCategory)-[:PARENT*0..2]-
(:ProductCategory {name:"Dairy Products"})
RETURN p.name
```

（a）關聯資料 SQL 模型　　　（b）圖資料庫 Cypher 查詢

▲ 圖 1-15 圖查詢語言大幅降低查詢程式量

　　最後，也是最重要的，圖資料庫連結查詢性能優異。以連結關係查詢效率作為第一設計原理的圖資料庫，相較於傳統資料庫，在多跳關係的即時查詢方面的能力更為突出。多跳查詢描述了連結關係的深度。比如，在社群網站中，1 跳查詢傳回的是查詢物件的朋友，2 跳查詢傳回的是朋友的朋友，3 跳查詢傳回的是朋友的朋友的朋友，依此類推。表 1-3 展示了在相同軟硬體環境下，對史丹佛大學 who-trust-whom 資料集進行查詢，單機關聯式資料庫與單機圖資料庫在相同軟硬體環境下的查詢性能對比。可以看出，對於關聯式資料庫，儘管加索

① Neo4j.Comparing SQL with Cypher[EB/OL].[2022-05-20].https://neo4j.com/developer/guide-sql-to-cypher.

引後可以顯著提升 2 跳查詢的性能，但這仍然無法解決多跳查詢時反覆對全域資料進行遍歷帶來的指數級增長的時間成本。不論查詢鏈條有多深，圖資料庫的查詢性能均穩定保持在非常高的水準。在 7.5 萬個頂點、50 萬筆邊的小資料案例中，當跳數到達 5 跳時，關聯式資料庫已經無法在 1 小時內傳回查詢結果，但是圖資料庫依然能在 0.1 s 左右傳回查詢結果，性能提升超過 36000 倍。實際上，真實應用場景中的圖往往遠大於這個點邊規模，查詢跳數在有些業務場景中能達 30 跳之深。資料量越大、查詢跳數越深，圖資料庫的性能優勢就越突出，最後變成可為與不可為之間的差距。

▼ 表 1-3 圖資料庫連結查詢性能優異

連結跳數	關聯式資料庫查詢時間（不加索引）	關聯式資料庫查詢時間（加索引）	Galaxybase 圖資料庫查詢時間
2	0.693 s	0.347 s	0.008 s
3	2.754 s	2.067 s	0.026 s
4	138.72 s	137.61 s	0.069 s
5	超過 1 h	超過 1 h	0.109 s

註：資料規模為 7.5 萬個頂點，50 萬筆邊，who-trust-whom 資料集。

那麼，為什麼圖資料庫與關聯式資料庫在查詢性能方面會有如此巨大的差異呢？這源於兩者在底層資料結構上的差異。為了方便讀者理解，本書以電子商務營運場景的具體業務查詢為例，說明圖資料庫在連結查詢上為什麼能帶來指數級的性能提升。

假設某生鮮 App 在「雙十一」當天透過各種行銷活動成功實現成交訂單100000 個，其中下單使用者數達 80000 人，該平臺營運人員想深入挖掘湖南省使用者中購買紐西蘭蘋果的女性畫像，進一步提供針對性的策劃促銷活動，從而最佳化該部分客群的購物體驗、提升客單價、提高複購率。對於同樣的分析需求，關聯式資料庫和圖資料庫具體會呈現哪些差異呢？

在這個場景中，關聯式資料庫的解決方案會將資料儲存為圖 1-16 所示的使用者、訂單、訂單詳情、產品四張資料表。如果要進行「購買了紐西蘭蘋果的女性使用者購買了什麼其他產品」的查詢，在關聯式資料庫中需要對使用者表、訂單表、訂單詳情表、產品表進行一系列的多表連接操作。

在關聯式資料庫中，進行連接操作時會逐行掃描所連接兩表中每一行的記錄。例如，對表 A（共 m 行）和表 B（共 n 行）進行連接時，對於表 A 的每一筆記錄，資料庫要掃描整個表 B，找到與之對應的記錄資訊，將表 A 與表 B 的資料兩兩配對，找到資料中的連結。也就是說，完成兩張表的連接操作需要消耗的時間成本為 $m \cdot n \cdot \alpha$

（α 代表執行單表單行查詢所需最小單位時間）。

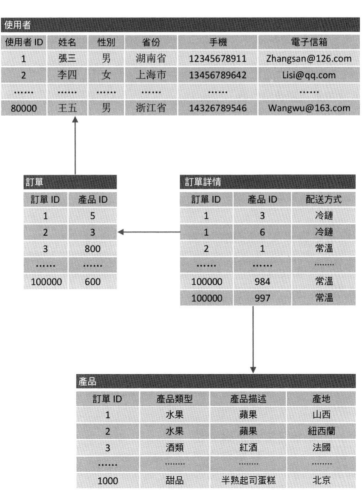

▲ 圖 1-16 生鮮 App 場景的關聯式資料庫資料模型

　　為了方便比較圖資料庫和關聯式資料庫的查詢時間差異，我們對上述範例做一些資料假設（見表 1-4）。在該資料假設下，完成前述「購買了紐西蘭蘋果的女性使用者購買了什麼其他產品」的查詢需要耗費的理論時間與四張表各自的資料筆數的乘積成正比，為「產品數 × 訂單詳情數 × 訂單數 × 使用者數 × 執行單表單行查詢所需最小單位時間（a）」，對於訂單詳情表，假設每個訂單平均有 10 個產品，代入資料假設，等於 $8 \times 10^{18} \times a$（見表 1-5）。

▼ 表 1-4　某生鮮 App「雙十一」當天銷售資料假設

資料類別	資料量
下單使用者數	80000
成交訂單數	100000（每個訂單平均含 10 個 SKU)
平臺產品 SKU 數量	1000（其中酒類 SKU：10 個）
湖南地區下單使用者數	5000（其中，男女各半）
湖南地區成交訂單數	10000
含紐西蘭蘋果的訂單數量	900
湖南地區女性使用者採購了紐西蘭蘋果的訂單數量	70

▼ 表 1-5　關聯式資料庫查詢理論時間

序號	連接操作步驟	查詢目標	時間成本
1	「產品表」與「訂單詳情表」連接，得到中間表 A	找到含紐西蘭蘋果的訂單集合 {a}	$1000 \times 100000 \times 10 \times a$
2	中間表 A 與「訂單表」連接，得到中間表 B	找到購買紐西蘭蘋果的使用者集合 {b}	$1000 \times 100000 \times 10 \times 100000 \times a$
3	中間表 B 與「使用者表」連接，得到最終結果表 C	篩選出購買紐西蘭蘋果的湖南女性使用者集合 {c}	$1000 \times 100000 \times 10 \times 100000 \times 80000 \times a$

　　相比之下，圖資料庫中的資料模型是用實體與實體間連結關係來表達的，在該生鮮 App 場景中對應的圖模型如圖 1-17 所示，省份、使用者、訂單、產品、產品類型等實體以頂點的方式儲存，並透過位於、訂購、包含、屬於等關係連接。

▲ 圖 1-17　生鮮 App 場景的圖模型

　　在做連結查詢時，圖資料庫不需要像關聯式資料庫一樣做基於全量資料的代價高昂的連表操作，只需查詢指定頂點根據指定邊關係連結到的連結頂點即可，查詢成本僅與指定的頂點的數量以及該類頂點平均連結的邊的數量相關，與全量資料的規模無關，從而極大地提高查詢效率。當要查詢購買紐西蘭蘋果的湖南女性使用者時，圖資料庫只需執行以下幾步，如圖 1-18 所示。

- 透過省份為湖南的頂點查詢到與之連結的 5000 位湖南使用者，根據這些使用者的屬性過濾出其中的 2500 位女性使用者，再遍歷與這些女性使用者連結的 5000 個訂單；

- 同時從產品點出發，找到包含紐西蘭蘋果 SKU 的訂單（900），與前述 5000 個訂單做交集，便找到了湖南女性中購買了紐西蘭蘋果的 70 個訂單；

- 以這 70 訂單為起點，找到訂單中包含的所有 N 個產品（$N \leq 700$，假設平均每個訂單有 10 個產品，則 70 個訂單最多包含 700 種不重複的產品）；

- 從品類為酒類的節點出發，找到其連結的 10 個 SKU，與前述產品做交集，找到買了紐西蘭蘋果的湖南女性中又買了哪些酒類產品。

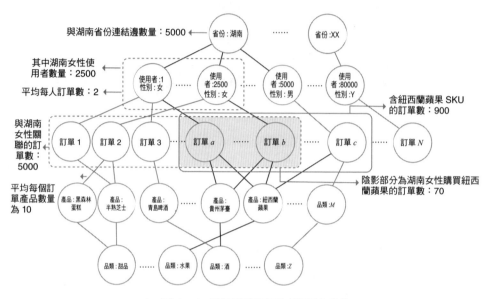

▲ 圖 1-18　用圖資料庫進行連結查詢

因此，如表 1-6 所示，圖資料庫完成整個查詢的時間成本大約為（5000+5000+ 900+700+10）× 一次轉發單邊查詢最小單位時間（β），即 11610×β。假設 α 與 β 相近的情況下，關聯式資料庫的查詢時間接近圖資料庫的 10 兆倍。

▼ 表 1-6　圖資料庫查詢理論時間

圖遍歷步驟	查詢目標	時間成本
遍歷與「湖南省」頂點相連的 5000 個使用者	找到湖南省的 2500 名女性使用者 {a}	5000β
以 2500 名女性使用者為起始頂點，遍歷與之連結的 2500×2 個訂單	找到與湖南女性連結的 5000 個訂單 {b}	5000β
以紐西蘭蘋果 SKU 頂點為起點，遍歷與之連結的 900 個訂單，與 {b} 做交集	找到湖南女性使用者購買了紐西蘭蘋果的 70 個訂單 {c}	900β

圖遍歷步驟	查詢目標	時間成本
找到 {c} 中包含的全部產品數 700	找到湖南女性使用者購買了紐西蘭蘋果的訂單中包含的所有 SKU{d}	$\leq 700\,\beta$
遍歷「酒類」頂點相連的 10 個產品 SKU，與 {d} 做交集	找到湖南女性使用者購買了紐西蘭蘋果的訂單中包含的所有酒類 SKU	$10\,\beta$

透過關聯式資料庫與圖資料庫在資料模型和查詢方式方面的比較，我們不難理解圖資料庫在連結查詢上的優勢：圖資料庫的資料模型直接反映業務概念層的資料連結，連結查詢只與滿足條件的一次轉發鄰居的數量相關，而與整體資料量（全體使用者、全部訂單、所有訂單詳情、完整產品清單）的大小無關，這也是圖資料庫隨著資料集不斷增大卻能保持連結查詢性能基本恒定的原因（局部的連結關係的變化不大，遠低於全量資料的增長）。本書範例的資料體量並不大，而在實際業務場景中，資料體量大，分析維度多，圖資料庫與關聯式資料庫的差異更加凸顯，完成相應分析需要的系統架構和軟硬體成本差異也隨之加大。

值得一提的是，雖然透過增加索引、使用 Hash Join 等最佳化方式可在一定程度上提升關聯式資料庫的連結查詢效率，但是隨著資料間連結複雜度的增加，會導致需要做連接的表的數量和連接次數的增加，以及資料表中資料項目的增多，多表連接的成本代價依然會急劇增高，關聯式資料庫的性能依然呈指數級下降，難以應對當前的業務需求。舉例來說，建構索引就是一個非常昂貴的資料庫操作：索引本身需要佔用資料表以外的物理儲存空間，建立和維護索引也需要花費時間；對資料表進行更新操作時都需要重建索引，降低資料維護的效率。當資料分析的維度隨業務需要不斷增加及變化時，關聯式資料庫不可能為所有的資料維度建立索引，因此，對於在靈活多變的商業環境中因時因事變換的深度連結洞察的分析需求，關聯式資料庫難以有效地滿足。相比之下，圖資料庫的資料模型直接還原業務場景，如果需要新增或刪除分析維度，只需要增加或刪除對應的頂點及其連結的邊即可，不用擔心由於建立與維護龐大索引而給資料庫帶來的讀寫性能損耗和額外的空間銷耗。因此，在動態變化的商業環境中，即使沒有因資料量增加而帶來的性能瓶頸，圖資料庫也因其資料模型的靈活性與運行維護簡易度成為支撐敏捷業務系統的更佳選擇。

簡而言之，與傳統關聯式資料庫相比，圖資料庫在連結資料處理上具有更好的查詢性能、更直觀的分析表達能力，能以更直觀、更靈活的資料模型，提供複雜連結的即時更新和查詢。這些技術特性，讓它非常適用於天然存在複雜連結的場景，舉例來說，知識圖譜、社群網站分析、反詐騙、反洗錢、即時推薦、輿情分析、IT 運行維護與管理、許可權管理、網路安全、交通最佳化、物流最佳化、供應鏈管理、國家安全、基因科學和新藥研發等領域。

1.4 圖資料庫的分類

圖資料庫可以按照不同的標準分類，常見的分類方法有以下幾種：基於圖資料模型分類、基於底層架構分類、基於系統擴充性分類等。

1. 基於圖資料模型分類：RDF 圖與屬性圖

當今，最常見的圖資料模型有 RDF 圖和屬性圖兩種。

RDF 圖。資源描述架構（Resource Description Framework，RDF）在 1999 年被採納為 W3C 的一項建議，2004 年和 2014 年分別發佈了 RDF1.0 和 RDF1.1 規範，提供了各種語法符號和資料序列化範式。其作為 WWW 聯盟（World Wide Web Consortium，W3C）的標準，最初被設計為一種描述中繼資料的資料模型，如今已成為用於描述和交換圖資料的標準。SPARQL 是一種 RDF 圖的標準查詢語言。RDFS、OWL 和 SHACL 是用於描述 RDF 資料的模式約束語言。RDF 圖資料模型主要由兩個部分組成。

- 節點：對應圖中的頂點，既可以是具有唯一識別碼的資源，也可以是字串、整數等有值的內容。

- 邊：節點之間的定向連結，也稱為述詞或屬性。邊的入節點稱為主語，出節點稱為賓語，由一條邊連接的兩個節點形成一個「主語—述詞—賓語」的陳述，如「折耳—是—貓；金毛—是—狗；貓—是—動物；狗—是—動物」等，也稱為三元組。

RDF 圖模型是一個由三元組敘述組成的有方向圖。敘述的三部分中的每一部分都可以由統一資源識別項（Uniform Resource Identifier，URI）來辨識，特別適合語義 Web 中的資源間關係的描述。RDF 模型可實現一定程度的泛化和抽象。支援 RDF 圖模型的圖資料儲存又被稱作 RDF store 或 Triplestore，其針對性地預置的 RDF 資料庫儲存並透過語義查詢實現了 RDF 三元組查詢，以及 SPARQL 標準實現等，典型的產品有 AllegroGraph、Stardog、GraphDB、Apache Jena 等。

屬性圖。屬性圖（Property Graph）是近年來較為流行的圖資料模型。屬性圖模型的三要素為節點、邊和屬性，所有的資訊由一組實體物件、它們之間的關係，以及其他附加資訊（如屬性、標籤、類型等）來表示。

- 節點（Nodes）：圖中的頂點，由唯一識別碼標識。

- 邊（Edges）：圖中的邊，也稱為關係，由唯一識別碼標識。其中，對應的「from node」稱為來源節點或起始頂點，「to node」稱為目標節點或終止頂點。一條邊必須有來源節點和目標節點，並且是有明確方向的。

- 屬性（Properties）：屬性工作表示一個鍵值對，頂點和邊都有屬性。舉例來說，在表示企業連結關係的圖譜中，每個企業頂點都可帶有「地址」屬性，表示每家企業的工商註冊地址，每條邊都可帶有「時間」屬性，表示企業之間擔保關係的建立時間。

屬性圖模型的好處是靈活度高、表達力強、能良好支撐大規模巨量圖資料的查詢和計算。屬性圖的靈活性源自其定義的開放性，使用者可以根據場景和業務需要，靈活定義頂點類型、邊類型及其相關的屬性。這種靈活性也讓屬性圖模型有強大的場景表達力和較好的適應性，使用者只需定義好各個場景的頂點和邊，就可以實現圖的表示。

當前，主流的圖資料庫產品大多應用並實現了屬性圖模型，除了早期具有代表性的 Neo4j，還有 Galaxybase、TigerGraph 等圖資料庫產品，對這類別圖資料庫的探討也是本書後文的重點。

2. 基於底層架構分類：原生圖資料庫與非原生圖資料庫

　　原生圖資料庫的概念最早由 Neo4j 提出。早期的「原生」僅指對免索引鄰接（Index-free Adjacency）的實現。免索引鄰接技術的本質在於，無須額外的索引，每個頂點都可以僅透過一個鍵（Key）找到與之相連的全部傳入邊和傳出邊，從而使任何一個頂點都可以在常數時間內找到與之相連的「1 跳」朋友，與整個圖的資料規模無關。舉一個具體的例子，假設名為「Richard」的使用者頂點的 1 跳朋友數量為 5，那麼不管世界總人口數量是多少，在社交圖上從 Richard 出發，對外連接的 1 跳頂點恒定只有 5 個鄰居，即使全球的社群網站規模有超過 50 億個頂點和千億筆邊。因此，透過免索引鄰接從 Richard 頂點出發的 1 跳連結查詢時間不會隨整個社群網站規模的增加而變長。因為連結資料的最原子的查詢性能取決於從一個給定頂點到與這個頂點直接連接的其他頂點的存取速度。免索引鄰接技術確保了圖遍歷的性能僅與查詢物件的鄰居數量和查詢深度相關，而不會如關聯式資料庫的多表連接操作一樣隨全域資料量的增長而下降。因此，原生圖資料庫比非原生圖資料庫圖有更好的圖遍歷性能。

　　進入巨量資料時代後，圖資料庫技術快速迭代和發展，「原生」一詞有了新的含義，被分為原生圖型儲存（Native Graph Store）與原生圖型處理（Native Graph Processing）。

　　在巨量資料時代，以 Neo4j 為代表的第一代原生圖資料庫無法滿足使用者對系統橫向擴充能力的需求，演化出了一批以橫向擴充力極強的 NoSQL 資料庫為底層儲存，在資料處理層實現免索引鄰接的圖資料庫，如以列儲存為底層的 JanusGraph、以鍵值儲存為底層的 NebulaGraph 等。與基於傳統資料庫系統直接在邏輯層做圖查詢的非原生圖資料庫系統相比，這些具備原生圖型處理能力的圖資料庫的性能有了很大的提升。但是相比具備原生圖型儲存的資料庫而言，圖資料庫依然存在瓶頸，因為這些底層的基於第三方儲存的圖資料庫均需使用多個鍵來索引與頂點相連的多條邊的儲存位置，在資料量大、儲存記錄多的情況下會降低遍歷性能；同時，這些儲存位置可能存在一台物理機，也可能被第三方儲存系統分發到距離很遠的分散式節點進行儲存，由於分散式節點的跨機器通訊成本遠高於本地通訊，這種不確定性會導致查詢時間難以預測。另外，儘管一些基於鍵值儲存的圖資料庫會透過有序首碼（Prefix）等方式來近似實現儲存層的免索引鄰接，但當有新增資料時，會導致原有連續儲存的記錄被打破，需要執行昂貴的資料重組（如 RocksDB 的 compaction）操作才能重新整理資料，否則新增資料將被分配到距離不確定的非連續儲存空間，增加了查詢的成本。

　　真正的全原生圖資料庫是指底層不依賴於第三方開放原始碼或閉源的儲存系統（如 MySQL、HBase、Cassandra、RocksDB 等）並直接在資料儲存層實現免索引鄰接的圖資料庫。原生圖資料庫可以達到非原生圖資料庫或半原生圖資料庫無法實現的極致性能，尤其適用於資料分散儲存在多台機器上的分散式場景。相比於依賴第三方儲存系統的半原生圖資料庫，原生圖資料庫系統能夠清楚地掌控資料儲存在哪台機器以及什麼物理位置上，可以更高效率地實現儲存與運算的無縫聯動，降低了與第三方「黑盒子」系統之間的資訊互動成本。這也表示原生圖資料庫的儲存底層更加安全、可控，不會因為第三方儲存系統的版本迭代而導致開發、測試、調優和運行維護的複雜度上升，當出現問題時更容易定位故障，對上層的應用程式開發人員和操作人員更加友善。在技術脫鉤的全球背景下，更能保障客戶關鍵業務的系統安全不受國際環境影響，降低營運風險和成本。原生圖資料庫與非原生圖資料庫對比見表 1-7。

▼ 表 1-7　原生圖資料庫與非原生圖資料庫對比

核心要素	非原生圖資料庫	原生圖資料庫
儲存讀寫效率	透過第三方 API 介面，效率較低	直接讀寫，效率較高
分片切割演算法	底層第三方儲存不能感知圖分佈的資訊，無法分片切割最佳化	可根據圖的分佈動態或靜態地分片管理，最佳化資料分佈情況
儲存計算協作	底層第三方儲存不能感知圖分佈的資訊，無法高效率地儲存和計算協作	可根據圖的分佈情況，將相關計算分發到儲存所在的叢集機器上，實現儲存和計算協作，提升計算效率
程式自主可控	依賴第三方開發團隊，存在未知 Bug 的不可控風險	具有儲存程式的自主智慧財產權，風險可控，便於偵錯和新增功能

3. 基於系統擴充性分類：單機與分散式

　　圖資料庫按儲存架構可以分為單機架構和分散式架構。單機圖資料庫將系統部署在一台伺服器上進行集中處理；而分散式圖資料庫可以將系統拆分後部署在由多台服務器組成的分散式叢集環境中，併發協作地調配多台機器上的儲存和運算資源，作為整體對外提供服務。

　　單機圖資料庫的優勢在於可以最大限度地使用本地記憶體。舉例來說，基於單機圖資料庫，同一頂點的多條邊可以用連續記憶體儲存，從而直接找到下一個連接的頂點；資料一致性可以使用全域變數進行同步等。同時，由於不會涉及遠端網路通訊與資料傳輸的銷耗，單機圖資料庫的圖查詢與圖型計算的性能往往高於分散式圖資料庫。但是單機圖資料庫受單台伺服器的儲存及運算資源的限制，資料支撐能力及算力均有限。

　　分散式圖資料庫根據橫向擴充能力的不同分為兩類。第一類分散式圖資料庫並沒有突破單機資料庫資料量和算力的瓶頸，分散式的實現是透過一主多從的叢集部署模式，在每台伺服器上存放相同的全量資料，使用一致性協定來保證多台機器間的資料是一致的。相比單機的儲存架構，這類分散式圖資料庫由於存在多個副本與多個物理節點，具備了更好的併發讀取性能與容錯能力。

　　當資料量超過了單機的硬碟或記憶體的承載能力，單機查詢和運算能力達到瓶頸時，則需要第二類分散式圖資料庫。這類分散式圖資料庫會把巨量圖資料切分成多個子圖，然後將這些切分好的子圖分配到多台機器上，透過複雜的查詢和計算設計，讓多台機器協作工作。這種分散式架構能夠讓多台分散式伺服器並行工作，分別完成一項任務的各個子部分，從而實現該任務的分散式並行處理，真正突破了單機資料儲存或處理能力的瓶頸，提升了系統的橫向擴充能力，能夠解決單機圖資料庫無法處理的大規模圖資料的儲存、查詢與計算問題。

　　第二類分散式圖資料庫的優勢在於，當資料處理需求（資料量、併發性能等）超出單機圖資料庫資源限度時，能夠透過多機分散式的機制實現大圖的儲存與查詢。但是，由於圖的深度遍歷涉及圖上的隨機遊走，無法基於隨機查詢

提前最佳化頂點與邊在分散式節點上的物理儲存位置，而分散式查詢需要透過
網路在多台機器間使用複雜的一致性與通訊協定進行溝通與資料傳輸，因此在
很多情況下，圖查詢與圖型計算的性能反而不及單機圖資料庫或第一種分散式
圖資料庫系統。

　　單機圖資料庫與分散式圖資料庫各有適用的場景和優勢，需要根據實際情
況選擇，相關內容將在第 8 章討論。

1.5　圖資料庫的應用場景

　　資料是客觀世界的抽象，資料本身並不催生「圖」或圖資料庫。推動圖技
術發展的是新的資料組織形式，背後實際是新型商業邏輯和業務邏輯的興起：
因為網際網路巨量且相互連接的網頁的興起，PageRank 圖型演算法才得以大放
異彩；因為電子商務產業如火如荼地發展，對商品知識圖譜、人物誌（興趣圖、
交易圖）的技術需求才節節攀升；因為 Uber 等各類叫車應用程式的出現，關於
人、車、地點等即時、動態、行動資料網路的高效計算和匹配的需求（移動圖）
才應運而生；因為社交行銷這種利用個人社交影響力為品牌、賣家引流和轉化
的商業模式的爆火，基於社群網站分析的 MarTech 需求（社交圖）才不斷見長。
從更大的層面看，社會系統的複雜度會隨著社會的發展不斷提升：隨著經濟活
動的愈加頻繁，物流網路、交通網絡、通訊網路、社群網站等網路規模與其內
在關係的稠密度都會持續加碼，物流、人流、資訊流、資金流等資訊相應地不
斷增長，變得日趨錯綜複雜。

　　正是日益縱橫聯通的商業業態和網際網路時代人們日益密切互動的生活、
工作、通訊、出行、娛樂、消費方式，催生了錯綜複雜的連結資料，組成了龐
大的資料與語義網路。分析和理解這些資料以支撐更好、更快的商業決策，成
為圖技術被廣泛應用的底層驅動。在本書的後續章節中，我們會透過行業的具
體場景來解析如何透過圖建模、圖查詢和圖型演算法來應用圖資料庫技術，進
而分析各場景的業務。下面簡要列舉一些潛在的圖資料庫應用場景。

1. 知識圖譜

　　知識圖譜是結構化的語義知識庫，一般用來描述實體概念和實體概念之間的相互關係，被廣泛應用於各行各業的知識管理中。知識圖譜是圖資料庫早期的重要應用領域之一。圖資料庫不僅可以作為儲存知識圖譜的載體，利用連結關係不斷完善圖譜資料，還可以對知識圖譜進行關係推理。圖 1-19 是一張針對足球明星的知識圖譜，利用這種知識圖譜，使用者可以快速地回答類似「來自巴賽隆納的球員中有多少人獲得了高影響力的足球獎項」這樣的問題。

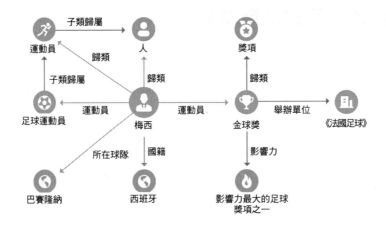

▲　圖 1-19　知識圖譜

2. 社群網站分析

　　圖資料庫尤其適用於處理現實世界中複雜的社群網站資料。如圖 1-20 所示，將使用者與學校、公司等實體連結，並加入如好友、親屬、就職等連結關係，可以全面地將人與人之間的社會關係網路呈現出來。社交軟體常會基於使用者的社群網站向其推薦潛在的好友，可能是好友的好友、可能是同事、可能是同學，並基於這樣的社交關係進一步推薦使用者潛在喜歡的內容或商品。這樣的推薦會涉及包含動態規則的多跳關係查詢。非常適合利用圖資料庫實現。

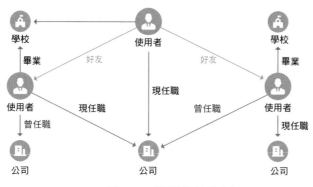

▲ 圖 1-20 社群網站分析

3. 反詐騙

為了規模經濟，不法分子團夥作案時會重複使用 IP 位址、裝置、聯繫方式等犯罪資源，正是這些共用的資源讓看似獨立的申請事件之間形成了各種直接或間接的隱性連結。圖資料庫能夠即時地對進件資訊進行拆解、網路拓樸，並根據動態演化的網路結構，透過圖遍歷迅速找出不同使用者間的各類異常連結，鎖定可疑使用者，提高詐騙檢測的準確率，降低漏報率，讓詐騙檢測從事後發現變為事前防範，如圖 1-21 所示。

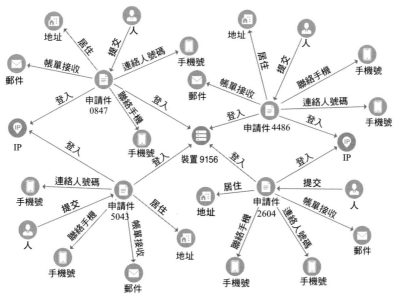

▲ 圖 1-21 金融反詐騙

4. 即時推薦

　　圖資料庫非常適合即時推薦場景，如圖 1-22 所示。圖資料庫可以儲存使用者的購買行為、位置、好友關係、收藏等動態行為資料，透過多維度連結的快速查詢，實現個性化的即時精準推薦。舉例來說，可透過使用者的行動位置和近期消費記錄，即時地向使用者推薦附近的門店及商品。

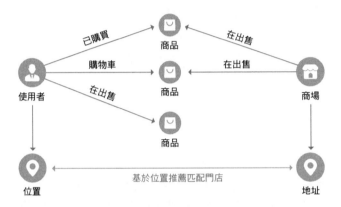

▲ 圖 1-22 即時推薦

5. 輿情分析

　　圖資料庫能以連結網路的形式儲存不同使用者對輿情內容的轉發、按讚、評論等關係，能夠快速地以連結角度定性和定量地分析某輿情事件的受關注程度、傳播速度、主要傳播群眾等，評估輿情事件的影響範圍，找到關鍵傳播路徑，如圖 1-23 所示。

▲ 圖 1-23 輿情分析

6. IT 運行維護與管理

　　利用圖資料庫技術，IT 運行維護人員可以整理不同的 IT 資源和軟硬體設施之間的靜態從屬、連結關係及動態呼叫、存取、依賴關係，即時監控 IT 資源之間的資料流和資訊流，監測異常及違規呼叫，辨識可能的網路攻擊並預警風險，如圖 1-24 所示。

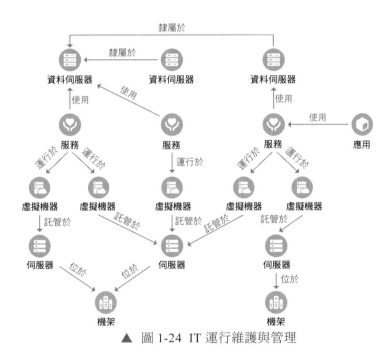

▲ 圖 1-24 IT 運行維護與管理

7. 生物醫療

　　基於圖資料庫的資料智慧結合科學研究創新賦能產業發展，透過建構基因、疾病、病症和病人之間的關係，圖資料庫可以幫助研究員洞察基因間的相互作用、基因和疾病的連結、藥物對基因的作用等規律，並透過聚類、相似度計算等分析手段發掘基因的功能、藥物對疾病的作用，推斷病人可能患有的疾病，指導研究單位進行新藥研發或輔助醫療工作者進行疾病診斷，節省大量的時間和資本投入，切實提升診斷準確率，如圖 1-25 所示。

8. 保全

在公共安全場景中，圖資料庫可用於儲存、整合和整理龐大且錯綜複雜的案件資訊、公民資訊、攝影機資訊，透過複雜連結分析和圖型計算，追蹤犯罪分子的行為軌跡，挖掘犯罪團夥，幫助警務機關快速完成證據閉環、有效佈控警力，提升破案效率與犯罪分子到案數，保障人民財產與生命安全，如圖 1-26 所示。

9. 智慧電網

圖資料庫在電力場景中也有很大的應用空間。電力網絡中的物理終端擷取了大量的裝置、網站狀態資訊，透過建構裝置與裝置之間、裝置與網站之間、網站與網站之間的連結關係圖譜，可以在數位世界中 1:1 仿建虛擬的物理電網，並且在這張虛擬的物理電網上結合業務邏輯，研判電力故障，提升電網即時分析決策能力，提升電網的安全性、高效性和經濟性，如圖 1-27 所示。

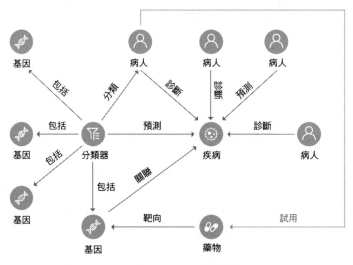

▲ 圖 1-25　生物醫療

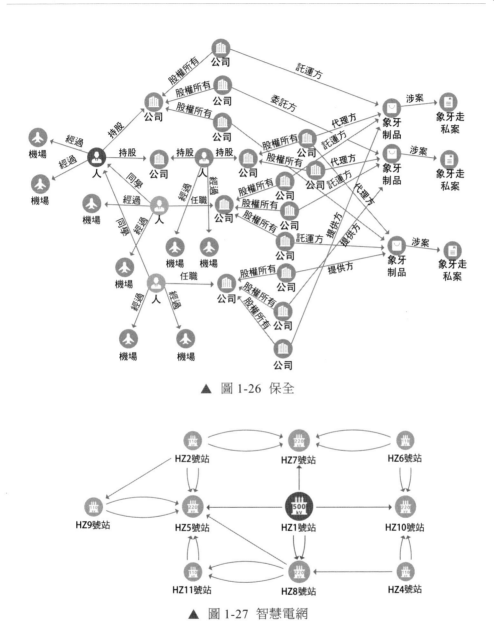

▲ 圖 1-26 保全

▲ 圖 1-27 智慧電網

在網際網路經濟時代，WWW 連接了物理世界中的人與物，實現了生產資料和生產力間的網路效應，創造了巨大的商業價值和社會價值。在社會層面：淘寶透過建立買家和賣家的網路，極大地降低了交易成本，促進了商貿繁榮；Uber 透過建立車主和行人的網路，提高了整個社會的出行效率。在企業層面，

eBay 透過最佳化自身的物流網路實現了同日送達，極大地提高了使用者滿意度和忠誠度，提高了競爭力。在個人層面，網紅利用個體在社群網站的中樞節點位置，為品牌帶來巨大的流量，也為個人創造了可觀的收益。

　　在當下的數位經濟時代，資料已然成為一種重要的生產要素，如何連接資料，形成資料間的網路效應，充分釋放資料要素的價值，成為新的時代命題。圖資料庫從「物件」到「關係」的資料範式的迭代，賦予了人們組織、理解、利用連結資料的能力，是引爆資料價值的關鍵基礎設施。正如碳元素的重組能夠變「碳」為「鑽石」，圖資料庫也能透過改變資料的建模與儲存方式，直接利用網路化的立體資料結構而非傳統二維的平面資料表格來建構現實世界的數位模型，為高度連結的資料提供最佳的呈現、查詢和分析手段，幫助企業從全域角度出發，解構複雜世界、挖掘資料價值並擴大差異化競爭優勢。

　　正因為圖資料庫具備的廣泛應用前景和技術革命性，全球頂尖科技諮詢公司 Gartner 指出，圖的處理與分析能力將成為未來數位化營運企業唯一且最有效的相對競爭優勢。截至本書寫作時，世界百強企業中圖資料庫使用率達 76%，涵蓋金融、軟體、物流、零售、航空、電信、醫療等行業的領導企業與機構。領英、沃爾瑪、惠普、eBay 等全球知名企業都在借助圖資料庫的優勢最佳化企業服務，提升客戶體驗；阿里巴巴、騰訊、百度、華為等巨頭也已開始擁抱圖資料庫技術的業務賦能，並對外輸出。Gartner 預測，至 2025 年，圖技術將用於 80% 的資料分析場景。

　　當前，圖資料庫的商業化實作整體落後於全球市場，尚集中在金融、網際網路等資訊化程度高、資料量大且具備複雜關係的行業，在能源、製造、政務、警務、醫藥等相對傳統的行業，還有很大的市場空間有待挖掘與開發。如何提高傳統行業中企業客戶決策者對圖技術的認知水準，幫助大量習慣以傳統資料模型理解業務的最前線人員改為以圖的方式重構對業務的理解並開展業務應用，同時培養出更多優秀的圖技術及圖型分析的開發人員、應用人員、運行維護人員，在底層平臺能力上建立完整的工具和應用生態，對圖技術行業從業者來說依然存在不小的挑戰。圖型計算在市場教育方面仍任重道遠，有待學術界和產業界長期的共同努力。

1.6 圖資料庫與知識圖譜

很多客戶透過知識圖譜領域的應用第一次接觸到「圖」的概念，常常把「圖資料庫」與「知識圖譜」兩個概念混淆，也有人將圖資料庫理解成知識圖譜資料庫。實際上，「圖資料庫」與「知識圖譜」不是一個範圍的概念。

作為認知智慧的重要支撐技術之一，知識圖譜由 Google 提出，是以圖的形式表現客觀世界中的實體（概念、人、事物）及其之間的關係的知識庫，能夠將客觀世界中的概念、實體及關係以結構化的形式呈現，將資訊表達成更接近人類認知世界的形式。知識圖譜給智慧問答和網際網路語義搜尋帶來了新的可能，已經成為知識驅動的智慧應用的基礎設施。簡而言之，知識圖譜是將可以辨識的客觀物件加以連結，形成的關於客觀世界實體以及實體關係的知識庫。

圖資料庫則是一種通用的底層資料庫管理系統，在不同的應用領域中可以處理不同的圖。知識圖譜是圖資料庫的許多應用領域之一，當圖資料庫儲存的資料是知識時，這個圖就是知識圖譜。前面我們也介紹過其他圖資料庫的應用場景，如「社交圖」（Social Network）、「移動圖」（Mobile Graph）、「通訊圖」（Call Graph）、「交易圖」（Transaction Graph）等。簡而言之，知識圖譜是一種資料形態，而圖資料庫是資料儲存及處理工具。知識圖譜領域常用的圖資料庫類型是 RDF，適合於處理資料量不大、資料相對靜態、資料結構相對簡單和語義推理複雜的場景。

1.7 圖技術的發展趨勢

身為理解世界的新方式，圖技術正憑藉其對複雜連結關係的強大刻畫能力贏得越來越多人的關注。圖資料庫逐漸成為全球資料庫領域競相佈局的新興方向，各大科技公司紛紛將爭奪這項技術的發言權提到了戰略性位置，透過加強研發、設立校企聯合實驗室、多夥伴合作等方式卡點佈局。圖型計算系統也隨著圖資料規模不斷擴大和下游應用需求變化，逐步向前發展。但相比於發展了40 餘年的關聯式資料庫，圖資料庫領域還處於發展的初期階段，存在技術發展不夠成熟，缺乏標準的查詢語言、生態工具和理論系統，以及成熟的商業化應用方案尚且不足等問題。本書旨在推動資料庫領域的理論系統建設及應用實作。對於圖資料庫領域未來的發展趨勢,本書作者僅從業經驗出發,為讀者提供幾個觀察角度。

1. 圖資料查詢語言及圖資料庫測試基準的標準化制定

技術的成熟以其標準化程度為標識。關聯式資料庫的發展離不開 SQL 的標準化,但目前在全世界尚沒有統一的圖資料庫查詢語言。為了更進一步地建立圖資料垂直領域生態,推動圖技術在全球內的可持續發展,ISO/IEC 聯合技術委員會於 2018 年提出推行圖查詢國際標準語言 ISO GQL 的提案,致力於在國際範圍內建立一套強大、好用的屬性圖標準查詢語言。Neo4j、TigerGraph、螞蟻集團、創鄰科技等多家領導圖資料庫廠商都參與其中。ISO GQL 標準預計於 2024 年發佈,將為未來圖技術的商業應用程式開發提供一套標準化的、高表現力的國際通用查詢語言,也將為圖資料庫技術的推廣造成積極作用。

此外,經過幾代的發展,市場上存在架構各異、適用場景各異的各類別圖資料庫產品,如何進行圖資料庫的選型,在行業中尚缺乏共識。LDBC(連結資料基準委員會)是一個致力於發展圖資料管理的國際產業聯盟,它開發了一套用於系統地衡量不同圖資料庫產品性能的測試基準,從資料集的準備、系統環境、測試方法、查詢敘述等方面都做了明確的規定,不僅考核了圖資料庫的基礎增刪改查能力,還全面考核了圖資料庫執行複雜圖模式的查詢能力,具備極強的分析型業務的適用性。雖然 LDBC 目前的測試基準資料集是社交資料,但是其互動式複雜查詢(Interactive Complex Reads)中涉及的圖模式具備相當的通用性。未來,相信適用於不同行業的標準測試資料集及標準複雜查詢也會隨著圖資料庫測試基準的標準化而誕生。

2. 大規模分散式並行圖型計算的發展

隨著巨量資料的蓬勃發展,資料體量、資料之間的連結關係、資料自身及其連結關係的附屬資訊日益豐富、複雜。為了從這些巨量資料中獲取有用的資訊,新型的圖型計算任務不斷地湧現,圖型分析需求呈現複雜、多樣化的趨勢,對圖資料庫及圖型計算引擎的要求也隨之大幅提升,給現有系統帶來了巨大挑戰。

近二十年來，圖型分析系統經歷了從磁碟到記憶體、從單機到多機、從同構到異質的演化。複雜的圖查詢與圖型計算任務往往是儲存密集、讀寫密集和計算密集的，爆炸式增長的圖資料規模對硬體、系統和演算法提出了更高的要求。一方面，設計新型的分散式並行圖型計算框架，解決圖型演算法在分散式系統中網路通訊量大、運算資源耗費大的問題，提升超大規模圖資料的計算效能是未來 Graph 4.0 萬物互聯元宇宙時代圖技術領域亟待解決的難題。另一方面，如何透過軟硬體結合的方式，將高性能計算與圖結合，進一步提升圖型計算效率，以滿足複雜多樣的圖型計算需求也必將成為一個重要的研究課題。

3.「儲存 + 計算 + 分析」一體化圖平臺

傳統上，偏重低延遲、即時查詢性能的圖資料庫系統和偏重高輸送量、離線分析的圖型計算引擎系統，二者是彼此獨立的。對於需要迭代和持久化的複雜圖型分析場景，需要圖資料庫結合圖型計算引擎的雙系統架構，無法避免從圖資料庫載入到圖型計算引擎進行計算、再從圖型計算引擎持久化到圖資料庫的 ETL 過程，其中涉及巨大的時間銷耗。這種架構已經很難滿足當下企業業務發展對即時分析決策的需求。以申請反詐騙為例，將每個申請進件資料進行 OLTP 類更新並插入申請圖譜中後，系統需要計算該申請件相關的申請人的基於網路特徵的 OLAP 類的風險指標，回饋給上層的線上審核應用系統，同時在圖資料中把計算結果分發到與該申請件相連結的申請人及申請資源頂點，執行更新屬性值的 OLTP 類操作，這些更新又會透過 OLAP 類的風險演算法進一步觸發已批核件的貸後風險預警。所有的這些操作需要在數十毫秒內完成。在巨量資料場景中，「圖資料庫 + 圖型計算引擎」的分離式架構很難達到業務需要的查詢、計算效率。

因此，結合 OLTP 與 OLAP 能力的 HTAP（混合事務 / 分析處理）圖資料庫將成為一種趨勢。HTAP 圖資料庫在一份資料上保證交易處理的同時，支援複雜查詢和即時分析，為客戶提供查詢計算一體化能力。這需要一套新的計算儲存框架來支援高併發、低延遲、高可靠和高輸送量的計算和儲存。

實際上，在 Graph 3.0 時代出現的圖資料庫產品已經出現了明顯的平臺化特徵。這個階段的應用對圖資料庫的要求已經不單是巨量資料儲存能力，還包含了即時分析場景下對圖型計算效率以及互動式視覺化分析介面前後端緊密聯動的能力，能夠滿足兆大圖即時展示與迭代分析相結合的要求。因此，當今主流的圖資料庫都或多或少地附帶了圖型運算能力與視覺化組件。這種集資料儲存查詢和計算分析功能於一體的 HTAP 圖資料庫，是建構未來導向的平臺級圖應用的核心元件，負責高性能、可擴充地實現各種通用計算任務的排程策略和執行流程，進而直接賦能整個圖資料平臺，靈活高效率地支撐其上的各類別圖應用服務。

4.「圖 + 人工智慧」形成可解釋的 AI

人工智慧發展到今日，演算法的準確度與效率的提升已經進入瓶頸期。一方面，主流的機器學習演算法都是黑箱技術，可解釋性、可干預性低；另一方面，大量實際應用場景中的資料從非歐氏空間生成，而深度學習方法在處理這類資料的表現上差強人意。

圖資料庫在人工智慧應用中扮演著重要的角色，它們提供了一種高效和靈活的方法來儲存和管理圖資料，並提供了豐富的查詢和分析功能，以便人工智慧應用程式從中獲取有用的資訊和知識用於訓練模型、推斷過程和預測結果。透過在圖資料庫中儲存和管理這些資料，人工智慧應用程式可以更進一步地利用它們進行模型訓練和預測，從而提高其準確性和效率。

近年來，結合圖結構資料與機器學習的圖機器學習（以圖神經網路為代表）成了人工智慧的下一個研究熱點。圖神經網路是指使用神經網路來學習圖結構資料，提取和發掘圖結構資料中的特徵和模式，滿足聚類、分類、預測、分割等圖學習任務需求的演算法總稱。它將人類已有的認知以圖的形式建模並與電腦建立的神經網路模型相結合，融合了人工智慧符號主義流派的邏輯能力和連接主義流派的運算能力，有助解決傳統機器學習演算法存在的可解釋性差、缺乏非歐氏空間資料結構處理能力等問題，已成功應用於推薦系統、電腦視覺和生物醫藥發現等領域中。隨著圖資料變得越來越普遍、蘊含的資訊越來越豐富，圖神經網路的應用場景也會越來越廣泛。

目前，市面上部分圖平臺產品除應用常規圖型演算法之外，也開始支援機器學習演算法，但圖機器學習領域尚在發展早期，仍在記憶體、硬體等多方面存在瓶頸。未來，大規模圖學習和工程化仍有很長的路要走。

5. 圖即服務

網路價值取決於網路中可以建立的連接的數量。同理，資料要發揮它的最大價值，也要透過網路拓樸實現資料間的連通性。但在現實業務場景中，即使有圖資料庫從技術上賦能，資料依然因為遺留資訊系統、所有權、資料治理不合格等因素而以孤島的形式存在。

未來，隨著區塊鏈和圖聯邦學習等技術的發展、資料確權及相關政策法規的成熟，透過「資料＋技術」的結合，圖資料庫技術將有更大的發揮空間。尤其伴隨雲端運算的發展，雲端服務化的圖型計算服務也會像水電煤一樣，成為上層資料智慧應用的基礎設施，隨用隨取，真正實現圖即服務（Graph as a Service）。使用者無須關心系統底層用的是哪種類型的圖資料庫或以何種方式實現的圖型計算引擎，只需專注於查詢和呼叫自身業務領域的資料並將推理的結果運用於當前的業務場景，高效、靈活且低成本地創造更大的商業價值。

1.8　本章小結

人類社會、商業活動無一不是複雜系統，研究、理解這些複雜系統離不開對其中要素及要素間錯綜複雜的各類關係的建模、分析、挖掘與理解。可以說，圖資料庫是高效連接開放資料、實現資料向資訊的轉換、資訊向知識的提煉不可或缺的底層支撐技術，是實現認知智慧必不可少的新型基礎設施。巨量資料時代，得「資料」者得天下；人工智慧時代，得「知識」者得天下。如果把「資料」比作巨量資料時代的「新石油」，那「知識」就是石油的萃取物，而圖資料庫便是提煉石油的煉油機，將資料轉為知識，為企業提供新見解、新洞見。所以，在萬物互聯、資料爆炸的時代背景下，圖資料庫的出現絕非偶然，圖資料庫的高速發展勢不可逆。

　　本章透過介紹圖資料庫及其相關概念、歷史沿革、當前狀況及發展趨勢，為讀者提供了關於圖資料庫技術的綜合性介紹，並從應用場景出發，讓讀者對「圖」形成具象的認知。圖資料庫的「圖」是連結網路、拓撲圖中的「圖」，而非「圖片」的「圖」。圖資料庫技術的產生與發展依託的是各行各業迅速的數位化處理程序、商業活動連結緊密化事態以及即時智慧決策的需求。雖然分類各有不同，但圖資料庫本質上都是用「圖」的方式解構、表達物理與數位世界，從資料庫的層面滿足上層應用對資料儲存、查詢和計算的需求的專有化系統。在人工智慧高速發展的今天，圖技術為通往可解釋的 AI 提供了一條值得深入探索的路徑。透過本章的學習，希望讀者對圖資料庫技術形成全面的認知，為後續章節的深入學習打下基礎。

2

主流圖資料庫的核心原理與架構設計

　　圖資料庫作為一項新興的資料庫技術，按照核心設計主要分為原生圖資料庫和非原生圖資料庫。Neo4j 是原生圖資料庫的代表，JanusGraph 是非原生分散式圖資料庫的代表，Galaxybase 是原生分散式圖資料庫的代表。本章選取了這三種具有代表性的圖資料庫，對它們的核心原理和架構設計進行了全面的介紹。透過學習本章，讀者可以更深入地了解幾種主流圖資料庫的核心設計與架構設計的基礎原理和思想，博采眾家之長。

2.1　圖資料庫核心設計的關鍵目標

　　由於圖結構資料由大量的頂點和邊組成，每個頂點和邊都具有多種屬性，而且它們之間的連結關係複雜，因此圖結構資料通常呈現出複雜性、多樣性和動態性。

　　圖資料庫的核心基礎操作單元包括：存取頂點、邊及其屬性；圖遍歷，即透過不同的「邊」關係查詢給定「頂點」的多跳、不同屬性的鄰接頂點。其中，對頂點、邊及其屬性的存取並不是圖資料庫相較於關聯式資料庫的優勢。如果底層使用關聯式資料庫，並對外提供具有圖語義的抽象介面，使用者也可以高效率地查詢頂點、邊及其屬性。

　　圖資料庫區別於其他資料庫的關鍵在於其在圖遍歷上的效率。如 1.3 節所述，傳統的關聯式資料庫在進行圖遍歷時，邊並不是被直接儲存的，而是以表間外鍵的形式存在的。多表連接操作成本高昂，即使在主鍵和外鍵上都建立了索引，當面對大規模資料或查詢跳數深時，性能仍存在瓶頸。

　　可以說，圖遍歷是圖資料庫最核心的操作單元，它是所有圖查詢和圖型計算的原子操作，其效率決定了圖資料庫的整體性能。因此，圖資料庫核心設計的關鍵目標就是實現高效的圖遍歷。業界最常見的實現方式就是「免索引鄰接」。

2.1.1　免索引鄰接

　　原生圖型儲存是指在資料的持久化過程中，採用專門為圖資料設計的底層結構，利用圖的語義進行最佳化，從而實現更高性能和更安全的圖操作。通常來說，持久化是在硬碟上進行的，因此這裡的底層結構一般指物理媒體上或資料層的目錄組織和檔案格式。

　　為了實現高性能的圖遍歷，原生圖資料庫使用了免索引鄰接（Index-free Adjacency）的儲存方式。如果一個圖資料庫實現了免索引鄰接，就具備了原生圖型處理的能力。免索引鄰接的設計保證了一個點和與之直接相鄰的邊被儲存在一起，這表示頂點無須依賴其他索引類的資料結構即可透過圖中的任意給定頂點直接存取其所有的相鄰邊，從而讓找到該頂點相鄰頂點的時間成為一個常數銷耗，僅與被查詢的頂點及其相鄰的圖資料的規模相關，而與全域資料量無關。

可以說，圖資料庫的技術關鍵在於透過「免索引鄰接」實現圖查詢效率的指數級提升。如果沒有實現免索引鄰接，那麼全域索引的規模必然會隨著整體資料量的增加而增加，導致查詢時間也隨之延長。在資料規模達到數以億計時，會嚴重降低系統的性能。同時，全域索引在考慮圖語義的情況下如何進行分散式儲存也是一個難題。這些因素都限制了未實現免索引鄰接的圖資料庫能夠有效處理的圖資料的規模。

2.1.2 圖資料庫核心的分類

實現免索引鄰接的程度及方式不同，相應的查詢速度和資料的讀取性能也會出現巨大的差距。因此，根據不同圖資料庫在核心設計上是否實現了免索引鄰接，並以何種層次實現，可以將圖資料庫分為三類，如圖 2-1 所示。

在處理與圖結構資料的查詢和計算任務時，原生圖資料庫相比於其他類型的資料庫能實現更好的性能。這種性能的優越表現在多方面，從查詢語言的設計，到檔案系統的組織，再到叢集備份和監控管理等運行維護功能，都能以最有利於圖資料的方式進行設計和實現。

如圖 2-1 左部分所示，原生圖資料庫在資料的持久化層採用了專門適用於圖資料庫的儲存結構，將相關資料以頂點和邊的形式儲存，從而實現免索引鄰接。這種設計使得獲取某個頂點的鄰居的時間銷耗成為常數等級，極大地提高了鄰居迭代的速度。同時，由於底層儲存也採用了「頂點 - 邊」的圖資料結構，而不依賴於第三方的資料模型的儲存元件，原生圖資料庫可以直接透過作業系統來控制檔案的讀寫，從而最小化額外的呼叫層級帶來的銷耗和不可控的風險。由於以原生圖型儲存作為資料支撐，圖型處理層自然具備了原生圖型處理能力，因此能夠高效率地處理複雜的關係。

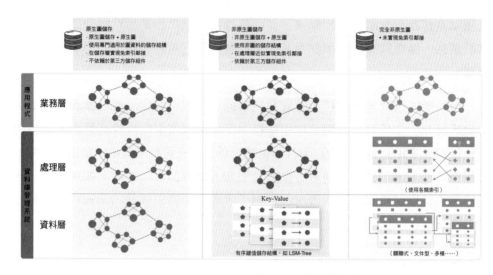

▲ 圖 2-1　三種核心設計的圖資料庫

如圖 2-1 中間部分所示，非原生圖資料庫在資料層採用了非原生的儲存結構（通常是具備排序能力的鍵值儲存，如 LSM-Tree），而在處理層透過近似的方式實現了免索引鄰接。這種核心設計方式無須撰寫自己的資料層，而是直接透過現有的第三方儲存組件儲存資料。這種設計方式的好處是最大限度地降低了圖資料庫廠商的核心開發成本。然而，對使用者而言，當使用其他的資料模型儲存元件來實現圖型儲存時，不論使用的是關聯式、文件型、鍵值還是列存型態資料庫，進行圖查詢和計算都會帶來額外的銷耗，這表示查詢和計算性能可能會有所損失。同時，由於儲存層並不完全支援圖語義，會導致擴充性和一致性的問題也較難處理。舉例來說，原生圖資料庫支援事務可以保證在網路波動、伺服器當機等異常情況下，底層儲存的資料仍然在圖語義下保持一致性，而使用第三方儲存的圖資料庫，其底層依賴的儲存系統僅能保證該儲存模型內資料的一致性，無法保證圖語義下資料的一致性。

同時，透過巧妙的設計，這種核心設計的圖資料庫也可以利用第三方儲存的某些特性，在處理層近似實現免索引鄰接。對於上層業務系統而言，圖資料庫提供了近似實現的免索引鄰接能力，在點邊數量並不很多（通常在數億量級以內）、查詢跳數不深（通常在三次轉發以內）的情況下，通常能夠提供較好的性能。然而，當資料量較大或查詢跳數較深時，非原生圖型儲存的劣勢就會凸顯出來，整體的查詢性能會大幅降低。此外，由於該設計方案需要依賴底層第三方儲存系統的排序特性來重新組織資料，如果在資料匯入完成後還沒有完成資料的重新組織，查詢的效率會降低。因此，這種設計方案不適合應用於資料即時匯入和即時查詢計算資料的場景。

如圖 2-1 右部分所示，有些圖資料庫在資料層採用關聯式、文件型、多模資料庫儲存資料，在處理層透過多表連結及索引實現連結關係查詢，僅在業務層以圖的方式進行呈現。這種核心設計方案無須對底層的資料層與處理層進行重構，只需在業務介面層建構圖語義即可支援一些簡單的圖應用。在資料量較小、資料表之間的關係簡單、資料關係靜態變化的場景下，該方案的開發成本會較低。但是，當面對資料量龐大、關係複雜的場景時，該核心需要維護大量表和大量全域索引，查詢效率會大幅下降，在資料關係動態變化的場景下運行維護成本很高。因此，這種核心設計模式在主流圖資料庫市場上逐漸被淘汰。

2.2 實現免索引鄰接的技術方案

為了實現或接近實現免索引鄰接，可以選擇以下幾類技術方案：使用陣列、使用鏈結串列、使用 LSM 樹（Log Structured Merged Tree）或其他鍵值（Key-Value，KV）形式儲存。其中，使用陣列和鏈結串列可以直接實現免索引鄰接，而使用 LSM 樹或其他鍵值形式可以在一定條件下趨近於實現免索引鄰接。下面逐一分析和介紹各種方案的設計想法和優劣取捨。

2.2.1 使用陣列結構儲存

要想實現免索引鄰接，最直接的方法就是使用一個陣列，將每個點上的所有邊按順序一起儲存。點檔案由一系列點組成，每個點的儲存，包括點的 ID、META 資訊，以及一系列屬性。在每個邊檔案中，按照起始點的連序儲存對應點上的邊。每條邊的儲存包括終止點 ID、META 資訊和邊的屬性。META 資訊包括點邊類型、邊方向、實現事務的額外欄位等，如圖 2-2 所示。在這種儲存結構中，可以直接從起始點遍歷所有的邊資料，讀取性能非常高。

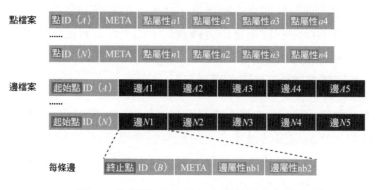

▲ 圖 2-2　使用陣列實現免索引鄰接的儲存結構

　　但是這種儲存方式也需要解決一個棘手的問題——變長陣列的處理。變長可能由多種因素引起，如兩個點的屬性數量可能不同，屬性本身的內容有可能不同，如果屬性值是字串，則字串也是變長的。由於屬性長度不同導致每個點的儲存空間也是變長的。因此，在點檔案和邊檔案中都需要處理變長陣列的問題，如圖 2-3 所示。

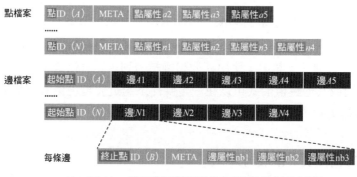

▲ 圖 2-3　使用陣列需要處理變長資料的情況

2.2.2 使用鏈結串列結構儲存

為了徹底解決陣列儲存的變長問題，可以採用鏈結串列的儲存方式。在鏈結串列儲存方式中，點檔案和邊檔案裡儲存的都是 ID，每個 ID 都具有固定長度。透過 ID 可以計算偏移量位置，從而直接讀取資料。由於可以透過位置計算 ID，偏移量和 ID 是一一對應的，因此每個點無須儲存自身的 ID，如圖 2-4 所示。

▲ 圖 2-4 使用鏈結串列實現免索引鄰接的儲存結構

我們再來看如何在鏈結串列儲存中進行邊迭代。首先從點 A 出發，在點檔案中找到首個邊 ID——a，找到邊 a 對應的偏移量，就能讀取整數條邊的資料。在邊資料中有起始點和終止點，如這條邊的起始點 A、終止點 B。下一條邊的偏移量是 θ，然後就再找到 θ 的位置。讀取邊 θ 的資料，它是從起始點 C 到終止點 A。這時點 A 處於終止點的位置上，我們找對應終止點的下一條邊——ω。然後再找邊 ω 的偏移量並讀取，是一個 A 到 D 的邊，點 A 在起始點的位置上，下一條邊是 NULL，迭代遍歷結束，如圖 2-5 所示。我們可以看到，鏈結串列儲存的方式極佳地解決了變長的問題。

這是一個看似完美的解決方案，但實際上仍存在一些問題。在鏈結串列儲存中，每次迭代時 offset 的位置是隨機的，不是連續儲存的，這會導致有大量的隨機讀取操作。然而，磁碟對於隨機讀取操作並不友善，也就是說，雖然時間複雜度是 $O(1)$，但是 $O(1)$ 的單位是磁碟隨機讀取的時間。相比之下，前面陣列方案中的 $O(1)$ 的單位是磁碟順序讀取的時間，這兩者在性能上存在很大的差別。因此，使用鏈結串列的儲存方法非常依賴於高效的快取機制。如果我們能把儲存結構快取到記憶體中，那麼在記憶體中進行隨機存取的性能將大幅提高。

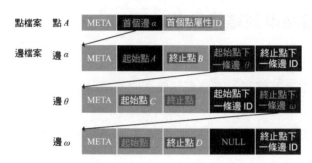

▲ 圖 2-5　使用鏈結串列實現免索引鄰接的鄰接迭代過程

2.2.3　使用 LSM 樹或其他鍵值形式儲存

使用 LSM 樹或其他鍵值形式儲存是一種常見的方案，利用第三方儲存實現免索引鄰接。LSM 樹是一種基於順序寫入磁碟的多層結構的鍵值儲存，被鍵值類儲存系統（如 RocksDB）採用。NoSQL 系統（如 HBase）也被稱為列式儲存或「巢狀結構鍵值」（nested KV）系統，其本質上是使用 Row Key 索引的鍵值儲存，並以 column family 為單位就近儲存資料。因此，它們在最終落盤檔案的儲存組織方式和 Key 的結構設計上有共同之處。由於篇幅所限，不再單獨列出詳細內容。

如圖 2-6 所示，在處理讀取請求時，首先查詢記憶體中的 MemTable，如果找到則直接傳回。如果沒有找到 MemTable，則逐層查詢第 0 層的檔案、第 1 層的檔案。對於寫入請求，資料會被直接寫入記憶體中的 MemTable 和預寫入日誌 WAL（WAL 是一個獨立機制，在圖中略去）。如果 MemTable 沒滿，寫入請求就將直接傳回，因此寫入請求的性能很高。當 MemTable 滿時，將其轉換成 Immutable MemTable，並生成一個新的 MemTable 供後續的寫入請求使用。同時，將 Immutable MemTable 的內容寫入磁碟，形成 SSTable 檔案，這個過程也稱為 minor compaction。記憶體中的 MemTable 和 Immutable MemTable 都按鍵（Key）排序，因此 SSTable 檔案也按鍵排序。SSTable 檔案按層組織，直接從記憶體寫出的是第 0 層，當第 0 層資料達到一定大小後，將其與第 1 層合併，類似於歸併排序。合併後的第 1 層檔案也是順序寫的，當第 1 層資料達到一定大小時，會繼續與下層合併，依此類推。在合併過程中，會清除重複的資料或已被刪除的資料，這個操作也稱為 major compaction。LSM 結構是順序寫入的結構，所有的更新都追加一筆新記錄到記憶體表中，刪除（Delete）記錄也是寫入一筆新記錄，只不過其類型（Type）標記為 delete。因此，compaction 主要包括 minor compaction 和 major compaction，是保證 LSM 樹資料結構正確執行的重要過程。

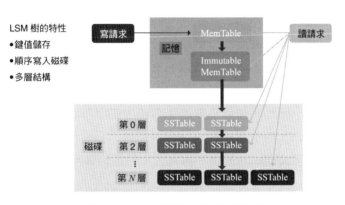

▲ 圖 2-6 LSM 樹儲存原理示意圖

其中，compaction 對免索引鄰接的意義在於實現具有相同 Key Prefix 的資料的連序儲存。透過進行 minor compaction，SSTable 檔案中的資料按照 Key 進行有序排列。因此，在設計邊的 Key 時，我們需要確保一個點的所有邊在排序後是相鄰的。

在圖 2-7 所示的例 1 中，只需要將邊的起始點 ID 作為 Key，排序後，從該起點出發的邊會自然地排在一起。由於 LSM 樹是鍵值對結構，如果僅以起始點 ID 作為 Key，則兩點之間相同類型的邊只能儲存一條。對具有事件性質的邊，如轉帳交易、存取記錄，兩點之間肯定會有多條同類型的邊。在這種場景下，需要重新設計更複雜的合成 Key，由首碼和其他資料組成。舉例來說，可以將起始點 ID 作為首碼，增加一個編號欄位，最終的 Key 由首碼起始點 ID 和編號組成，這樣可以支援在兩點之間存在多條同類型的邊。

▲ 圖 2-7 使用 LSM 樹儲存時邊的 Key 結構設計方案

在某些場景中，邊的 Key 可以不以起始點開始，如在圖 2-7 所示的例 2 中。可以先放置邊的類型，再放置起始點 ID。這樣做是為了能夠透過邊的類型直接分片。雖然這樣做會使一個點的所有邊被分散儲存，但是一個點的某個類型的所有邊仍然會被順序地儲存在一起。

在這種儲存方式下，一個點的相鄰邊會具有獨立的 Key，因此理論上它們會儲存在不同的位置。然而，在分散式系統中，由多個 Key 指向的儲存位置可能會被第三方函式庫分發到距離較遠的分散式節點進行儲存，這破壞了免索引鄰接的約束條件，導致產生無法預測的查詢時間和消耗。尤其是在對於需要即時交易資料一致性和頻繁進行 OLTP 類增刪改查操作的場景中，這種儲存方式的代價更為明顯。因此，在第三方儲存系統中使用多個具有相同首碼的 Key 來儲存邊資料的方式，無法直接實現免索引鄰接，只能作為免索引鄰接在某些特定條件下（如完全 compaction 後不再寫入）的近似實現。

LSM 樹的結構能夠近似實現免索引鄰接的關鍵在於排序後具有相同的 Key Prefix 的儲存記錄會順序地儲存在一起。這取決於特定條件，即 compaction 操作，這也是選擇 LSM 樹結構的重要技術決策點。

舉例來說，當以頂點 X 為起點的邊存在於經過 minor compaction 寫入的某個 SSTable 檔案中時，如果新增了 N 條邊，那麼在執行下一次 major compaction 操作之前，這些新增邊將不會與之前已經落盤的 SSTable 檔案儲存在一起，而是被系統分配到未知的位置。因此，在查詢以頂點 X 為起點的所有邊時，無法使用免索引鄰接的方式，而是需要比對所有以 X 為 Key Prefix 的 Key 定位所有的儲存記錄。由於 SSTable 檔案是分層的，在最壞的情況下需要遍歷所有層才能確定是否存在，因此讀取性能受到嚴重影響，無法達到直接使用陣列的高性能。只有等待進行 major compaction 合併多個 SSTable 並重新按 Key 排序並生成新的落盤檔案後，才能解決這個問題。然而，major compaction 是非常昂貴的，會佔用大量磁碟 I/O 資源，導致整體性能下降，因此不會經常執行。對於頻繁進行 OLTP 類增刪改查操作的場景，在每次執行 major compaction 前無法保證免索引鄰接的實現。

非原生的免索引鄰接設計需要依賴 compaction 操作。然而，在插入大量即時資料的情況下，落盤檔案無法及時地進行 compaction 操作，導致鄰居查詢需要從多個 SST 檔案中讀取資料，降低了即時插入資料的讀取性能。執行 compaction 操作主要涉及對落盤資料檔案進行歸併排序和垃圾清理，需要消耗大量的 CPU 和磁碟 I/O 資源。第三方函式庫的 compaction 操作對於圖資料庫而言是一個不可控的背景操作過程，只能透過一些硬性設定項來規定觸發 compaction 的條件，難以根據圖資料庫本身的負載情況精確地控制 compaction 的時機。如果在前臺負載壓力較大的情況下觸發了 compaction，也會嚴重影響前臺負載的性能。在需要立即查詢和分析大量即時插入資料的場景下，系統性能表現不穩定，難以預測，並且調優難度較大。

2.2.4 最佳化之路

可以看到，幾種常見的實現或近似實現免索引鄰接的儲存方式，都不是一勞永逸的方案，各有各的優勢和限制。透過陣列的方式讀取速度快，但寫入速度慢；使用 LSM 樹或其他鍵值形式的儲存方式雖然初次寫入速度快，但讀取速度較慢，並且依賴昂貴的 compaction 操作；鏈結串列的方式在讀取和寫入速度方面都不佔優，但提供了最高的靈活性。

在實作方式圖資料庫的過程中，我們需要根據設計理念做出取捨。圖資料庫的完整產品架構設計需要考量許多功能和性能問題。舉例來說，需要解決圖資料庫特有的反向邊一致性問題，以及在分散式環境下進行圖分割、實現分散式任務排程和交易處理等。還需要考慮是否支援自訂演算法、高可用性、高擴充性等特性。這些都是成熟的圖資料庫產品需要解決的問題。同時，也要兼顧底層儲存的特性。

2.3 Neo4j

Neo4j 是一款基於 Java 實現的圖資料庫，它相容 ACID（原子性、一致性、隔離性和持久性）特性，並提供了開放原始碼的單機社區版，也提供了閉源的企業版。Neo4j 擁有相對完整的生態，其查詢語言 Cypher 也擁有廣泛的使用者群眾和豐富的學習材料，非常適合初學者使用。

2.3.1 Neo4j 儲存結構

Neo4j 使用的儲存結構是圖資料庫中的鏈結串列結構，其物理儲存單元可以是連續的或非連續的。鏈結串列由一系列元素組成，元素透過鏈結串列中的指標連結次序來實現邏輯順序。元素可在執行時期動態生成，每個元素包含資料和指標兩部分。指標儲存下一個元素的位置。根據指標是否連接多個方向，鏈結串列可分為單向鏈結串列、循環鏈結串列和雙向鏈結串列。

在 Neo4j 中，圖按不同的圖名稱儲存在不同的路徑下，每條圖路徑根據資料的分類儲存在不同的檔案中。頂點、邊、標籤和屬性都是獨立的儲存檔案。

Neo4j 這種儲存檔案的劃分方式，尤其是圖結構和屬性的檔案分離，可以顯著提高圖遍歷的性能。舉例來說，在不需要基於屬性值進行過濾的圖遍歷查詢中，只需要使用圖結構檔案。

1．頂點儲存

頂點檔案儲存頂點記錄，物理檔案名稱為圖型儲存路徑下的 neostore. nodestore.db。每個頂點記錄被表示為一個 NodeRecord，如

圖 2-8 所示。

每個頂點記錄的儲存大小為 15 位元組，包括以下內容。

- 是否在使用的標識，大小為 1 位元組。

- 指向該頂點的第一條邊的指標 next-RelId，大小為 4 位元組。

- 指向該頂點的屬性的單向鏈結串列的指標 nextPropId，大小為 4 位元組。

- 頂點的標籤指標 labels，大小為 5 位元組。

- 標識位元（Flag），大小為 1 位元組。

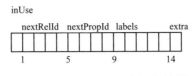

▲ 圖 2-8 Neo4j 頂點儲存結構

頂點記錄的第一個位元組用於表示該記錄是否在使用中，該標識指示當前儲存記錄是否用於儲存頂點，或是否可以被回收以儲存新的頂點。對於未使用的記錄，Neo4j 會在 neostore.nodestore.db.id 檔案中進行記錄和追蹤。接下來的 4 位元組表示該頂點第一條邊的指標，然後的 4 位元組表示該頂點的第一個屬性的指標，接著的 5 位元組表示該頂點的標籤指標，最後一個位元組是額外的標識位元（Extra）。

2．邊儲存

邊檔案儲存邊記錄，物理檔案名稱為圖型儲存路徑下的 neostore.relationshipstore.db。

每一條邊為一個 RelationshipRecord，如圖 2-9 所示。

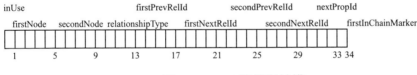

▲ 圖 2-9 Neo4j 邊儲存結構

每個邊記錄的儲存大小為 34 位元組，包括以下內容。

- 是否在使用的標識，大小為 1 位元組。
- 邊的兩個頂點 firstNode（4 位元組）和 secondNode（4 位元組），大小為 8 位元組。
- 邊的類型 relationshipType，大小為 4 位元組。
- 兩個頂點各自邊的雙向鄰接表 firstPrev/NextRelId（8 位元組）、second-Prev/secondNextRelId（8 位元組），大小為 16 位元組。

- 邊屬性的單向鏈結串列的指標 nextPropId，大小為 4 位元組。
- 標識位元，大小為 1 位元組。

與頂點儲存類似，邊儲存的大小也是固定的（34 位元組）。每個邊記錄包含該邊的起止點指標、邊類型指標、起止點的上一條邊和下一條邊指標、該邊第一個屬性指標。此外，還有一個標識用於表示該邊記錄是否位於鏈結串列的最前面。

透過頂點和邊的儲存格式可知，要讀取頂點的屬性，可以從頂點的第一個屬性指標開始遍歷屬性鏈結串列。要查詢頂點的邊，可以從頂點的邊指標找到該頂點的第一條邊，然後對該頂點的雙向鄰接表進行遍歷。要讀取邊的屬性，可以透過邊屬性的單向鏈結串列進行遍歷讀取。

Neo4j 中的頂點和邊儲存都使用固定大小的記錄，這樣一來，任何記錄都可以根據其 ID 計算出在檔案中的儲存位置。具體來說，透過將 ID 乘以頂點（或邊）記錄的大小，就可以計算出記錄在檔案中的偏移量。

3·屬性儲存

屬性檔案用於儲存頂點和邊的屬性記錄，其物理檔案為圖型儲存路徑下的 neo-store.propertystore.db。類似於頂點、邊的儲存方式，屬性儲存也採用固定大小的形式。每個屬性包含 4 個屬性區塊（Property Block）以及屬性鏈結串列的下一個屬性指標。每個屬性可以包含 1 ～ 4 個屬性區塊，因此一個屬性記錄可以容納 1 ～ 4 個屬性。屬性記錄包含屬性的類型，並且與屬性索引檔案 neostore.propertystore.db.index 相連結。屬性記錄還包含一個指標，用於指向動態儲存裝置記錄或內聯值。動態儲存裝置記錄允許儲存佔用空間較大的屬性值。Neo4j 有兩種類型的動態儲存裝置，分別是用於儲存字串的動態儲存裝置（neostore.propertystore.db.strings）和用於儲存陣列的動態儲存裝置（neostore.propertystore.db.arrays）。這些動態儲存裝置也由大小固定的鏈結串列組成，用於儲存屬性值的具體內容。

4・遍歷

圖 2-10 展示了 Neo4j 圖資料的整體儲存模式。

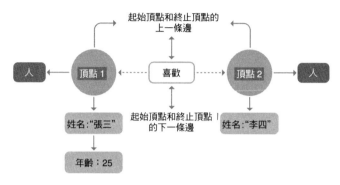

▲ 圖 2-10 Neo4j 圖資料的整體儲存模式

　　從圖 2-10 中可以看到，在「頂點 1」和「頂點 2」兩個頂點記錄中，都存在一個指標指向它們的標籤「人」，一個指標指向對應的屬性鏈結串列。同時，這兩個頂點記錄還有指標指向連接它們的一條類型為「喜歡」的邊。這條邊屬於兩個鄰接表，即「頂點 1」的鄰接表和「頂點 2」的鄰接表。因此，在該條邊的邊記錄中，有兩個指標分別指向「頂點 1」的鄰接表的前後兩條邊，並且還有兩個指標分別指向「頂點 2」的鄰接表的前後兩條邊。如果要讀取頂點的屬性，可以從頂點指向的第一個屬性開始遍歷屬性鏈結串列結構，按順序讀取屬性值。若要查詢頂點的關係，可以透過該頂點的邊指標找到它的第一條類型為「喜歡」的邊。在這裡，我們可以按照該頂點的雙向鄰接表進行遍歷，直到找到感興趣的邊。一旦找到目標邊，還可以透過邊屬性的單鏈結串列讀取該邊的屬性資訊。此外，還可以檢查邊所連接的兩個頂點的相關資訊。

2.3.2 Neo4j 事務

　　Neo4j 的事務與傳統資料庫的事務在語義上是一致的。寫入操作在事務的上下文中發生，為了保證事務的一致性，所有參與事務的頂點和邊都會加寫入鎖。

對於一個成功執行的事務，該事務對資料的更新被持久化到磁碟上，並釋放寫入鎖。這些行為保證了 Neo4j 事務的原子性。如果在事務執行過程中出現失敗，資料寫入操作將被丟棄，並釋放寫入鎖，確保事務執行失敗後圖資料與事務執行前的一致性。

如果出現併發執行事務的情況（兩個或更多的事務嘗試修改相同的頂點或邊），Neo4j 將檢測到這些潛在的鎖死情況，並對這些事務進行序列化。在單一執行的事務中，該事務的寫入操作對於其他事務是不可見的，從而確保了事務的隔離性。

每個 Neo4j 的事務被表示為一個記憶體物件，並由鎖管理器提供支援。鎖管理器建立、更新和刪除頂點和邊時，對相應的頂點和邊加鎖。當交易復原時，事務被丟棄，並釋放寫入鎖；當事務成功執行時，事務被提交到磁碟。

當事務被提交時，所有該事務對資料修改的項目都會被儲存到寫入前日誌。即使因為某些原因伺服器出現故障，Neo4j 也會透過事務日誌來保證資料更改後會被正確地寫入。寫入前日誌最終會被刷新到持久化儲存中，但在持久化儲存被刷新後，與該事務相關的任何寫入鎖都會被釋放。

2.3.3　Neo4j 叢集

Neo4j 提供主備模式（HA）與因果叢集（Causal Cluster）兩種叢集模式。其中主備模式在 Neo4j 4.0 之後的版本中已經廢棄，本節主要介紹 Neo4j 的因果叢集模式。

Neo4j 因果叢集由核心伺服器（Core Servers）和讀取副本（Read Replicas）組成。這兩個角色是生產部署中的基礎角色，但在整個叢集的容錯性和可伸縮性管理方面承擔著不同的角色，並且它們管理的規模也不相同，如圖 2-11 所示。

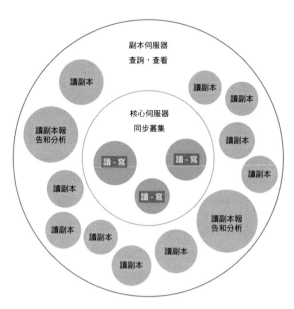

▲ 圖 2-11 Neo4j 叢集結構

Neo4j 的因果叢集有以下三個特徵。

- 安全性：核心伺服器提供了一個容錯平臺，確保大多數核心節點正常執行時期，圖資料庫叢集仍然可用。

- 擴充性：讀取副本提供一個可擴充的平臺，使得圖查詢可以在分散式拓撲節點上執行，從而提高了系統的處理能力。

- 因果一致性：保證使用者端應用程式至少可以讀取自己的寫入內容，確保資料的一致性。

這些功能結合在一起，可以保證當叢集中多個節點出現硬體或網路故障時，圖資料庫的讀寫入操作仍然可以執行。

1 · 核心伺服器

核心伺服器使用 Raft 協定複製所有的事務，以實現資料的保護。在將事務提交給最終使用者應用程式之前，Raft 確保資料的安全持久化。實際上，一旦叢集中的多數核心伺服器（$N/2+1$）接收了事務，就可以確認提交給最終使用者應用程式。

安全性要求會對寫入延遲產生影響。隱式寫入將在得到大多數節點的最快確認後進行，但隨著核心伺服器數量的增加，確認一次寫入所需的節點數也會增加。典型的核心伺服器叢集通常包含少量的機器，能夠為特定部署提供足夠的容錯能力。根據公式 $M = 2F + 1$ 可以計算出需要的核心伺服器數量 M 來容忍 F 個故障。

- 要容忍 2 個故障的核心伺服器，需要部署一個由 5 個核心伺服器組成的叢集。
- 最小的容錯叢集（能夠容忍 1 個故障）必須包含 3 個核心。
- 如果建立一個只有 2 個核心的因果叢集，該叢集將無法容忍故障：如果其中任何一台伺服器發生故障，其餘的伺服器將變為唯讀狀態。

如果叢集中的核心伺服器故障太多，導致無法進行寫入操作，為確保資料的安全性，叢集將進入唯讀狀態。

2 · 讀取副本

讀取副本的主要作用是擴充圖的工作負載，它們類似於對核心伺服器保護的圖資料的快取，並且能夠執行任意的唯讀查詢和過程。

讀取副本是透過非同步複製核心伺服器的事務日誌來獲取資料的，它們定期輪詢核心伺服器，查詢自上次輪詢以來的新事務，並從核心伺服器接收這些新事務的資料。讀取副本可以從較小規模的核心伺服器中獲取資料，以實現查詢負載的規模化。

資料庫通常會部署大量的讀取副本，並將其視為一次性使用。如果遺失某些讀取副本，除了會導致一部分圖查詢輸送量的損失，不會影響叢集的可用性或容錯能力。

3·因果一致性

因果一致性是分散式運算中使用的一種一致性模型，它保證系統中的每個實例都以相同的順序觀察到因果關係的操作。無論使用者端應用程式與哪個實例通訊，它們都能讀取自己的寫入。該過程簡化了使用者端與大型叢集的互動過程，從邏輯上看，使用者端就像是與單一伺服器進行互動一樣。

因果一致性使得資料寫入核心伺服器（在這裡資料是安全儲存的），然後從讀取副本（在這裡圖操作被擴充）中讀取這些寫入的資料成為可能。舉例來說，借助因果一致性，當同一使用者隨後嘗試登入時，先前進行的建立使用者帳戶的寫入操作將被獲取。

在執行事務時，使用者端請求提供一個標籤，並將該標籤作為參數傳遞給後續的事務。基於該標籤，叢集可以確保只有包含該標籤的事務的伺服器才能執行其下一個事務。這就組成了一個因果鏈，它從使用者端的角度確保了正確的寫後讀（read-after-write）語義。

2.4 JanusGraph

JanusGraph 是知名開放原始碼圖資料庫 Titan 的延續。在 Titan 被 DataStax 收購並停止開放原始碼後，JanusGraph 以原 Titan 的基礎為出發點，繼續其開放原始碼路線。JanusGraph 擁有出色的擴充性，其叢集支援儲存和查詢達到數百億等級的頂點和邊。作為一個交易資料庫，JanusGraph 能夠支援高併發地執行複雜的即時圖遍歷。JanusGraph 還具有以下特性。

- 支援資料的線性擴充。
- 透過資料分發和複製提高性能和容錯能力。
- 多資料中心的高可用和熱備份。
- 支援 ACID 和最終一致性。
- 支援多種資料儲存引擎，包括 Apache Cassandra、Apache HBase、Google Cloud HBase 和 Oracle BerkeleyDB。

- 支援全圖資料分析，可與 Apache Spark、Apache Giraph 和 Apache Hadoop 等巨量資料處理平臺良好整合。
- 支援地理、數值範圍和全文索引，可透過 ElasticSearch、Apache Solr 和 Apache Lucene 等工具進行全文檢索。
- 與 Apache TinkerPop 整合，包括 Gremlin 圖查詢語言的支援。

2.4.1 JanusGraph 儲存結構

JanusGraph 採用鄰接列表的方法來儲存資料。在 JanusGraph 中，一個頂點的鄰接列表包括該頂點的屬性和與其連結的邊。接下來，我們詳細解析 JanusGraph 中鄰接列表的實現方式。

JanusGraph 將圖的鄰接列表儲存在任何支援 HBase 資料模型的儲存後端中。

HBase 儲存模型如圖 2-12 所示。

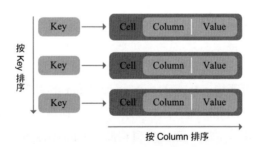

▲ 圖 2-12　HBase 儲存模型

在 HBase 的儲存模型中，每個表是由行組成的集合，每行由一個唯一的 Key 標識。每行包含任意數量（雖然可能非常大，但必須是有限的數量）的 Cell；每個 Cell 由 Column 和 Value 組成，其中 Column 唯一標識某一個 Cell。如圖 2-12 所示，需要支援兩部分的排序——按 Key 排序和按 Column 排序。

- 按 Key 排序：後端儲存的資料根據 Key 的大小進行排序儲存。
- 按 Column 排序：這是 JanusGraph 對 HBase 資料模型的附加要求。儲存邊的儲存格需要按照 Column 排序，並且必須能有效地檢索到由 Column 範圍指定的儲存格子集。

在 HBase 模型中，行被稱為「寬行」，它支援儲存大量的 Cell，同時並不需要預先定義這些 Cell 的 Column。

關聯式資料庫必須在儲存資料之前預先定義好表的 Schema。如果預存程序中需要改變表結構，那麼所有的資料都必須根據 Column 的變化進行調整。與關聯式資料庫不同，HBase 模型中每行的 Column 不同，可以隨時修改某一行，也無須預先定義行的 Schema，只需要定義圖的 Schema 即可。

此外，HBase 可以按照其 Key 的順序對行進行排序。JanusGraph 利用這種方式可以有效地劃分大圖，從而提升載入和遍歷的性能。

基於 HBase 資料模型，JanusGraph 的儲存結構如圖 2-13 所示。

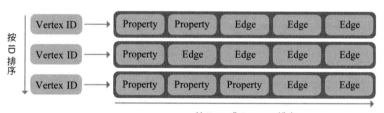

▲ 圖 2-13 JanusGraph 的儲存結構

JanusGraph 以頂點為中心，採用切邊的方式儲存資料。在這裡，頂點 ID 相當於 HBase 中的行鍵（Row Key），頂點上的每個屬性（Property）和每條邊（Edge）相當於該 Row Key 的各個獨立的 Cell。也就是說，每個屬性和每條邊都可以被視為獨立的 KCV（Key-Column-Value）結構。

從圖 2-13 可知，圖的儲存主要分為三部分。

- Vertex ID ：如果底層儲存採用的是 HBase，那麼當前行的 Row Key 就標識某個頂點。
- Property：代表頂點的屬性。
- Edge：代表頂點相連結的邊。

排序方式可以分為以下三種。

- 按 ID 排序：根據頂點 ID 在儲存後端進行連序儲存。
- 按 Type 排序：確保同類型的屬性或邊連續儲存在一起，以便遍歷查詢。
- 按 Sort Key 排序：Sort Key 是邊的組成部分，主要用於對同類型的邊進行排序儲存，以提高針對指定 Sort Key 的檢索速度。

1 · 頂點儲存

JanusGraph 的頂點 ID 結構如圖 2-14 所示。從圖中可知：

- 頂點 ID 以 Row Key 的形式儲存在 HBase 中，頂點 ID 共包含 64 個 bit。
- 頂點 ID 由 Partition ID、Count 和 ID Padding 三部分組成。
- 最高的 5 個 bit 代表 Partition ID。Partition 是 JanusGraph 抽象出來的概念。當儲存引擎為 HBase 時，JanusGraph 會根據 Partition 的數量自動計算並設定各個 HBase Region 的 Split Key，從而將各個 Partition 均勻地映射到 HBase 的多個 Region 中，然後透過均勻分配 Partition ID 實現資料均勻地分佈在儲存引擎的多台機器上。
- Count 部分表示序號，其中最高位元的 bit 固定為 0。
- 最後幾個 bit 是 ID Padding，表示頂點的類型。具體的位元數長度根據不同的頂點類型而有所不同。最常用的普通頂點為 000。

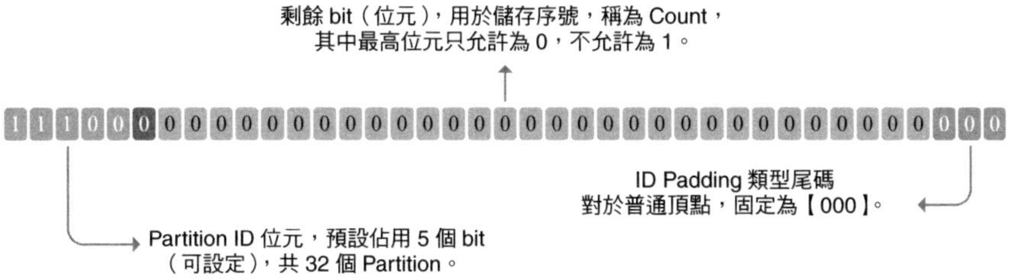
剩餘 bit（位元），用於儲存序號，稱為 Count，
其中最高位元只允許為 0，不允許為 1。
1 1 1 0 0 0 0 0 0 0 0 0 0 0 0 0 0 0 0 0 0 0 0 0 0 0 0 0 0 0 0 0 0 0 0 0 0 0 0 0 0 0 0 0 0 0 0 0 0 0 0 0 0 0 0 0 0 0
ID Padding 類型尾碼
對於普通頂點，固定為【000】。
Partition ID 位元，預設佔用 5 個 bit
（可設定），共 32 個 Partition。

▲ 圖 2-14 JanusGraph 的頂點 ID 結構

2．屬性儲存

一個 Property Key 可以有一個或多個屬性值。JanusGraph 使用 Cardinality 描述 Property Key 的這種特質，Cardinality 有以下三種類型。

- SINGLE：表示一個 Property Key 只對應一個 Value。
- LIST ：表示一個 Property Key 可以對應多個 Value，且這些 Value 可能存在重複值。
- SET ：表示一個 Property Key 可以對應多個 Value，但這些 Value 不能有重複值。

根據 Cardinality 的不同，JanusGraph 屬性資料的儲存結構也略有不同。整體原則為：列名稱本身能夠根據 Cardinality 的不同確定唯一的屬性。

當 Cardinality 為 SINGLE 時，HBase 的列名稱僅儲存 Property Key 的 ID 和方向。具體的 Property Value 和 Property ID（JanusGraph 為每個屬性分配的唯一 ID）都存放在 Cell 的 Value 中。該屬性的其他 Remaining Properties 也會存放在 Value 中。Remaining Properties 在一些特殊場景中會為該 Property 記錄更多的附加資訊（如儲存中繼資料 Edge Label 的定義等），但通常不使用。

當 Cardinality 為 LIST 時，各部分的結構與 Cardinality 為 SINGLE 時相似，區別在於 Property ID 被放在列名稱中，而非 Value 中。

當 Cardinality 為 SET 時，各部分的結構與 Cardinality 為 SINGLE 時相似，區別在於 Property Value 被放在列名稱中，而非 Value 中。

每個 Property Key 也有一個唯一 ID。為了標識各個屬性屬於哪一種 Property Key，JanusGraph 記錄了各個屬性對應的 Property Key 的 ID。當儲存時，JanusGraph 會將 Property ID 和 DirectionID 組合在一起，並用多個位元組來表示。

根據 Property Key 中定義的資料型態的不同，屬性值也有各種不同的序列化方式。舉例來說，String 的序列化方式為 StringSerializer，而 Integer 的序列化方式為 IntegerSerializer。

Property ID 是一個不帶正負號的整數。JanusGraph 將屬性 ID 格式化為多個位元組，每個位元組的最高位元用於表示其是否為最後一個位元組：0 表示不是最後一個位元組，1 表示是最後一個位元組。

3．邊儲存

邊的儲存格式與屬性相似。Property Key 和 Edge Label 被抽象成 Relation Type，並使用相同的資料結構。Sort Key 是一種特殊的屬性。JanusGraph 允許使用者在定義 Edge Label 時指定一個或多個屬性作為 Sort Key。在 JanusGraph 中，邊的 Sort Key 屬性會被儲存在 Relation Type ID 的後面、其他欄位的前面。這種方式確保了在 JanusGraph 中，一個頂點的多條同類型邊會根據 Sort Key 屬性排序儲存。當某個頂點有大量邊時，這種儲存方式能提高查詢性能。

2.4.2 JanusGraph 事務

JanusGraph 的事務不必完全滿足 ACID 原則。在 BerkeleyDB 中，它們可以設定為滿足 ACID 原則，但在 Cassandra 或 HBase 中，情況通常並非如此，因為這些底層儲存系統不提供可序列化的隔離等級或多行原子性寫入操作。模擬這些特性的代價是相當大的。

2.4.3 JanusGraph 架構

JanusGraph 利用 Hadoop 進行圖型分析和圖資料處理,同時為資料持久化、索引和資料存取實現了模組化介面。由於 JanusGraph 的模組化架構,各種儲存和索引技術可以與其互動,從而簡化了擴充 JanusGraph 以支援新系統的過程。

應用程式可以透過以下方式與 JanusGraph 互動。

- 嵌入式 JanusGraph :它和執行 Gremlin 的應用執行在同一個 JVM 中。查詢執行、圖快取和交易處理都在同一個 JVM 內進行,而資料儲存可以在本地或遠端進行。

- JanusGraph 伺服器:在這種模式下,可以將 Gremlin 提交到 JanusGraph Server 以進行互動。

JanusGraph 系統架構如圖 2-15 所示。

- 儲存:用於 JanusGraph 圖資料的儲存。

- 外部索引:用於 JanusGraph 圖資料的外部索引,這個是可選的。

- OLTP:負責圖資料介面和 API 操作。

- OLAP:圖型計算介面以及與其他計算框架組成。

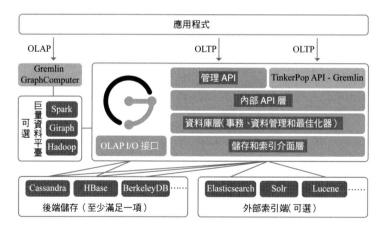

▲ 圖 2-15 JanusGraph 系統架構

2.5　Galaxybase

　　Galaxybase 是一款儲存和計算核心 100% 擁有自主智慧財產權的高性能分散式圖平臺，是原生分散式圖資料庫技術的代表產品。Galaxybase 的主要特點如下。

- 速度快：實現了原生分散式並行圖型儲存，能夠在秒級內傳回數千萬的鄰居查詢結果。

- 高擴充：採用完全分散式架構，支援動態線上擴充，可以高效儲存和查詢兆規模的超級大圖資料。

- 即時計算：內建豐富的圖型演算法，並針對各演算法分別進行單機最佳化和分散式最佳化，使用者無須 ETL 操作就能實現圖型分析。

- 視覺化互動：提供易於理解和操作的視覺化介面，能輕鬆地進行圖資料的建模、匯入和分析，快速實現資料價值轉化。

- 安全自主可控：儲存和計算核心 100% 自主研發，並且全面相容底層軟硬體。

2.5.1　Galaxybase 系統架構

　　如圖 2-16 所示，Galaxybase 圖資料平臺的核心分為儲存層、計算層、介面層三層。在儲存層，Galaxybase 實現了原生分散式圖型儲存。透過結合多種原生圖型儲存方案的優點，Galaxybase 實現了讀寫性能優異且較為均衡的圖型儲存格式。由於是閉源產品，我們對其具體的儲存格式不做詳細介紹。

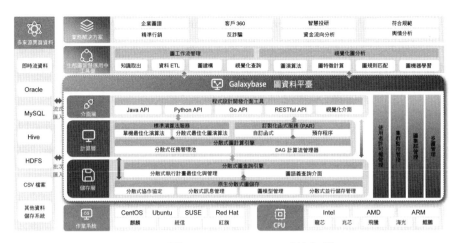

▲ 圖 2-16 Galaxybase 系統架構

　　Galaxybase 在其儲存層設計中加入了對事務的支援，從而實現了與傳統資料庫一致的事務語義，並提供了事務的 ACID 特性。在預設情況下，Galaxybase 使用樂觀併發控制，允許多個事務同時進行（在提交時檢查是否存在衝突），支援使用悲觀鎖的方式實現併發事務的可序列化。

　　此外，Galaxybase 在設計時就充分考慮到了分散式系統水平擴充的需求，在儲存格式上天然支援分片和多副本。Galaxybase 對點、邊資料的落盤檔案進行了加密處理，直接讀取儲存檔案不會顯示資料明文，從而提升了系統的資料安全性。在此基礎上，Galaxybase 實現了分散式圖查詢引擎，包括用於支援圖查詢語言 openCypher 的分散式執行計畫最佳化與管理，以及用於支援上層 API 呼叫的圖語義查詢介面。

　　在計算層，Galaxybase 內建了分散式圖型計算引擎，實現了分散式任務管理和 DAG 計算流管理。基於該引擎，Galaxybase 提供了 7 大類、57 小類的圖型演算法，涵蓋了中心性演算法、社區檢測演算法、尋路演算法、相似度演算法、預測演算法、模式匹配演算法、節點嵌入演算法等各種場景下的圖型演算法類型，並對大多數演算法分別進行了單機最佳化和分散式最佳化。學術界通常都是基於同質圖（Homogeneous Graph）進行演算法研究的，Galaxybase 的內建演算法則提供了豐富的參數，可根據點邊類型、邊方向等各種條件在異質圖（Heterogeneous Graph）上執行，降低了實際場景中的使用門檻。Galaxybase

透過參數化演算法程式（Parameterized Algorithm Routine，PAR）介面，提供了使用者自訂函式和預存程序的能力。該介面封裝了並行迭代、分散式任務等底層基礎能力，可以提供高效的演算法執行性能。使用者可以透過這種方法將自己實現的演算法動態地載入到圖資料庫核心中高效執行。

在介面層，Galaxybase 提供了 Java、Python、Go 等多種語言的 API，以及供其他語言使用的 RESTful API。此外，Galaxybase 還提供了將視覺化展示畫布嵌入到其他頁面的介面。

Galaxybase 具備完整的企業級運行維護管理能力：支援使用者許可權管理、叢集監控管理、圖叢集管理、多圖管理等；相容多種 CPU 和作業系統，具有各種軟硬體系統的調配認證證書；支援各種多源異質資料的批次初始匯入和批次增量匯入，包括 CSV 檔案、JDBC 驅動、巨量資料系統、流式資料來源匯入等方式。

2.5.2　Galaxybase 分散式圖型儲存

Galaxybase 的圖型儲存模組提供了圖資料中的頂點和邊的資料儲存分片的能力。在新增點邊資料和批次載入圖資料時，Galaxybase 會根據資料情況進行劃分，決定該資料的儲存分片。不同分片的資料檔案會根據分佈函式計算出的結果存放在叢集的不同機器上。同時，備份資料也以分片檔案為單位，在叢集中的不同節點之間進行同步。圖資料庫系統在叢集部署的架構是完全分散式、去中心化的，各個節點平權，不會因為單一節點掉線導致系統資料不完整，也不會因為存在單一主節點而導致出現性能瓶頸，更無須為了防止該問題而增加系統的複雜度。在系統底層，資料一致性依賴於穩定的訊息佇列與一致性協定。任意節點和任務都可借助一個虛擬的、穩定的中間通訊平臺，確保訊息的全域統一性、有序性和至多一次送達等特性。系統可支援 N 個熱備份，並透過合理的機架佈局實現高容錯能力。

如圖 2-17 所示，在分散式分片儲存模式中，整個圖資料被分為三部分，盡可能均勻地分佈在叢集中的三個節點上。雖然實際的分片數量顯然不止三份，從而可以支援更大的叢集節點數量,但在此示意圖中,我們以三份分片資料進行表示。這三份分片資料即為主分片副本。當圖的分散式設置為兩副本時,每個節點都會增加一份異地節點資料的備份分片副本,該分片副本的編號由分佈函式決定。這樣,在三節點兩副本的設置下,即使叢集中的任何一台伺服器當機,剩下的機器都能保有完整的資料。

在寫入資料時,主分片的寫入需要等備份分片寫入成功後進行,兩者都成功,整個寫入操作才被認為成功,這樣就能確保資料的強一致性。在預設情況下,備份分片不會參與查詢,除非使用者為了提升查詢效率而願意犧牲部分資料一致性,此時可以開啟備份分片的唯讀功能。

▲ 圖 2-17 Galaxybase 分散式分片儲存模式(三節點兩副本)

Galaxybase 支援靈活的分片位置分佈方式。舉例來說,對於同樣的三個分片,可以指定將所有的主分片副本全部放在同一個叢集節點上,然後讓其他若干叢集節點存放全部資料的備份分片副本。透過這種方式,實質上實現了圖資料的主備分片模式,如圖 2-18 所示。在同一個叢集中,Galaxybase 支援對不同的圖設置不同的分片模式。

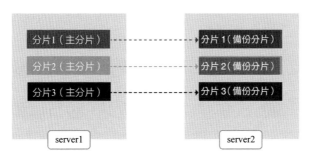

▲ 圖 2-18 Galaxybase 主備分片模式

在進行圖資料的儲存分片時，必須選擇圖資料的分佈方式。在圖資料庫中，頂點切分（Vertex-Cut）和邊切分（Edge-Cut）是兩種常用的資料分佈策略。

頂點切分策略是將邊分配到不同的分片中，同時允許頂點在多個分片中重複出現，如圖 2-19 所示。這表示，一個頂點的不同鄰接邊可以被儲存在不同的分片中，但每條邊只儲存一次。為了保持圖的完整性，同一個頂點可能會在多個分片中出現。

邊切分策略是將頂點分配到不同的分片中，同時確保每個頂點只出現在一個分片中，如圖 2-20 所示。這表示，一個頂點及其所有鄰接邊都將被儲存在同一個分片中。為了保持圖的完整性，同一條邊會在它的兩個端點處分別儲存。

頂點切分的方式可以降低通訊銷耗，但由於需要跨分片儲存頂點，所以分片管理比較複雜。同時，因為同一個頂點的不同邊儲存在不同的分片中，實質上破壞了免索引鄰接的約束，導致遍歷一次轉發鄰居需要進行分散式處理，對 OLTP 性能的影響較大，因此主流的圖資料庫均使用了邊切分方式。Galaxybase 在預設使用邊切分方式的同時，允許使用者根據實際場景自訂分片函式，在處理具有百萬級鄰居的超級節點時，可以借用頂點切分的思想將超級節點切分到不同的分片中，以避免單一頂點的鄰居過多帶來的問題。如果業務邏輯有其他明確的分片條件，如按照地理分佈將同一個省的頂點邊資料放在同一個分片中，也可以透過自訂分片函式來實現，從而最佳化圖資料的分片儲存。

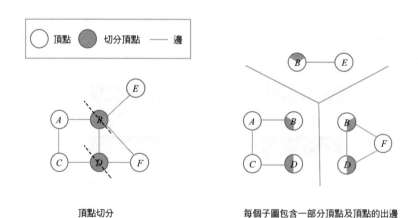

圖 2-19 頂點切分示意圖

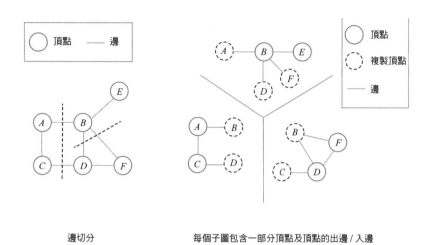

邊切分　　　　　　　　每個子圖包含一部分頂點及頂點的出邊 / 入邊

▲ 圖 2-20 邊切分示意圖

2.5.3 Galaxybase 分散式圖型計算

Galaxybase 支援投影圖模式開啟或關閉進行演算法計算,使用者可以根據業務場景需求選擇不同的模式。

開啟圖型計算投影圖模式(見圖 2-21)後,Galaxybase 圖型計算引擎將圖資料轉換到一個針對高性能圖型分析最佳化的記憶體資料結構中並執行初始化操作,以提升演算法性能。這種記憶體中的圖資料稱為投影圖。

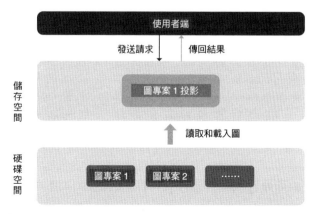

▲ 圖 2-21 Galaxybase 圖型計算之開啟投影圖

Galaxybase 支援對單一或多個圖專案生成投影圖；可以根據頂點類型、邊類型和屬性過濾生成投影圖；支援分散式投影圖，避免單節點記憶體瓶頸；當硬碟儲存資料發生變化時，為保證結果的正確性，會自動重新生成投影圖。投影圖佔用的是獨立的記憶體區域，與其他查詢使用的圖快取區域彼此隔離，使用者之間也是相互隔離的。使用投影圖可以獲得較高的計算性能和記憶體隔離性，但對記憶體資源的佔用較大，適合在硬體資源比較充裕且對演算法性能要求較高的場合使用。

當 Galaxybase 關閉投影圖模式時，將直接使用記憶體中的快取資料進行計算。當圖資料快取不足時，使用 LRU（Least Recently Used）置換演算法與硬碟資料進行交換，選擇最近最久未使用的資料進行淘汰，如圖 2-22 所示。在這種模式下，圖快取與其他查詢共用，不同使用者之間也共用相同的圖快取。因為可能需要頻繁地與硬碟進行資料互動，演算法性能相較於投影圖會有明顯的降低，這種模式適合在硬體資源較為緊缺的場合使用。

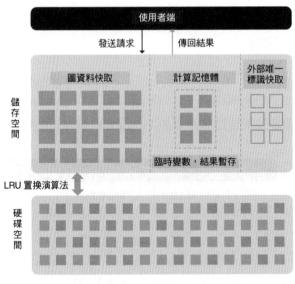

▲ 圖 2-22　Galaxybase 圖型計算之關閉投影圖

為了更高效率地執行圖型計算任務，Galaxybase 提供了一個分散式資源管理器，它負責管理和排程叢集資源。此分散式資源管理器對叢集的硬體資源、

CPU 運算資源和資料儲存資源進行統一的管理和排程。任何節點都可以註冊並發佈任務，同時提供了任務的監控、遷移和恢復功能。

分散式資源管理器採用任務包（bag of tasks）模式。計算任務可被各個節點智慧獲取並執行，充分發揮去中心化自組織架構的優勢，實現最佳化、無瓶頸、高容錯的排程和分散式資源的利用，如圖 2-23 所示。

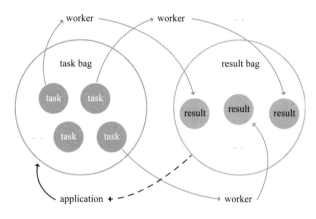

▲ 圖 2-23 分散式資源管理器

傳統的圖型演算法大量依賴矩陣運算，而非專門為原生圖型儲存設計。相反，Galaxybase 的圖型演算法執行器參考了「micro-operation」模型，將業務需求拆分為一系列的圖型演算法，進一步將圖型演算法拆分為一系列的圖操作，最後將圖操作拆分為一系列的基礎微操作單元，如圖 2-24 所示。透過分散式任務排程系統，每個微操作單元都可以在最適合的叢集節點上執行，從而提升了圖型演算法的整體執行效率。

對於常見的圖型演算法，Galaxybase 都進行了深度的最佳化。以圖查詢中最常見的鄰居遍歷演算法——廣度優先搜尋（Breadth First Search，BFS）演算法為例，當資料特徵條件允許時，Galaxybase 會進行以下最佳化操作：首先，建立一個陣列並設置基於該陣列的識別字，用於標識已被搜尋的頂點；當當前層頂點有下一層頂點時，獲取下一層頂點的總數，並根據下一層頂點的總數對所述陣列進行切分，得到若干子陣列。其次，根據這些識別字和子陣列執行最佳化過的廣度最佳化搜尋。這種方式可以充分利用多執行緒並行，從而提升廣度優先搜尋的性能。在搜尋過程中，每個執行緒都會列舉與下一層頂點相鄰並組成邊的另一個頂點。如果這個頂點已被存取，則在子陣列中透過識別字標識這個頂點已被存取。若沒有被存取過，則繼續搜尋直到子陣列中的所有元素都被標識為已被存取，並輸出搜尋結果。透過這種最佳化，可以大幅提升基礎的鄰居遍歷性能，從而提升在圖上執行的各種業務查詢的性能。

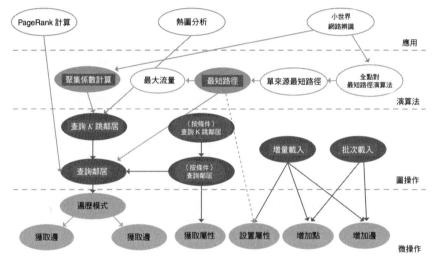

▲ 圖 2-24　Galaxybase 的圖型演算法執行器

　　除 此 之 外，Galaxybase 還 提 供 了 參 數 化 演 算 法 過 程（Parameterized Algorithm Rou-tine，PAR）的程式設計介面 API，支援使用者透過訂製化函式程式庫來增加自訂函式和過程。PAR API 允許使用者對查詢過程進行細粒度的控制，如並行迭代點邊、分散式任務執行、超級點的特殊處理和快取最佳化等，以實現查詢執行過程的最佳化。這些將有助使用者應對查詢邏輯複雜且性能要求高的場景（詳見第 6 章）。

　　PAR API 的實現套件將以外掛程式的形式安裝在 Galaxybase 圖資料庫中，並會在啟動圖資料庫時自動載入。使用者可以利用 PAR API 提供的程式設計介面，直接與資料庫核心的儲存和分散式協定進行互動，實現高性能的訂製化演算法。Galaxybase 附帶的訂製化函式程式庫提供了多種呼叫方法，使用者可以借助豐富的程式設計結構（如迴圈、條件分支等）和訂製化函式的多樣化組合，實現通用查詢語言難以實現的複雜查詢邏輯和訂製化圖型演算法。

2.5.4 Galaxybase 高性能圖展示

Galaxybase 整合了多種自主實現的圖佈局演算法，包括相對佈局演算法、樹形佈局演算法、網格佈局演算法、圓形深度佈局演算法等，旨在提供多樣化的預設佈局方式，並能對圖的不同局部範圍應用不同的佈局策略。

利用多項最新的科研成果，Galaxybase 支援各種圖佈局以及不同佈局之間的混合形式著色（見圖 2-25），並開發了自主產權的展示庫（詳見第 7 章），實現了前後端聯動的圖佈局與平衡演算法。

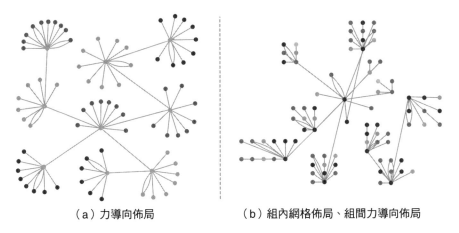

（a）力導向佈局 　　　　（b）組內網格佈局、組間力導向佈局

▲ 圖 2-25 各種佈局和形式著色

透過最佳化佈局演算法，Galaxybase 能夠在一個普通的瀏覽器頁面中同時佈局並繪製含有數以萬計的頂點的圖，並流暢地進行縮放、展開頂點等操作。在佈局的過程中，使用者可以選擇將多個頂點抽象為一個虛擬頂點；當兩個頂點之間有多條邊時，使用者還可以選擇合併這些邊，然後重新佈局。

佈局演算法和後端儲存的再平衡演算法具有相似性。當所有的資料都是靜態的，即資料不會發生更新時，系統可以實現最佳化的佈局和後端資料的切分。

然而，如果資料是動態的（舉例來說，即時插入新的頂點和邊），就會導致原有靜態圖的拓撲結構發生劇變，使得基於原圖拓撲結構計算的佈局和資料分佈被「打亂」。這就需要進行「再平衡」，無論是前端顯示還是後端資料，都需要重新進行動態分佈，以保證最終的顯示或儲存結果是結構平衡且勻稱的。

Galaxybase 是一款先進且成熟的圖資料庫系統軟體。本書在後續章節中，將使用 Galaxybase 進行詳細的介紹和實踐演示。

2.6 本章小結

本章介紹了圖資料庫核心設計的主要目標，具體解析了三種主要的資料儲存結構。我們以 Neo4j、JanusGraph 和 Galaxybase 為例，闡述了圖資料庫在儲存和系統架構設計方面的實現。在圖資料庫儲存層之上，完整的系統架構設計涉及查詢、計算、資料一致性處理、語言解析、程式設計介面和視覺化元件等多個關鍵功能部分。不同的圖資料庫核心和架構設計會影響圖資料庫的儲存、查詢和計算效率，以及在不同場景下的適用性和好用性。因此，針對不同的應用場景，使用者需要進行精準的圖資料庫選型。具體的選型標準將在後續章節中進行詳細的介紹。

3

圖查詢語言

　　圖資料庫查詢語言（以下簡稱「圖查詢語言」）是一種用於從圖資料庫系統中獲取資料的電腦語言。流行的圖查詢語言包括屬性圖查詢導向的 Cypher、Gremlin 和 GQL 語言，以及 RDF 圖導向的 SPARQL 語言。透過本章的學習，讀者將初步理解各種主流的圖查詢語言（Graph Query Language，GQL），並學習如何使用 Cypher 進行基礎的圖資料庫查詢。

3.1 圖查詢語言一覽

圖查詢語言與關聯式資料庫的查詢語言 SQL 類似，都是用來從資料庫中查詢資料，而無須透過如 C++ 這樣的程式語言撰寫程式。圖查詢語言複雜度相對較低，使得非電腦專業從業者也能學習使用。圖查詢語言通常可以分為宣告式和命令式兩種。

宣告式（Declarative）圖查詢語言以結果為導向，向機器描述要做什麼（What），而機器則負責決定如何去做（How）。舉例來說，如果你告訴資料庫讀取某個資料表裡的第五列，你關注的是結果，而不需要指定具體的讀取過程，如讀取哪個磁碟路徑上的檔案的第幾個位元組，使用多少個迴圈，如何判斷邊界等。

命令式（Imperative）圖查詢語言則以過程為導向，明確告訴機器應該如何去做。這類似於使用 C++ 撰寫程式，每一步都有非常明確的指令和操作步驟。舉例來說，撰寫一個迴圈計數器，從 1 開始，每輪迴圈加 1，直到 10000，這就是一個具體的過程。

接下來，我們將簡介幾種常見的圖查詢語言。

1 · Cypher

Cypher 是由 Neo4j 提出的一種宣告式圖查詢語言，其語法簡潔且表現力強大，可以精準高效率地查詢和更新圖資料。Cypher 是受到 SQL 啟發的語言，它允許使用者宣告想要選擇、插入、更新或刪除的內容，而無須詳細描述如何達到目標的方法和步驟。使用者可以透過 Cypher 建構具有強大表達力且高效的查詢，執行資料庫中的常見建立、讀取、更新和刪除操作。

Cypher 語言是目前全球最常用的圖查詢語言，除 Neo4j 外，許多圖資料庫如 Galaxybase 也相容並支援 Cypher。本章後續將詳細講解 Cypher 語言的語法及使用範例。

2 · Gremlin

　　Gremlin 是 Apache TinkerPop 框架下的圖查詢語言，它既可以是宣告式的，也可以是命令式的。儘管 Gremlin 基於 Groovy，但它具有多種語言變形，允許開發人員用 Java、JavaScript、Python、Scala、Clojure 和 Groovy 等現代程式語言來撰寫查詢。與受 SQL 啟發的宣告式語言 SPARQL 和 Cypher 不同，Gremlin 更像是一種函式式程式語言，使用者在使用 Gremlin 進行圖遍歷查詢時需要呼叫單步函式來指定具體的遍歷步驟。目前，JanusGraph 等圖資料庫使用的查詢語言是 Gremlin。

3 · SPARQL

　　SPARQL（SPARQL Protocol and RDF Query Language）是一種專門為資源描述架構（Resource Description Framework，RDF）開發的查詢語言和資料存取協定。SPARQL 的查詢結果可以是結果集，也可以是 RDF 圖。SPARQL 允許使用者按照 W3C（World Wide Web Consortium）的 RDF 規範撰寫查詢，主要針對三元組形式的資料，常用於支援 RDF 模型的圖資料庫。

4 · GSQL

　　GSQL 是 TigerGraph 提出的圖查詢語言，是一種高效且圖靈完備的查詢語言。GSQL 的語法與 SQL 相似，因此對 SQL 程式設計師來說，學習曲線相對較平緩。然而，它同時也支援 NoSQL 開發人員所偏愛的 MapReduce 程式設計模型，並相容大規模並行處理的可擴充性。目前，在市面上的圖資料庫中，只有 TigerGraph 使用 GSQL 語言。

5 · GQL

　　GQL（Graph Query Language）是 ISO/IEC 聯合技術委員會提案並表決通過的國際標準圖查詢語言。GQL 在很大程度上參考了現有的主流查詢語言，主要靈感來自 Cypher（實現版本 10 餘個，包括 6 個商業產品）、Oracle 的 PGQL

和 SQL。GQL 目前還在設計和完善過程中，未來正式推出後將逐步成為所有圖資料庫都支援的國際標準圖查詢語言。

上述圖查詢語言對比如表 3-1 所示。

▼ 表 3-1　圖查詢語言對比

圖查詢語言	發行廠商	語言類型	面向圖類型
Cypher	Neo Technology	宣告式	屬性圖
Gremlin	Apache 軟體基金會	宣告式 / 命令式	屬性圖
SPARQL	WWW 聯盟	宣告式	RDF 三元組
GSQL	TigerGraph	宣告式	屬性圖
GQL	ISO/IEC 聯合技術委員會	宣告式	屬性圖

3.2 Cypher

3.2.1 Cypher 簡介

1 · 設計理念

Cypher 的設計理念在於：開發工程師、測試工程師、資料庫管理員，乃至非技術人員，都能輕鬆地理解和使用 Cypher。透過使用 Cypher，圖資料庫的使用者可以專注於他們的業務，而無須投入大量時間理解圖資料庫的底層實現。Cypher 具有以下幾大特點。

1）人性化設計。Cypher 在語法設計上非常人性化，為圖中的頂點和關係提供了直觀的表示方式。舉例來說，如果使用者想查詢一次轉發路徑，「()」代表頂點，「[]」代表關係，查詢敘述的撰寫方式本身就像是由兩個頂點和一條關係組成的一次轉發路徑。

```
MATCH (n)-[r]-(m)RETURN *
```

2）博採眾長。Cypher 集思廣益，參考和吸收了已有資料庫查詢語言的常用寫法。舉例來說，WHERE、ORDER BY、SKIP 和 LIMIT 這些用法就來自關聯式資料庫查詢語言 SQL，視覺化模式匹配的語法設計則來源於 RDF 查詢語言 SPARQL 等。

3）敘述組合。Cypher 類似於 SQL 語言，一筆完整的查詢可以由多行敘述（Clause）組合而成，每行敘述的執行結果將儲存為中間結果，並傳遞至下一行敘述。Cypher 的執行採用火山（Volcano）模型，除了聚合操作，當前敘述完全執行完之前，部分已完成的結果就會往下一行敘述傳遞。

2·事務操作

使用者可自行選擇是否開啟事務。對一個事務內的所有 Cypher 更新操作來說，不是全部執行失敗，就是全部執行成功。若業務需求不需要開啟事務，執行 Cypher 查詢會獲得更佳的性能。若業務需求需要開啟事務，則開啟事務後，Cypher 查詢在該事務中執行，直到事務成功後提交事務，執行導致的資料改動才會持久化到磁碟中。

此外，一個事務可執行多個 Cypher 查詢。舉例來說，透過 Bolt Driver 提供的 API 建立並開啟一個事務，隨後執行多個 Cypher 查詢，最終提交並關閉該事務。

3·唯一性

在進行多跳路徑查詢時，Cypher 將對路徑上的邊進行去重操作，確保一條路徑不存在重複的邊。舉例來說，在查詢一個使用者的同學的同學時，傳回結果不會包含該使用者，以避免路徑中存在相同的邊。

4·相容性

Cypher 是目前圖資料庫領域屬性圖的主流查詢語言。為了迎合使用者的使用習慣，降低重複的學習成本，一些圖資料庫選擇相容 Cypher（如 Galaxybase）。然而，由於底層結構的差異，不同圖資料庫實現的 Cypher 標準也存在差異。本書以 Galaxybase 圖資料庫為例，在語法講解過程中會標注出 Galaxybase 與 Neo4j 的使用差異。

3.2.2 Cypher 使用場景

本節將從使用者的角度出發，以 MovieDemo 圖作為樣例，使用 Cypher 撰寫敘述來完成各類查詢任務，幫助讀者逐步上手，學習和體驗如何使用 Cypher 解決實際問題。MovieDemo 是一個簡單的電影關係圖，包含了兩種頂點類型（人和電影）以及三種關係類型（導演、主演和參演）。

MovieDemo 圖模型如圖 3-1 所示。

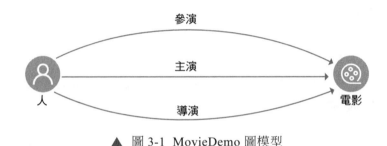

▲ 圖 3-1　MovieDemo 圖模型

（1）點類型

1）人。外部唯一標識：姓名；擁有出生年份（INT）、出生地（STRING）屬性。

2）電影。外部唯一標識：電影名稱；擁有上映年份（INT）、國家（STRING）、語言（STRING）、評分（DOUBLE）和票房（STRING）屬性。

（2）關係類型

1）導演。起始點類型為人；終止點類型為電影。

2）主演。起始點類型為人；終止點類型為電影；擁有角色（STRING）屬性。

3）參演。起始點類型為人；終止點類型為電影；擁有角色（STRING）屬性。

1 · MATCH

（1）MATCH 簡介

MATCH 用於檢索圖資料庫中的頂點和關係。

（2）基本頂點查詢

1）獲取圖中所有頂點。如果指定模式為不帶類型的頂點，則傳回結果為圖中的所有頂點。範例如下：

```
MATCH (n)
RETURN n
```

傳回資料庫中的所有頂點。

2）獲取所有電影類型的頂點。如果頂點帶類型，則傳回結果為所有此類型的頂點。範例如下：

```
MATCH (movie:電影 )
RETURN movie
```

傳回資料庫中所有電影類型的頂點。

（3）基本關係查詢

1）查詢與「吳京」頂點存在一次轉發關係的所有頂點。

當需要說明頂點間關係的方向時，可以用 --> 或 <-- 表示。範例如下：

```
MATCH (n:人 { 姓名 :' 吳京 '})-->(movie)
RETURN movie
```

傳回一次轉發關係的終止頂點。

2）查詢「吳京」頂點所有一次轉發關係的類型。

如果需要為關係增加屬性過濾，或需傳回關係，或對關係進行函式運算，需為關係命名。範例如下：

```
MATCH (n: 人 { 姓名 :' 吳京 '})-[r]->(movie)
RETURN type(r)
```

傳回關係的類型。

3）查詢所有主演《流浪地球》電影的人類型的頂點。

可以透過冒號和關係類型對其加以指定。範例如下：

```
MATCH (n)-[: 主演 ]->(movie: 電影 { 電影名稱 :' 流浪地球 '})
RETURN n
```

傳回指定類型關係的起始頂點。

2 · OPTIONAL MATCH

（1）OPTIONAL MATCH 簡介

OPTIONAL MATCH 和 MATCH 一樣，用於檢索圖資料。兩者的區別在於，對於找不到的匹配項，OPTIONAL MATCH 會用 null 代替。與不加 OPTIONAL 關鍵字時的查詢做比較會更容易理解 OPTIONAL 關鍵字的作用。

（2）可選模式

查詢人物「吳京」和與其有關係的話劇，若話劇不存在，則用 null 替代。範例如下：

```
MATCH (a { 姓名 :' 吳京 '})
OPTIONAL MATCH (a)-->(x: 話劇 )
RETURN *
```

可選查詢一次轉發頂點，並傳回查詢結果。

（3）可選元素的屬性

查詢人物「吳京」和與其有關係的話劇，並傳回「吳京」和話劇名稱，若話劇名稱不存在，則用 null 替代。範例如下：

```
MATCH (a { 姓名 :' 吳京 '})
OPTIONAL MATCH (a)-->(x: 話劇 )
RETURN a,x. 話劇名稱
```

傳回可選元素的屬性。若可選頂點或關係為 null，則傳回屬性值也為 null。

（4）可選關係類型和命名

查詢人物「吳京」和與其存在「出演話劇」關係的頂點，並傳回「吳京」和該關係，若「出演話劇」關係不存在，則用 null 替代。範例如下：

```
MATCH (a { 姓名 :' 吳京 '})
OPTIONAL MATCH (a)-[r: 出演話劇 ]->(x)
RETURN a,r
```

傳回可選指定類型的關係。

3・RETURN

（1）RETURN 簡介

RETURN 用於指定查詢結果傳回的部分。

（2）傳回頂點

查詢並傳回姓名為「吳京」的人類型的頂點。範例如下：

```
MATCH (n { 姓名 :' 吳京 '})
RETURN n
```

傳回 RETURN 敘述中列出的頂點。

（3）傳回關係

查詢並傳回姓名為「吳京」頂點的一次轉發「主演」關係。範例如下：

```
MATCH (n { 姓名 :' 吳京 '})-[r: 主演 ]->(: 電影 )
RETURN r
```

傳回 RETURN 敘述中列出的關係。

（4）傳回屬性

查詢並傳回「吳京」頂點的姓名屬性。範例如下：

```
MATCH (n { 姓名 :' 吳京 '})
RETURN n. 姓名
```

傳回 RETURN 敘述中列出的屬性。

（5）傳回所有元素

查詢「吳京」頂點存在的一次轉發關係路徑，並傳回所有被命名的路徑、頂點和關係。範例如下：

```
MATCH p =(a { 姓名 :' 吳京 '})-[r]->(b)
RETURN *
```

傳回所有頂點。

4 · WITH

（1）WITH 簡介

WITH 用於向後面的敘述傳遞指定的結果，並可以改變結果集中頂點的形式和數量。

注意：WITH 會影響查詢結果集中的變數，WITH 敘述外的變數不會傳遞到後續查詢中。

（2）處理查詢結果並向後傳遞

1）查詢 5 部評分最高的電影頂點，並查詢與這 5 部電影有關係的人。範例如下：

```
MATCH (m: 電影 )
WITH m ORDER BY m. 評分 DESC LIMIT 5
MATCH (m: 電影 )-[r]-(n: 人 )
RETURN *
```

向後面的敘述傳遞結果並改變了結果的數量。

2）查詢所有電影的平均評分，並查詢評分大於該平均評分的電影。範例如下：

```
MATCH (n: 電影 )
WITH AVG(n. 評分 )AS score
MATCH (h: 電影 )WHERE h. 評分 > score
RETURN h
```

向後面的敘述傳遞結果並改變了結果的形式。

5．UNWIND

（1）UNWIND 簡介

UNWIND 用於將任何列表拆分成單獨的行。這些列表可以是傳入的參數、之前使用 COLLECT 聚合的結果或其他列表運算式。UNWIND 需要指定一個新的名稱。

（2）展開列表

將文字清單轉為以 x 命名的行並傳回。範例如下：

```
UNWIND [1,2,3,NULL]AS x
RETURN x,'val'AS y
```

原始列表的每個值（包括 null ）都作為單獨的行傳回。

6．WHERE

（1）WHERE 簡介

WHERE 用於為 MATCH、OPTIONAL MATCH 和 WITH 敘述增加過濾條件。

（2）基本用法

1）查詢電影「少年的你」並傳回。範例如下：

```
MATCH (n)
WHERE n.電影名稱 = ' 少年的你 '
RETURN n
```

查詢指定屬性條件的頂點並傳回。

2）查詢人類型的頂點並傳回。範例如下：

```
MATCH (n)
WHERE n:人
RETURN n
```

查詢指定類型條件的頂點並傳回。

3）查詢評分大於 8 的電影，並傳回它們的名字和評分。範例如下：

```
MATCH (movie:電影 )
WITH movie
WHERE movie.評分 > 8
RETURN movie.電影名稱 ,movie.評分
```

使用 WITH 和 WHERE 對 MATCH 結果進行篩選。

7 · ORDER BY

（1）ORDER BY 簡介

ORDER BY 對結果進行排序。

（2）根據屬性排序

查詢所有人類型的頂點，按人出生年份從小到大排序，並傳回人的姓名、出生年份。範例如下：

```
MATCH (n:人 )
RETURN n.姓名 ,n.出生年份
ORDER BY n.出生年份
```

8・SKIP

（1）SKIP 簡介

SKIP 用於跳過指定行數 RETURN、WITH 的結果。

（2）跳過前 3 行

查詢所有人類型的頂點，跳過前 3 個人，從第 4 個人開始傳回姓名。範例如下：

```
MATCH (n:人)
RETURN n.姓名
SKIP 3
```

跳過指定數量的結果，然後傳回結果的子集。

9・LIMIT

（1）LIMIT 簡介

LIMIT 用於保留指定行數 RETURN、WITH 的結果。

（2）傳回部分結果

查詢所有人類型的頂點，並傳回年齡最大的前 3 個人。範例如下：

```
MATCH (n:人)
RETURN n
ORDER BY n.出生年份
LIMIT 3
```

從頂部開始傳回結果的子集。

10・CREATE

（1）CREATE 簡介

CREATE 用於建立頂點、關係或路徑。

（2）建立頂點

1）建立 1 個人類型的頂點。範例如下：

```
CREATE (n:人)
```

建立帶有類型的頂點。

2）建立 1 個姓名為「王俊凱」的人類型的頂點。範例如下：

```
CREATE (n:人{姓名:'王俊凱'})
```

建立 1 個帶類型的新頂點時，可以同時為該頂點增加屬性。

3）建立 1 個姓名為「王源」的人類型的頂點，並傳回該頂點。範例如下：

```
CREATE (n:人{姓名:'王源'})
RETURN n
```

透過上述查詢建立單一頂點並傳回。

（3）建立關係

在人「王源」和電影「流浪地球」間建立一個關係「主演」，並傳回該關係。範例如下：

```
MATCH (a:人),(b:電影)
WHERE a.姓名 = '王源'AND b.電影名稱 = '流浪地球'
CREATE (a)-[r:主演]->(b)
RETURN r
```

在兩頂點間建立關係前，首先要獲取這兩個頂點，獲取頂點後，即可在兩點間建立關係。

（4）建立完整路徑

建立人「成龍」主演電影「天將雄師」和人「李仁港」導演電影「天將雄師」的路徑。

單獨使用 CREATE 建立整個模式時，模式中所有的頂點和關係都會被建立。範例如下：

```
CREATE p=(n:人{姓名:'成龍'})-[r:主演{角色名稱:'西漢將軍霍安'}]->(m:電影{電影名稱:
'天將雄師'})<-[r2:導演]-(h:人{姓名:'李仁港'})
RETURN *
```

該查詢一次建立 3 個頂點和兩個關係，將其賦值給路徑變數後，傳回變數值。

（5）建立新類型

建立新的點類型。範例如下：

```
CREATE VERTEXTYPE 標籤 (PRIMARY_ID 標籤名稱 String)
CREATE VERTEXTYPE 觀眾 (PRIMARY_ID 觀眾 ID String, 觀眾類型 String, 性別 String)
```

建立新的關係類型。範例如下：

```
// 建立允許重複的有向關係
CREATE DIRECTED ALLOWREPEAT EDGETYPE 屬於 (FROM 電影 ,TO 標籤 )
// 建立不允許重複的有向關係
CREATE DIRECTED NOTALLOWREPEAT EDGETYPE 屬於 (FROM 電影 ,TO 標籤 )
// 建立允許重複的無向關係
CREATE UNDIRECTED ALLOWREPEAT EDGETYPE 觀影 (FROM 觀眾 ,TO 電影 , 線上觀影平臺 String)
// 建立不允許重複的無向關係
CREATE UNDIRECTED NOTALLOWREPEAT EDGETYPE 觀影 (FROM 觀眾 ,TO 電影 , 線上觀影平臺 String)
```

與 Neo4j 不同的是，Galaxybase 需要透過以上特定的語法建立新的頂點類型、關係類型和屬性名稱。

11 · DELETE

（1）DELETE 簡介

DELETE 用於刪除頂點和關係。在刪除頂點前，需先刪除與該頂點有連結的所有關係。

（2）刪除單一頂點

查詢到姓名為「王俊凱」的人類型頂點並刪除。範例如下：

```
MATCH (n: 人 { 姓名 :' 王俊凱 '})
DELETE n
```

（3）刪除頂點及其所有關係

刪除姓名為「王源」的人類型頂點及其所有相連結的關係。範例如下：

```
MATCH (n: 人 { 姓名 :' 王源 '})
DETACH DELETE n
```

使用 DETACH DELETE 刪除頂點及其相連的所有一次轉發關係。

（4）僅刪除關係

刪除所有以「吳京」為起始頂點的「主演」關係。範例如下：

```
MATCH (n { 姓名 :' 吳京 '})-[r: 主演 ]->()
DELETE r
```

只刪除關係，保留相關頂點。

12・SET

（1）SET 簡介

SET 用於設置頂點和關係的屬性。在 Galaxybase 中，主鍵屬性（外部唯一標識）在建立後不能修改和刪除。

（2）設置屬性

查詢人「肖央」，將其出生地屬性改成「中國浙江」，並傳回他的籍貫。範例如下：

```
MATCH (n { 姓名 :' 肖央 '})
SET n. 出生地 = ' 中國浙江 '
RETURN n. 出生地
```

在頂點上設置屬性。

（3）刪除屬性

查詢人「肖央」，移除他的出生地屬性。範例如下：

```
MATCH (n { 姓名:' 肖央 '})
SET n. 出生地 = NULL
RETURN n. 出生地
```

雖然一般情況下會使用 REMOVE 刪除屬性，但有時使用 SET 更為方便。

13 · REMOVE

（1）REMOVE 簡介

REMOVE 用於移除頂點和關係的屬性。

（2）刪除屬性

查詢人「王迅」，刪除他的出生地屬性。範例如下：

```
MATCH (a { 姓名:' 王迅 '})
REMOVE a. 出生地
RETURN a
```

14 · FOREACH

（1）FOREACH 簡介

FOREACH 用於遍歷並操作集合元素。

（2）標記路徑上的所有頂點

查詢 5 個人頂點，將其放入集合，然後將集合內所有人類型頂點的出生年份設置為 1979。範例如下：

```
MATCH (n: 人 )
WITH n LIMIT 5
```

```
WITH collect(n)AS list
FOREACH (n IN list | SET n.出生年份 = 1979)
```

此查詢不會傳回任何內容，但修改了 5 個人類型頂點的出生年份屬性。

15 · MERGE

（1）MERGE 簡介

MERGE 用於保證元素一定存在，作用為查詢頂點和邊，若查不到就建立該頂點和邊。

（2）合併（MERGE）使用

1）查詢姓名為「許巍」的人類型頂點，若未找到，則建立「許巍」頂點，並傳回他的姓名。範例如下：

```
MERGE (n:人{姓名:'許巍'})
RETURN n.姓名
```

2）查詢人「許巍」和電影「流浪地球」，再查詢他們之間「主演」的關係，若找不到該關係，則建立該關係，並傳回它們。範例如下：

```
MATCH (n:人{姓名:'許巍'}),(m:電影{電影名稱:"流浪地球"})
MERGE (n)-[r:主演]->(m)
RETURN *
```

3）查詢電影「無間道」，若未找到，則建立電影「無間道」，並設置它的評分屬性為 7，然後傳回該電影。範例如下：

```
MERGE (n:電影{電影名稱:"無間道"})
ON CREATE SET n.評分 = 7
RETURN n
```

4）查詢電影「無間道」，若找到該電影，則設置它的評分屬性為 8；若未找到，則建立電影「無間道」，然後傳回該電影。範例如下：

```
MERGE (n: 電影 { 電影名稱 :" 無間道 "})
ON MATCH SET n. 評分 = 8
RETURN n
```

5）查詢電影「無間道」，若找到該電影，則設置它的評分屬性為 9，若未找到，則建立電影「無間道」，並設置它的評分屬性為 10，然後傳回該電影。範例如下：

```
MERGE (n: 電影 { 電影名稱 :" 無間道 "})
ON CREATE SET n. 評分 = 10
ON MATCH SET n. 評分 = 9
RETURN n
```

16·CALL[...YIELD]

（1）CALL[...YIELD] 簡介

CALL 敘述用於呼叫資料庫中的內建過程（Procedure），內建過程類似於關聯式資料庫中的預存程序，是一組完成特定功能的方法。

（2）使用 CALL 呼叫內建過程

1）呼叫資料庫內建過程查詢資料庫中所有的點類型。範例如下：

```
CALL db.nodeTypes()
```

也可以使用命名空間和名稱呼叫過程。範例如下：

```
CALL 'db'.'nodeTypes()'
```

2）使用字面額作為參數呼叫內建過程查詢兩點間的最短路徑。範例如下：

```
CALL ShortestPath(0,1,'BOTH',10)
```

3）使用查詢參數作為參數呼叫內建過程查詢兩點間的最短路徑。範例如下：

```
// 參數
{
```

```
    "startNodeId":0,
    "endNodeId":1
}
// 使用 $ 符號傳址參數
CALL ShortestPath($startNodeId,$endNodeId,'BOTH',10)
```

4）呼叫內建過程並將結果綁定變數。範例如下：

```
CALL db.nodeTypes()YIELD type RETURN count(type)as numTypes
```

5）呼叫內建過程並過濾結果。範例如下：

```
CALL db.nodeTypes()YIELD type
WHERE type STARTS WITH " 人 "
RETURN count(type)AS numTypes
```

17 · UNION

（1）UNION 簡介

UNION 用於將兩個或多個查詢的結果合併為一個結果集，該結果集包含所有進行合併操作的行。

（2）合併兩個查詢並保留重複項

查詢「李晨」和「胡軍」，並將結果合併後傳回他們的出生地。範例如下：

```
MATCH (n: 人 { 姓名 :' 李晨 '})
RETURN n. 出生地
UNION ALL MATCH (n: 人 { 姓名 :' 胡軍 '})
RETURN n. 出生地
```

傳回合併的結果，包括重複項。

（3）合併兩個查詢並刪除重複項

查詢「李晨」和「胡軍」，將結果合併和去重後傳回他們的出生地。範例如下：

```
MATCH (n:人{姓名:'李晨'})
RETURN n.出生地
UNION MATCH (n:人{姓名:'胡軍'})
RETURN n.出生地
```

傳回合併結果，沒有重複項，UNION 將刪除合併結果集中的重複項。

18·LOAD CSV

（1）LOAD CSV 簡介

LOAD CSV 用於將 CSV 檔案載入至 Cypher 敘述中。demo.csv 檔案如下：

```
序號,姓名,出生年份
1,檀健次,1987
2,周深,1991
3,喬任梁,1988
4,許嵩,1989
```

（2）支援的 URL 類型

LOAD CSV 支援 4 種 URL：http、https、ftp 和 file。

注意：在 Galaxybase 資料庫中使用 LOAD CSV 檔案並使用 CREATE 敘述建立頂點和關係類型之前，必須保證在圖 Schema 上已經增加了該頂點類型和關係類型（Galaxybase 不允許使用 CREATE 敘述直接建立新類型的頂點和關係）。

透過以下 4 種方式載入 CSV 檔案。

```
//http
LOAD CSV FROM 'http://www.chuanglintech.com/public/demo.csv'AS line RETURN*
// 含首行標題
LOAD CSV WITH HEADERS FROM 'http://www.chuanglintech.com/public/demo.csv'AS line
CREATE (:人{姓名:line.姓名,出生年份:toString(line.出生年份)})
// 不含首行標題
LOAD CSV FROM 'http://www.chuanglintech.com/public/demo.csv'AS line
CREATE (:人{姓名:line[1],出生年份:toString(line[2])})
//https
```

```
LOAD CSV FROM 'https://www.chuanglintech.com/public/demo.csv'AS line RETURN*
//ftp，ftp 伺服器必須設置允許匿名登入
LOAD CSV FROM 'ftp://192.168.2.32/home/ftp/demo.csv'AS line RETURN*
//file Galaxybase 中 file 檔案的相對路徑在 Galaxybase 根目錄下的 data 資料夾下
LOAD CSV FROM 'file:///demo.csv'AS line RETURN *
```

3.2.3　Cypher 高級特性

本節對 Cypher 高級特性，如索引、查詢調優和執行計畫，進行基本的闡述。如果想深入了解 Cypher 的高級特性，可以查閱 Galaxybase Cypher 官方使用文件。

1．索引

資料庫索引是資料庫中某些資料的容錯副本，它透過增加儲存空間和降低寫入速度，提高相關資料的搜尋效率。因此，決定哪些內容需要建立索引，哪些內容不需要建立索引，是一項重要且具有挑戰性的任務。

如果想要快速查詢評分為某一值或在某個範圍內的電影，可以為電影類型的評分屬性建立索引。一旦索引建立完成，就可以使用評分屬性快速查詢電影類型節點，圖資料庫會自動利用建立的索引來提高查詢效率。

（1）建立電影類型評分屬性的索引

該索引不是立即可用的，需要在背景建立。範例如下：

```
// 方式 1
CREATE INDEX ON: 電影 ( 評分 )
// 方式 2
CALL db.createIndex(": 電影 ( 評分 )","native-lucene-1.0")
```

（2）查看索引

使用 Call 方法查看所有的索引，索引的狀態 online 表示索引建立成功，可供使用。

```
CALL db.indexes
```

（3）使用索引查詢

如果使用索引，則需使用建立索引的類型和屬性進行查詢。範例如下：

```
// 方式 1
MATCH (n: 電影 { 評分 :7.7})RETURN n. 電影名稱 ,n. 評分
// 方式 2
MATCH (n: 電影 )WHERE n. 評分 > 6 AND n. 評分 < 7 RETURN n. 電影名稱 ,n. 評分
```

2．查詢調優

（1）查詢分析模式

Cypher 提供了兩種模式用於查詢分析。

1）EXPLAIN。在使用 Cypher 敘述之前加上 EXPLAIN 關鍵字，可以用 EXPLAIN 模式執行敘述。在該模式下，敘述不會查詢或修改資料，而是傳回執行計畫和一個空的查詢結果。透過 EXPLAIN 可以了解敘述的執行計畫，最佳化查詢性能。

2）PROFILE。在使用 Cypher 敘述之前加上 PROFILE 關鍵字，可以用 PROFILE 模式執行敘述。在該模式下，執行完敘述後，會傳回執行計畫和查詢結果。在 PROFILE 模式下，執行計畫會統計每個運算元的輸入輸出行數以及與儲存層互動的次數等資訊，並將其一同傳回，以進行性能分析和調優。

注意： 使用 PROFILE 模式對查詢性能進行分析會佔用更多的資源，除非正在進行查詢性能分析，否則不推薦使用。

（2）調優範例

假設想要查詢籍貫為「北京」的人類型頂點，以下 Cypher 查詢敘述的性能將較差：

```
MATCH (n { 出生地 :' 北京 '})
RETURN n
```

該查詢能夠找到所有出生地為「北京」的人類型頂點，但是隨著資料庫中頂點數量的增加，該查詢會越來越慢。透過分析查詢，可以找到性能不佳的原因。

使用 PROFILE 模式查看此次執行的細節，如表 3-2 所示。

▼ 表 3-2 執行細節

Operator	Rows	Variables	......
+ProduceResults	4	[n]	......
+Filter	4	[n]	......
+AllNodesScan	45	[n]	......

執行計畫是按照自底向上的循序執行的，因此可以從最後一行開始逐行閱讀執行計畫。首先可以看到執行計畫的起始運算元為 AllNodesScan，表示執行計畫的第一個操作是掃描圖中的所有頂點。然後可以觀察到「Rows」列的數值為 45，表示該運算元輸出了 45 行資料。這表示該方法找到了許多非目標查詢頂點，這並不高效。

為了解決這個問題，可以在查詢中指定待查詢頂點的類型，以幫助查詢計畫器縮小搜尋範圍。對於上述查詢，可以在查詢中增加人類型，從而提高查詢效率。

```
PROFILE
MATCH (n:人 { 出生地 :' 北京 '})
RETURN n
```

如表 3-3 所示，此次查詢的執行計畫的起始運算元變為了 NodeByLabelScan，表示執行計畫的第一個操作是按照點類型進行掃描的。然後可以觀察到「Rows」列的數值變為了 38，這是因為此次查詢不再掃描非人類型的頂點。相比於 AllNodesScan 運算元，此次查詢縮小了查詢點的範圍，提高了查詢的性能。

▼ 表 3-3 執行細節

Operator	Rows	Variables	······
+ProduceResults	4	[n]	······
+Filter	4	[n]	······
+NodeByLabelScan	38	[n]	······

在某些情況下，上述查詢是可以接受的。但如果要經常按出生地屬性查詢，在人類型的出生地屬性上建立索引會實現更好的效果：

```
CREATE INDEX ON: 人 ( 出生地 )
```

待索引建立完成後，再次執行查詢。

```
PROFILE
MATCH (n: 人 { 出生地 :' 北京 '})
RETURN n
```

如表 3-4 所示，可以看到執行計畫的起始運算元變成了 NodeIndexSeek 運算元，而「Rows」列的數值變成了 4，進一步縮小了掃描點的範圍。此次查詢透過執行索引快速找到了出生地為「北京」的人類型頂點。

▼ 表 3-4 執行細節

Operator	Rows	Variables	······
+ProduceResults	4	[n]	······
+NodeIndexSeek	4	[n]	······

3．執行計畫

（1）定義與概述

1）執行計畫。執行計畫是一個由多個運算元組成的樹狀結構，每個運算元接受零或多行資料作為輸入，並執行特定的操作，最後產生零或多行資料作為輸出。

2）執行順序。執行計畫從葉運算元開始執行，葉運算元不需要輸入行資料，通常是執行點掃描操作，直接從資料庫儲存層獲取資料，然後輸出行資料作為下一個運算元的輸入。然後依次執行下一個運算元，每個運算元接受前一個運算元的輸出作為輸入，直到執行到最後一個運算元，最終生成執行計畫的查詢結果。

3）運算元類型。執行計畫中的運算元分為兩種類型：流式運算元和全量運算元。

流式運算元在執行過程中會立即將部分結果傳遞給下一個運算元。舉例來說，點掃描運算元在掃描到部分頂點時，會立即將掃描到的資料傳遞給下一個運算元，進行下一步操作。

全量運算元需要等待所有輸入行都整理完畢後，才能計算結果並傳遞給下一個運算元。舉例來說，排序運算元需要將前一個運算元的所有資料整理後，才能得到排序結果。需要注意的是，全量操作可能會佔用較大的記憶體，導致查詢性能下降。

4）統計資訊。每個運算元都帶有統計資訊。

- Rows ：運算元生成的行數。PROFILE 模式在執行時，計畫內會包含運算元產生資料行數的實際值。

- EstimatedRows ：運算元產生資料行數的估計值。這個估計值是基於資料庫現有統計資訊估算出來的，計畫器會根據此估計值選擇合適的執行計畫。

- DbHits：與儲存層特定互動操作的觸發次數。舉例來說，頂點的建立操作就是資料庫命中的互動操作。

（2）資料庫命中

以下列出了能觸發一個或多個資料庫命中的所有操作。

- 建立操作：建立一個頂點，建立一個關係，建立一個新的頂點類型，建立一個新的關係類型，建立一個新的屬性。

- 刪除操作：刪除一個頂點或一個關係。

- 頂點特定操作：使用 elementId 獲取一個頂點，以及頂點的度、類型和屬性。

- 關係特定操作：使用 elementId 獲取一個關係，以及關係的屬性和類型。

- 通用操作：透過 ID 獲取屬性名稱，或透過鍵名獲取屬性鍵的 ID；透過索引查詢或索引掃描找到頂點或關係；使用可變路徑方式查詢路徑；找到最短路徑；查詢頂點和關係的統計數量。

- Schema 操作：增加索引，丟棄索引，獲取索引的引用，呼叫 Procedure 方法。

（3）執行排程作業

本節列舉了一些執行計畫的操作。執行計畫是 Cypher 應用中相對較高級和深入的應用模式。由於篇幅所限，本節僅簡單列出了範例的結果展示。如果讀者對執行計畫的使用細節感興趣並希望深入了解，可以登入 Galaxybase 官網，參閱 Cypher 語言手冊。

1）All Nodes Scan。AllNodesScan 操作符號從儲存層讀取所有頂點。查詢如下：

```
MATCH (n)
RETURN n
```

執行細節如表 3-5 所示。

▼ 表 3-5 執行細節

Operator	Estimated Rows	Rows	DB Hits	Page Cache Hits	Page Cache Misses	Page Cache Hit Ratio	Variables
+ProduceResults	45	45	0	0	0	0.0	[n]
+AllNodesScan	45	45	45	0	0	0.0	[n]

2）DirectedRelationshipByIdSeek。DirectedRelationshipByIdSeek 操作符號透過 elementId 從儲存層讀取一個或多個關係。查詢如下：

```
MATCH (n1)-[r]->()
WHERE id(r)= '00000000000000030001000000000A09'
RETURN r,n1
```

執行細節如表 3-6 所示。

▼ 表 3-6 執行細節

Operator	Estimated Rows	Rows	DB Hits	Page Cache Hits	Page Cache Misses	Page Cache Hit Ratio	Variables
+ProduceResults	1	1	0	0	0	0	anon[17],n1,r
+DirectedRelationshipById-Seek	1	1	1	0	0	0	anon[17],n1,r

3）NodeByIdSeek。NodeByIdSeek 操作符號透過 elementId 從儲存層讀取一個或多個頂點。查詢如下：

```
MATCH (n)
WHERE id(n)= 0
RETURN n
```

執行細節如表 3-7 所示。

▼ 表 3-7 執行細節

Operator	Estimated Rows	Rows	DB Hits	Page Cache Hits	Page Cache Misses	Page Cache Hit Ratio	Variables
+ProduceResults	1	1	0	0	0	0.0	[n]
+NodeByIdSeek	1	1	1	0	0	0.0	[n]

4）NodeByLabelScan。NodeByLabelScan 操作符號從儲存層讀取特定類型的所有頂點。查詢如下：

```
MATCH (person:人)
RETURN person
```

執行細節如表 3-8 所示。

▼ 表 3-8 執行細節

Operator	Estimated Rows	Rows	DB Hits	Page Cache Hits	Page Cache Misses	Page Cache Hit Ratio	Variables
+ProduceResults	38	38	0	0	0	0.0	[person]
+NodeByLabelScan	38	38	38	0	0	0.0	[person]

5）NodeIndexSeek。NodeIndexSeek 操作符號使用索引查詢頂點。查詢如下：

```
// 先對人類型籍貫屬性建立索引
CREATE INDEX ON: 人 ( 出生地 );
// 再對籍貫屬性進行查詢
MATCH (person: 人 { 出生地 :' 北京 '})
RETURN person
```

執行細節如表 3-9 所示。

▼ 表 3-9 執行細節

Operator	Estimated Rows	Rows	DB Hits	Page Cache Hits	Page Cache Misses	Page Cache Hit Ratio	Variables
+ProduceResults	0	4	0	0	0	0.0	[person]
+NodeIndexSeek	0	4	4	0	0	0.0	[person]

整體而言，任何一個成熟的查詢語言都有龐大且複雜的用法組合，並存在各種最佳化策略。舉例來說，SQL 查詢最佳化已經在學術界和產業界研究了幾十年，產生了許多相關著作。對於 Cypher 查詢最佳化而言，仍有很長的發展路程。

對相容支援 Cypher 的圖資料庫來說，在未來圖資料庫領域可能會推出新的國際通用圖查詢語言的情況下，對 Cypher 查詢的普適性最佳化成為一種設計上的取捨。

第一種選擇是在背景對盡可能多的 Cypher 查詢寫法進行深度最佳化設計，以確保使用者在一般情況下能夠高效率地執行任意查詢敘述，無須特別調優。

　　第二種選擇是在底層實現上，保證無論是 Cypher 還是未來的圖查詢語言等上層查詢語言，都基於同一個高性能背景底層。這樣可以給使用者提供選擇和自由的訂製權，並支援充分的最佳化訂製，同時具備較高的性能潛力。

　　這兩種設計決策各有其優缺點。在第一種選擇下，當前使用者的體驗較好，但由於語言表達方式的豐富性，需要投入大量的時間和資源處理各種語言表述方式的組合。然而，要完全窮盡一種自由表達語言的所有可能性幾乎是不可能的，僅是理論上的可能性。

　　在第二種選擇下，使用者隨意撰寫的查詢敘述在未經最佳化的情況下可能性能不佳，因此需要針對具體查詢進行最佳化。在通常情況下，可以透過與圖資料庫廠商合作獲得調優服務的支援，從而實現較好的性能。

　　目前，主流的圖資料庫多使用第二種方式。特別是對於線上生產環境中執行的查詢敘述，有機會進行充分的調優，並將其固化為背景邏輯，從而提供更好的性能。因此，將更多的時間和資源用於定向最佳化是有意義的。同時，由於查詢語言本身實際上是在資料庫底層實現和使用者之間增加了一層解析和執行的過程，一些對性能要求非常敏感的場景可能很難透過查詢語言最佳化來滿足需求，所以，需要採用針對性的程式設計開發方法來實現極致的性能。有關程式設計方法的詳細內容將在第 5、6 章詳細講解。

3.3　本章小結

　　本章重點介紹了 Cypher 圖查詢語言的常用語法，以電影資料庫 MovieDemo 為例，結合實際可操作的 Cypher 查詢敘述，講解了如何對圖資料庫的資料進行增刪改查等操作。此外，還介紹了 Cypher 的高級查詢功能，並展示如何使用 EXPLAIN 和 PROFILE 查看查詢的執行計畫，以進行查詢最佳化和調優。查詢語言為使用者提供了方便的使用方式，但在對性能要求極高的場景中，僅對查詢語言進行最佳化是不足以滿足需求的。這就需要進行深入的訂製化程式設計開發，以實現更高級的性能最佳化和訂製化需求。

4

圖型演算法

　　圖型演算法是研究圖資料結構的演算法的專門領域,它涉及圖的搜尋、路徑、匹配和連通性等問題。圖型演算法為圖型分析提供了核心支援,它是分析連結資料最有效的方法之一。圖型演算法不僅可以檢測圖結構,如社區的辨識和圖的劃分,還可以揭示分析物件間的連結模式的內在特徵,因此在電腦科學、網路科學、物理學、生物學等領域有廣泛的應用。本章將介紹圖型演算法的基本原理和計算框架,以及多種常用的圖型演算法,包括它們的定義、使用場景和透過圖查詢語言呼叫的基本方式。

4.1 圖型演算法概述

　　圖型演算法是一種基於圖資料儲存結構的計算方法，用於處理頂點和邊之間的關係網絡問題。作為理論基礎與實踐的結合，圖型演算法具備廣泛的適用性和靈活性。其目標在於發現並分析圖中的模式和結構，以提取有用資訊並獲得新的洞見。圖型演算法在許多領域均有廣泛的應用，包括社群網站分析、生物資訊學、金融風險管理等。在這些領域中，圖型演算法能夠辨識社區結構、進行頂點重要性排序、預測蛋白質結構、計算最短路徑等。

　　圖型演算法主要分為搜尋、遍歷、匹配和聚類等幾大類，每類演算法都有特定的應用場景。舉例來說，搜尋演算法可以用於找尋關鍵路徑資訊，如廣度優先搜尋和最短路徑演算法。圖的聚類演算法可應用於社群網站分析和生物資訊學等領域，如魯汶演算法和標籤傳播演算法。此外，新興的圖神經網路演算法能透過學習和推斷圖資料，實現頂點嵌入、圖分類和圖生成等任務；圖模式匹配演算法可用於匹配複雜關係網絡中的模式。

　　在使用圖型演算法時，需要解決一些複雜的問題，最常見的是如何高效率地遍歷整個圖以發現有價值的資訊。同時，還需要考慮如何最佳化演算法以適應不同大小和類型的圖。這些問題已成為圖型演算法研究的重要議題，推動了新方法和新技術的不斷發展。舉例來說，越來越多的研究者開始使用深度學習方法最佳化圖型演算法，利用得到的向量替代原始特徵，以減輕計算負擔。此外，採用深度學習處理圖資料還能擴大圖型處理的應用範圍。

　　根據圖型演算法的計算原理，可以將其分為兩大類：一類是基於圖論的迭代計算，另一類是將圖轉換成向量以進行機器學習和深度學習。基於圖論的迭代計算主要依賴圖論中的一些基礎概念和原理，透過迭代計算解決圖相關問題，包括尋路演算法、中心性演算法、社區檢測演算法、相似度演算法和圖模式匹配演算法等。我們將在 4.2 ～ 4.6 節分別介紹。將圖轉換成向量進行機器學習和深度學習的方法，主要是將圖的結構和屬性資訊轉為向量形式，然後應用機器學習和深度學習方法來解決圖相關問題。這包括但不限於圖嵌入、圖神經網路等方式，我們將在 4.7 節和 4.8 節詳述。

根據圖型演算法的執行方式，可以將其分為單機和分散式兩類。單機圖型演算法通常在一個計算節點上執行，適用於處理較小的圖資料。舉例來說，基於深度優先搜尋和廣度優先搜尋的演算法如果以單機方式實現，可高效率地處理小到中型圖資料，執行搜尋、查詢和遍歷等任務。然而，隨著資料量的增長，單機電腦的處理能力可能無法承載大規模的圖資料，此時需要採用分散式圖型演算法。分散式圖型演算法能處理大規模資料集並支援高性能計算。隨著技術的發展，圖資料庫和分散式運算系統已成為最佳化和加快圖型演算法的重要工具，在大規模資料處理中獲得了廣泛應用。分散式圖型演算法將圖資料分散到多個計算節點上，並在每個節點上並存執行計算，各節點透過網路通訊，共用資訊，從而處理整個圖。舉例來說，Pregel 和 GraphX 是兩種常見的分散式圖型處理框架，能處理包含數百億到數兆個頂點和邊的大規模圖。在 4.9 節，我們將討論分散式並行圖型演算法的相關內容。

圖型演算法在現代多個領域中扮演著重要角色。隨著巨量資料時代的來臨，圖型演算法將繼續發揮重要作用，幫助我們理解和分析複雜的關係網絡，從而取得更好的成果。在 4.10 節，我們將介紹圖型演算法的一些應用場景。對研究人員和開發者來說，深入了解不同類型的圖型演算法以及它們的優缺點，掌握新的技術和方法，將有助提高其在各個應用領域的成功率和效率。在本書實踐篇中，我們會詳細介紹多個應用場景以及演算法在其中的作用。本章接下來的部分將介紹幾種常見的圖型演算法及其實現，以及分散式圖型演算法的基本原理和常見的分散式運算框架。

4.2 尋路演算法

尋路演算法是圖論中的重要分支。廣義上講，尋路演算法指的是任何能找到圖中頂點間路徑的演算法。因此，圖的兩種基礎遍歷演算法——廣度優先搜尋和深度優先搜尋（Depth First Search，DFS）——在某些分類系統中也被視為尋路演算法的一部分。本書同樣在尋路演算法的分類下介紹這兩種圖遍歷演算法。在計算迭代過程中，我們通常採用以頂點為中心進行圖資料讀取和遍歷的方式。這種方式不僅適用於尋路演算法，還適用於諸如 PageRank 和 Label Propagation

等許多其他圖型演算法。許多分散式圖型計算系統，如 Pregel、Giraph、Spark GraphX 等，都採用了此模式，並透過為每個頂點設置啟動標識位元以減少資料存取量，從而最佳化演算法性能。

尋路演算法以圖遍歷為基礎，從某一起始頂點開始遍歷其鄰居頂點，直到找到目標頂點，從而確定最佳路徑。此類演算法適用於路徑規劃、最小成本計算等許多場景。Galaxybase 內建了多種預設支援的路徑查詢和圖搜尋演算法，包括以下幾種。

- 最短路徑（Shortest Path）：尋找兩頂點之間的最短路徑。

- 單來源最短路徑（Single Source Shortest Path）：尋找從指定頂點到其他所有頂點的最短路徑。

- 全點對最短路徑（All Pairs Shortest Paths）：尋找圖中任意兩個頂點之間的最短路徑。

- 最小生成樹（Minimum Spanning Tree）：在非連通圖中尋找連通子圖的最小成本，或在連通圖中尋找全圖連通的最小成本。

- 隨機遊走（Random Walk）：從圖的任意頂點開始，隨機遍歷其鄰居頂點，形成路徑集合，這是機器學習流程或其他圖型演算法的有用的前置處理或採樣步驟。

4.2.1　資料準備

我們使用一段杭州地鐵線路圖來介紹尋路演算法。杭州地鐵頂點資料如表 4-1 所示，杭州地鐵邊資料如表 4-2 所示，杭州地鐵線路展示圖如圖 4-1 所示。

▼ 表 4-1　杭州地鐵頂點資料

station	station	station	station
鳳起路站	西湖文化廣場站	杭氧站	萬安橋站
武林廣場站	打鐵關站	建國北路站	城站站

▼ 表 4-2 杭州地鐵邊資料

startId	endId	line	distance
鳳起路站	武林廣場站	1 號線	2
武林廣場站	西湖文化廣場站	1 號線	1
西湖文化廣場站	打鐵關站	1 號線	1
打鐵關站	杭氧站	5 號線	3
打鐵關站	建國北路站	5 號線	2
建國北路站	萬安橋站	5 號線	1
萬安橋站	城站站	5 號線	3

▲ 圖 4-1 杭州地鐵線路展示圖

4.2.2 演算法介紹

1 · 廣度優先搜尋

（1）演算法介紹

　　廣度優先搜尋是一種基礎的圖遍歷演算法。該演算法從一個指定的頂點出發，首先遍歷其所有直接（1 跳）鄰居；然後再對這些鄰居頂點的鄰居進行相同的遍歷，直到圖中所有可達頂點都被存取過。顯然，廣度優先搜尋是一個優先進行橫向搜尋的過程，其特徵是優先存取起始頂點的近鄰。

這種演算法最早由 Edward F.Moore 於 1959 年提出，用於尋找迷宮中的最短路徑。之後在 1961 年，C.Y.Lee 將其擴充為一種佈線演算法，並在論文「An Algorithm for Path Connections and Its Applications」中發表。廣度優先搜尋演算法是許多圖遍歷演算法的基礎，如最短路徑、連通分量和緊密中心性等。

（2）計算步驟

我們可以將廣度優先搜尋演算法比作火山噴發：從火山口出發，在每一時刻，岩漿都向相鄰的地方蔓延。

下面我們用一個例子說明有方向圖中廣度優先搜尋的計算步驟，如圖 4-2 所示。

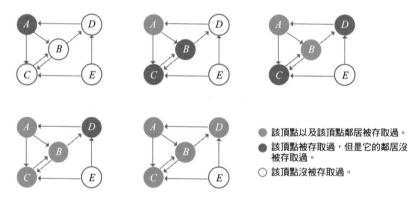

▲ 圖 4-2 BFS 演算法計算步驟

以下為計算步驟：

- 從頂點 A 開始，把它標記為已存取（綠色）。

- 按照有向邊的方向，存取頂點 A 的鄰居，把頂點 B、C 標記為綠色，並把頂點 A 標記為黃色。

- 在標記為綠色的頂點 B 和頂點 C 中，任選一個頂點往下走，這裡以選擇頂點 B 為例。存取頂點 B 的鄰居，把頂點 D 標記為綠色（頂點 C 已經被標記過了），並把頂點 B 標記為黃色。

- 存取頂點 C 的鄰居，不標記任何頂點，並把頂點 C 標記為黃色。

- 存取頂點 D 的鄰居，發現沒有鄰居，並把頂點 D 標記為黃色。

2‧深度優先搜尋

（1）演算法介紹

深度優先搜尋是另一種基礎的圖遍歷演算法。該演算法從一個選定的頂點出發，首先存取其中的鄰居頂點，然後再存取該鄰居頂點的任意一個未被存取過的鄰居頂點，依此類推。當該頂點的所有鄰居都被遍歷後，演算法會回溯到它的前驅節點，繼續尋找其他未被遍歷過的鄰居，直到最後回溯到起始點並且沒有未存取的鄰居，才算搜尋結束。因此，深度優先搜尋是一個注重深度搜尋的過程，其特點是盡可能深入地先存取縱向的頂點。

深度優先搜尋演算法最初由法國數學家 Charles Pierre Trémaux 發明，身為解決迷宮問題的策略。在對模擬場景進行分析建模時，深度優先搜尋演算法非常有用，因為它可以探索所有可能的路徑。

（2）計算步驟

下面我們用一個例子說明有方向圖中深度優先搜尋的計算步驟，如圖 4-3 所示。

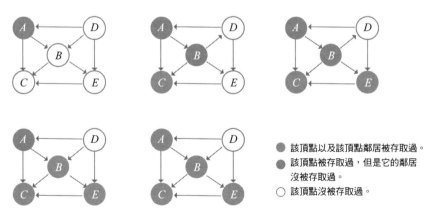

● 該頂點以及該頂點鄰居被存取過。
● 該頂點被存取過，但是它的鄰居沒被存取過。
○ 該頂點沒被存取過。

▲ 圖 4-3 深度優先搜尋演算法計算步驟

以下為計算步驟。

- 從頂點 A 開始，把它標記為已存取（綠色）。

- 按照有向邊的方向，存取頂點 A 的鄰居，把頂點 B 標記為綠色。

- 存取頂點 B 的鄰居，把頂點 C 標記為綠色；發現頂點 C 沒有可以繼續存取的鄰居了，把頂點 C 標記為黃色。

- 繼續存取頂點 B 的鄰居，把頂點 E 標記為綠色；發現頂點 E 沒有可以繼續存取的鄰居了，把頂點 E 標記為黃色。

- 此時頂點 B 的所有鄰居都存取完了，把頂點 B 標記為黃色。

- 此時頂點 A 的所有鄰居都存取完了，把頂點 A 標記為黃色。

3．最短路徑

（1）演算法介紹

最短路徑問題是圖論中的一種經典演算法，其主要目標是計算網路中兩個頂點之間的最短距離。在現實生活中，最短路徑演算法可應用於交通網絡、電信網路等領域，實現路徑規劃、路由最佳化、網路設計和負載平衡等功能。

（2）計算步驟

如前所述，深度優先搜尋可以用於尋找兩個頂點之間的任意路徑，但因為它的深入探索特性，通常無法保證找到的首個路徑是最短的。如果要尋找最短路徑，可以使用廣度優先搜尋。對於帶權圖，可以使用如 Dijkstra 演算法或 Bellman-Ford 演算法這樣的更複雜的演算法來尋找最短路徑。

圖 4-4 是一個透過廣度優先搜尋的方式尋找最短路徑的例子：從 1 號頂點開始，逐層遍歷其鄰居頂點，每個環相當於尋找 1 跳的鄰居。從 1 號頂點開始一層層往外遍歷，直到遇到終止頂點為止。遍歷的層數即為最短路徑的長度。

為了重構實際的最短路徑（而不僅是得到最短路徑的長度），我們還需要維護一個額外的字典或陣列來儲存每個頂點的前驅頂點。在存取一個頂點的鄰居時，可以將該鄰居的前驅頂點設置為當前頂點。最後，一旦找到最短路徑的長度，就可以透過反向遍歷前驅頂點來重構實際的路徑。

Dijkstra 演算法和 Bellman-Ford 演算法專門用來解決帶權圖中的最短路徑問題。

Dijkstra 演算法適用於所有權重都是非負的情況，它透過動態更新起始頂點到每個頂點的最短距離，保證搜尋的高效性。Bellman-Ford 演算法則可以處理存在負權重的情況，它透過對每個頂點進行反覆更新，能夠找到包含負權重環的最短路徑。

在實際應用中，可以根據具體情況選擇不同的演算法來解決最短路徑問題，以達到更好的效果。如果只需要找到任意一條從起點到目標點的路徑，則可以考慮使用深度優先搜尋演算法。如果需要找到最短的路徑，且圖是無權重的，則廣度優先搜尋演算法是一個可靠和高效的選擇。如果圖是帶有非負權重的，則應選擇 Dijkstra 演算法來尋找最短路徑。如果圖中可能存在負權重，則應選擇 Bellman-Ford 演算法。

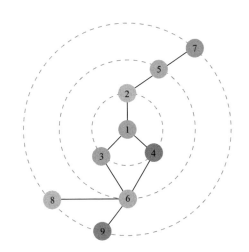

▲ 圖 4-4 最短路徑——廣度優先搜尋方式

（3）使用場景

在電網場景中，研究人員基於最短路徑演算法，提出了一種新的配電網供電恢復演算法。該演算法首先將配電網路劃分為故障區域、正常供電區域和非故障斷電區域，然後隨機排列計算網路中的負荷串，使用最短路徑演算法為每條斷電負荷串中的負荷尋找最佳的供電路徑，最後再進行全域最佳化。該演算法可作為實現供電恢復的有效工具 [1]。

（4）Galaxybese 中的使用方法

輸入參數如表 4-3 所示。

▼ 表 4-3　輸入參數

參數名稱	參數類型	預設值	描述
sourceId	Long	-	起始頂點內部 Id
targetId	Long	-	終止頂點內部 Id
config	Map<String,Object>	{}	設定參數

傳回結果如表 4-4 所示。

▼ 表 4-4　傳回結果

結果名稱	類型	描述
path	List<String>	路徑頂點內部 Id 或主鍵列表

使用樣例如下：

```
CALL gapl.ShortestPath(
    gapl.getId('打鐵關'),
    gapl.getId('萬安橋'),
    {direction:'BOTH',maxDepth:10,primaryKey:true}
)
YIELD path
RETURN path
```

注意：此 Cypher 敘述的含義為查詢從「打鐵關站」到「萬安橋站」的最短路徑，且查詢層數不會超過 10，查詢方向為 BOTH，傳回路徑上頂點的主鍵名稱。

呼叫上述敘述傳回的結果如表 4-5 所示。

▼ 表 4-5 呼叫上述敘述傳回的結果

path
[打鐵關站 , 建國北路站 , 萬安橋站]

最短路徑結果展示如圖 4-5 所示。

4．單來源最短路徑

（1）演算法介紹

單來源最短路徑（Single Source Shortest Path，SSSP）問題是圖論中的重要概念。在這個問題中，「單來源」表示最短路徑計算只有一個起始頂點，而相對應的多來源最短路徑問題則涉及多個起始頂點的路徑計算。其中，Dijkstra 演算法是解決單來源最短路徑問題的典型代表。該演算法專注於計算從指定的起始頂點到圖中所有其他頂點的最短路徑。下面將重點介紹 Dijkstra 演算法。

▲ 圖 4-5 最短路徑結果展示

（2）計算步驟

Dijkstra 演算法是用於計算一個頂點到其他頂點的最短路徑的演算法。其基本思想是：設置兩個頂點集 S 和 T，S 中存放已確定最短路徑的頂點，T 中存放待確定最短路徑的頂點。初始時，S 中僅有一個起始的頂點，T 中包含除起始頂點之外的其餘頂點。選擇 T 中到起始頂點距離最小的頂點 v_1 加入 S，並更新 T 中 v_1 的鄰居到起始頂點的距離，繼續選擇 T 中到起始頂點距離最小的頂點 v_2 加入 S，迴圈操作，直至 T 中的所有與起始頂點連通的頂點都加入 S。

Dijkstra 演算法是一種貪婪演算法，它在每一步都做出一個局部最佳的選擇，最終達到全域最佳的結果。該演算法只適用於權重非負的圖。如果圖中包含負權重的邊，Dijkstra 演算法可能無法正確計算最短路徑。在包含負權重的情況下，通常使用 Bellman-Ford 演算法。

圖 4-6 描述了 Dijkstra 演算法的計算步驟（-1 代表還未到達該點）：

- 從頂點 A 開始，將頂點 A 加入集合，此時集合為 $\{A\}$，每個點到頂點 A 的最短路徑情況：$\{0,-1,-1,-1,-1\}$。

- 將集合中的頂點 A 擴充並移出集合，並將最短路徑更新後的頂點 B、D 加入集合，此時集合為 $\{B,D\}$，每個點的最短路徑情況：$\{0,4,-1,2,-1\}$。

- 將集合中的頂點 B 擴充並移出集合，並將最短路徑更新後的頂點 C、D 加入集合，此時集合為 $\{D,C\}$，每個點的最短路徑情況：$\{0,4,8,2,-1\}$。

- 將集合中的頂點 D 擴充並移出集合，並將最短路徑更新後的頂點 B、C、E 加入集合，此時集合為 $\{C,B,E\}$，每個點的最短路徑情況：$\{0,3,3,2,9\}$。

- 將集合中的頂點 C 擴充並移出集合，並將最短路徑更新後的頂點 E 加入集合，此時集合為 $\{B,E\}$，每個點的最短路徑情況：$\{0,3,3,2,6\}$。

- 將集合中的頂點 B 擴充並移出集合，發現無更新最短路徑的頂點，此時集合為 $\{E\}$，每個點的最短路徑情況：$\{0,3,3,2,6\}$。

- 將集合中的頂點 E 擴充並移出集合，發現無更新最短路徑的頂點，此時集合為 $\{\}$，每個點的最短路徑情況：$\{0,3,3,2,6\}$，集合為空，演算法結束。

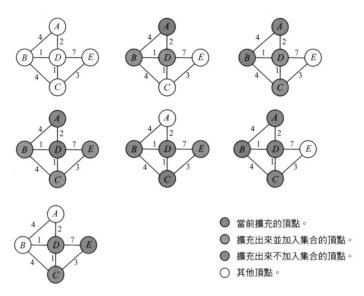

當前擴充的頂點。
擴充出來並加入集合的頂點。
擴充出來不加入集合的頂點。
其他頂點。

▲ 圖 4-6 單來源最短路徑計算案例圖

（3）使用場景

基於單來源最短路徑演算法理論，針對井下網路頂點的特點對巷道各類資料結構做扇形最佳化，計算出各段巷道的當量長度，找出井下避災路線 [2]。

在林業研究方面，分割樹木主幹和枝幹後，計算出每一段的重心，將這些重心透過關係連接，最後使用單來源最短路徑演算法建構樹木模型 [3]。

（4）Galaxybase 中的使用方法

輸入參數如表 4-6 所示。

▼ 表 4-6 輸入參數

參數名稱	參數類型	預設值	描述
sourceId	Long	—	起始頂點內部 Id
config	Map<String,Object>	{}	設定參數

傳回結果如表 4-7 所示。

▼ 表 4-7 傳回結果

結果名稱	類型	描述
Id	String	達到頂點的內部 Id 或主鍵
length	Long	起始頂點到對應頂點的最短距離

使用樣例如下：

```
CALL gapl.SingleSourceShortestPath(
    gapl.getId('閘弄口站'),
    {direction:'OUT',primaryKey:true}
)
YIELD id,length
RETURN id,length
```

注：此 Cypher 敘述的含義為查詢從「閘弄口站」到其他所有站方向為「OUT」的最短距離，傳回頂點主鍵名稱及其最短路徑。

呼叫上述敘述傳回的部分結果如表 4-8 所示。

▼ 表 4-8 呼叫上述敘述傳回的部分結果

id	length	id	length
打鐵關站	1	西湖文化廣場站	2
火車東站站	1	杭氧站	2
新風站	2		

從閘弄口站出發，可以直接到達打鐵關站和火車東站站，它們的最短路徑長度為 1。同理，從打鐵關站出發，可到達西湖文化廣場站、杭氧站和建國北路站，它們到閘弄口站的最短路徑長度為 2，依次類推，如圖 4-7 所示。

▲ 圖 4-7 單來源最短路徑結果展示

5・全點對最短路徑

（1）演算法介紹

全點對最短路徑演算法用於計算圖中所有頂點兩兩之間的最短路徑。常見的演算法有 Floyd-Warshall 演算法和 Johnson's 演算法。Floyd-Warshall 演算法適用於稠密圖，其時間複雜度為 $O(V^3)$。Johnson's 演算法則適用於稀疏圖，其時間複雜度近似為 $O(V^2 \log V + VE)$。

Floyd-Warshall 演算法的核心思想是動態規劃，它計算所有點對之間經過中間頂點集合的最短路徑。Johnson's 演算法則使用 Dijkstra 演算法的變種，並利用重新加權的技巧，允許在可能存在負權重邊的圖上使用 Dijkstra 演算法。

在圖資料庫中，我們通常關注以邊和頂點關係為基礎的最短路徑。對於這種無權重圖的情況，多來源廣度優先搜尋（Multiple Source Breadth-First Search，MS-BFS）演算法是一種更合適的選擇。MS-BFS 演算法利用廣度優先搜尋的思想逐層擴充搜尋，從每個來源頂點開始，逐步擴充搜尋範圍，合併相同擴充頂點，直到到達目標頂點或遍歷完所有可達頂點，最後計算出所有頂點對之間的最短路徑。

（2）計算步驟

下面介紹圖資料庫中使用多來源廣度優先搜尋演算法計算所有頂點最短路徑的步驟。

1）初始化：從所有來源頂點開始，分別尋找它們的鄰居頂點。

2）對於在同一層次中發現的相同鄰居頂點，將它們合併。在此過程中，記錄從來源頂點到對應鄰居頂點的最短路徑長度（即首次出現該鄰居頂點）。

3）繼續尋找下一層的鄰居頂點，即對於上一步合併後的每個頂點，尋找它們的鄰居頂點。

4）重複第2）步和第3）步，直到所有的頂點都被找到並且處理過。

（3）使用場景

所有頂點對最短路徑演算法在網路路由分析、社群網站分析等領域有廣泛應用。譬如，我們可以用該演算法確定交通網絡的不同路段的預期流量負載，最佳化城市設施佈局和商品配送[4]。

（4）Galaxybase 中的使用方法

輸入參數如表 4-9 所示。

▼ 表 4-9　輸入參數

參數名稱	參數類型	預設值	描述
sourceIds	List<Long>	-	來源頂點的內部 Id 集合，若為空，則把所有頂點作為來源頂點
config	Map<String,Object>	{}	設定參數

傳回結果如表 4-10 所示。

▼ 表 4-10 傳回結果

結果名稱	類型	描述
sourceId	String	起始頂點內部 Id 或主鍵
targetId	String	終止頂點內部 Id 或主鍵
distance	Long	路徑長度

使用樣例如下：

```
CALL gapl.AllPairsShortestPath(
    {},
    {limit:5,primaryKey:true}
)
YIELD sourceId,targetId,distance
RETURN sourceId,targetId,distance
```

注：此 Cypher 敘述的含義為查詢所有頂點對最短路徑中隨機傳回 5 條最短路徑長度，並傳回起點主鍵名稱、終點主鍵名稱及其距離。

呼叫上述敘述傳回的結果如表 4-11 所示。

▼ 表 4-11 呼叫上述敘述傳回的結果

sourceId	targetId	distance
武林廣場站	杭氧站	3
武林廣場站	西湖文化廣場站	1
打鐵關站	武林廣場站	2
建國北路站	武林廣場站	3
萬安橋站	武林廣場站	4

6 · 最小生成樹

（1）演算法介紹

在圖論中，通常將樹定義為一種無迴路連通圖。對於一個無向連通帶權圖，任意選定一個頂點作為根，系統地遍歷圖中的所有頂點和邊，遍歷時經過的頂點、邊所組成的子圖，稱為圖的生成樹。生成樹中邊的權重之和最小的生成樹稱為最小生成樹。

最小生成樹演算法只有在圖的關係具有不同的權重時才有意義。如果圖沒有權重或者所有關係都有相同的權重，那麼圖的任何生成樹都是最小生成樹。

最小生成樹演算法旨在尋找圖中的一棵邊權值最小的生成樹。該演算法可以應用於電網運輸、城市規劃等各個領域中，以便在保證連線性的同時，降低建造或維護網路的成本。

（2）計算步驟

下面我們用一個簡單的例子說明最小生成樹的計算步驟，如圖 4-8 所示。

1）將最小生成樹初始化為空，並選擇任意一個頂點作為起始點。

2）從尚未處理的邊中選擇權重最小的邊。只有此邊連接的兩個頂點中至少有一個尚未包含在最小生成樹中，才進行下一步，否則忽略該邊（以防止形成環）。

3）將選中的邊加入最小生成樹，並將該邊所連接的未包含在最小生成樹中的頂點加入樹中。

4）重複第 2）步和第 3）步，直至所有頂點都被包含在最小生成樹中。

5）當最小生成樹包含了圖中所有的頂點時，演算法結束，最小生成樹生成完畢。

在每一步中，都選擇權重最小的邊，且至少有一個頂點未被當前的最小生成樹所包含。這樣，可以避免生成環，同時確保最小生成樹的連通性。

透過以上步驟，可以逐步建構出一個權重之和最小的最小生成樹，它可以將圖中的所有頂點連接起來。

（3）使用場景

最小生成樹可用於描述金融市場中股票或其他金融資產的關係，揭示並視覺化金融市場的隱藏結構和相互依賴關係，幫助投資者辨識潛在的投資機會並管理投資組合的風險。舉例來說，透過統計一組股票的歷史價格資料並計算它們之間的相關性係數，可以衡量兩檔股票價格變動的線性關係。使用這個相關性係數作為兩檔股票之間的距離度量，可以利用最小生成樹找出連接所有股票的最短樹形結構，從而獲得金融市場中資產間的隱性關係洞察。兩檔股票在樹中的位置接近表示它們的價格動態具有強相關性。

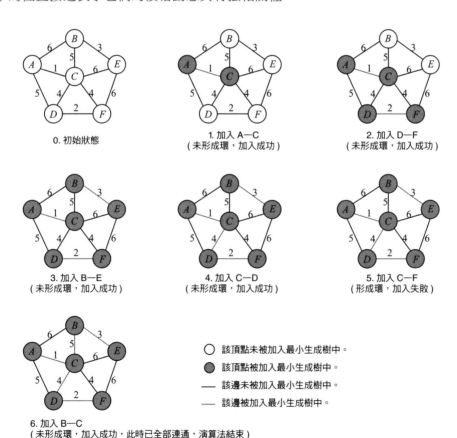

0. 初始狀態

1. 加入 A—C
（未形成環，加入成功）

2. 加入 D—F
（未形成環，加入成功）

3. 加入 B—E
（未形成環，加入成功）

4. 加入 C—D
（未形成環，加入成功）

5. 加入 C—F
（形成環，加入失敗）

○ 該頂點未被加入最小生成樹中。
● 該頂點被加入最小生成樹中。
— 該邊未被加入最小生成樹中。
— 該邊被加入最小生成樹中。

6. 加入 B—C
（未形成環，加入成功，此時已全部連通，演算法結束）

▲ 圖 4-8 最小生成樹案例圖

在城市規劃中，工程師需要透過鋪設光纖、水管、天然氣管等，連接起整個城市的通訊、給水 / 排水和能源網路。在這種情況下，工程師可以利用最小生成樹演算法構造出一種方式，使得連接所有供應點的總線路或總管道長度最短。這樣，我們可以最佳化通訊、給水 / 排水和能源網路的佈局，降低基礎設施建設和維護的成本。

（4）Galaxybase 中的使用方法

輸入參數如表 4-12 所示。

▼ 表 4-12　輸入參數

參數名稱	參數類型	預設值	描述
sourceId	Long	—	起始頂點內部 Id
edgeProperty	String	—	邊權屬性
config	Map<String,Object>	{}	設定參數

傳回結果如表 4-13 所示。

▼ 表 4-13　傳回結果

結果名稱	類型	描述
fromId	String	起始頂點內部 Id 或主鍵
toId	String	終止頂點內部 Id 或主鍵
weight	Double	邊權重值

使用樣例如下：

```
CALL gapl.MinimumWeightSpanningTree(
    gapl.getId('打鐵關站'),
    'distance',
    {primaryKey:true}
)
YIELD fromId,toId,weight
RETURN fromId,toId,weight
```

注：此 Cypher 敘述的含義為查詢以「打鐵關站」為起始頂點的最小生成樹，其中以邊屬性「distance」為計算權重。傳回組成最小生成樹的所有邊及權重，其中邊由起點主鍵名稱和終點主鍵名稱組成。

呼叫上述敘述傳回的結果如表 4-14 所示，最小生成樹結果展示如圖 4-9 所示。

▼ 表 4-14 呼叫上述敘述傳回的結果

fromId	toId	weight
鳳起路站	武林廣場站	2
武林廣場站	西湖文化廣場站	1
西湖文化廣場	打鐵關站	1
打鐵關站	杭氧站	3
打鐵關站	建國北路站	2
建國北路站	萬安橋站	1
萬安橋站	城站站	3

▲ 圖 4-9 最小生成樹結果展示

7 · 隨機遊走

（1）演算法介紹

隨機遊走演算法從指定頂點開始，透過隨機選擇其鄰居進行移動，在圖中進行持續遊走的過程。這個過程可能會存取已經遍歷的頂點，且有一定機率在當前頂點停留或傳回至先前存取過的頂點。當滿足指定路徑長度或無法繼續前行時，則隨機遊走結束。

隨機游走演算法的應用領域廣泛，不僅包括電腦科學領域，還涉及物理學、化學、生物學、生態學、心理學、經濟學和社會學等多個學科領域。

（2）計算步驟

隨機遊走演算法是一種基於機率的演算法，用於在圖結構中進行探索。以下是簡單的隨機遊走步驟。

1）初始化：選擇一個起始頂點作為當前頂點。

2）執行每一步的操作：首先從當前頂點的鄰接頂點中隨機選擇一個頂點作為下一步的頂點。這個選擇可以依據某種機率分佈進行，如均勻分佈，或根據頂點間的權重進行選擇。然後，將選中的頂點設為當前頂點，並根據需要記錄或處理該頂點的資訊。

重複執行上述步驟，直到滿足某個特定的停止條件，如達到預設的步數，到達目標頂點，或滿足其他預設的停止條件。

（3）使用場景

身為具有隨機性特點的演算法，隨機遊走演算法在許多領域都獲得了廣泛應用。舉例來說，在社群網站中，隨機遊走演算法可用於尋找網路中的社區結構、計算頂點間的相似度或進行連結預測。在物理和化學領域，隨機遊走演算法常用於模擬粒子在媒體中的擴散過程或化學反應。在生物學中，隨機遊走演算法可用於預測蛋白質間的相互作用或基因的功能。在自然語言處理中，隨機遊走演算法可用於完成詞義消歧、實體連結等任務，透過在知識圖譜或詞彙網路上進行隨機遊走以推斷詞語或實體的含義。此外，隨機遊走演算法還可應用於機器學習中的特徵選擇，透過在特徵空間進行隨機遊走搜尋，以找到最佳的特徵子集。

（4）Galaxybase 中的使用方法

輸入參數如表 4-15 所示。

▼ 表 4-15 輸入參數

參數名稱	參數類型	預設值	描述
sourceId	Long	—	起始頂點內部 Id
length	Long	—	路徑長度
number	Long	—	路徑數量
config	Map<String,Object>	{}	設定參數

傳回結果如表 4-16 所示。

▼ 表 4-16 傳回結果

結果名稱	類型	描述
path	List<String>	路徑頂點內部 Id 或主鍵列表

使用樣例如下：

```
CALL gapl.RandomWalk(
    gapl.getId(' 打鐵關站 '),
    2,
    3,
    {primaryKey:true}
)
YIELD path
RETURN path
```

注：此 Cypher 敘述的含義為查詢以「打鐵關站」為起始頂點且路徑長度為 2 的總共 3 條隨機遊走路徑，並傳回隨機遊走的路徑，輸出每條路徑上點的主鍵名稱。

呼叫上述敘述傳回的結果如表 4-17 所示。

▼ 表 4-17　呼叫上述敘述傳回的結果

path
[打鐵關站 , 杭氧站 , 打鐵關站]
[打鐵關站 , 建國北路站 , 萬安橋站]
[打鐵關站 , 西湖文化廣場站 , 武林廣場站]

4.3　中心性演算法

中心性演算法是一種用於衡量圖中頂點重要程度和影響力的演算法。它在多個領域都獲得了廣泛應用，如在社群網站中辨識最具影響力的人物、在城市網路中確定關鍵基礎設施，以及研究疾病的超級傳播者等。中心性演算法最初源於社會網路分析，如今已經在各個行業得到普及。

Galaxybase 預設支援的中心性演算法包括：度中心性（Degree Centrality）、緊密中心性（Closeness Centrality）、調和中心性（Harmonic Centrality）、中介中心性（Betweenness Centrality）和網頁排名（PageRank）。

4.3.1　資料準備

中心性演算法用於計算人際關係圖中頂點的動態影響和資訊流動。本章將以人物相識關係圖作為圖示案例。

人物頂點檔案如表 4-18 所示，人物關注關係邊檔案如表 4-19 所示。

▼ 表 4-18 人物頂點檔案

name	name	name	name	name
劉一	張三	王五	孫七	吳九
陳二	李四	趙六	周八	鄭十

▼ 表 4-19 人物關注關係邊檔案

fromUser	toUser	fromUser	toUser
劉一	陳二	趙六	吳九
劉一	張三	趙六	李四
劉一	周八	孫七	鄭十
陳二	王五	周八	劉一
陳二	張三	周八	張三
陳二	孫七	吳九	孫七
張三	李四	鄭十	劉一
王五	陳二		

　　準備完上述兩個檔案後，就可以把圖匯入 Galaxybase 中。匯入完資料後，圖 4-10 展示了人物之間的關係。

▲ 圖 4-10 人物相識關係圖展示

4.3.2　演算法介紹

1・度中心性演算法

（1）演算法介紹

　　度中心性演算法是一種簡單的中心性演算法，用於衡量圖中頂點的重要性。它透過計算頂點的外分支度和內分支度（在有方向圖中）或總度數（在無向圖中）來評估頂點的重要性。度中心性演算法通常用於尋找圖中最受歡迎或關注度最高的頂點。

（2）計算步驟

　　度中心性演算法透過遍歷圖中的所有頂點，統計每個頂點連接的邊的數量，並作為該頂點的度中心性得分。下面透過一個簡單的例子來說明度中心性演算法的計算步驟。

　　圖 4-11 是一個較為簡單的圖結構，我們將計算頂點 1 方向為 OUT 的度中心性得分。

　　經過查詢，發現頂點 1 連接到頂點 2 有 2 條外分支度邊，頂點 1 連接到頂點 5 有 1 條外分支度邊。根據圖 4-12，可以確定頂點 1 的 OUT 方向的度中心性得分為 3，因為頂點 1 存在 3 條外分支度邊（用紅色表示）。

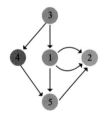

▲　圖 4-11　度中心性圖的拓撲資訊　　▲　圖 4-12　度中心性計算邏輯

（3）公式介紹

　　非帶權圖度中心性的計算公式：

$$DegreeCentrality(u)=degree(u)$$

帶權圖度中心性的計算公式：

$$DegreeCentrality(u)= \sum_{i \in N(u)} w_{ui}$$

式中，DegreeCentrality(u) 表示頂點 u 的度中心性；degree(u) 表示頂點 u 的度；$N(u)$ 表示頂點的鄰居集；w_{ui} 表示 u 到 i 邊的權重。

（4）使用場景

度中心性分析在市場行銷中可用於辨識社群網站中具有高社交影響力的個人或帳戶，這些人通常是意見領袖（Key Opinion Leader），擁有大量的粉絲或關注者。在運輸網路中，度中心性分析可用於辨識交通樞紐。在流行病學中，度中心性分析可以辨識可能成為傳播熱點的個體或區域。

在化學動力學與反應工程領域，利用燃燒反應網路（Combustion Reaction Network，CRN）的度中心性可以進行燃燒過程的分析與最佳化 [5]。在 CRN 中，與其他物種有更緊密聯繫的活躍物種具有更高的度中心性。因此，透過對 CRN 的度中心性分析，可以辨識燃燒過程中的主要物質成分，並幫助選擇合適的催化劑。

（5）Galaxybase 中的使用方法

輸入參數如表 4-20 所示。

▼ 表 4-20　輸入參數

參數名稱	參數類型	預設值	描述
config	Map<String,Object>	{}	設定參數

傳回結果如表 4-21 所示。

▼ 表 4-21　傳回結果

結果名稱	類型	描述
id	String	頂點內部 Id 或主鍵值
centrality	Double	度中心性得分

使用樣例如下：

```
CALL gapl.DegreeCentrality(
{direction:'IN',order:true,primaryKey:true}
)
YIELD id,centrality
RETURN id,centrality
```

注：此 Cypher 敘述的含義為查詢全圖的內分支度中心性，根據得分降冪展示結果，傳回所有的主鍵名稱與對應的得分。

呼叫上述敘述傳回的結果如表 4-22 所示。

▼ 表 4-22　呼叫上述敘述傳回的結果

id	centrality	id	centrality
張三	3	周八	1
劉一	2	鄭十	1
陳二	2	王五	1
李四	2	吳九	1
孫七	2	趙六	0

從以上結果可以看出，張三的內分支度中心性得分最高，所以張三是最受歡迎的人。

2．緊密中心性演算法

（1）演算法介紹

緊密中心性 [6] 演算法是一種用於衡量圖中頂點重要性的演算法，它反映了頂點的有效傳播能力。具有緊密中心性最高得分的頂點到其他頂點的傳播代價最小。

（2）計算步驟

透過遍歷圖中的所有頂點，計算每個頂點到其他頂點的最短路徑距離之和的倒數。將倒數值作為頂點的緊密中心性得分。下面透過一個簡單的例子來說明緊密中心性的計算步驟。

圖 4-13 是一個較為簡單的連通圖，我們將計算頂點 2 的緊密中心性。將總頂點數減去 1 作為分子，即分子為 4；計算出頂點 2 到各個頂點的最短路徑總得分為 6，即為公式的分母，如圖 4-14 所示。所以頂點 2 的歸一化緊密中心性得分為 4 除以 6，即 0.666。

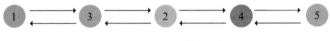

▲ 圖 4-13 緊密中心性圖的拓撲資訊

（3）公式介紹

緊密中心性的基礎計算公式：

$$\text{ClosenessCentrality}(u) = \frac{1}{\sum_{v=1}^{n-1} d(u,v)}$$

緊密中心性的歸一化計算公式（Galaxybase 預設使用的計算公式）：

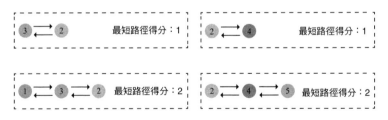

▲ 圖 4-14 緊密中心性圖的路徑資訊

$$C_{\text{norm}}(u) = \frac{n-1}{\sum_{v=1}^{n-1} d(u,v)}$$

針對不連通圖，Stanley Wasserman 和 Katherine Faust 提出了一個改進的公式 [7]。

緊密中心性的不連通圖型計算公式：

$$C_{WF}(u) = \frac{n-1}{N-1}\left(\frac{n-1}{\sum_{v=1}^{n-1} d(u,v)}\right)$$

上述式中，u 是頂點；N 是總頂點數；n 是 u 所在的連通子圖的頂點數；$d(u,v)$ 是頂點 u、v 之間的最短路徑；$C_{norm}(u)$ 表示頂點 u 的歸一化緊密中心性得分；$C_{WF}(u)$ 表示頂點 u 的 Wasserman and Faust 公式得分。

（4）使用場景

在商業選址過程中，商場通常需要考慮待選地址與附近住宅區、辦公室等人流密集區域的綜合距離。待選地址在交通網絡中的緊密中心性越大，表示它與周圍其他人流密集區的距離更短，人們到達該位置的路徑更短、更便利。因此，在進行商場選址時，傾向於選擇緊密中心性更大的地點，以吸引更多的人前來消費。

在現代電力系統中，其規模和複雜性不斷增加，對電壓崩潰的評估和控制也變得越來越困難。在基於電力系統負載頂點之間關係形成的導納矩陣中，可以利用緊密中心性來評估每個頂點的影響力：緊密中心性越大，說明該頂點的影響力越大。透過辨識關鍵的電力傳輸頂點，可以最佳化能源分配、提高電網的效率和穩定性。

（5）Galaxybase 中的使用方法

輸入參數如表 4-23 所示。

▼ 表 4-23　輸入參數

參數名稱	參數類型	預設值	描述
config	Map<String,Object>	{}	設定參數

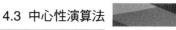

傳回結果如表 4-24 所示。

▼ 表 4-24 傳回結果

結果名稱	類型	描述
id	String	頂點內部 Id 或主鍵
centrality	Double	緊密中心性得分

使用樣例如下：

```
CALL gapl.ClosenessCentrality(
{direction:'BOTH',order:true,primaryKey:true}
)
YIELD id,centrality
RETURN id,centrality
```

注：此 Cypher 敘述的含義為查詢全圖中方向為 BOTH 的緊密中心性，根據得分降冪展示結果，並傳回所有的主鍵名稱與對應的得分。

呼叫上述敘述傳回的結果如表 4-25 所示，ClosenessCentrality 高得分人物如圖 4-15 所示。

▼ 表 4-25 呼叫上述敘述傳回的結果

id	centrality	id	centrality	id	centrality
陳二	0.600	李四	0.474	趙六	0.409
張三	0.600	鄭十	0.474	王五	0.391
劉一	0.563	周八	0.429		
孫七	0.529	吳九	0.429		

▲ 圖 4-15　ClosenessCentrality 高得分人物

使用歸一化的方式計算緊密中心性，可以看到陳二和張三的得分最高，說明從陳二和張三到其他頂點的傳播代價最小。

3·調和中心性演算法

（1）演算法介紹

調和中心性[8] 演算法是緊密中心性的一種變形，旨在解決在不連通圖① 中計算中心性時遇到的不連通問題。在不連通圖中，至少存在一個頂點無法與其他頂點相連。為了避免不連通圖對緊密中心性的影響，調和中心性採用頂點之間最短路徑的倒數之和來計算中心性，而非採用頂點之間最短路徑之和的倒數。這樣可以確保對於不連通圖中的每個連通分量，每個頂點都有一個有效的中心性值。

（2）計算步驟

圖 4-16 是以一個非連通圖來計算頂點 2 的調和中心性。計算出頂點 2 到存在最短路徑值倒數的總分為 3（計算方式：1+1+1/2+1/2），不連通頂點的最短路徑得分為無限大，其倒數為 0，即頂點 2 緊密中心性得分 3，如圖 4-17 所示。從上述內容可以看出調和中心性透過倒數的形式解決了不連通的情況。

---

① 不連通圖指的是在無向圖中至少有一個頂點無法與其他頂點相連。

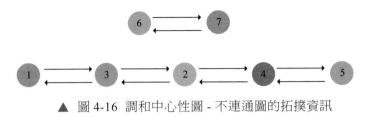

▲ 圖 4-16 調和中心性圖 - 不連通圖的拓撲資訊

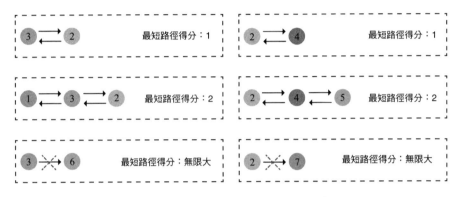

▲ 圖 4-17 調和中心性圖的路徑資訊

（3）公式介紹

調和中心性的基礎計算公式：

$$\text{HarmonicCentrality}(u) = \sum_{v=1}^{n-1} \frac{1}{d(u,v)}$$

調和中心性的歸一化計算公式：

$$H_{\text{norm}}(u) = \frac{\sum_{v=1}^{n-1} \frac{1}{d(u,v)}}{n-1}$$

式中，u 是頂點；HarmonicCentrality(u) 表示頂點 u 的 HarmonicCentrality 得分；$H_{\text{norm}}(u)$ 表示頂點 u 歸一化後的得分；n 是總頂點數；$d(u,v)$ 是頂點 u、v 之間的最短路徑。

（4）使用場景

調和中心性在不連通的情況下作為緊密中心性的替代方案，因此其使用場景和緊密中心性相似。舉例來說，可以使用該演算法在城市中設置新的公共服務的地點，以便居民可以更輕鬆、便捷地使用新服務。另外，如果試圖在社交媒體上傳播資訊，也可以透過該演算法找到能夠更高效率地將資訊傳播給網路中大多數人的關鍵個人。

（5）Galaxybase 中的使用方法

輸入參數如表 4-26 所示。

▼ 表 4-26　輸入參數

參數名稱	參數類型	預設值	描述
config	Map<String,Object>	{}	設定參數

傳回結果如表 4-27 所示。

▼ 表 4-27　傳回結果

結果名稱	類型	描述
id	String	頂點內部 Id 或主鍵
centrality	Double	調和中心性得分

使用樣例如下：

```
CALL gapl.HarmonicCentrality(
{direction:'BOTH',order:true,primaryKey:true}
)
YIELD id,centrality
RETURN id,centrality
```

注：此 Cypher 敘述的含義為查詢全圖中方向為 BOTH 的調和中心性，根據得分降冪展示結果，並傳回所有的主鍵名稱與對應的得分。

呼叫上述敘述傳回的結果如表 4-28 所示，HarmonicCentrality 高得分人物如圖 4-18 所示。

▼ 表 4-28 呼叫上述敘述傳回的結果

id	centrality	id	centrality	id	centrality
陳二	0.704	李四	0.556	趙六	0.510
張三	0.704	鄭十	0.556	王五	0.454
劉一	0.685	周八	0.528		
孫七	0.630	吳九	0.528		

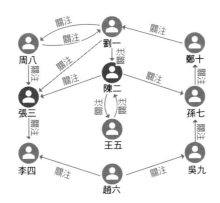

▲ 圖 4-18 HarmonicCentrality 高得分人物

4 · 中介中心性演算法

（1）演算法介紹

中介中心性[9] 演算法用於衡量網路中頂點的重要性，它計算每個頂點在其他兩個頂點之間最短路徑上充當中介的次數。在某些情況下，網路中最重要的人並不一定是能力最強或關注度最高的人，而是那些在群眾之間扮演著中介角色的人，如經紀人、中間商等，他們能夠控制網路中的關鍵資源或資訊流動。

由於在大規模圖上計算準確的中介中心性對電腦算力要求較高，研究者提出了各種近似演算法，這些演算法在犧牲部分結果精度的同時提高了計算速度。

其中，隨機近似 Brandes（Randomized-Approximate Brandes，RA-Brandes）[10] 演算法是最著名的計算中介中心性近似分數的演算法之一。

RA-Brandes 演算法不會計算每對頂點之間的最短路徑，而是採用兩種選擇頂點的策略：

- 隨機（random）策略：頂點的選擇是隨機的，同時具有預設的選擇機率。預設機率為（log$N$）/ε^2。如果機率是 1，即所有的頂點對都參與計算，那麼這種演算法將得到與精確中介中心性演算法相同的結果。

- 度（degree）策略：頂點是隨機選擇的，只有具有大量關係的頂點才有機會被選中，低於平均度的頂點則會被自動排除。

為進一步最佳化演算法，可以限制最短路徑演算法搜尋的深度，使其僅尋找特定深度內的最短路徑，而非所有的最短路徑。在某些圖中，搜尋所有路徑並不會對結果產生巨大影響，相反，這會增加對電腦算力的要求，這並非我們期望的結果。因此，在計算近似解時，可以增加對最大深度的限制。

（2）計算步驟

遍歷圖中所有頂點，計算任意兩頂點之間的最短路徑，統計頂點在上述最短路徑中出現的次數，計算出最終得分。

計算圖 4-19（a）中頂點 1 的中介中心性。找到圖中其他頂點之間所有的最短路徑，並計算這些路徑中經過頂點 1 的數量。如圖 4-19（b）所示，頂點 2 到頂點 3 最短路徑數量為 1，並且沒有經過頂點 1，因此得分為 0；頂點 2 到頂點 4 最短路徑數量為 2，其中有 2 條路徑經過了頂點 1，因此得分為 1。類似上述計算，將計算所有兩兩頂點對之間的得分，並求和以得出中介中心性得分。在這個例子中，頂點 1 到其他所有頂點之間的中介中心性得分為 1.5。

（3）公式介紹

中介中心性的計算公式：

$$BetweennessCentrality(u) = \sum_{s \neq u \neq t} \frac{p(u)}{p}$$

式中，u 是頂點；p 是頂點 s 到頂點 t 之間的最短路徑數量；$p(u)$ 是頂點 s 到頂點 t 且經過頂點 u 的最短路徑數量。

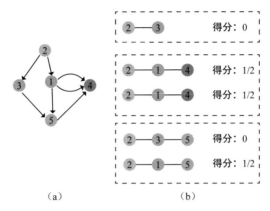

▲ 圖 4-19 中介中心性圖的拓撲資訊及路徑資訊

（4）使用場景

中介中心性衡量的是網路中的頂點在其他頂點之間最短路徑上的頻率，因此在出行規劃和交通網絡分析方面具有重要的應用價值。

舉例來說，對共用出行服務公司（如 Uber）來說，中介中心性可以幫助他們了解城市交通網絡中的關鍵路線和地點，以便有效地分配車輛，滿足乘客的乘車需求。城市規劃者和交通工程師也可以利用中介中心性來辨識對出行線路至關重要的地點或路段，增加這些交通地點或路段的道路容量，調整交通訊號的時間，或在高需求時段實施收費等措施，以改善交通情況。

此外，中介中心性還可以用於衡量網路的脆弱性。透過模擬高中介中心性的關鍵頂點發生故障或受限時對整個網路的影響，可以評估網路的韌性和應對不同類型干擾和故障的能力。特別是在災難回應和安全規劃方面，透過辨識具有高中介中心性的地點和路段 [11]，可以更進一步地制訂應急回應計畫，以在關鍵道路受阻時迅速疏散人員、提供救援，提升交通網絡的健壯性。

此外，在供應鏈網路分析、電腦和電信通訊網路、金融交易網路等領域，中介中心性也可以用於分析關鍵供應商、經銷商或辨識關鍵頂點，以了解整個系統的穩定性，並辨識潛在的系統性風險。

（5）Galaxybase 中的使用方法

輸入參數如表 4-29 所示。

▼ 表 4-29　輸入參數

參數名稱	參數類型	預設值	描述
config	Map<String,Object>	{}	設定參數

傳回結果如表 4-30 所示。

▼ 表 4-30　傳回結果

結果名稱	類型	描述
id	String	頂點內部 Id 或主鍵
centrality	Double	中介中心性得分

使用樣例如下：

```
CALL gapl.RABrandesBetweennessCentrality(
    {direction:'BOTH',strategy:'random',probability:0.9,order:true,
primaryKey:true}
)
YIELD id,centrality
RETURN id,centrality
```

注：此 Cypher 敘述為查詢全圖方向為 BOTH 的中介中心性，隨機選擇的是 90% 個頂點的預估策略，根據得分降冪展示結果，並傳回所有的主鍵名稱與對應的得分。

呼叫上述敘述傳回的結果如表 4-31 所示，BetweennessCentrality 高得分人物如圖 4-20 所示。

▼ 表 4-31 呼叫上述敘述傳回的結果

id	centrality	id	centrality	id	centrality
陳二	12.1	李四	4.667	王五	0
張三	9.7	吳九	3.5	周八	0
孫七	8.333	趙六	2.167		
劉一	6.8	鄭十	1.733		

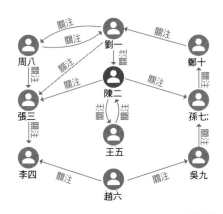

▲ 圖 4-20 BetweennessCentrality 高得分人物

根據以上結果可以看出，在這個網路中傳遞一則訊息時，選擇陳二作為傳遞者是最合適的。雖然我們使用了 RA-Brandes 演算法來計算中介中心性，預測的結果與精確結果存在一定差距，但仍然能夠在短時間內得到與精確解相似的結果，從而快速地做出決策。

5. 網頁排名演算法

（1）演算法介紹

網頁排名 [12] 演算法是由 Google 的創始人賴瑞·佩奇和謝爾蓋·布林於 1998 年在史丹佛大學發明的一種衡量每個頂點相對於其他頂點影響程度的演算法。該演算法基於網頁之間的超連結關係進行計算，將每個網頁視為一個頂點，網頁間的超連結視為邊。PageRank 演算法透過迭代計算，綜合考慮指向一個頂點的其他頂點數量和這些頂點自身的重要性，來衡量一個頂點的重要性。

PageRank 演算法通常應用於搜尋引擎的頁面排名中，透過計算得出的 PageRank 值來表現網頁的重要性。PageRank 值越大，表示網頁越重要，可以作為評估網頁最佳化程度的指標。

如圖 4-21 所示，一個頁面的 PageRank 值由指向它的所有頁面共同決定。演算法透過多次迭代模擬瀏覽者存取頁面的行為，考慮了使用者從一個頁面跳躍到下一個頁面的機率（阻尼係數），通常設定值為 0.85。「1 －阻尼係數」則表示使用者留在當前頁面的機率。阻尼係數在演算法中造成平滑效果，防止在迭代過程中 PageRank 值產生劇烈的變化。

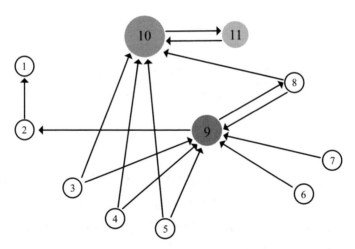

▲ 圖 4-21　PageRank 拓撲結構圖

（2）計算步驟

PageRank 演算法的計算步驟如下。

1）初始化：為每個頂點分配一個初始的 PageRank 值，可以是相等的初始值或根據特定規則分配的值。

2）迭代計算：透過迭代計算的方式，更新每個頂點的 PageRank 值。每次迭代都包括以下步驟。

- 考慮每個頂點的出邊：對於每個頂點，將其 PageRank 值按照出邊的數量平均分配給相鄰的頂點。

- 考慮阻尼係數：引入阻尼係數，將一部分 PageRank 值分配給所有頂點，以避免陷入隨機遊走的情況。

- 計算新的 PageRank 值：將所有相鄰頂點貢獻的 PageRank 值加權求和，得到每個頂點在當前迭代中的新 PageRank 值。

- 更新 PageRank 值：將當前迭代中計算得到的新 PageRank 值更新到每個頂點上。

3）迭代終止條件：根據預先定義的終止條件，如達到最大迭代次數或 PageRank 值的收斂性，判斷是否終止迭代。

4）輸出結果：當迭代終止後，最終得到每個頂點的最終 PageRank 值。可以根據 PageRank 值對頂點進行排序，以獲得排序後的結果。

（3）公式介紹

網頁排名的計算公式：

$$PageRank_i(x)=(1-d)+d\left(\sum_{y\in N_{in}(x)} \frac{PageRank_{i-1}(y)}{OutDegree(y)} \right)$$

式中，$PageRank_i(x)$ 表示第 i 輪迭代頂點 x 的 PageRank 值；d 是為阻尼係數，設定值範圍為 [0,1]，通常被設置為 0.85；$N_{in}(x)$ 表示頂點 x 的內分支度鄰居集合；$OutDegree(y)$ 表示頂點 y 的外分支度數量。

（4）使用場景

社群網站的影響力演算法是一種基於 PageRank 演算法的傳播影響力計算方法。舉例來說，在社群網站中，可以建構使用者之間的關係網絡圖，並根據使用者之間的互動行為來計算每個使用者在網路中的重要性和傳播影響力。

在生物資訊學領域，透過分析蛋白質相互作用網路，使用 PageRank 演算法可以幫助辨識與特定疾病相關的關鍵蛋白質，從而用於藥物靶點的研究。此外，PageRank 演算法還可以模擬蛋白質的故障或缺失對網路的影響，從而促進對大型蛋白質組的穩健分析 [13]。

隨著科學家人數的增加和對科學領域的定義變得模糊，僅憑藉聲譽來評估學者在某領域的貢獻變得困難。使用 PageRank 演算法可以相對公平地評估學者的領域影響力，因為它不僅考慮學者論文被引用的次數，還考慮每次引用的實際影響力 [14]。

（5）Galaxybase 中的使用方法

輸入參數如表 4-32 所示。

▼ 表 4-32　輸入參數

參數名稱	參數類型	預設值	描述
config	Map<String,Object>	{}	設定參數

傳回結果如表 4-33 所示。

▼ 表 4-33　傳回結果

結果名稱	類型	描述
id	String	頂點內部 Id 或主鍵
centrality	Double	PageRank 得分

使用樣例如下：

```
CALL gapl.PageRank(
    {maxIterations:10,dampingFactor:0.85,order:true,primaryKey:true}
    )
YIELD id,centrality
RETURN id,centrality
```

注：此 Cypher 敘述的含義為查詢全圖的 PageRank 得分，按照 0.85 的阻尼係數迭代 10 輪，根據得分降冪展示結果，並傳回所有的主鍵名稱與對應的得分。

呼叫上述敘述傳回的結果如表 4-34 所示，PageRank 高得分人物如圖 4-22 所示。

▼ 表 4-34　呼叫上述敘述傳回的結果

id	centrality	id	centrality	id	centrality
李四	0.864	鄭十	0.603	吳九	0.214
劉一	0.836	孫七	0.530	趙六	0.150
張三	0.755	周八	0.389		
陳二	0.688	王五	0.348		

▲ 圖 4-22　PageRank 高得分人物

從上述結果可以看出李四是最容易被傳播到訊息的。

4.4　社區檢測演算法

在網路科學中，社區（子圖）是指網路中的一些密集群眾，其中同一社區的頂點具有較為緊密的連通性，而社區與社區之間的連通性比較稀疏。社區檢測演算法,也被稱為社區發現演算法,是一種用於發現網路中的社區結構的技術。

由於社區的概念較為模糊,複雜網路領域的著名科學家 Newman 於 2003 年提出了一種稱為模組度(Modularity)的指標,用於評估社區劃分的合理性。較高的模組度表示社區劃分得更為合理,即社區內部緊密連接,而社區之間的連接相對較弱。

Galaxybase 預設支援的社區檢測演算法包括:三角計數(Triangle Count)和聚類係數(Clustering Coefficient)、強連通分量(Strongly Connected Components)、連通分量(Connected Components)、標籤傳播(Label Propagation)和魯汶模組度(Louvain Modularity)。

4.4.1 資料準備

在使用社區檢測演算法時,需要考慮關係的密度。如果圖非常密集,可能僅會得到一個或幾個社區。一方面,為了得到更合理的結果,可以通過邊、關係權重或相似性度量等進行處理。另一方面,如果圖太稀疏,連接的頂點很少,那麼大部分社區只有本身一個頂點。在這種情況下,嘗試合併攜帶相關資訊的頂點會產生更好的效果。因此,需要注意對於不同密度的圖採用不同的策略進行社區檢測和合併操作。

Java 類別頂點檔案如表 4-35 所示,Java 類別繼承關係邊檔案如表 4-36 所示。

▼ 表 4-35 Java 類別頂點檔案

class	class	class	class
HashMap	Cloneable	InputStreamReader	Readable
Map	Serializable	Reader	AutoCloseable
AbstractMap	FileReader	Closeable	

表 4-36 Java 類別繼承關係邊檔案

fromClass	toClass	fromClass	toClass
HashMap	Serializable	FileReader	InputStreamReader
HashMap	Cloneable	InputStreamReader	Reader
HashMap	AbstractMap	Reader	Closeable
HashMap	Map	Reader	Readable
AbstractMap	Map	Readable	AutoCloseable

我們使用 Java 類別的依賴關係圖來描述社區檢測演算法的作用。依賴關係圖非常適合用來展示社區檢測演算法之間的細微差異，因為這類演算法通常連線性和層次性更強。

透過依賴關係圖可顯示要構造的圖。在圖 4-23 中，可以清晰地看出其中包含的社區數量和社區結構。在小型態資料集上使用視覺化工具有助驗證社區檢測演算法所得到的社區結果。

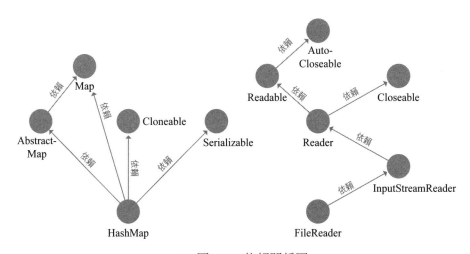

▲ 圖 4-23 依賴關係圖

4.4.2　演算法介紹

1．三角計數和聚類係數

（1）演算法介紹

三角計數 [15] 和聚類係數 [16] 是用於評估網路結構的兩種度量方式。其中，三角計數指的是在圖中計算由頂點組成的三角形數量，可以用來衡量網路的穩定性和社區結構的形成情況。

在小世界網路中，頂點通常可以透過相對較少的步驟到達其他頂點，而網路中的頂點往往在局部範圍內形成高度聚集的簇。在這種網路中，往往存在大量的三角形結構，即多個頂點之間相互連接形成閉合的三角形。

聚類係數是衡量網路中頂點趨於聚集在一起程度的指標，可以分為局部聚類係數和全域聚類係數。局部聚類係數反映了單一頂點的鄰居之間形成三角形結構的程度，而全域聚類係數反映了整個網路的緊密程度和社區結構。聚類係數是評估網路中社區結構的重要指標，有助理解網路的群組化特徵和社交關係的形成。

（2）計算步驟

三角計數是一種度量網路中三角形數量的方法，它統計每個頂點周圍所形成的三角形的數量。舉例來說，在圖 4-24 中，以頂點 1 為中心，能夠形成的三角形數量是 3；以頂點 2 為中心，能夠形成的三角形數量是 2。從結果可以看出，頂點 1 是圖中擁有最多三角形數量的頂點，如圖 4-25 所示。

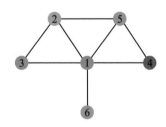

▲ 圖 4-24　三角計數圖的拓撲資訊

（3）公式介紹

局部聚類係數的計算公式：

$$C(u) = \frac{2R_u}{k_u(k_u - 1)}$$

式中，u 是頂點；R_u 是經過頂點 u 的不同的三角形個數，其中有方向圖為 R_u，無向圖為 $2R_u$；k_u 是 u 的度數。

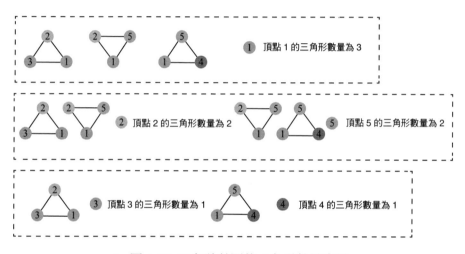

▲ 圖 4-25 三角計數圖的三角形數量資訊

全域聚類係數是所有局部聚類係數的平均值，計算公式：

$$\bar{C} = \frac{1}{n}\sum_{i=1}^{n} C_i$$

（4）使用場景

在現實世界的網路中，尤其是社群網站中，往往大多數頂點集中在少數幾個社區中。因此，在這些網路中頂點之間的聯繫通常比較緊密，其連接機率高於兩個頂點隨機建立聯繫的機率。

（5）Galaxybase 中的使用方法

輸入參數如表 4-37 所示。

▼ 表 4-37　輸入參數

參數名稱	參數類型	預設值	描述
config	Map<String,Object>	{}	設定參數

傳回結果如表 4-38 所示。

▼ 表 4-38　傳回結果

結果名稱	類型	描述
id	String	頂點內部 Id 或主鍵
triangles	Double	局部聚類係數

使用樣例如下：

```
CALL gapl.LocalClusteringCoefficient(
    {primaryKey:true,order:true}
    )
YIELD id,triangles
RETURN id,triangles
```

註：此 Cypher 敘述的含義為查詢全圖的局部聚類係數，根據係數降冪展示結果，並傳回所有的主鍵名稱與對應的聚類係數。

呼叫上述敘述傳回的部分結果如表 4-39 所示。

▼ 表 4-39　呼叫上述敘述傳回的部分結果

id	triangles	id	triangles
AbstractMap	1.0	Serializable	0.0
Map	1.0	Cloneable	0.0
HashMap	0.167		

Map 和 AbstractMap 得分為 1.0，這表示 Map 和 AbstractMap 的鄰居都是彼此的鄰居，可以看出這個社區是非常有凝聚力的。得分為 0.0 的頂點表示該頂點連接到彼此不連接的頂點。

2 · 強連通分量

（1）演算法介紹

在有方向圖中，如果每個頂點都可以透過有向邊從另一個頂點到達，那麼該圖被稱為強連通圖。強連通分量 [17] 是指由相互連通的一組頂點組成的子圖，這個子圖本身也是一個強連通圖。深度優先搜尋演算法是一種經典的求解強連通分量的方法，Tarjan 演算法是主要用於求解強連通分量的演算法之一。Tarjan 演算法能夠在線性時間複雜度內計算出所有的強連通分量，並且具有良好的可伸縮性，其執行時間與頂點數量呈線性關係。

（2）計算步驟

在 Tarjan 演算法中，dfn 和 low 陣列是兩個非常重要的陣列。其中，dfn[x] 表示第一次存取頂點 x 的時間戳記，而 low[x] 表示從頂點 x 出發能夠到達的所有頂點中最小的時間戳記。dfn 陣列代表 DFS 的正向搜尋過程，而 low 陣列則代表 DFS 的反向回溯過程。

如圖 4-26 所示，從頂點 1 出發，存入堆疊並標記 dfn[1]=1，按照搜尋順序，先搜尋到頂點 2，存入堆疊並標記 dfn[2]=2。依此類推，搜尋到頂點 3。此時，堆疊內的元素為 [1,2,4,5,6,3]。頂點 3 繼續搜尋，發現頂點 1 和頂點 5 已經在堆疊內了，並標記 low[3]=min(dfn[1],dfn[5])=1。回溯到頂點 6，此時頂點 6 無法繼續擴充，low[6]=min(low[3])=1。依此類推，回溯到頂點 1 後，low[1]=min(low[2])=1，此時 df-n[1]=low[1] 滿足強連通條件，堆疊內元素依次移出堆疊，[1,2,4,5,6,3] 是一個強連通分量。

因此，採用 Tarjan 演算法的強連通分量計算步驟如下。

1）對圖中的每個頂點進行標記，表示未被存取。

2）從一個未被存取的頂點開始，進行深度優先搜尋。

3）在搜尋過程中，對存取到的頂點進行標記。

4）如果在搜尋過程中遇到已經存取過的頂點，說明已經找到了一個強連通分量，從該頂點進行回溯標記。

5）回溯至最後一層遇到的最早已經存取過的頂點後停止回溯，回溯的路徑形成一個強連通分量。

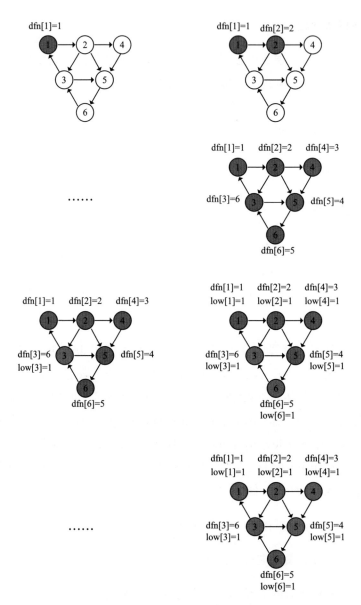

▲ 圖 4-26　強連通計算案例圖

6）選擇下一個未被存取的頂點，重複步驟 2）～ 5），直到所有頂點都被存取過。

（3）使用場景

在分散式系統中，Dijkstra 和 Scholten 提出了一種基於強連通分量的鎖死檢測演算法。他們將系統表示為有方向圖，並透過計算強連通分量來檢測鎖死狀態。他們的研究表明，透過辨識強連通分量可以有效地檢測和解決鎖死問題[18]。

（4）Galaxybase 中的使用方法

輸入參數如表 4-40 所示。

▼ 表 4-40 輸入參數

參數名稱	參數類型	預設值	描述
config	Map<String,Object>	{}	設定參數

傳回結果如表 4-41 所示。

▼ 表 4-41 傳回結果

結果名稱	類型	描述
id	String	頂點內部 Id 或主鍵
communityId	Long	頂點對應的社區編號

使用樣例如下：

```
CALL gapl.StronglyConnectedComponents(
    {primaryKey:true}
    )
YIELD id,communityId
RETURN id,communityId
```

注：此 Cypher 敘述的含義為查詢全圖的強連通分量，並傳回所有的主鍵名稱與對應的社區編號。

呼叫上述敘述傳回的結果如表 4-42 所示。

▼ 表 4-42　呼叫上述敘述傳回的結果

id	communityId	id	communityId
HashMap	0	InputStreamReader	6
Serializable	1	Reader	7
Cloneable	2	Closeable	8
AbstractMap	3	Readable	9
Map	4	AutoCloseable	10
FileReader	5		

每個頂點獨立在各自的分區，圖中不存在循環依賴關係。因此，也可以用強連通演算法分析圖中是否存在環路。

3‧連通分量

（1）演算法介紹

在無向圖中，連通分量 [19]（也稱為弱連通分量）是由相互連接的一組頂點所構成的子圖。在連通分量中，任意兩個頂點能夠互相到達，並且不與其他連通分量中的頂點連接。與強連通分量不同的是，強連通分量是有方向圖中的概念，而連通分量是無向圖中的概念。

求解無向圖的連通分量最常用的方法是並查集（Union-Find）演算法。該演算法的核心思想是將集合中的元素視為「幫主」，將集合本身視為「幫派」，其餘元素視為「弟子」。

並查集有兩個關鍵函式：find 和 union。其中，find 函式用於查詢幫派中的幫主，union 函式則用於合併兩個不同的幫派（兩個幫派合併後選出一個新幫主，保證每個幫派只有一個幫主）。

（2）計算步驟

弱連通分量（Weakly Connected Components）演算法是指遍歷圖中所有頂點，將連接在一起的點作為一個連通分量。弱連通計算案例圖如圖 4-27 所示。

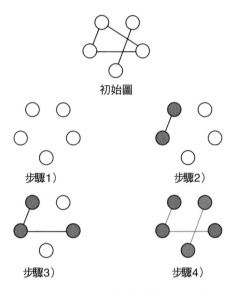

▲ 圖 4-27 弱連通計算案例圖

以下為透過並查集方式進行弱連通計算的步驟。

1）初始化：為每個頂點建立一個單獨的集合。

2）遍歷圖中的每條邊，將連接的兩個頂點所在的集合合併。

3）遍歷所有頂點，找到每個頂點所屬集合的根節點。

4）所有屬於同一集合的頂點都是弱連通的，它們之間存在一條或多條路徑可以相互到達。

除了並查集的方式，同樣可以採用搜尋的方式進行弱連通的計算，其步驟如下。

1）初始化：為每個頂點建立一個標記，表示未被搜尋。

2）找到一個未被搜尋的頂點作為起始頂點。

3）使用搜尋演算法搜尋與起始頂點相連的所有頂點。

4）將經過的頂點標記為已被搜尋。

5）重複步驟 2）和步驟 4），直到所有頂點都被搜尋過。

6）遍歷所有的連通分量，並將每個頂點歸類到相應的連通分量中。

（3）使用場景

使用弱連通分量演算法可基於地理位置資料推斷社群網站中的聯繫 [20]。

（4）Galaxybase 中的使用方法

輸入參數如表 4-43 所示。

▼ 表 4-43　輸入參數

參數名稱	參數類型	預設值	描述
config	Map<String,Object>	{}	設定參數

傳回結果如表 4-44 所示。

▼ 表 4-44　傳回結果

結果名稱	類型	描述
id	String	頂點內部 Id 或主鍵
communityId	Long	頂點對應的社區編號

使用樣例如下：

```
CALL gapl.WeaklyConnectedComponents(
    {primaryKey:true}
    )
```

```
YIELD id,communityId
RETURN id,communityId
```

注：此 Cypher 敘述的含義為查詢全圖的弱連通分量，並傳回所有的主鍵名稱與對應的社區編號。

呼叫上述敘述傳回的結果如表 4-45 所示。

▼ 表 4-45　呼叫上述敘述傳回的結果

id	communityId	id	communityId
HashMap	0	InputStreamReader	1
Serializable	0	Reader	1
Cloneable	0	Closeable	1
AbstractMap	0	Readable	1
Map	0	AutoCloseable	1
FileReader	1		

從依賴關係圖（見圖 4-23）中可以清晰地看到有兩個社區，這兩個社區之間沒有任何關係相連。

4·標籤傳播

（1）演算法介紹

標籤傳播演算法（Label Propagation Algorithm，LPA）[21] 是一種基於圖的半監督學習方法，其主要思想是利用已標記頂點的標籤資訊來預測未標記頂點的標籤資訊。該演算法透過建立圖來表示樣本之間的連結關係，並將每個頂點上的標籤資訊進行傳播，最終相同標籤的頂點會被視為同一個社區。由於簡單易實現、複雜度低且分類效果好，LPA 被廣泛應用於文字分類、社區挖掘等領域。

（2）計算步驟

標籤傳播演算法會進行多輪迭代，以達到一個較好的社區劃分。其中，每個頂點的初始標籤被設置為每個頂點的 ID（也可以透過指定的方式設置每個頂點的初始標籤）。在每一輪迭代的過程中，每個頂點的標籤被更新為其一次轉發鄰居中出現最頻繁的標籤，直到每個頂點的標籤都傳播完畢。然後進行下一輪迭代，重複上述傳播方式。標籤傳播計算案例圖如圖 4-28 所示。

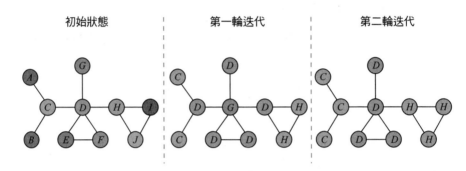

▲ 圖 4-28　標籤傳播計算案例圖

（3）使用場景

標籤傳播演算法由於其簡單性和可擴充性，在很多領域均有廣泛應用。

在社群網站領域，標籤傳播演算法可用於推斷使用者的興趣或屬性，如立場、愛好等。透過將已知屬性的使用者作為標記頂點，並利用社群網站的結構將標籤傳播到未標記的使用者。

在文字分類領域，將文字作為頂點，根據文字之間的相似度建構邊，透過標籤傳播演算法可以利用少量標記的文件，將類別標籤傳播到大量未標記的文件，以實現文字分類的目的。

在金融領域，標籤傳播演算法可用於詐騙和洗錢檢測。透過建構帳戶之間的交易關係圖，已知詐騙或洗錢的帳戶的標籤可以傳播到與之連結的帳戶，以辨識可能的詐騙和洗錢團夥。

（4）Galaxybase 中的使用方法

輸入參數如表 4-46 所示。

▼ 表 4-46 輸入參數

參數名稱	參數類型	預設值	描述
config	Map<String,Object>	{}	設定參數

傳回結果如表 4-47 所示。

▼ 表 4-47 傳回結果

結果名稱	類型	描述
id	String	頂點內部 Id 或主鍵
communityId	Long	頂點對應的社區編號

使用樣例如下：

```
CALL gapl.LabelPropagation(
{primaryKey:true}
)
YIELD id,communityId
RETURN id,communityId
```

注：此 Cypher 敘述的含義為計算全圖標籤傳播結果，並傳回所有的主鍵名稱與對應的社區編號。

呼叫上述敘述傳回的結果如表 4-48 所示。

▼ 表 4-48 呼叫上述敘述傳回的結果

id	communityId	id	communityId
HashMap	0	InputStreamReader	5
Serializable	0	Reader	5
Cloneable	0	Closeable	5

id	communityId	id	communityId
AbstractMap	0	Readable	5
Map	0	AutoCloseable	5
FileReader	5		

隨著標籤的傳播，密集連接的頂點很快會擁有相同的標籤。在傳播結束時，大多數標籤會消失，只剩下少數標籤。標籤傳播收斂後，具有相同社區標籤的頂點被稱為屬於同一個社區。

5 · 基於模組度的魯汶演算法

（1）演算法介紹

模組度（Modularity）是目前常用的一種衡量網路社區結構強度的方法。模組度值的大小主要取決於網路的社區劃分情況，可以用來衡量網路社區劃分的品質，其值越大表示社區劃分越合理。

魯汶（Louvain）[22] 演算法是基於模組度進行社區發現的常用社區檢測演算法之一，由 Vincent 等人在文章「Fast unfolding of communities in large networks」中提出。該演算法每輪迭代根據模組度增益進行社區劃分，一個頂點會被優先劃入模組度增益較高的社區，如圖 4-29 所示。

（2）計算步驟

1）將圖中的每個頂點看成一個獨立的社區，此時社區的數目與頂點數相同。

2）對每個頂點 i，依次嘗試把頂點 i 分配到其每個鄰居頂點所在的社區，計算分配前與分配後的模組度變化 $\delta(Q)$，把頂點 i 分配給 $\delta(Q)$ 最大的鄰居頂點所在的社區。

3）重複步驟 2），直到所有頂點的所屬社區不再變化。

4）對圖進行壓縮，將所有在同一個社區的頂點壓縮成一個新頂點，兩個新頂點之間邊的權重是兩個新頂點內所有原始頂點之間相連的邊的權重之和。

5）重複步驟 1）～ 4），直到整個圖的模組度不再變化或達到最大迭代次數。

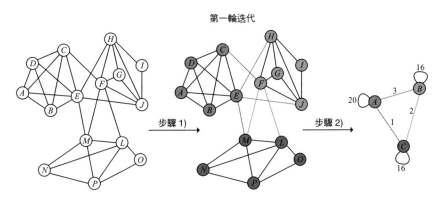

▲ 圖 4-29 魯汶演算法計算流程圖

（3）公式介紹

模組度 Q 的計算公式：

$$Q= \frac{1}{2m} \sum_{i,j} \left(A_{i,j} - \frac{k_i k_j}{2m} \right) \sigma(C_i, C_j)$$

式中，i 和 j 表示頂點；m 表示圖中邊的總數量；$A_{i,j}$ 表示頂點 i 與頂點 j 之間邊的權重；$k_i(k_j)$ 表示所有與頂點 $i(j)$ 相連的邊的權重之和；$C_i(C_j)$ 表示頂點 $i(j)$ 的社區號；$\sigma(C_i, C_j)$ 代表頂點 i、j 是否在同一社區。

（4）使用場景

魯汶演算法是一種高效且易於實施的方法，用於在大規模網路中發現社區結構。由於其高效性和通用性，魯汶演算法可以應用於任何具有網路結構且可能存在內部社區結構的場景。

舉例來說，在社群網站中，魯汶演算法可以根據使用者的共用興趣或地理位置等特徵進行聚類，用於發現社交群眾。在生物資訊學中，魯汶演算法可以應用於蛋白質互作網路、基因共同表達網路，找到功能或表達相關的蛋白質或基因的聚類。在文字分析中，魯汶演算法可用於文字聚類，以發現主題或類別。在推薦系統中，魯汶演算法可基於使用者或商品的特徵進行聚類，找到潛在的社群，從而實現群眾等級的推薦。在金融領域，它可以對交易網路進行分析，發現異常交易模式以辨識並預防詐騙行為。

（5）Galaxybase 中的使用方法

輸入參數如表 4-49 所示。

▼ 表 4-49 輸入參數

參數名稱	參數類型	預設值	描述
config	Map<String,Object>	{}	設定參數

傳回結果如表 4-50 所示。

▼ 表 4-50 傳回結果

結果名稱	類型	描述
id	String	頂點內部 Id 或主鍵
communityId	Long	頂點對應的社區編號

使用樣例如下：

```
CALL gapl.Louvain(
    {maxIterations:10,primaryKey:true}
    )
YIELD id,communityId
RETURN id,communityId
```

註：此 Cypher 敘述的含義為計算全圖的魯汶分區，迭代 10 輪魯汶演算法，並傳回所有的主鍵名稱與對應的社區編號。

呼叫上述敘述傳回的結果如表 4-51 所示。

▼ 表 4-51 呼叫上述敘述傳回的結果

id	communityId	id	communityId
HashMap	0	InputStreamReader	1
Serializable	0	Reader	1
Cloneable	0	Closeable	1
AbstractMap	0	Readable	2
Map	0	AutoCloseable	2
FileReader	1		

與標籤傳播演算法不同的是，魯汶演算法是基於模組度進行計算的。它透過迭代最佳化社區分配，以最大化模組度的值。標籤傳播演算法則是基於相鄰頂點傳遞標籤的方式進行計算的，透過頂點標籤的傳播劃分社區。這兩個演算法的計算準則不同，但它們都可以用於網路社區發現的任務。

4.5 相似度演算法

相似度演算法主要用基於向量的指標計算頂點之間的相似度。這些指標可以使用不同的方法來衡量頂點之間的相似程度，餘弦相似度（Cosine Similarity）、如歐氏相似度（Euclidean Similarity）。透過計算相似度，可以找到在某個任務或應用場景下相似的頂點，從而進行相關的分析或處理。

4.5.1 資料準備

準備一張使用者電影評分圖，其中 A、B、C、D 代表四個不同使用者，l_1 ~ l_7 代表七種不同的電影，藍色帶有方向的箭頭表示使用者看了某部電影並打了評分（最高 5 分）。

使用者頂點檔案和電影頂點檔案如表 4-52 及表 4-53 所示，評分關係邊檔案如表 4-54 所示。

▼ 表 4-52　使用者頂點檔案

user
A
B
C
D

▼ 表 4-53　電影頂點檔案

movie	movie
l_1	l_5
l_2	l_6
l_3	l_7
l_4	

▼ 表 4-54　評分關係邊檔案

user	movie	score	user	movie	score
A	l_1	4.0	C	l_4	2.0
A	l_4	5.0	C	l_5	4.0
A	l_5	1.0	C	l_6	5.0
B	l_1	5.0	D	l_2	3.0
B	l_2	5.0	D	l_7	3.0
B	l_3	4.0			

　　準備完以上檔案後，就可以把使用者電影評分圖匯入 Galaxybase 中。匯入完資料後，即可展示使用者與電影之間的評分關係，如圖 4-30 所示。

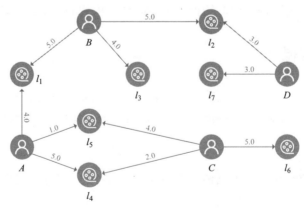

▲ 圖 4-30　使用者電影評分圖

4.5.2 演算法介紹

1・餘弦相似度

（1）演算法介紹

餘弦相似度是指在 n 維空間中計算兩個 n 維向量之間夾角的餘弦值。它可以透過用兩個向量的點積除以它們的長度或大小的乘積來計算得出。在資訊檢索、自然語言處理等領域中，餘弦相似度常被用作衡量文字相似度、詞向量相似度等任務的評價指標。

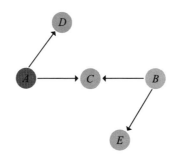

▲ 圖 4-31 餘弦相似度圖的拓撲資訊

（2）計算步驟

統計參與計算的頂點鄰居資訊，透過計算公式獲得相似度值。下面用一個簡單的例子說明餘弦相似度的計算步驟。

透過圖 4-31 可以得到頂點 A 的鄰居為 $\{C,D\}$，頂點 B 的鄰居為 $\{C,E\}$。透過將鄰居資訊進行獨熱編碼（One-hot Encoding），可以得到它們的向量表示。獨熱編碼可以將離散特徵值轉換成一組二進位向量，便於進行數學計算和處理。計算步驟可以分為兩步：

1）建立一個長度為 N 的二進位向量，其中 N 是離散特徵設定值的總數。在這個案例中，頂點 A 的鄰居為 $\{C,D\}$，頂點 B 的鄰居為 $\{C,E\}$，因此 N 為 3，即 $\{C,D,E\}$。將二進位向量中對應離散特徵設定值的位置設置為 1，其餘位置設置為 0。在這個案例中，頂點 A 的鄰居為 $\{C,D\}$，所以離散值 C、D 對應的二進位

向量為 [1,1,0]；頂點 B 的鄰居為 {C,E}，所以離散值 C、E 對應的二進位向量為 [1,0,1]。因此，頂點 A 的向量表示為 [1,1,0]，頂點 B 的向量表示為 [1,0,1]。

2）透過餘弦相似度計算公式，可以得到頂點 A 和頂點 B 的餘弦相似度為 0.5。

（3）公式介紹

餘弦相似度的計算公式：

$$\text{Cosine Similarity}(A,B) = \frac{A \cdot B}{\|A\| \times \|B\|} = \frac{\sum_{i=1}^{n} A_i \times B_i}{\sqrt{\sum_{i=1}^{n} A_i^2} \times \sqrt{\sum_{i=1}^{n} B_i^2}}$$

式中，A 表示對頂點 A 的鄰居進行獨熱編碼；B 表示對頂點 B 的鄰居進行獨熱編碼。相似度值的範圍介於 -1 和 1 之間，值越大表示相似度越高。

（4）使用場景

餘弦相似度演算法可以用於衡量兩個物體之間的相似度，並將計算得到的相似度作為推薦查詢的依據。舉例來說，在電影推薦系統中，如果使用者 A 與使用者 B 在電影評分上具有高度的相似性，可以使用餘弦相似度演算法計算它們之間的相似度。然後，將使用者 B 觀看的電影作為推薦給使用者 A 的電影列表，以提升個性化推薦的效果。透過這種方式，可以根據使用者之間的相似性進行更準確和個性化的推薦，提升使用者滿意度和推薦系統的效果。

（5）Galaxybase 中的使用方法

輸入參數如表 4-55 所示

▼ 表 4-55　輸入參數

參數名稱	參數類型	預設值	描述
alphaIds	List<Long>	—	起始頂點內部 Id 集
betaIds	List<Long>	—	目標頂點內部 Id 集
config	Map<String,Object>	{}	設定參數

傳回結果如表 4-56 所示。

▼ 表 4-56 傳回結果

結果名稱	類型	描述
alphaId	String	起始頂點內部 Id 或主鍵
betaId	String	目標頂點內部 Id 或主鍵
similarity	Double	餘弦相似度得分

使用樣例如下：

```
CALL gapl.CosineSimilarity(
    gapl.getIds(['A']),
    gapl.getIds(['B','C']),
    {primaryKey:true}
    )
YIELD alphaId,betaId,similarity
RETURN alphaId,betaId,similarity
```

注：此 Cypher 敘述的含義為計算 A 與 B、C 點之間的餘弦相似度得分，並傳回所有需要計算點對的主鍵及其餘弦相似度。

呼叫上述敘述傳回的結果如表 4-57 所示。

▼ 表 4-57 呼叫上述敘述傳回的結果

alphaId	betaId	similarity
A	B	0.33333333333333337
A	C	0.66666666666666667

根據傳回的結果可以看到，頂點 A 和頂點 C 的餘弦相似度得分最高，所以可以認定頂點 A 和頂點 C 最相似。

2 · 歐氏相似度

（1）演算法介紹

歐氏相似度是用於衡量 *n* 維空間中兩個點之間的直線距離相似度的指標。

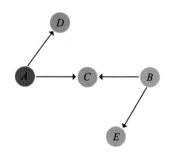

▲ 圖 4-32　歐氏相似度圖的拓撲資訊

（2）計算步驟

統計參與計算的頂點鄰居資訊，透過計算公式獲得相似度值。下面用一個簡單的例子說明歐氏相似度的計算步驟。

透過圖 4-32 可以得到頂點 *A* 的鄰居為 {*C,D*}，頂點 *B* 的鄰居為 {*C,E*}，透過將鄰居資訊獨熱編碼可以得到 *A* 的向量為 [1,1,0]，*B* 的向量為 [1,0,1]。透過歐氏相似度計算公式可以得到頂點 *A* 和頂點 *B* 的歐氏相似度約為 0.41421。

（3）公式介紹

歐氏相似度的計算公式：

$$\text{Euclidean Similarity}(A,B)= \frac{1}{1+\sqrt{\sum_{i=1}^{n}(A_i-B_i)^2}}$$

式中，*A* 表示對頂點 *A* 的鄰居進行獨熱編碼；*B* 表示對頂點 *B* 的鄰居進行獨熱編碼。

（4）使用場景

使用歐氏距離演算法計算兩者之間的相似性常被作為推薦查詢的依據。舉例來說，在根據使用者購買商品的習慣進行推薦時，可以計算不同使用者之間購物行為的歐氏距離，從而找到與當前使用者購物行為最相似的其他使用者。然後，向該使用者推薦他們購買過的商品，以提高推薦的精度和個性化程度。

在影像處理和電腦視覺領域，歐氏距離演算法用於衡量像素之間的差異。這種方法可以應用於影像分割、特徵匹配和物體辨識等任務中。透過計算像素之間的歐氏距離，可以評估它們的相似性或差異程度，並用於影像處理演算法的輸入和輸出。

（5）Galaxybase 中的使用方法

輸入參數如表 4-58 所示。

▼ 表 4-58　輸入參數

參數名稱	參數類型	預設值	描述
alphaIds	List\<Long\>	—	起始頂點內部 Id 集
betaIds	List\<Long\>	—	目標頂點內部 Id 集
config	Map\<String,Object\>	{}	設定參數

傳回結果如表 4-59 所示。

▼ 表 4-59　傳回結果

結果名稱	類型	描述
alphaId	String	起始頂點內部 Id 或主鍵
betaId	String	目標頂點內部 Id 或主鍵
similarity	Double	歐氏距離得分

使用樣例如下：

```
CALL gapl.EuclideanSimilarity(
    gapl.getIds(['A']),
    gapl.getIds(['B','C']),
    {primaryKey:true}
    )
YIELD alphaId,betaId,similarity
RETURN alphaId,betaId,similarity
```

注：此 Cypher 敘述的含義為計算 A 與 B、C 點之間的歐氏距離，傳回所有需要計算點對的主鍵及其歐氏距離。

呼叫上述敘述傳回的結果如表 4-60 所示。

▼ 表 4-60　呼叫上述敘述傳回的結果

alphaId	betaId	similarity
A	C	0.3333333333333333
A	B	0.4142135623730951

從傳回的結果中發現，頂點 A 和頂點 B 之間的相似度比頂點 A 和頂點 C 要高。

3·傑卡德相似度

（1）演算法介紹

Paul Jaccard 創造的術語「Jaccard 相似度（係數）」（Jaccard Similarity）[23] 被用於測量集合之間的相似度。它定義為兩個集合交集的大小除以並集的大小。此概念已被推廣用於多集，其中重複元素被計為權重。

（2）計算步驟

統計參與計算的頂點鄰居資訊，透過計算公式獲得相似度值。下面用一個簡單的例子說明傑卡德相似度的計算步驟。

透過圖 4-33 可以得到頂點 A 的鄰居為 {C,D}，頂點 B 的鄰居為 {C,E}，透過將鄰居資訊獨熱編碼可以得到點 A 的向量為 [1,1,0]，點 B 的向量為 [1,0,1]，透過傑卡德相似度計算公式可以得到頂點 A 和頂點 B 的傑卡德相似度約為 0.3333333。

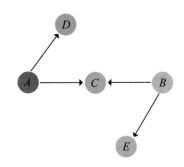

▲ 圖 4-33 傑卡德相似度圖的拓撲資訊

（3）公式介紹

傑卡德相似度的計算公式：

$$\text{Jaccard Similarity}(A,B) = \frac{|A \cap B|}{|A \cup B|} = \frac{|A \cap B|}{|A| + |B| - |A \cap B|}$$

式中，A 表示對頂點 A 的鄰居進行獨熱編碼；B 表示對頂點 B 的鄰居進行獨熱編碼。

（4）使用場景

傑卡德相似度演算法常被用於文字相似度計算，例如考試防作弊、程式或論文查重，以及搜尋引擎中的相關資訊檢索。該演算法還可應用於推薦系統，透過比較兩個使用者購買或喜歡的商品集合，找到相似的使用者並向他們推薦相關商品。

在生物資訊學中，傑卡德相似度演算法可用於比較不同物種的 DNA 序列相似性，從而研究物種間的親緣關係和進化關係。

此外，在網路安全領域，傑卡德相似度演算法還可用於比較網路流量模式，以檢測和辨識異常或惡意活動，幫助提高網路安全性。

（5）Galaxybase 中的使用方法

輸入參數如表 4-61 所示。

▼ 表 4-61　輸入參數

參數名稱	參數類型	預設值	描述
alphaIds	List<Long>	—	起始頂點內部 Id 集
betaIds	List<Long>	—	目標頂點內部 Id 集
config	Map<String,Object>	{}	設定參數

傳回結果如表 4-62 所示。

▼ 表 4-62　傳回結果

結果名稱	類型	描述
alphaId	String	起始頂點內部 Id 或主鍵
betaId	String	目標頂點內部 Id 或主鍵
similarity	Double	傑卡德相似度得分

使用樣例如下：

```
CALL gapl.JaccardSimilarity(
    gapl.getIds(['A']),
    gapl.getIds(['B','C']),
    {primaryKey:true}
    )
YIELD alphaId,betaId,similarity
RETURN alphaId,betaId,similarity
```

注：此 Cypher 敘述的含義為計算 A 與 B、C 點之間的傑卡德相似度得分，並傳回所有需要計算點對的主鍵及其傑卡德相似度。

呼叫上述敘述傳回的結果如表 4-63 所示。

▼ 表 4-63 呼叫上述敘述傳回的結果

alphaId	betaId	similarity
A	C	0.5
A	B	0.2

根據傳回的結果可以看到，頂點 A 和頂點 C 的傑卡德相似度得分較高，因此可以認定頂點 A 和頂點 C 最相似。

4.重疊相似度

（1）演算法介紹

重疊相似度（Overlap Similarity）用於計算兩個頂點集之間的相似度，它衡量的是這兩個集合之間重疊部分的大小。重疊相似度定義為兩個集合的交集大小除以兩個集合中較小者的大小。

（2）計算步驟

統計參與計算的頂點鄰居資訊，透過計算公式獲得相似度值。下面用一個簡單的例子說明重疊相似度的計算步驟。

從圖 4-34 中可以看出，頂點 A 的鄰居為 $\{C,D\}$，頂點 B 的鄰居為 $\{C,E\}$，透過重疊相似度計算公式可以得到頂點 A 和頂點 B 的重疊相似度為 0.5。

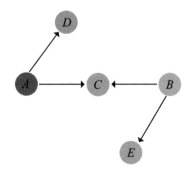

▲ 圖 4-34 重疊相似度圖的拓撲資訊

（3）公式介紹

重疊相似度的計算公式：

$$\text{Overlap Similarity}(A,B) = \frac{|A \cap B|}{\min(|A|,|B|)}$$

式中，A 和 B 表示兩個集合；$|A \cap B|$ 表示它們的交集的大小；$\min(|A|,|B|)$ 表示兩個集合中較小的集合的大小。

（4）使用場景

重疊相似度在使用場景上與之前提到的相似度演算法類似。此外，它可以用於分類任務。透過計算事物之間的重疊相似度，可以判斷一個事物是不是另一個事物的子集，並將這些子集作為特徵來建構分類器。

重疊相似度演算法通常更適用於處理高維稀疏資料，如文字資料。在文字分類任務中，可以使用重疊相似度演算法來確定哪些單字是其他單字的子集，然後將這些子集作為特徵用於訓練和調整分類器。透過這種方式，可以更進一步地利用標記資料，提高分類器的準確性和泛化能力。

（5）Galaxybase 中的使用方法

輸入參數如表 4-64 所示。

▼ 表 4-64　輸入參數

參數名稱	參數類型	預設值	描述
alphaIds	List<Long>	—	起始頂點內部 Id 集
betaIds	List<Long>	—	目標頂點內部 Id 集
config	Map<String,Object>	{}	設定參數

傳回結果如表 4-65 所示。

▼ 表 4-65 傳回結果

結果名稱	類型	描述
alphaId	String	起始頂點內部 Id 或主鍵
betaId	String	目標頂點內部 Id 或主鍵
similarity	Double	重疊相似度得分

使用樣例如下：

```
CALL gapl.OverlapSimilarity(
    gapl.getIds(['A']),
    gapl.getIds(['B','C']),
    {primaryKey:true}
    )
YIELD alphaId,betaId,similarity
RETURN alphaId,betaId,similarity
```

注： 此 Cypher 敘述的含義為計算重疊相似度，即計算 A 與 B、C 點之間的重疊相似度得分，並傳回所有需要計算點對的主鍵及其重疊相似度。

呼叫上述敘述傳回的結果如表 4-66 所示。

▼ 表 4-66 呼叫上述敘述傳回的結果

alphaId	betaId	similarity
A	B	0.33333333333333334
A	C	0.66666666666666667

重疊相似度依舊沒有考慮權重（評分）對結果的影響。

5·度相關性

（1）演算法介紹

度相關性（Degree Correlation）是用來描述圖中頂點度數之間的相關性的概念。通常使用 Pearson 相關係數來計算度相關性。Pearson 相關係數是一種衡量兩個向量之間線性相關程度的指標，其計算方法是將兩個向量的協方差除以它們的標準差的乘積。在度相關性中，我們將每個頂點的度數看作一個向量，並計算頂點度數之間的相關性。

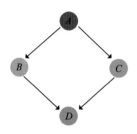

▲ 圖 4-35　度相關性圖的拓撲資訊

（2）計算步驟

統計參與計算的頂點外分支度和內分支度資訊，透過計算公式獲得相似度值。下面用一個簡單的例子說明度相關性的計算步驟。

透過圖 4-35 可以得到點 *A*、點 *B*、點 *C*、點 *D* 的外分支度分別為 [2,1,1,0]，內分支度分別為 [0,1,1,2]，透過公式計算可得協方差為 -2，標準差的乘積約為 2，從而計算外分支度相關性約為 -1。

（3）公式介紹

度相關性的計算公式：

$$\text{Degree Correlation}\,(A,B) = \frac{\text{cov}(A,B)}{\sigma_A \sigma_B} = \frac{\sum_{i=1}^{n}(A_i - \overline{A})(B_i - \overline{B})}{\sqrt{\sum_{i=1}^{n}(A_i - \overline{A})^2}\sqrt{\sum_{i=1}^{n}(B_i - \overline{B})^2}}$$

式中，*A* 和 *B* 分別表示頂點 *A* 和 *B* 的外分支度和內分支度。相似度值的範圍介於 -1 和 1 之間，值接近 1 表示正相關，接近 -1 表示負相關，接近 0 表示沒有線性相關。

（4）使用場景

在網路結構中，度相關性演算法用於衡量圖中所有頂點度數之間的全域相關性，可以用於分析網路的堅固性和傳播效率。如果網路呈現正度相關性，則一個高度連接的頂點的故障可能會影響其他高度連接的頂點，導致整個網路快速瓦解。相反，如果網路呈現負度相關性，則高度連接的頂點之間不太可能形成緊密的群聚，故障不容易傳播，網路更具堅固性。在具有正度相關性的網路中，高度連接的頂點往往聚集在一起，形成高度互連的核心。這可能導致資訊或資源在核心部分傳播得非常快，但到達網路邊緣部分可能較慢。相反，在具有負度相關性的網路中，高度連接的頂點與低度連接的頂點之間的連接可能促進資訊或資源更均勻地分佈，有助提高網路的整體傳播效率。透過理解網路頂點的連接模式，可以設計策略來最佳化網路的性能。舉例來說，在網際網路中，可以設計更有效的路由演算法以增強網路的穩定性。在交通網絡中，分析交通頂點之間的連接模式可以最佳化交通流動，減少擁堵。

在生物資訊學領域中，全圖的度相關性可用於研究基因調控網路中的模組結構和功能區域等資訊。透過分析全域頂點度數之間的相關性，可以探索具有相似功能的基因能否聚集在一起，形成功能模組。

（5）Galaxybase 中的使用方法

輸入參數如表 4-67 所示。

▼ 表 4-67　輸入參數

參數名稱	參數類型	預設值	描述
config	Map<String,Object>	{}	設定參數

傳回結果如表 4-68 所示。

▼ 表 4-68　傳回結果

結果名稱	類型	描述
similarity	Double	度相關性得分

使用樣例如下：

```
CALL gapl.DegreeCorrelation(
    {sourceDirection:'OUT',targetDirection:'IN'}
    )
YIELD similarity
RETURN similarity
```

註：此 Cypher 敘述的含義為計算全圖的度相關性值，其中每兩點之間的計算中，起點用內分支度數量進行計算，終點用外分支度數量進行計算，並傳回全圖的度相關性。

呼叫上述敘述傳回的結果如表 4-69 所示。

▼ 表 4-69 呼叫上述敘述傳回的結果

similarity
-0.8696263565463043

4.6 圖模式匹配演算法

在電腦科學中，模式匹配是一種在資料結構（如字串、清單、樹等）中查詢與給定模式相匹配的子結構的過程。在字串領域中，著名的 KMP 演算法是一種模式匹配演算法。在圖領域中，圖模式匹配指的是在圖資料結構中查詢與給定模式圖相匹配的子圖的過程。

圖模式匹配的目的是在一個大的圖資料結構（通常稱為目標圖）中找到與一個較小的圖（稱為查詢圖或模式圖）在拓撲結構和屬性上相匹配的子圖。模式圖可以有多種形狀，代表不同的概念或關係。常見的圖模式類型包括路徑、環、星形、樹、網格和複雜子圖。

- 路徑：其表示一系列頂點之間的關係鏈，如 *A-B-C-D*。透過查詢路徑，可以找到兩個頂點之間的聯通路徑。

- 環：其表示一個封閉的頂點序列，如 *A-B-C-A*。透過查詢環，可以發現人際關係網路中的社交圈等概念。

- 星形：其表示以一個中心頂點連接的一系列頂點，如 *A-B,A-C,A-D*。星形可以用來表示以某個人為中心的社群網站或組織結構。

- 樹：其表示一個沒有環的連通圖，如 *A-B-D,A-C-E*。樹可以展現層級關係或樹形分類結構。

- 網格：其表示由行和列的頂點按矩陣形式排列的圖，如 *A-B-E-F,C-D-G-H*。網格可用來表示二維空間中的連通單元等。

- 複雜子圖：其表示任意大小和形狀的連通圖，可以表示任意複雜的關係或概念。

上述的路徑、環、星形、樹和網格都可以看作複雜子圖在某種簡化情況下的特例。查詢大的子圖是一個較難的問題。

圖模式匹配在許多領域都有廣泛的應用，包括社群網站分析、生物資訊學、知識圖譜和推薦系統等。在處理圖模式匹配問題時，方法和技術的選擇取決於匹配的精確程度以及圖的類型（有向或無向、帶權重或不帶權重等）。通常情況下，圖模式匹配被認為是一個 NP 難問題，即在最壞情況下解決問題的時間複雜度是指數級的。特別地，子圖同構問題（Subgraph Isomorphism Problem，SIP）被證明是一個 NP 完全問題，這表示目前沒有已知的多項式時間演算法可以解決所有的子圖同構問題。

然而，在實際應用中，許多圖模式匹配問題可能具有特定的結構或限制條件，這使得可以採用啟發式方法、近似演算法或特定領域的技術來加快計算。在某些情況下，這些方法可能會找到有效的解決方案，儘管不能保證在所有情況下都能找到最佳解。此外，針對一些特殊類型的圖（如樹形結構或計畫圖），可能存在有效的多項式時間演算法來解決子圖同構問題。

總之，儘管圖模式匹配具有計算複雜性較高的特點，但作為發現資料中複雜關係的強大工具，在許多領域具有重要的應用價值，值得深入研究和探索。

4.6.1 環路匹配

　　環路是指起點和終點是同一個頂點的一條路徑。環路匹配（Cycle Pattern）是指環路上依次經過的頂點（邊）類型與預設模型的頂點（邊）類型一一對應，並且長度相同。根據模型長度的不同，環路匹配可以分為三角形匹配、菱形匹配等。

　　環路匹配是一個典型的圖模式匹配問題。舉例來說，在科學研究論文的合作網路中，同一篇論文的作者之間存在合作關係。如果多個作者參與撰寫了一系列的論文，而這些論文的作者列表存在重疊，那麼這些作者很可能屬於同一個合作圈。如圖 4-36 所示，作者 A、B、C 共同參與了論文 1，作者 B、C、D 參與了論文 2，作者 C、D、E 參與了論文 3，則很可能作者 A、B、C、D、E 屬於同一個合作圈。

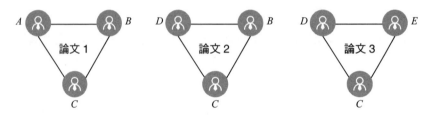

▲ 圖 4-36　論文共同參與者

　　為了自動檢測這樣的合作圈，可以定義一個環路模式，它包含 5 個作者頂點和 4 條連接這些頂點的合作關係邊。然後，在論文合作網路中搜尋與此模式匹配的子圖，找到如 *A-B-E-D-C-A* 這樣的環路，就可以確認發現一個合作圈。實際上，一個作者可能參與多個環路，即屬於多個合作圈。每找到一個環路，就可以推斷其中的作者很可能都屬於同一個研究領域或話題的合作圈。

　　此例中，環路模式包含 5 個頂點，如圖 4-37 所示。但在實際應用中，一個合作圈通常涉及更多的作者，因此需要根據具體情況選擇適當的模式圖大小來抓取不同規模的合作圈。根據需要，可以定義具有不同頂點屬性的環路模式。舉例來說，可以要求環路中至少有 3 個教授作者，以抓取規模較大且具有較大影響力的合作圈，如圖 4-38 所示。透過增加其他建構條件，可以檢索出不同類型的合作圈，使得模式匹配更具靈活性和適應性。

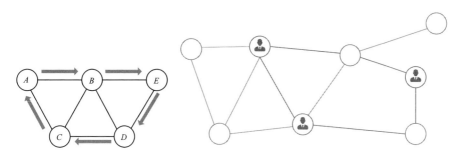

▲ 圖 4-37 合作圈　　　▲ 圖 4-38 包含 3 個教授作者的高影響力合作圈

利用圖模式匹配方法在科學研究合作網路中自動發現合作圈，可以挖掘學者之間的合作關係，為科學研究管理與評價提供資訊支援。相比手工分析，這種基於環路匹配的模式辨識方法更加客觀和高效。

4.6.2 路徑匹配

路徑匹配（Path Pattern）是根據給定的路徑模式找出相應路徑的過程。路徑模式指的是圖中一系列透過邊相連的頂點的特定組合，其中不同的點 / 邊類型、點 / 邊屬性以及路徑長度組成了不同的路徑模式。一般來說路徑匹配的演算法包括深度優先搜尋、廣度優先搜尋和圖的遍歷等方法。此外，在特定場景下，可能需要自訂的演算法，如求解特定規則下的最短路徑問題，可能需要使用 Dijkstra 或 Floyd 等演算法。

在圖資料庫中，路徑匹配是一種常見且強大的查詢工具。它可以用於查詢從一個頂點到另一個頂點的所有路徑，也可以用於尋找滿足特定條件的路徑。舉例來說，可以透過路徑匹配演算法找出圖中屬性值（以圖中圓的大小來區分）遞增且長度為 4 的路徑，如圖 4-39 所示。

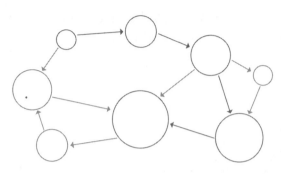

▲　圖 4-39　屬性值遞增且長度為 4 的路徑匹配

　　在反洗錢領域，透過在交易圖中尋找潛在的洗錢交易鏈路，可以定位潛在的洗錢行為。具體而言，一旦發現可疑帳戶，就可以追溯其上下游的交易鏈路，並分析涉及的交易金額、頻率、對手方等資訊，以挖掘和提取洗錢行為的特徵和模式。這些資訊將在未來的反洗錢工作中用於特別注意和監控類似模式的帳戶和交易。

　　交易圖可以用來表示複雜的交易網路，其中的路徑和子圖可以表示相連結或可疑的交易序列。舉例來說，某個帳戶頻繁地將資金轉移到多個對手方，而對手方又快速地將相同金額匯聚到另一個帳戶，這可能表示資金正在透過層層轉移來隱藏其來源，這是典型的洗錢模式。

　　在交易圖中搜尋潛在的洗錢路徑和子圖是一種圖模式匹配問題，也是一種有效的洗錢檢測手段。透過對找到的交易鏈路進行深入分析，如比較鏈路涉及的交易金額與正常帳戶之間的交易規模，以及鏈路中帳戶和對手方的連結性等，可以評估鏈路的洗錢風險。同時，還需要考慮帳戶的歷史交易記錄等上下文資訊，綜合判斷該鏈路的異常程度，以評估其存在洗錢風險的可能性。洗錢團夥交易圖及特點如圖 4-40 所示。

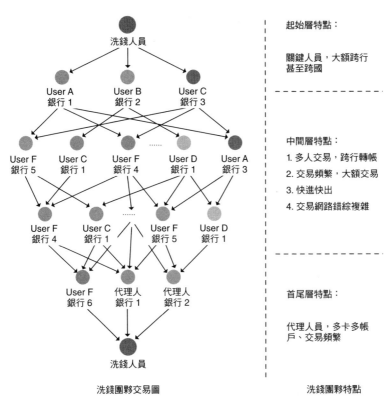

▲ 圖 4-40 洗錢團夥交易圖及特點

4.6.3 複雜子圖

　　複雜子圖匹配演算法是一種在替定圖中模式匹配任意指定大小和形狀的連通圖的技術，可以有效地表示任意複雜的關係或概念。根據實際業務場景的需求，可以指定任意模式的複雜子圖，並在目標圖中尋找相應匹配的子圖（見圖4-41）。相比於簡單的路徑或環路模式匹配，複雜子圖匹配問題更加困難。這是因為複雜子圖與目標圖的頂點和邊之間的關係更加複雜且多樣，簡單的搜尋和映射策略難以滿足匹配的精度要求，需要更高級的策略來指導搜尋並限制解空間。可以說，複雜子圖的特徵和數量決定了搜尋的難易程度。在某些情況下，滿足精確匹配的解可能不存在或數量較少，搜尋過程可能需要深入更深的層級，因此更加耗時。複雜子圖模式匹配在社群網站分析、網路安全、物聯網、材料科學、推薦系統、影像處理和電腦視覺等領域具有重要的理論和實踐價值。

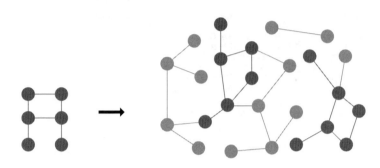

▲ 圖 4-41　找出指定模式的子圖

以社交領域為例 [24]，找出每個話題影響力最高的人所在的國家也是一個複雜的子圖模式匹配問題。如圖 4-42 所示，該子圖模式包括社群網站中的所有使用者、所在國家、話題、發文和評論頂點，以及它們之間的連結關係。實現這個查詢需求，需要在社群網站中搜尋出每個話題下評論數量最多的發文。然後透過發文的發起使用者確定其所在的國家。這個過程涉及在一個包含大量不同類型的頂點和邊的異質圖中搜尋具有給定特徵的複雜子圖。在這樣複雜的異質連結網路中搜尋滿足特徵的子結構本身就是一個具有挑戰性的最佳化問題。這需要設計高級的啟發式演算法和剪枝策略來啟動搜尋方向並減少解空間。僅依靠簡單的窮舉搜尋在這種規模下是難以實現的。在本書的第 6 章中，將以 Galaxybase 圖資料庫為例介紹如何透過服務端程式設計，設計啟發式演算法來實現複雜子圖模式匹配。

在圖資料庫基準測試中，LDBC-SNB（The Linked Data Benchmark Council-Social Network Benchmark）是一個被廣泛認可的國際基準測試，用於全面評估圖資料庫在各個方面的性能。在 LDBC-SNB 中，Interactive Complex Queries（IC）相關的測試專案主要用於評估圖資料庫在複雜子圖模式匹配方面的性能。

其中，IC4 查詢模式範例如圖 4-43 所示，旨在從給定的個人出發，查詢其好友在特定時間之後出現的新推文主題，並計算涉及該新主題的推文數量。這個查詢涉及複雜的子圖匹配，在圖資料庫中需要尋找滿足特定條件的子圖，包括頂點和邊的類型、時間屬性以及屬性比較等，以滿足查詢需求。

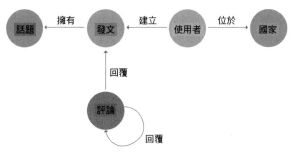

▲ 圖 4-42 社群網站模式

Interactive / complex / 4

query	Interactive / complex / 4			
title	New topics			
pattern	![pattern diagram] Person —knows— person: Person (id = $personId) —knows— friend: Person; hasCreator; Post (creationDate < $startDate) —«neg» hasTag— tag: Tag —hasTag— Post («opt» hasCreator, postCount = count, $startDate ≤ creationDate < $startDate + $durationDays)			
description	Given a start Person with ID **$personId**, find Tags that are attached to Posts that were created by that Person's friends. Only include Tags that were attached to friends' Posts created within a given time interval[$startDate,$startDate +$durationDays](closed-open) and that were never attached to friends' Posts created before this interval.			
params	1 $personId	ID		
	2 $startDate	Date		
	3 $durationDays	32-bit Integer	Durationofrequestedperiod,indays.Theinterval [$startDate,$startDate +$durationDays) isclosed-open	
result	1 tag.name	Long String	R	
	2 postCount	32-bit Integer	A	Number of Posts made within the given time interval that have tag
sort	1 postCount ↓			
	2 tag.name ↑			
limit	10			
CPs	2.3, 8.2, 8.5			
relevance	This query looks for paths of length two, starting from a given Person, moving to Posts and then to Tags. It tests the ability of the query optimizer to properly select the usage of hash joins or index based joins, depending on the cardinality of the intermediate results. These cardinalities are clearly affected by the input Person, the number of friends, the variety of Tags, the time interval and the number of Posts.			

▲ 圖 4-43 LDBC-SNB IC4 查詢模式範例

匹配步驟如下。

1）找到給定的起始頂點 Person。

2）從給定的起始頂點 Person 找到其一次轉發好友 Person。

3）從好友 Person 中找到相關的推文 Post。

4）將推文 Post 根據時間線劃分成兩組：早於給定時間和晚於給定時間。

5）對早於給定時間的推文 Post，提取 Tag 作為歷史主題。

6）對晚於給定時間的推文 Post，提取 Tag 並與歷史主題進行比較，確保該主題在歷史主題中未出現過。

7）統計未在歷史主題中出現過的新主題及其對應的推文數量。

透過以上匹配步驟，可以滿足 IC4 查詢的需求。透過檢索和比較推文的時間和主題資訊，可以找到特定時間之後出現的新主題，並計算相關推文的數量。

複雜子圖匹配是針對各種複雜業務問題進行圖型分析時面臨的主要應用場景，對底層圖資料庫提出了很大的挑戰。它要求圖資料庫能夠高效率地處理大規模圖資料，在保持可擴充性的前提下實現高性能的複雜查詢。透過改進子圖匹配演算法、索引結構和查詢最佳化策略等方面的工作，可以提升圖資料庫在複雜子圖匹配方面的性能和效率。在本書的第 8 章中，將詳細介紹 LDBC-SNB 圖資料庫基準測試的內容，其中包括圖資料庫複雜查詢和性能評估的相關細節。

4.7 圖嵌入演算法

圖嵌入（Graph Embedding）演算法是一種將圖中的頂點、邊或整個圖映射到低維向量空間的技術。這些低維向量也被稱為嵌入（Embedding），它們可以用於後續的機器學習任務，如分類、聚類或連結預測。圖嵌入的目標是捕捉圖的拓撲結構和頂點屬性，並在嵌入空間中保持圖的結構資訊。獲取的資訊越多，嵌入效果越好。然而，在實際應用中，需要在性能和效果之間進行權衡。傳統的機器學習方法非常依賴於特徵的品質，因此大部分工作都集中在資料的清洗和處理上，這就涉及特徵工程，但這往往需要付出巨大的成本。隨著表示學習和圖嵌入的出現，特徵工程變得更加高效和自動化。

1‧DeepWalk

（1）演算法介紹

DeepWalk[25] 是一種基於隨機遊走的圖嵌入演算法，由 Perozzi 等人在 2014 年提出。其核心思想是相似的頂點在隨機遊走中更有可能接近。DeepWalk 透過隨機遊走演算法獲取圖中頂點的上下文資訊，並利用這些資訊進行學習。透過學習得到的向量表示，可以反映每個頂點在圖中的局部結構資訊。DeepWalk 的實現想法與自然語言處理領域中的 Word2Vec[26] 模型非常相似。Word2Vec 模型解決了傳統演算法中的高維和資料稀疏等問題，將單字映射到低維向量空間中，用向量表示每個單字，語義相關的單字在向量空間中距離更近。透過這些向量，可以計算單字之間的相似性，如圖 4-44 所示。Word2Vec 模型的核心思想是，一個詞的語義由其上下文所決定。舉例來說，單字「蘋果」可能指代水果，也可能指代手機。透過觀察「蘋果」在多個句子中的上下文，我們可以推斷出當前上下文中「蘋果」的真實含義。

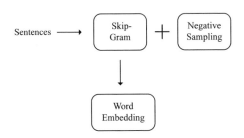

▲ 圖 4-44 Word2Vec 的架構圖

Word2Vec 模型有兩種實現方式：連續詞袋模型（CBOW）和 Skip-Gram 模型。本書重點介紹 Skip-Gram 模型。Skip-Gram 模型是一種用於訓練詞向量的神經網路模型，其目標是透過中心詞來預測上下文，透過最佳化過程中的負採樣來調整模型參數。Skip-Gram 模型的結構非常簡單：輸入層接收中心詞的獨熱編碼表示；再是一個隱藏層；然後透過一個 Softmax 分類層來預測上下文單字的機率分佈；最後，根據實際輸出和預測輸出之間的誤差，更新中心詞和上下文單字的向量，使得預測輸出更接近實際輸出。這樣的迭代過程透過多次訓練來最佳化模型，得到語義豐富的詞向量表示。

　　DeepWalk 的核心思想非常簡單。對於一個圖，我們將其中的每個頂點看作自然語言處理（Natural Language Processing，NLP）中的單字。透過隨機遊走的方式在圖中採樣，得到一系列的頂點序列，類似於自然語言處理中的句子。然後，類比於 Word2Vec 的流程，使用 Skip-Gram 演算法進行嵌入學習。圖 4-45 展示了 DeepWalk 與 Word2Vec 的對比，可以看到 DeepWalk 相對於 Word2Vec 多了一個採樣頂點序列的隨機遊走步驟。這個步驟的目的是獲取圖中頂點之間的局部關係，以便後續進行嵌入學習。

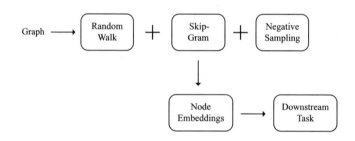

圖 4-45　DeepWalk 的架構圖

（2）計算邏輯

DeepWalk 的計算邏輯如圖 4-46 所示。

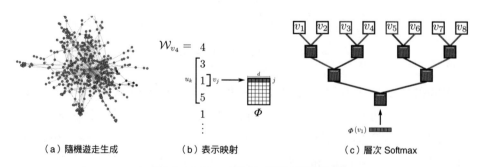

（a）隨機遊走生成　　　　（b）表示映射　　　　（c）層次 Softmax

▲　圖 4-46　DeepWalk 的計算邏輯[25]

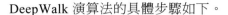

DeepWalk 演算法的具體步驟如下。

1）隨機遊走：對於輸入的圖資料，採用隨機遊走的方法生成路徑序列。每個路徑序列都是從某個頂點開始，按照固定長度或機率模型進行擴充得到的結果。

2）提取上下文資訊：將每個路徑序列視為一個句子，並使用自然語言處理中的 Skip-Gram 模型來提取每個頂點的上下文資訊。具體來說，將每個頂點的鄰居頂點視為它的上下文單字。

3）訓練模型：利用 Skip-Gram 模型訓練每個頂點的嵌入向量。Skip-Gram 模型的目標是最大化給定一個頂點時，預測其鄰居頂點的條件機率。透過訓練，可以學習到頂點之間的語義關係。

4）得到嵌入向量：訓練完成後，對於每個頂點，可以得到一個固定長度的向量表示。這個向量表示了頂點在圖中的位置和特徵。

（3）使用場景

DeepWalk 在推薦系統領域已經獲得了較為廣泛的應用。下面以一個電子商務購物場景作為案例，介紹在使用者商品資訊圖中透過 DeepWalk 生成嵌入向量的過程。

從選定的頂點開始隨機遊走移至其鄰居，並執行一定的步數，該方法大致可分為四個步驟。

1）圖 4-47（a）展示了原始的使用者行為序列。

2）圖 4-47（b）基於這些使用者行為序列建構了物品相關圖，可以看出，物品 A，B 之間的邊產生的原因是使用者 U1 先後購買了物品 A 和物品 B。如果後續產生了多條相同的有向邊，則有向邊的權重被加強。在將所有使用者行為序列都轉換成物品相關圖中的邊之後，全域的物品相關圖就建立起來了。

3）圖 4-47（c）採用隨機遊走的方式隨機選擇起始點，重新生成物品序列。

4）圖 4-47（d）最終將這些物品序列輸入 Word2Vec 模型，生成最終的物品的嵌入向量。

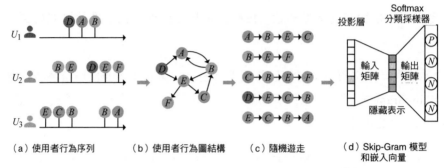

（a）使用者行為序列　　　（b）使用者行為圖結構　　　（c）隨機遊走　　　（d）Skip-Gram 模型和嵌入向量

▲ 圖 4-47　電子商務 DeepWalk 使用場景 [27]

2．Node2Vec

（1）演算法介紹

Node2Vec[28] 是由 Grover 和 Leskovec 在 2016 年提出的一種基於隨機遊走的圖嵌入演算法，並且是點嵌入方法中的經典案例。Node2Vec 是 DeepWalk 的一種擴充，它引入了兩個參數（p 和 q）來控制隨機遊走，其中參數 p 控制回退機率，q 控制前進機率。若 $q>1$，則隨機遊走傾向於存取起點周圍的頂點（偏向 BFS）。若 $q<1$，則隨機遊走傾向於存取離起點更遠的頂點（偏向 DFS），透過該方式能夠學習更靈活的頂點表示。在隨機遊走過程中，Node2Vec 會生成起點到其他頂點的轉移機率。該轉移機率會根據 p、q 參數以及起點到其他頂點的距離，再乘以邊上的權重值生成。Deep-Walk 也利用隨機遊走來獲取頂點的上下文資訊，並將這些資訊輸入 Skip-Gram 模型中訓練頂點的向量表示。不同之處在於，Node2Vec 採用了一種自我調整的參數控制策略，根據參數 p 和 q 調整頂點的轉移機率，使得演算法能夠平衡廣度優先搜尋和深度優先搜尋的特點，讓模型更加靈活。並且機率值結合了邊上的權重值以及距離等因素，使得結果更加準確，如圖 4-48 所示。

（2）計算邏輯

Node2Vec 演算法的具體步驟如下。

1）參數設置：指定兩個參數 p 和 q，其中 p 控制回退機率，即回到上一個頂點的機率；q 控制前進機率，即直接前往目標頂點的機率。p 和 q 的設定值分別影響了隨機遊走的廣度和深度。

2）隨機遊走：對於輸入的圖資料，進行多次隨機遊走，根據設定的 p 和 q 參數，選擇廣度優先搜尋或深度優先搜尋的方式遍歷圖中的頂點，並生成路徑序列作為網路的語料庫。

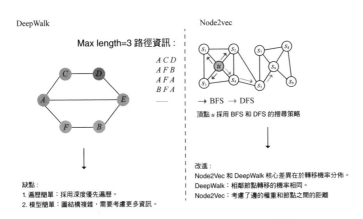

▲ 圖 4-48　DeepWalk 和 Node2Vec 的差異

3）提取上下文資訊：將每個路徑序列看作一個句子，利用自然語言處理中的 Skip-Gram 模型來提取每個頂點的上下文資訊，即將每個頂點的鄰居頂點看作它的上下文單字。

4）訓練模型：利用 Skip-Gram 模型訓練每個頂點的嵌入向量。Skip-Gram 模型的目標是最大化給定一個頂點，預測其鄰居頂點的條件機率，從而學習到頂點之間的語義關係。

5）得到嵌入向量：訓練完畢後，對於每個頂點，可以得到一個固定長度的向量表示，該向量表示了頂點在圖中的位置和特徵。

（3）使用場景

Node2Vec 演算法適用於社群網站、知識圖譜等複雜圖資料的嵌入任務，當然 DeepWalk 的電子商務場景也可以使用該模型。

3 · LINE

（1）演算法介紹

LINE（Large-scale Information Network Embedding）[29] 是一種基於鄰居資訊的圖嵌入演算法，由 Tang 等人在 2015 年提出。與 DeepWalk 和 Node2Vec 不同，LINE 不通過隨機遊走來獲取頂點的上下文資訊，其核心思想是透過對頂點的一階和二階相似性建立目標函式，並使用隨機梯度下降（Stochastic Gradient Descent，SGD）演算法來學習頂點的向量表示。LINE 演算法可以處理各式各樣的大規模網路，如有方向圖、無向圖、有權重圖、無權重圖。

LINE 提出了需要保留 local structure 和 global structure 的概念，也分別對應了其一階相似度（First-order Proximity）和二階相似度（Second-order Proximity）。

- 一階相似度：網路中的一階相似度是兩個頂點之間的自身相似性（不考慮其他頂點），兩個頂點之間相連的邊權重越大，這兩個頂點越相似。圖 4-49 中頂點 6 和 7 是比較相似的，因為它們之間有直連且強連結的邊。對於由邊 (u,v) 連接的每一對頂點，邊上的權重 w_{uv} 表示 u 和 v 之間的相似度，如果在 u 和 v 之間沒有連結邊，則它們的一階相似度為 0。

- 二階相似度：網路中一對頂點 (u,v) 之間的二階相似度是它們鄰近網路結構之間的相似性。在數學上，設 $P_u = (w_u,1,\cdots,w_u,|V|)$ 表示 u 與所有其他頂點的一階相似度。u 和 v 之間的二階相似度由 P_u 和 P_v 決定。如果 u 和 v 沒有共同連接的頂點，則 u 和 v 之間的二階相似度為 0。

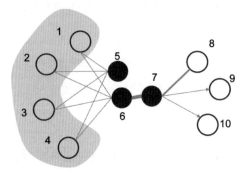

▲ 圖 4-49　Line 的一階相似度和二階相似度說明 [29]

（2）計算邏輯

LINE 演算法的具體計算步驟如下。

1）建構鄰居網路：對於每個頂點，根據其鄰居頂點建構一階鄰居網路和二階鄰居網路，並計算每個頂點與其鄰居頂點之間的相似度。

2）建構損失函式：對於每個頂點 v_i，在一階鄰居網路和二階鄰居網路中分別選擇 K_1 個和 K_2 個負樣本，建構損失函式，目標是最大化給定一個頂點 v_i，及其鄰居頂點 v_j，預測正樣本的條件機率，同時最小化負樣本的條件機率。

3）採用隨機梯度下降法進行模型最佳化：利用隨機梯度下降法迭代更新頂點的向量表示，從而最小化損失函式。

4）得到嵌入向量：訓練完畢後，對於每個頂點，可以得到一個固定長度的向量表示，該向量表示了頂點在圖中的位置和特徵。

（3）使用場景

在社群網站領域，LINE 演算法可以用來對使用者進行嵌入學習和表示學習，從而完成針對使用者的分類、聚類、推薦等任務。在自然語言處理領域，文字可以表示為圖結構資料，如詞共現網路、句子共現網路等，LINE 演算法可以用於學習單字或短語的嵌入表示，這些嵌入可以進一步用於文字分類、聚類或情感分析。生物資訊學領域中的蛋白質相互作用網路、基因調控網路等也可以被看作一種圖結構資料，LINE 演算法可以用來進行蛋白質的分類，從而辨識潛在的生物標記和藥物目標。在分散式系統中，可以使用 LINE 演算法學習系統元件和服務的嵌入表示，以分析和監控系統的性能和健康狀況。

4.8 圖神經網路演算法

圖神經網路（Graph Neural Network，GNN）是一類專門處理圖資料的深度學習模型。這類模型透過在圖結構中聚合鄰居頂點的資訊來學習頂點的表示，將深度學習在非歐幾里德空間上進行了延伸。因其在處理圖結構資料上的優勢，圖神經網路演算法已被廣泛應用於各行各業的，舉例來說，在生物化學領域中用於指紋辨識、疾病分類和藥物檢測；在金融行業中用於反洗錢、反詐騙和反套現；在交通領域中用於道路整體規劃、需求預測和道路速度預測；在電腦視覺領域中用於物件辨識和視覺推理，等等。

在圖神經網路演算法中，一個頂點通常由其自身的特徵和其 n 跳鄰居的相關資訊共同決定。這種方法可以幫助圖神經網路學習到更加豐富的資訊，包括頂點之間的結構和關係等。透過圖神經網路模型，可以做到對頂點等級、邊等級、子圖等級的預測，如圖 4-50 所示。

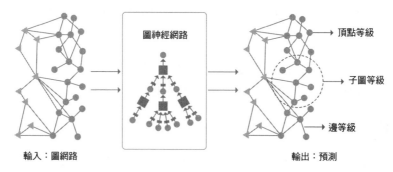

▲ 圖 4-50　圖神經網路預測等級

圖 4-51 是一個基於分類任務的圖神經網路演算法的一般流程。不同類型的圖神經網路，可能在具體實現上有所不同，但它們通常都遵循該流程的基本框架。

- 輸入圖模型：首先建立圖模型作為輸入，這個圖可以是有向或無向、加權或無權重的。每個頂點通常具有一個或多個特徵向量作為輸入。模型的選擇和建立會影響圖神經網路演算法的整體效果。

- 圖神經網路：在這一步中，圖神經網路透過一系列層來聚合資訊。對於每一層，每個頂點會以某種形式的匯總函式（加權和、平均值、最大值等）來完成鄰居資訊的收集，並可能結合其自身的資訊。它會使用這些資訊來更新自己的表示，並在多個層中重複進行。每一層都允許資訊在圖中傳播得更遠一點，因此透過增加層數，模型可以捕捉到更大範圍的上下文資訊。

- 輸出圖表示：在一系列層之後，圖神經網路可能需要生成整個圖的表示，這是透過讀出函式（如求和、平均值、最大值等）來完成的，它聚合圖中所有頂點的表示來形成一個單一的圖表示。

- 下游任務和目標函式：圖神經網路的輸出可以用於各種下游任務，如點分類、圖分類或連結預測。根據任務的不同，會定義一個目標函式，該函式衡量模型的性能。在訓練過程中，透過最佳化演算法（如隨機梯度下降演算法）來最小化或最大化這個目標函式。

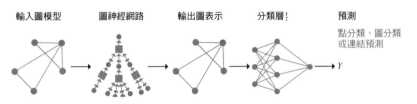

▲ 圖 4-51 基於圖神經網路的訓練流程

在圖神經網路的發展過程中，出現了許多適用於不同場景的演算法，如原始圖神經網路（Vanilla Graph Neural Networks，Vanilla GNN）、圖卷積網路（Graph Convolutional Network，GCN）、圖注意力網路（Graph Attention Network，GAT），還有用於學習頂點嵌入表示的 GraphSAGE 等。

1 · GNN

（1）演算法介紹

原始圖神經網路[30] 最早由 Franco Scarselli、Marco Gori 等人提出，是一類深度學習模型，特別設計用於處理和分析圖資料。這類網路的主要優點是能夠顯著地理解和解析由圖結構表示的複雜關係和模式。

GNN 將圖中頂點的特徵和圖的拓撲結構同時納入考慮，從而捕捉頂點間複雜的關係。在圖資料中，實體（如人、物品或詞彙）被表示為頂點，而這些實體之間的關係則被表示為邊。這種資料結構恰好對應於現實世界中的資料集，如社群網站、知識圖譜、物聯網裝置網路等。然而，由於圖資料的複雜性以及其靈活、不規則的形狀，傳統的神經網路並不能直接處理這類資料。

　　這正是 GNN 的優勢所在,它提供了一種機制,允許每個頂點生成一個嵌入向量,捕捉其自身特性和所處圖形結構的上下文資訊。這些嵌入向量被生成的方式是基於每個頂點的特性以及其鄰居頂點的嵌入向量。

　　GNN 的核心機制可概括為資訊聚合和資訊更新兩個步驟:首先,每個頂點收集並聚合其鄰居頂點的資訊(這被稱為資訊聚合);其次,每個頂點利用聚合的資訊更新自身的嵌入向量(這被稱為資訊更新)。透過反覆執行這兩個步驟,每個頂點的嵌入向量將逐漸變得豐富,能夠捕捉到距離自己更遠的頂點的資訊。因此,透過使用 GNN,可以有效地處理圖資料,解析出隱藏在資料中的複雜模式,並利用這些模式進行預測和分析。

(2)計算邏輯

　　GNN 的設計目的是處理在圖結構中的頂點和邊的資訊。每個頂點都有一個狀態向量,這個向量隨著學習過程的進行而不斷更新。這個過程是基於每個頂點的鄰居頂點的資訊以及其自身的資訊。

　　GNN 涉及的數學符號如下:

　　$G=(N,E)$ 表示圖結構,N 為頂點集合,E 為邊集合;$ne[n]$ 表示頂點 n 的鄰居頂點集合;$co[n]$ 表示以頂點 n 為頂點的所有邊集合;$l_n \in R^{l_N}$ 表示頂點 n 的特徵(屬性)向量;$l_{(n_1,n_2)} \in R^{l_E}$ 表示邊 (n_1,n_2) 的特徵向量;$x_n \in R^S$ 表示頂點 n 的狀態向量;o_n 表示頂點 n 的輸出向量;$t_n \in R^m$ 表示頂點 n 的真實標籤。

　　GNN 的運算過程可以分為兩個主要階段:傳播階段和輸出階段。在傳播階段,對每個頂點的狀態向量進行更新,該過程基於其鄰近頂點的當前狀態以及頂點自身的屬性進行。更具體地說,每個頂點首先收集其所有鄰近頂點的狀態,然後透過匯總函式(如平均、求和或最大值等)聚合這些狀態,以獲得綜合的鄰近頂點資訊。接著,這個綜合的鄰近資訊和頂點自身的屬性被輸入到一個轉換函式(如神經網路)中,從而輸出新的頂點狀態。該過程會持續進行多輪,直到每個頂點的狀態向量收斂,或達到預設的最大步數。

在輸出階段，GNN 會根據每個頂點最後的狀態向量生成最終的輸出。這個輸出可以是頂點級的（如頂點分類），也可以是圖級的（如整個圖的分類）。

對頂點級的任務，GNN 通常會用一個函式（如神經網路）將每個頂點的狀態向量映射到預測值。通常會根據頂點的連接方式是否具有重要的順序或位置資訊，來區分為位置圖（Positional Graph）和非位置圖（Nonpositional Graph）。位置圖的頂點的順序或位置可以影響頂點的特性，以及對圖的理解和分析。舉例來說，在金融交易網路中的頂點表示不同的交易，而有向邊表示交易之間的順序關係。在這種情況下，位置圖的連接方式直接決定了交易的順序。頂點之間的連接方式反映了交易發生的時間順序，因此頂點的位置資訊對於理解交易的時間順序和分析交易的演變非常重要。又或在地理資訊系統中的路線圖，頂點的位置直接決定了它代表的具體地點，頂點的連接方式則代表了可行的交通路徑。

圖 4-52 及下列公式中，f_w 稱為局部轉換函式，它表示一個頂點對鄰域的依賴關係，更新其狀態向量；g_w 稱為局部輸出函式，它表示將一個頂點的狀態向量和特徵向量轉為輸出向量的過程。

狀態向量計算公式：

$$x_n = f_w(l_n, l_{co[n]}, x_{ne[n]}, l_{ne[n]})$$

特徵向量計算公式：

$$o_n = g_w(x_n, l_n)$$

而對頂點位沒有實質性的重要意義，頂點的特性和屬性更為重要的非位置圖，主要關注的是頂點和邊的屬性，而非頂點之間的相對位置或連接方式。舉例來說，在分子結構圖中，頂點可能表示原子，邊可能表示化學鍵，儘管原子間的連接方式對描述分子結構有一定的重要性，但頂點的具體位置資訊並無實際意義。可用以下公式替代 f_w 的局部轉換函式，去除連接關係對狀態向量的影響。

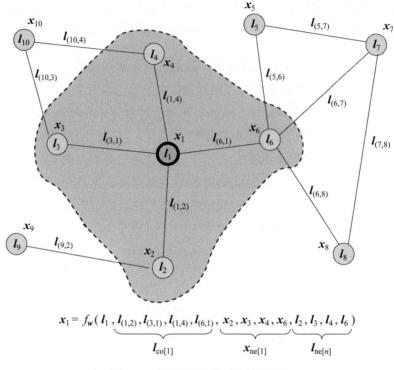

$$x_1 = f_w(\,l_1\,,\underbrace{l_{(1,2)},l_{(3,1)},l_{(1,4)},l_{(6,1)}}_{l_{\text{co}[1]}}\,,\underbrace{x_2,x_3,x_4,x_6}_{x_{\text{ne}[1]}}\,,\underbrace{l_2,l_3,l_4,l_6}_{l_{\text{ne}[n]}}\,)$$

▲ 圖 4-52　頂點與它的鄰域關係圖 [30]

去除連接關係的狀態向量計算公式：

$$x_n = \sum_{u \in \text{ne}[n]} h_w(l_n,l_{(n,u)},x_u,l_u)$$

對於圖級的任務，GNN 通常會首先用一個匯總函式來聚合所有頂點的狀態，然後用一個函式（如神經網路）來將聚合的狀態映射到預測值。以下列公式，F_w 稱為全域轉換函式，這個函式將整個圖中所有頂點的狀態整合到一起；G_w 稱為全域輸出函式，它將全域狀態和所有頂點的特徵向量整合。

全域狀態向量計算公式：

$$x=F_w(x,l)$$

所有頂點的特徵向量整合計算公式：

$$o=G_w(x,l_N)$$

如圖 4-53 所示，將鄰域的資訊透過計算 f_w 函式得到狀態向量 $\boldsymbol{x}_n$，最終由 g_w 得出輸出向量 $\boldsymbol{o}_n$。其中，f_w 函式的計算是一個多輪迭代的過程，直至每個頂點的狀態向量趨於穩定。狀態向量的迭代更新公式和輸出向量的公式如下：

$$\boldsymbol{x}_n(t+1) = f_w(\boldsymbol{l}_n, \boldsymbol{l}_{\text{co}[n]}, \boldsymbol{x}_{\text{ne}[n]}(t), \boldsymbol{l}_{\text{ne}[n]})$$
$$\boldsymbol{o}_n(t) = g_w(\boldsymbol{x}_n(t), \boldsymbol{l}_n)$$

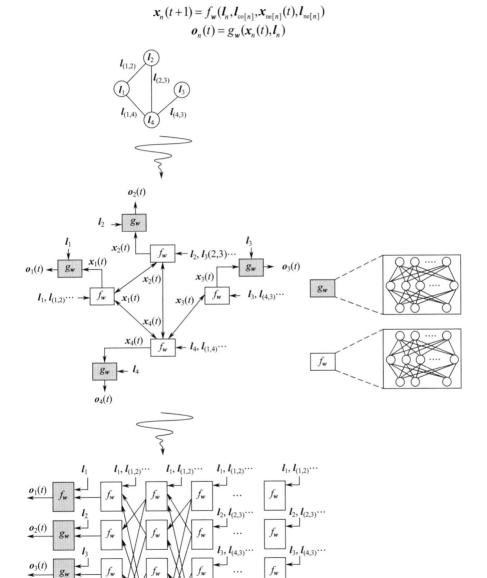

▲ 圖 4-53 GNN 狀態向量迭代計算 [30]

GNN 資料登入公式：

$$\mathcal{L} = \{(G_i, n_{i,j}, t_{i,j})|, G_i = (N_i, E_i) \in \mathcal{G}; n_{i,j} \in N_i; t_{i,j} \in R^m, 1 \leqslant i \leqslant p, 1 \leqslant j \leqslant q_i\}$$

式中，G_i 表示多個圖；$n_{i,j}$ 表示在不同圖中的不同頂點；$t_{i,j}$ 表示每個頂點的真實標籤；p 為圖的數量；q_i 為在圖 i 中的頂點數。

GNN 的目標就是去學習一個頂點 n 的狀態嵌入 x_n，這個狀態嵌入包含每個頂點的鄰居資訊，並且可以被用於生成一個輸出向量 o_n，作為頂點的預測標籤。

損失函式：

$$e_w = \sum_{i=1}^{p} \sum_{j=1}^{q_i} (t_{i,j} - \varphi_w(G_i, n_{i,j}))^2$$

式中，基於梯度下降，計算真實值 $t_{i,j}$ 與預測結果 $\varphi_w(G_i, n_{i,j})$（上述的輸出向量 o_n 即為預測結果 $\varphi_w(G_i, n_{i,j})$）的偏差，調整權重 w。

（3）使用場景

GNN 在處理和分析圖形資料方面顯示出了強大優勢，已經被成功應用於推薦系統、生物資訊學、化學和藥物發現、知識圖譜、詐騙檢測、自然語言處理、電腦視覺和程式分析等實際問題中。舉例來說，在社群網站中，頂點代表使用者，邊代表使用者之間的互動或社會關係。GNN 可以用來預測使用者的社交行為、推薦好友或內容、辨識社區等。在程式和程式分析中，抽象語法樹（AST）和其他程式表示也可以被視為圖，GNN 可以用於程式推薦、錯誤檢測和程式理解。

2 · GCN

（1）演算法介紹

GCN（Graph Convolutional Network）[31] 是一種基於圖卷積的圖神經網路，首次由 Thomas N.Kipf 和 Max Welling 於 ICLR2017（論文成文於 2016 年）提出，其基本思想是將卷積操作從傳統的網格資料（如影像）推廣到圖資料。影像卷積的本質就是將一個像素點周圍的像素，按照不同的權重疊加起來，這個權重就是我們通常說的卷積核心。把像素點類比於圖的頂點，頂點周圍的像素則類比於該頂點的鄰居，就獲得了圖卷積的概念。與影像卷積類似，圖卷積的核心是利用鄰居頂點的資訊進行聚合從而生成新的頂點表示。在影像上做卷積與在圖資料上做卷積的最大區別在於，影像上的像素點周圍的像素點數量是固定的，但是圖中的頂點的鄰居數量和連接方式通常是不規則的。由於圖的這種不規則性，不同於影像卷積，圖卷積中沒有固定大小的卷積核心，通常也不具備空間不變性。

（2）計算邏輯

GCN 主要有兩類。一類是基於空間域（Spatial Domain）或頂點域（Vertex Do-main），另一類則是基於頻域或譜域（Spectral Domain）。本書主要從頻域出發，基於 Thomas N.Kipf 和 Max Welling 提出的 GCN 說明。論文作者引入了一種一階近似模型 ChebNet（Chebyshev Spectral Graph Convolutional Network），該模型可以說是 GCN 的開山之作，後續很多變形都基於該模型。

譜卷積的核心思想是在圖的譜域上進行卷積操作，通常使用圖的拉普拉斯運算元的特徵分解來表示。ChebNet 使用 Chebyshev 多項式來近似圖卷積的譜濾波器，這允許它在保持強大表示能力的同時，顯著提高計算效率。

ChebNet 的基本原理如下。

- 拉普拉斯運算元：定義圖的拉普拉斯運算元，通常表示為 $L=D-A$，其中 A 是圖的鄰接矩陣，D 是度矩陣。

- 譜卷積：在譜域上定義圖卷積，使用圖的拉普拉斯運算元的特徵分解。譜卷積的問題是，計算複雜度很高，因為它涉及特徵分解。

- Chebyshev 多項式近似：為了降低計算複雜度，ChebNet 使用 Chebyshev 多項式 $T\_K(L)$ 來近似譜濾波器。階數 K 是一個超參數，需要仔細選擇以達到最佳性能。這表示，ChebNet 不是在完整的拉普拉斯特徵分解上操作，它僅使用一個有限的 Chebyshev 多項式系列來近似濾波器。

ChebNet 圖卷積模型的優勢在於透過使用 Chebyshev 多項式，避免了昂貴的特徵分解步驟，使其在大規模圖上更具可伸縮性，計算效率更高。同時，因為 ChebNet 在譜域上操作，它可以學習複雜的圖模式，具備強大的表示能力。但 ChebNet 通常只適用於同構圖，這表示它們在處理不同結構的圖時可能效果不佳。

GCN 對 ChebNet 的改造主要是透過進一步簡化譜濾波器來降低計算複雜度。GCN 的提出者在論文中使用了一種特殊的簡化。他們限制 Chebyshev 多項式的階數為 1（即只使用一階 Chebyshev 多項式），這使得計算變得更加簡單和高效。

簡化後的譜卷積公式如下：

$$x * g_{\theta^i} = \theta\left(I_N + D^{-\frac{1}{2}}AD^{-\frac{1}{2}}\right)x$$

式中，I_N 是 N 階單位矩陣；D 是度矩陣；A 是鄰接矩陣；x 是頂點特徵；θ 是權重。這種簡化減少了參數的數量，提高了計算效率，並且更適用於大規模圖。此外，透過使用這種簡化形式，GCN 在某種程度上也把注意力從譜域轉向了空間域，因為這種簡化形式也可以看作頂點及其鄰居的資訊聚合。

（3）使用場景

GCN 作為原始圖神經網路的變種，可以作用於頂點分類、圖分類、連結預測、時間序列預測、異常檢測、知識圖譜嵌入、程式分析、醫療診斷等領域。舉例來說，在金融風控場景中，建構帳戶間的交易圖，GCN 可以用於辨識異常交易帳戶。為每個帳戶點與交易邊分配特徵，帳戶特徵可以包括客戶的歷史交易統計、帳戶年齡、交易頻率等，交易邊特徵可以包括轉帳金額、轉帳時間、轉帳頻率等。GCN 可以透過聚合帳戶點的鄰居資訊來學習頂點的嵌入表示，捕捉金融交易中的複雜模式，透過各種異常檢測演算法（如孤立森林、密度估計），找到顯著偏離正常的嵌入表示，從而辨識異常交易或帳戶。還能透過使用標記正常和異常的樣本來訓練模型，以最佳化異常檢測的性能。

3 · GAT

（1）演算法介紹

GAT（Graph Attention Networks）[32] 演算法是一種利用注意力機制來學習頂點資訊的神經網路模型，由 Petar Velickovic 等人於 2018 年提出。由於資訊處理能力的侷限，人類會選擇性地著重處理部分資訊，忽略甚至不處理一些資訊，就好比人類眼球接收的資訊是有限的，並且遠近的景物關注度也往往不同。可見，注意力機制的核心是對給定資訊進行加權分配，權重高的資訊表示需要重點處理。GAT 的主要創新之處就在於，它不是簡單地聚合一個頂點的所有鄰居的資訊，而是為每個鄰居分配不同的權重，這些權重是基於注意力機制計算的。這允許模型關注與目標頂點更相關或更重要的鄰居，並相應地調整它們對目標頂點表示的貢獻。故與 GCN 等方法相比，GAT 在處理圖結構資料時能夠更進一步地考慮頂點之間的異質性和局部性。

（2）計算邏輯

GAT 由堆疊簡單的圖注意力層（Graph Attentional Layer）實現，對於頂點 i，一個一個計算其鄰居頂點（$j \in N_i$）與其的相似係數。

相似係數公式：

$$e_{ij} = a(Wh_i, Wh_j)$$

式中，$a(\cdot)$ 表示計算兩個頂點相關度的函式，具體函式下面介紹；h 表示頂點的特徵向量；$W \in R^{d(l+1) \times d(l)}$ 表示該層頂點特徵變換的權重參數，$d^{(l)}$ 表示頂點的特徵長度，其中的 l 表示第 l 層。

關於 $a(\cdot)$ 的選擇，作者採用單層前饋神經網路實現，如圖 4-54 所示，啟動函式採用 LeakyReLU，為了保證權重的合理分配，我們將所有計算的相關度進行歸一化處理，保證權重分配的公平，具體形式為 Softmax 歸一化，那麼就獲得了最終的運算式：

$$\alpha_{ij} = \frac{\exp(\text{Leaky ReLU}(a^T[Wh_i \| Wh_j]))}{\sum_{k \in N_i} \exp(\text{Leaky ReLU}(a^T[Wh_i \| Wh_j]))}$$

式中，T 表示轉置；‖ 表示拼合操作。按照注意力機制，對計算出的注意力係數加權求和的想法，最終頂點的新特徵向量：

$$h_i' = \sigma\left(\sum_{j\in N_i} \alpha_{ij}^k W^k h_j\right)$$

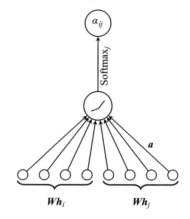

▲ 圖 4-54　GAT 注意力機制模型 [32]

為了穩定學習的過程，作者引入了多頭注意力機制（**Multi-Head Attention**），應用 *K* 個獨立的注意力機制來計算隱狀態，然後將其特徵拼接起來（或計算平均值），從而得到兩種輸出表示。

特徵拼接公式：

$$h_i = \mathop{\|}_{K=1}^{K} \sigma\left(\sum_{j\in N_i} \alpha_{ij}^k W^k h_j\right)$$

特徵計算平均公式：

$$h_i = \sigma\left(\frac{1}{K}\sum_{K=1}^{K}\sum_{j\in N_i} \alpha_{ij}^k W^k h_j\right)$$

式中，α_{ij}^k 表示第 *k* 個注意力頭歸一化的注意力係數，圖 4-55 即為頂點 1，注意力頭 *K* 為 3 的示意圖。

圖 4-55 中不同顏色的線表示一個獨立計算的注意力機制，它整理其所有鄰居資訊，求和或求平均得到最終的向量 h'_i。

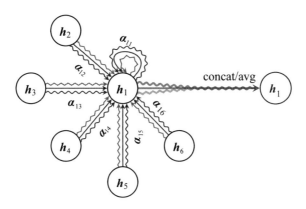

▲ 圖 4-55 GAT 多頭注意力模型[32]

GAT 模型的特點如下。

1）執行效率高：頂點與相鄰頂點對的計算可以並行化。

2）可以處理不同度的頂點，並且為相鄰頂點分配相應權重。

3）可以很容易地應用歸納學習。

（3）使用場景

GAT 主要用於圖神經網路，能夠對頂點之間的關係進行建模和學習，適用於以下場景。

1）圖分類：將整個圖作為輸入，輸出一個標籤或類別。

2）頂點分類：將每個頂點作為單獨的輸入，輸出其所屬的類別或標籤。

3）邊分類：將每條邊或邊的一部分作為輸入，並輸出該邊的屬性或類別。

4）圖生成：使用 GAT 生成新的圖結構，如生成具有特定性質的化合物或蛋白質結構。

此外，GAT 還可用於社群網站分析、推薦系統和自然語言處理等領域。

4.9 分散式並行圖型計算

　　隨著圖資料規模的日益增大，傳統的集中式圖型計算已經無法滿足現有的功能和需求。「大圖」和「超大圖」的計算成為重要的前端研究方向。在處理大規模圖資料時，由於資料量的巨大，單機電腦的儲存和運算能力往往無法滿足需求。舉例來說，社群網站、生物資訊網路和網路流量資料等領域，其資料規模往往可以達到數十億甚至數兆等級。在這種情況下，分散式圖型計算成為一種必要的解決方案。分散式圖型計算旨在利用多台電腦的儲存和運算能力，透過分散式運算框架共同完成對大規模圖資料的處理。將圖資料分散到多個計算節點上，並在每個節點上並行處理計算，分散式圖型計算框架能有效地解決單機電腦在處理大規模圖資料時的瓶頸問題。下面詳細介紹幾種常見的分散式圖型計算框架想法及其實現。

4.9.1 分散式圖型計算框架

　　分散式圖型計算框架允許使用者在多台電腦上處理和分析大規模圖資料，使用者只需關注高層次的圖型處理邏輯，而非底層的通訊和資料分發細節。如今市面上主流的分散式運算模型有 BSP、GAS、MapReduce 和 MPI 等。這裡主要介紹常用於圖型計算的 BSP 和 GAS 模型。

　　BSP（Bulk Synchronous Parallel）[33] 模型是目前分散式大規模圖型計算的主流模型，最著名的基於 BSP 模型的分散式並行處理系統就是 Google 提出的 Pregel。Pregel 的整體設計想法遵循 BSP 模型，整個計算過程可劃分為若干個超步（Super Step）的循序執行，直到達到演算法完成指定超步或迭代終止。

　　BSP 模型如圖 4-56 所示，包含三個階段，並按此模式進行多輪迭代。

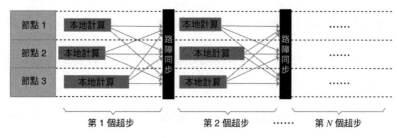

▲ 圖 4-56 BSP 架構圖

1）本地計算（Local Computation）：每個節點進行本地獨立計算，並產生中間結果。

2）訊息通訊（Communication）：每個節點完成本地計算後，均將計算的中間結果傳輸到其他節點。

3）路障同步（Barrier Synchronization）：保證每個節點在下一個超步開始之前，已收集整理全部節點的資料，才開始下一輪本地計算。

與 BSP 模型相比，GAS（Gather-Apply-Scatter）[34] 模型是另一種非同步分散式運算模型，它包含三個階段，如圖 4-57 所示。

1）收集（Gather）階段：每個工作節點收集其他節點發送過來的資料。這相當於 BSP 模型中的訊息通訊階段。

2）應用（Apply）階段：每個工作節點在本地對收集好的資料進行計算，產生新的中間結果。這對應於 BSP 模型中的本地計算階段。

3）分散（Scatter）階段：每個工作節點向其他節點發送應用階段產生的中間結果，供其他節點在下一輪收集階段使用。在 GAS 的分散階段，工作節點發送的資料是為了下一輪的收集階段使用，而 BSP 模型的訊息通訊階段是為了在路障同步之後下一輪的本地計算階段使用。GAS 模型的收集階段和分散階段兩者共同對應於 BSP 模型的訊息通訊階段。

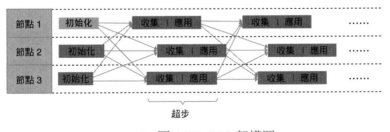

▲ 圖 4-57 GAS 架構圖

GAS 模型並不包含類似 BSP 模型中的路障同步階段。各個工作節點可以非同步地收發資料和執行計算，並不需要在超步邊界處同步。這使得 GAS 模型可以避免 BSP 模型中的阻塞等待，實現非同步併發執行，從而提高系統的整體輸送量和回應速度，但有可能在一定程度上降低資料一致性。

GAS 模型和 BSP 模型都是用於大規模分散式運算的框架，各有優勢和特點。BSP 模型採用固定的計算 - 通訊 - 更新的迴圈，強調同步執行，通訊和計算嚴格分離，可以更容易地保證計算一致性，便於演算法偵錯與理解。但是，GAS 模型也會帶來一定的偵錯難度和一致性問題，需要權衡不同需求，根據演算法特點和運算資源選擇最佳方案。

對於需要低延遲與高輸送的圖查詢，GAS 模型可能更適用；而對於資料一致性要求高的圖型計算，BSP 模型則比較適合。在選擇模型時，需要根據具體應用考慮計算一致性、系統輸送量、偵錯難度等因素，權衡需求選擇合適的方案。同時，也不排除融合兩種模型，發揮各自的優勢。

4.9.2　分散式圖型計算面臨的挑戰

儘管分散式圖型計算為處理大規模圖資料提供了有效的途徑，但在實際應用中，它也帶來了一系列的挑戰：首先，分散式儲存與計算需要處理資料的一致性和併發控制問題；其次，網路通訊銷耗可能導致計算效率降低；在分散式圖型計算中，如何高效率地進行圖資料的分區，也是一個重要的問題。此外，在分散式環境中的容錯處理也是一項重要的挑戰。本節將介紹這些挑戰，並提供一些可行的解決想法供需要對大圖資料進行計算、最佳化的讀者參考。

1 · 資料一致性和併發控制

在分散式圖型計算中，併發控制主要是指在多個計算節點併發存取並修改同一份資料時，如何避免資料衝突與資料不一致的問題。舉例來說，兩個節點可能同時修改同一個資料項目，如果沒有合適的併發控制機制，就可能導致資料不一致。如何在分散式環境中保證資料的一致性，是一個重要的問題。這需要設計有效的資料一致性協定，如讀寫一致性（Read-Write Consistency）、事務一致性（Transactional Consistency）等。

讀寫一致性通常是指在任何時刻，對於同一份資料的讀寫入操作，所有節點看到的資料狀態是一致的。實現讀寫一致性的一種方法是使用鎖或版本控制。當一個節點需要對資料進行修改時，它需要獲得鎖或確保它擁有最新版本的資料。這種方法的實現相對簡單，但在高併發環境中可能面臨性能問題。

事務一致性，通常需要更高級別的一致性保證，它要求一個事務（由一組操作組成）不是全部成功，就是全部失敗。這就需要在分散式環境中實現原子性（Atomicity）和隔離性（Isolation），這在實現上通常比讀寫一致性更複雜。常見的實現事務一致性的協定有二階段提交協定（Two-Phase Commit，2PC）和三階段提交協定（Three-Phase Commit，3PC）。這些協定需要在多個節點間進行多輪的協調，可能會引入更多的延遲。

在某些情況下，我們可以接受一些程度的資料不一致，以換取更高的性能。舉例來說，最終一致性（Eventual Consistency）就是一種常見的弱一致性模型。在最終一致性模型中，系統允許在短時間內出現資料不一致，但保證在沒有新的更新操作後，最終所有的副本都會達到一致的狀態。另外，在業務邏輯允許的條件下，有些系統可以選擇在背景進行一致性更新。比如，使用者的讀取操作可能看到的是過時的資料，而一致性更新在背景進行，這樣可以提高系統的回應速度。

2 · 網路通訊銷耗

與一般的分散式運算不同，在圖型計算中，頂點需要透過邊與其他頂點進行互動，以收集和更新狀態資訊。譬如，常見的圖型計算中每個頂點的計算狀態需要不斷更新，並且這些更新的狀態需要廣播給其所有的鄰居頂點。當圖被分割到不同的機器上時，這種互動將導致出現大量的網路通訊。尤其是在迭代計算的圖型計算中，每一輪迭代都可能產生大量需要傳遞的通訊資料，在這種情況下，網路通訊銷耗可能會變得非常大。因此，圖型計算的性能通常受通訊和計算之間的平衡影響。如果通訊時間遠大於計算時間，那麼系統的大部分時間將花費在等待資料交換上，從而導致資源的浪費。

為了解決圖型計算中的網路通訊銷耗，首先可以考慮使用高效的圖劃分，盡可能減少跨分區的邊，從而減少網路通訊銷耗。其次，還可以使用壓縮和編碼技術來減少需要傳輸的資料量。譬如，可以只傳輸狀態的變化，而非完整的狀態。合併訊息也是一種常見的有效減少網路通訊銷耗的技術。可以將多個發送到同一個目的地的訊息合併為一個大訊息，這樣可以減少網路通訊的次數。

3 · 資料分區

如前文所述，不合理的分區可能導致大量的跨節點通訊，嚴重影響系統性能。在分散式圖型計算中，高效率地進行圖資料的分區，不僅可以降低網路通訊銷耗，還能簡化實現資料一致性和併發控制的複雜程度。一個好的分區策略還應該盡可能使得每個節點的工作負載相等。因此，如何最佳化資料分區也是分散式圖型計算面臨的重要挑戰。它的困難主要表現在以下方面。

- 最小化跨節點通訊：圖的一種自然屬性是頂點之間的連接，這導致在完成圖型計算任務時，計算節點間需要大量通訊以共用資訊。在對圖進行分區時，我們希望最小化跨分區（即跨計算節點）的邊，以降低通訊成本。然而，找到這樣的最佳分區是 NP 難問題，即在多項式時間內找到最佳解是極其困難的。

- 負載平衡：在進行資料分區時，我們希望每個節點上的資料量和計算量大致相等，以實現負載平衡。然而，考慮到圖查詢的複雜性以及圖遍歷時頂點分佈的不可預測性，這是一個非常難針對各類查詢、計算任務提前設計、最佳化好的任務。如果負載不均衡，可能會導致某些節點運算資源空閒，而其他節點超載，影響整個系統的性能。

- 動態圖分區：在實際情況中，圖是動態變化的，如新的頂點和邊可能會被增加到圖中，舊的頂點和邊可能會被刪除。如何對結構動態變化的圖資料進行有效的分區，以適應圖資料的變化，是一個重要的最佳化方向。靜態的分區策略可能無法極佳地處理這種動態性。

- 圖的拓撲特性：真實世界的圖通常具有一些特殊的拓撲特性，如頂點的度分佈可能遵循冪律分佈（即少數頂點連接了大部分的邊），圖可能具有社區結構（即圖可以被劃分為多個緊密連接的子圖）等。在分區策中考慮這些拓撲特性，以提高分區的效果，是一個重要方向，也是一大技術挑戰。

- 計算複雜性和儲存銷耗限制：由於圖的規模可能非常大，分區演算法需要有足夠低的計算複雜性和儲存銷耗，在實際應用中才具備實用性。設計分區演算法時，滿足計算複雜性和儲存銷耗限制是一個極具挑戰的難題。

當前，研究者提出了許多圖分區演算法，如基於平衡劃分的分區演算法、基於雜湊的分區演算法、基於社區檢測的分區演算法等。這些演算法都試圖在上述各維度間找到平衡。有些系統還具備動態負載平衡機制，可根據執行時期的資訊（如每個分區的計算負載、網路通訊量等）動態地調整圖的劃分。

4．容錯處理

在分散式環境中，各儲存節點可能會出現故障。如何設計容錯機制，使得系統在節點出現故障時仍能正常執行，並能儘快恢復，是分散式圖型計算需要面對的挑戰。一種常見的解決方案是使用容錯（redundancy）或備份（backup），如將資料或狀態備份在其他節點上，當某個節點出現故障時，可以從其他節點恢復資料或狀態。另一種方案是採用日誌（log）或快照（snapshot）記錄系統的歷史狀態，當系統出現故障時，可以導回到之前的狀態。

分散式圖型計算任務常常是迭代執行的，每一輪迭代都會更新圖中所有頂點的狀態。這表示，如果在某輪迭代中出現故障，可能需要整個演算法的計算任務從頭開始重新計算，這會帶來非常大的時間銷耗。在計算過程中，一個頂點的狀態可能依賴於其鄰居頂點的狀態。這表示，即使只有一個頂點的狀態出現問題，也可能影響到圖中所有的其他相鄰頂點。這使得錯誤恢復變得更加複雜。圖型計算常常涉及大規模的圖，這使得全域的容錯策略（如全部資料的備份）變得不切實際。在一些任務中，圖的結構可能還會隨著計算過程的進行發生變化。這使得我們需要設計更有效的、針對圖結構的容錯策略。以下是一些可能的解決方案。

- 定期檢查點：定期儲存全域的計算狀態，當出現故障時，可以從最近的
  檢查點恢復。由於圖型計算的迭代性，檢查點間隔的選擇需要權衡恢復
  銷耗和儲存銷耗。

- 局部容錯：基於圖的局部性，設計局部的容錯策略。舉例來說，只儲存
  頂點狀態的部分副本，或只儲存與頂點狀態變化有關的資訊。

- 基於訊息的容錯：由於圖型計算中的狀態更新是透過訊息傳遞實現的，
  可以透過儲存和恢復訊息實現容錯。舉例來說，可以設計訊息日誌系統，
  當節點失敗時，可以透過重新發送失敗節點未處理的訊息來恢復其狀態。

　　值得一提的是，針對分散式圖型計算存在的困難，上述提到的潛在解決策
略大多仍是開放性的研究議題，目前尚缺乏通用的最佳方案。針對具體圖型計
算任務的方案設計，需要根據圖的資料及結構特徵、計算任務的需求、業務應
用場景，以及軟硬體系統環境的實際情況來決定。

4.10　圖型演算法的綜合應用

　　圖型演算法在多個領域均有廣泛的應用，因為世界萬物是普遍聯繫的，很
多問題和資料都可以用圖來表示。對於不同的業務場景和需求，可以使用標準
的、廣泛接受的演算法來解決通用的圖問題，也可以為了解決特定問題而對演
算法進行訂製或開發。

　　標準圖型演算法通常是為解決通用的圖問題而開發的，如最短路徑、最小
生成樹和社區檢測等。由於這些演算法經過時間的檢驗，通常在正確性方面都
是比較成熟的，使用者只需呼叫相應的函式或介面即可。但在適用性上，標準
圖型演算法可能不適合解決一些特定的、非標準的圖問題，或在特定場景下可
能不是最佳的解決方案。

　　訂製化圖型演算法通常是為了解決某個特定的問題或滿足特定的需求而開
發的。舉例來說，為了解決社群網站中的社區發現問題，可能需要開發一種特
定的圖聚類演算法。它具備較強的靈活性，可以根據問題的特性和需求進行最

佳化，可能在性能和業務適用性方面能達到更好的效果。訂製化圖型演算法通常需要更多的開發時間和精力，因為需要從頭開始設計和實現演算法，並進行大量的測試和驗證。由於是針對特定問題進行訂製的，訂製化演算法在遇到問題變化或需求變化時，更容易進行調整和適應。

使用標準圖型演算法還是訂製化圖型演算法，取決於問題的性質和需求。如果面臨的是一個通用的圖問題，且已有成熟的演算法可以滿足需求，那麼通常直接使用標準圖型演算法更加經濟、高效。然而，如果問題是特定的或有特殊的需求，那麼開發訂製化的圖型演算法是一個更好的選擇。

4.10.1 標準圖型演算法的應用

1．個性化推薦系統

在建構大型電子商務網站的推薦系統中，圖型演算法的運用可以有效地提高推薦結果的準確性和個性化程度。在該系統中，將使用者、產品和使用者行為在圖中予以表示。每個使用者和產品都成為圖中的點，使用者的購買行為組成了使用者與產品之間的邊，如圖 4-58 所示。

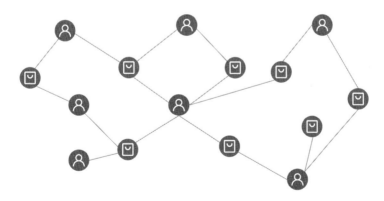

▲ 圖 4-58　使用者產品購買行為

使用緊密中心性演算法，可以對網路中使用者的重要性進行量化，如圖 4-59 所示。那些被鑑定為重要性高的使用者，可以作為推薦系統中的主要參考物件。這一量化結果有助最佳化推薦系統，使之能夠以更精準的方式推送產品。

透過複雜子圖型演算法，可以洞察使用者的購買行為，如一個使用者在購買某一款產品後，接下來更可能購買哪一類產品。可以對這些辨識為重要的客戶進行購買行為檢測（見圖 4-60），得出的結論可用於推薦系統，以便更精確地預測並滿足使用者的購買需求。

▲ 圖 4-59　使用者在購買行為中的重要程度

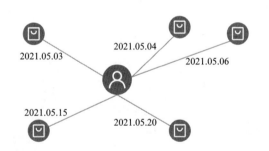

▲ 圖 4-60　重要程度最高使用者的購買行為

運用傑卡德相似度演算法可以進行相似度檢測，找出與重要使用者有高度相似度的其他使用者，然後向這些相似的使用者推薦他們可能會購買的產品，如圖 4-61 所示。

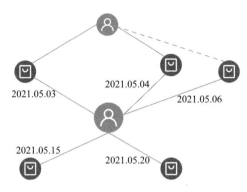

▲ 圖 4-61 向相似的使用者推薦產品

　　透過將緊密中心性、複雜子圖匹配和傑卡德相似度演算法整合到推薦系統中，可以建構出一個更為精準、個性化的推薦系統。這樣的系統能更進一步地理解和滿足使用者隨時間動態變化的需求，從而提高使用者的即時消費體驗、提升銷售額。

2．社交行銷

　　社交媒體平臺上的高影響力部落客在產品推廣和行銷活動中發揮著重要的作用。精準辨識並利用這些部落客對於提高產品銷量和提升品牌知名度具有顯著效果。在這一過程中，可以有效地利用圖型演算法，尤其是標籤傳播演算法和中介中心性演算法來進行精準定位。將社交媒體上的使用者及其社交關係建構成社群網站，每個頂點代表一個使用者，而使用者間的社交連接（關注、評論、按讚等）則可以表示為有向邊，如圖 4-62 所示。

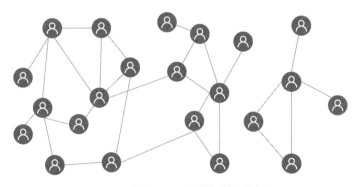

▲ 圖 4-62 社群網站關係圖

　　運用標籤傳播演算法對社群網站進行社區發現和標籤傳播。這一演算法能夠將具有相似行為或興趣的使用者劃分為同一社區，並且為每個社區賦予一個共用標籤，如圖 4-63 所示。透過這一步，可以辨識出各個潛在的消費者群眾及其興趣方向。

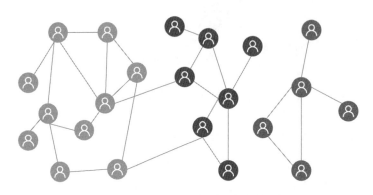

▲ 圖 4-63　賦予標籤的社群

　　運用網頁排名演算法來辨識每個社區內的高影響力部落客。網頁排名得分高不僅表示該部落客有很多的關注者，同時也說明關注者本身也很有影響力，而非刷出來的僵屍粉或水軍。此外，還能利用中介中心性演算法尋找社區中扮演關鍵橋樑角色的部落客（見圖 4-64），讓原本僅在某個圈層或社區流行的產品能夠進入更廣泛的大眾視野。

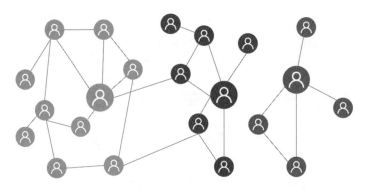

▲ 圖 4-64　每個社群的關鍵部落客

結合標籤傳播、網頁排名、中介中心性等圖型演算法，可以精準辨識各個社區的影響力部落客，並了解他們的影響領域以及破圈通路。這樣的資訊可以幫助品牌商制訂更為精準有效的社交行銷策略，提高行銷活動的效率和效果。

4.10.2 訂製化圖型演算法的應用

本節列舉一個電網碳因數計算的例子來說明訂製化圖型演算法的應用。這個計算要求對邊上的屬性值進行計算並傳播，現有的標準圖型演算法並不能直接完成這樣的工作，並且使用圖查詢語言也很難表達出上下游的邊屬性之間的計算關係，因此適合作為訂製化圖型演算法來實現。第 6 章將詳細介紹在 Galaxybase 圖資料庫中如何使用 PAR API 來實現訂製化圖型演算法。

隨著環保意識的提高，計算並減少電網的碳排放已經變得越來越重要。電網碳因數計算需要考慮許多複雜的因素，包括發電站的類型、位置、電力產出，以及電力在電網中的分配和流動情況。所有這些資訊都可以用圖的方式建模，其中頂點代表電網中的發電站、變電站或終端設備，可以為每個發電站頂點分配一個初始碳排放係數，該係數代表該發電站每生產一單位電力所排放的碳；邊代表電力傳輸線路並且可以為每條邊分配一個電力流量值。

訂製化的圖型演算法根據每個頂點的碳排放係數和電力流量來計算每個頂點的碳排放量。接著，計算每個變電站和終端頂點的碳排放總量，得到電網的總碳排放量。透過計算，可以清晰地看到電網中哪些部分產生了最多的碳排放，從而可以針對這些部分採取措施以減少碳排放。

以圖 4-65 為例，圖中包含了發電站頂點及其碳排放係數、變電站頂點以及終端設備頂點，並且展示了電力流動的情況。

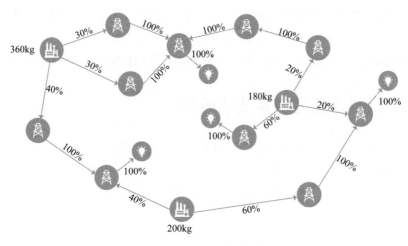

▲ 圖 4-65 電網初始圖

計算步驟如下：

1）根據電力流量按比例計算從發電站電流流出到下一個變電站產生的碳因數，如圖 4-66 所示。

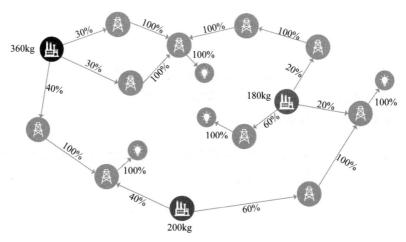

▲ 圖 4-66 發電站初始碳排放量

2）根據電力流量按比例計算從變電站到下一個變電站或終端設備產生的碳因數，如圖 4-67 所示。

3）發電站持續產生碳因數，迭代上述步驟，直至每個頂點都趨於穩定，該結果為此頂點的碳因數排放總量，如圖 4-68 所示。

透過訂製化的圖型演算法，不僅可以計算電網的總碳排放，還可以辨識出電網中的碳排放熱點，從而為減少碳排放提供資料支援。

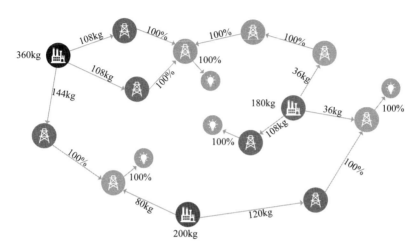

▲ 圖 4-67 一次迭代電流量後的碳排放量

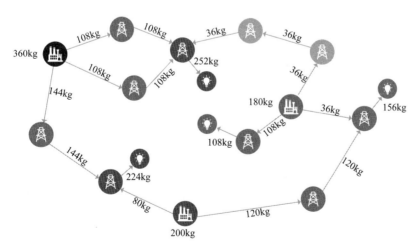

▲ 圖 4-68 電流趨於穩定的碳排放量

4.11　本章小結

　　圖型演算法可以賦能各行各業，為決策者提供更全面立體、解釋性更強的決策依據。本章介紹了常見的幾類別圖型演算法及其實現，以及巨量資料場景下分散式圖型演算法的計算框架及其實現。圖型演算法的研究與應用，尤其是圖神經網路及分散式並行圖型演算法，目前處於快速發展的階段，尚有很大的開拓空間、存在很多挑戰：如支援超大規模資料集、解決複雜場景即時性難題、與機器學習領域的融合應用，等等。隨著產學研協作的不斷深入，相信這些問題將來會得到更好的解決。

參考文獻

[1]　吳建中，餘貽鑫 . 一種高效的配電網供電恢復演算法 [J]. 電網技術，2003(10):82-86.

[2]　李媛，高淑娟，洪玉玲 . 基於單來源最短路徑演算法的井下避災路線 [J]. 煤礦安全，2013(8):191-193.

[3]　李楊，李秀峰 . 基於點雲端資料的樹木骨架線提取研究 [J]. 科技創新與生產力，2017,06(34):61-63.

[4]　LARSON R C,ODONI A R.Urban operations research[J].Prentice Hall,1981.

[5]　SAYLAM A,ALI K H,FIKRI M.Degree centrality of combustion reaction networks for analysing and modelling combustion processes[J].Combustion Theory and Modelling,2020,24(3):442-459.

[6]　COHEN E ,DELLING D ,PAJOR T ,et al.Computing Classic Closeness Centrality,at Scale[J].Proceedings of the second ACM conference on Online social networks ,2014:37-50.

[7]　WOLFE A W .Social Network Analysis:Methods and Applications[J].Contemporary Sociology,1995,91(435):219-220.

[8] BOLDI P ,VIGNA S .Axioms for Centrality[J].Internet Mathematics,2013:222-262.DOI:10.48550/arXiv.1308.2140.

[9] PROUNTZOS D,PINGALI K.Betweenness centralit:algorithms and implementations[J].Acm SIGPLAN Notices,2015,48(8):35.doi. org/10.1145/2517327.2442521.

[10] RIONDATO M ,KORNAROPOULOS E M .Fast approximation of betweenness centrality through sampling[C].Web Search and Data Mining. ACM,2014:413-422.https://doi.org/10.1145/2556195.2556224.

[11] JUNG S ,LEE S ,KWON O ,et al.Grid-based Traffic Vulnerability Analysis by Using Betweenness Centrality[J].Journal of the Korean Physical Society,2020,77(7):538-544.

[12] PAGE L ,BRIN S ,MOTWANI R ,et al.The PageRank Citation Ranking:Bringing Order to the Web[J].Stanford Digital Libraries Working Paper,1998.DOI:10.1007/978-3-319-08789-4_10.

[13] IVÁN G,GROLMUSZ V .When the Web meets the cell:using personalized PageRank for analyzing protein interaction networks[J]. Bioinformatics,2011(3):405-407.DOI:10.1093/bioinformatics/btq680.

[14] SENANAYAKE U ,PIRAVEENAN M ,ZOMAYA A .The Pagerank-Index:Going beyond Citation Counts in Quantifying Scientific Impact of Researchers[J].PLoS ONE,2015,10.

[15] BECCHETTI L ,BOLDI P ,CASTILLO C ,et al.Efficient semi-streaming algorithms for local triangle counting in massive graphs[C].The 14th ACM SIGKDD international conference,2008.

[16] SCHANK T ,WAGNER D .Finding,Counting and Listing All Triangles in Large Graphs,an Experimental Study[C].International Workshop on Experimental &Efficient Algorithms.Berlin Heidelberg:Spring er,2005:606-609.

[17] TARJAN R.Depth-first search and linear graph algorithms[J].SIAM journal on computing,1972,1(2):146-160.

[18] DIJKSTRA E W ,SCHOLTEN C S .Termination Detection for Diffusing Computations[J].Information Processing Letters,1980,11(1):1-4.DOI: 10.1016/0020-0190(80)90021-6.

[19] SIEK J G,LEE L Q,LUMSDAINE A.Connected components:Definitions [M].//The Boost Graph Library:UserGuide and Reference Manual.Addison-Wesley,Pearson Education, 2001:97-98.

[20] CRANDALL D J,BACKSTROM L,COSLEY D,et al.Inferring social ties from geographic coincidences[J]. Proceedings of the National Academy of Sciences,2010,107 (52):22436-22441.https://doi.org/10.1073/ pnas.1006155107.

[21] ZHU X,GHAHRAMANI Z B.Learning from Labeled and Unlabeled Data with Label Propagation[J].Tech Report,2002.

[22] BLONDEL V D ,GUILLAUME J L ,LAMBIOTTE R ,et al.Fast unfolding of communities in large networks[J].Journal of Statistical Mechanics:Theory and Experiment,2008.DOI 10.1088/1742-5468/2008/10/P10008.

[23] JACCARD P.Étude comparative de la distribution florale dans une portion des Alpes et des Jura[J].Bull SocVaudoise Sci Nat,1901,37:547-579.

[24] ANGLES R ,ANTAL J B ,AVERBUCH A ,et al.The LDBC Social Network Benchmark[J].Computing Research Repository,2020.

[25] PEROZZI B,AL-RFOU R,SKIENA S.DeepWalk:Online Learning of Social Representations[C].Proceedings of the 20th ACM SIGKDD international conference on Knowledge discovery and data mining,2014:701-710.https://doi. org/10.1145/2623330.2623732.

[26] MIKOLOV T,CHEN K,CORRADO G,et al.Efficient estimation of word representations in vector space[J]. arXiv preprint arXiv:1301.3781,2013.

[27] WANG J Z,HUANG P P,ZHAO H,et al.Billion-scale commodity embedding for E-commerce recommendation in Alibaba.Proceedings of the 24th ACM SIGKDD International Conference on Knowledge Discovery &Data Mining. London:ACM,2018.839-848.

[28] GROVER A,LESKOVEC J.Node2vec:Scalable Feature Learning for Networks[C].Proceedings of the 22nd ACM SIGKDD International Conference on Knowledge Discovery and Data Mining,2016:855-864.https://doi. org/10.1145/2939672.2939754.

[29] TANG J,QU M,WANG M,et al.LINE:Large-scale Information Network Embedding[C].Proceedings of the 24th International Conference on World Wide Web,2015:1067-1077.https://doi.org/10.1145/2736277.2741093.

[30] SCARSELLI F ,GORI M ,TSOI A C ,et al.The Graph Neural Network Model[J].IEEE Transactions on Neural Networks,2009,20(1):61.DOI:10.1109/ TNN.2008.2005605.

[31] KIPF T N ,WELLING M .Semi-Supervised Classification with Graph Convolutional Networks[J].ICLR,2016.

[32] VELIKOVI P ,CUCURULL G ,CASANOVA A ,et al.Graph Attention Networks[J].arXiv preprint arXiv,2017.DOI:10.48550/arXiv.1710.10903.

[33] VALIANT L.G.A bridging model for parallel computation[C].Communications of the ACM.1990,33(8):103-111.

[34] CULLER D E,DUSSEAU A,GOLDSTEIN S,et al.Gather-apply-scatter:a wafer-scale distributed programming paradigm[J].Proceedings of the 7th International Conference on Supercomputing,ACM Press,1993:22-31.

MEMO

5

圖資料庫使用者端
程式設計

　　透過圖查詢語言（如 Cypher、Gremlin、GQL 等）來使用圖資料庫，具有
學習門檻低、查詢可讀性高、抽象層次較高、無須關心底層實現等優勢。然而，
在很多場景下，圖查詢語言也有局限性。在複雜的圖型分析場景中，往往需要巢
狀結構使用多個通用的圖函式和圖型演算法才能滿足場景的查詢分析需求，如
先呼叫圖函式 1 執行查詢，傳回的結果作為下一步要執行的演算法 1 和演算法 2
的輸入；在更複雜的場景中，這些函式和演算法之間存在更為複雜的巢狀結構、
迴圈、條件執行等關係，用圖查詢語言無法有效地表達，這時就需要透過程式
語言來實現複雜業務查詢及演算法的開發。

這種開發整體上有兩種模式，一種是「使用者端」模式，另一種是「伺服器端」模式。在「使用者端」模式下，開發者把圖資料庫看作「黑盒」，透過獲取儲存在圖資料庫中的資料到本地暫存檔案或快取中，然後使用程式化的方法，對資料進行清理、過濾、變換等操作並輸出最終結果；在「伺服器端」模式下，程式都在伺服器上執行，可以充分地利用相比於使用者端機器性能更強大的伺服器端機器的運算能力，在資料儲存的本機伺服器上完成很多操作，只把最終結果回傳到使用者端。尤其是在分散式部署的系統裡，使用伺服器資源分散式並行地完成基於本地大量資料的計算，只需回傳小量的結果資料，能節省資料傳輸的 I/O 成本和極其耗時的網路通訊成本，極大地提升了查詢計算性能。目前，市面上的大部分圖資料庫都能提供使用者端的程式語言介面（詳見第 8 章），但並不是所有的圖資料庫都具備服務端介面的提供能力，後者對分散式圖資料庫的性能尤其重要。

使用程式語言進行圖查詢和計算，不僅能彌補宣告式查詢語言的表達力不足的缺陷，還具備很多優勢。

- 功能函式庫更強大：程式語言通常配備了豐富的函式庫和框架，可用於處理複雜數字操作、資料轉換和分析等高級功能。這有助提高資料處理效率和品質。這類擴充函式庫通常難以透過查詢語言直接使用。

- 性能更優、支援深度訂製：程式語言允許開發者定製圖資料庫底層操作，滿足特定需求。舉例來說，可以撰寫複雜的查詢、預存程序和觸發器，以實現高效的資料檢索和處理。尤其是在圖語義的查詢中，一些複雜的子圖結構難以用線性的「點—邊—點」方式來描述。如果使用 Cypher 類別的查詢語言表達，需要巢狀結構多個層次的 Optional Match，使得語義的表達複雜且難以理解。在實際應用場景中，還可能需要在子圖遍歷的過程中根據鄰居數量進行一定的採樣和剪枝，或根據一些前後相關的條件進行篩選過濾，這些操作也難以簡單地用查詢語言表達，而使用程式語言則可以極佳地解決上述問題。

- 系統集成靈活性：程式語言提供了靈活的方式來與資料庫進行互動。可以方便地在不同類型的資料庫系統之間切換，如在關聯式資料庫和圖資料庫混合使用的情況下，可以撰寫通用的程式來處理不同資料庫引擎的差異。此外，程式語言可以輕鬆地與其他系統和服務整合，包括 Web 服務、訊息佇列和 API 等。這有助實現高度可擴充的、鬆散耦合的系統架構。

通常來說，圖資料庫程式語言的 API 也會封裝直接執行查詢語言的能力，以便使用者使用。同時，程式語言 API 也會提供更多種類的呼叫介面，讓使用者可以直接呼叫圖資料庫的底層能力。本章將重點介紹圖資料庫的使用者端程式設計方法。透過本章的學習，讀者可以初步掌握使用主流程式語言——Java、Python、Go 及 RESTful API——進行圖資料庫（以 Galaxybase 為例）基礎操作的方法。本章中的程式部分也可以作為程式設計參考手冊，用於快速實現相應的基礎功能。

5.1 概述

本章將詳細介紹基於圖資料庫的使用者端程式設計開發流程與方法。與傳統的 MySQL、Oracle、SQL Server 等關聯式資料庫相同，開發人員並不會直接操作資料庫複雜的底層結構；相反，開發人員會使用資料庫提供的介面進行開發。圖資料庫的使用者端程式設計開發模式可以分為兩種：驅動模式和 RESTful API。兩種模式的開發結構圖如圖 5-1 所示。

1 · 驅動模式

驅動模式是透過驅動套件與資料庫進行互動的一種模式，驅動套件中提供了操作資料庫的程式設計介面。在驅動模式下，不同的開發語言可以透過專門的驅動套件與圖資料庫進行通訊。因此，開發人員在載入資料庫的驅動套件後，可以執行具體的資料庫操作。驅動模式作為傳統的關聯式資料庫中最常用的開發模式，也被引入圖資料庫的程式設計開發中。

2 · RESTful API

REST（Representational State Transfer）是基於超文字傳送協定（Hypertext transfer-protocol,HTTP）定義的一組約束和屬性，旨在簡化不同軟體或程式

在網路（如互聯網）中的資訊傳遞。符合 REST 設計風格的 Web API 被稱為
RESTful API。由於 RESTful API 具有通用性和相容性，它經常被用作應用程式
的程式設計介面，因此也可以作為圖資料庫的程式設計開發模式之一。

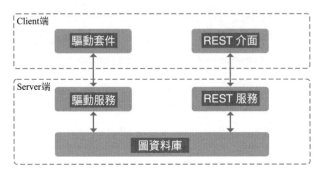

▲ 圖 5-1　圖資料庫的開發結構

　　目前，在圖資料庫領域中，Neo4j 和 Galaxybase 都應用了上述提到的兩種
程式設計模式。由於它們都是基於 Java 語言開發的產品，因此可以與 Java 開發
天然地結合在一起。同時，隨著圖資料庫不斷最佳化改進並被廣泛應用於各個
領域，為了方便使用 Python、Go 等開發語言的程式設計人員使用圖資料庫，也
逐漸推出了多種開發語言的驅動套件以及 RESTful API。Neo4j、Galaxybase、
TigerGraph 和 JanusGraph 支援的程式設計模式如表 5-1 所示。

▼ 表 5-1　支援的程式設計模式

圖資料庫	驅動模式	RESTful API
Neo4j	支援 Java、Python、Go 等驅動套件	支援
Galaxybase	支援 Java、Python、Go 等驅動套件	支援
TigerGraph	不支援	支援
JanusGraph	支援 Java、Python 驅動套件	支援

　　從表 5-1 可以看到，Neo4j 和 Galaxybase 都提供了豐富的程式設計開發介
面，開發者可以根據具體的開發場景和需求進行選擇。因此，在本章後續的內
容中，我們將以 Galaxybase 為例詳細介紹不同模式的程式設計開發方法。

5.2 驅動模式

　　驅動套件幫助程式語言與圖資料庫服務端進行通訊,並提供存取圖資料庫的途徑。驅動套件定義了通訊傳輸協定和版本等資訊,因此不同版本的圖資料庫都有相應版本的驅動套件。雖然 Galaxybase 提供了多種程式語言的驅動套件,每種語言的程式設計方式可能略有不同,但基於驅動套件的程式設計開發流程是相似的。開發人員需要透過驅動套件建立驅動件連接到圖資料庫,然後才能對圖資料庫中的資料操作。具體流程如下所示。

1 · 建立驅動物件

　　應用程式通常需要在啟動階段建立與圖資料庫的連接,並在退出前關閉連接。為了建構驅動物件實例,需要提供以下資訊。

　　1)**URI**。描述透過特定協定連接到指定的圖資料庫服務。Galaxybase 使用 Bolt 協定連接資料庫。Bolt 是一種用於使用者端應用程式和資料庫伺服器之間通訊的二進位協定。舉例來說,bolt://localhost:7687 描述了與本地圖資料庫節點建立連接的 URI。

　　2)**認證資訊**。需要提供連接圖資料庫所需的使用者名稱和密碼,用來透過圖資料庫的許可權認證。

　　URI 和認證資訊在驅動物件的整個生命週期中是不可變的。如果需要使用不同的連接參數(如不同的認證資訊),應建立多個驅動物件的實例。

2 · 關閉驅動物件

　　關閉驅動物件實例時,會關閉相關的連接池(Connection Pool),釋放驅動物件所維護的所有連接並釋放相關資源。

3 · 操作圖資料

　　在成功連接驅動物件後,開發人員需要確認要操作的圖的名稱。驅動物件將根據要操作的圖的名稱傳回相應的圖物件實例。透過圖物件實例提供的介面,可以對圖資料操作。如果要操作圖資料庫中的不同圖，可以重複使用同一個驅動物件實例或建立多個驅動物件實例。

　　雖然基於驅動套件的程式設計開發流程相同，但不同程式語言在呼叫方面有所不同。接下來將詳細描述 Java、Python 和 Go 語言的程式設計開發方式，並繼續以 MovieDemo 圖資料作為案例介紹。

5.2.1　Java

1．驅動物件生命週期

（1）建立驅動物件實例

透過 Bolt 協定連接本地圖資料庫節點在 7687 通訊埠上開啟的驅動服務。

```
Driver driver = GraphDb.connect("bolt://localhost:7687","admin","admin")
```

（2）建立圖物件實例

透過驅動物件實例確定圖名稱，建立圖物件實例。

```
Graph graph = GraphDb.driver(driver,"MovieDemo");
```

（3）關閉圖物件實例

　　關閉圖物件實例時，會同步關閉驅動物件實例。若不再使用圖物件實例和驅動物件實例，則可以關閉。若驅動物件實例建立過其他圖物件實例，且正在使用中，則不可關閉。支援 try-with-resource 進行優雅的關閉連接。

```
graph.close()
```

（4）關閉驅動物件實例

　　關閉驅動物件實例，以及透過驅動物件實例建立的所有圖物件實例。若不再使用圖物件實例和驅動物件實例，則可以關閉。關閉後會釋放相關資源。支援 try-with-resource 進行優雅的關閉連接。

```
driver.close()
```

2・圖列表查詢

透過驅動物件，可以獲取當前使用者能查看的所有圖名稱。

```
try (Driver driver = GraphDb.connect("bolt://localhost:7687","admin","admin")){
    Collection<String> graphNames = GraphDb.graphs(driver);
    System.out.println(graphNames);
}
```

3・圖模型操作

1）建立圖。如果圖還未建立，則可以透過驅動物件實例建立一個全新的 Movie-Demo 圖。

```
try (Driver driver = GraphDb.connect("bolt://localhost:7687","admin","admin")){
    Graph graph = GraphDb.newGraph(driver,"MovieDemo"," 預設組 ");
    Collection<String> graphNames = GraphDb.graphs(driver);
    System.out.println(graphNames);
}
```

2）為 MovieDemo 圖定義點類型。在 Galaxybase 中，每個點都屬於某種點類型，因此在建立點之前需要先定義點類型。以下是對點類型的定義。人（Person）：該點類型的外部唯一標識為「姓名」，並具有兩個屬性，「出生年份」（INT）和「出生地」（STRING）。電影（Movie）：該點類型的外部唯一標識為「電影名稱」，並具有五個屬性，「上映年份」（INT）、「國家」（STRING）、「語言」（STRING）、「評分」（DOUBLE）和「票房」（STRING）。外部唯一標識是用於區分同一類型下不同點的唯一標識，它是不可修改的。

```
try (Driver driver = GraphDb.connect("bolt://localhost:7687","admin","admin")){
    Graph graph = GraphDb.driver(driver,"MovieDemo");

    // 定義 " 人 " 點類型
    Map<String,PropertyType> personProperties = new HashMap<>();
    personProperties.put(" 出生年份 ",PropertyType.INT);
    personProperties.put(" 出生地 ",PropertyType.STRING);
```

```
graph.schema().createVertexType(" 人 "," 姓名 ",personProperties);

    // 定義 " 電影 " 點類型
    Map<String,PropertyType> movieProperties = new HashMap<>();
    movieProperties.put(" 上映年份 ",PropertyType.INT);
    movieProperties.put(" 國家 ",PropertyType.STRING);
    movieProperties.put(" 語言 ",PropertyType.STRING);
    movieProperties.put(" 評分 ",PropertyType.DOUBLE);
    movieProperties.put(" 票房 ",PropertyType.STRING);
    graph.schema().createVertexType(" 電影 "," 電影名稱 ",movieProperties);
}
```

　　3）為 MovieDemo 圖定義邊類型。在 Galaxybase 中，每條邊都屬於某種邊類型，因此在建立邊之前需要先定義邊類型。以下是對邊類型的定義。主演（ActedIn）：該邊類型的起始點類型為「人」（Person），終止點類型為「電影」（Movie），並具有一個屬性——「角色」（STRING）。

```
try (Driver driver = GraphDb.connect("bolt://localhost:7687","admin","admin")){
    Graph graph = GraphDb.driver(driver,"MovieDemo");

    // 定義 " 主演 " 邊類型
    Map<String,PropertyType> movieProperties = new HashMap<>();
    movieProperties.put(" 角色 ",PropertyType.STRING);
      graph.schema().createEdgeType(" 主演 "," 人 "," 電影 ",true,false,null,
movieProperties);
}
```

　　4）查詢圖模型的點、邊類型。查詢 MovieDemo 圖中所有點、邊類型的名稱列表。

```
try (Driver driver = GraphDb.connect("bolt://localhost:7687","admin","admin")){
    Graph graph = GraphDb.driver(driver,"MovieDemo");

    // 查詢 MovieDemo 圖中所有的點類型
    Collection<String> vertexTypes = graph.schema().getVertexTypes();

    // 查詢 MovieDemo 圖中所有的邊類型
    Collection<String> edgeTypes = graph.schema().getEdgeTypes();
}
```

5）刪除圖模型的邊類型。刪除 MovieDemo 圖中「主演」邊類型。

```
try (Driver driver = GraphDb.connect("bolt://localhost:7687","admin","admin")){
    Graph graph = GraphDb.driver(driver,"MovieDemo");

    // 刪除 " 主演 " 邊類型
    graph.schema().dropEdgeType(" 主演 ");
}
```

6）刪除圖模型的點類型。刪除 MovieDemo 圖中「人」和「電影」點類型。

```
try (Driver driver = GraphDb.connect("bolt://localhost:7687","admin","admin")){
    Graph graph = GraphDb.driver(driver,"MovieDemo");

    // 刪除 " 人 " 點類型
    graph.schema().dropVertexType(" 人 ");

    // 刪除 " 電影 " 點類型
    graph.schema().dropVertexType(" 電影 ");
}
```

4 · 點操作

在定義圖模型後，可以對點資料進行增刪改查操作。Galaxybase 在建立點時必須指定外部唯一標識和點類型。在查詢、更新、刪除點時，可以透過以下兩種方式實現。

1）通過點類型與外部唯一標識值。如透過外部唯一標識「劉德華」和「人」點類型進行點的增刪改查操作。

```
try (Driver driver = GraphDb.connect("bolt://localhost:7687","admin","admin")){
    Graph graph = GraphDb.driver(driver,"MovieDemo");
    // 增加外部唯一標識為 " 劉德華 "，無屬性的 " 人 " 點
    Vertex insertVertex = graph.insertVertexByPk(" 劉德華 "," 人 ");

    // 查詢外部唯一標識為 " 劉德華 " 的 " 人 " 點
    Vertex retrieveVertex = graph.retrieveVertexByPk(" 劉德華 "," 人 ");

    // 更新外部唯一標識為 " 劉德華 " 的 " 人 " 點屬性：" 出生年份 " 修改為 "1961"
```

```
    Vertex upsertVertex = graph.upsertVertexByPk("劉德華","人",Collections.
singletonMap("出生年份",1961));

    // 刪除外部唯一標識為"劉德華"的"人"點
    graph.deleteVertexByPk("劉德華","人");
}
```

2）透過內部 id。內部 id 是 Galaxybase 為了進行快速查詢給每個點生成的唯一 id，因此透過內部 id 也可以確定一個點。如透過外部唯一標識劉德華建立點，再通過點的內部 id 進行查詢、更新、刪除操作。

```
try (Driver driver = GraphDb.connect("bolt://localhost:7687","admin","admin")){
    Graph graph = GraphDb.driver(driver,"MovieDemo");
    // 增加外部唯一標識為"劉德華"，無屬性的"人"點
    Vertex insertVertex = graph.insertVertexByPk("劉德華","人");

    // 查詢外部唯一標識為"劉德華"的"人"點
    Vertex retrieveVertex = graph.retrieveVertex(insertVertex.getId());

    // 更新外部唯一標識為"劉德華"的"人"點屬性："出生年份"修改為"1961"
    Vertex upsertVertex = graph.updateVertex(insertVertex.getId(),Collections.
singletonMap("出生年份",1961));

    // 刪除外部唯一標識為"劉德華"的"人"點
    graph.deleteVertex(insertVertex.getId());
}
```

5 · 邊操作

在定義圖模型後，可以進行邊資料的增刪改查操作。在 Galaxybase 中，在建立邊時需要確定邊類型、起始點和終止點，並可以對邊類型具有的屬性清單進行賦值。

在 Galaxybase 中，僅支援透過內部 id 獲取一條確定的邊。透過指定起始點類型為人、外部唯一標識為「劉德華」，終止點類型為「電影」、外部唯一標識為「無間道」，可以建立一條「主演」邊，並對邊類型的屬性進行賦值操作。之後，可以透過邊的內部 id 進行查詢、更新和刪除操作。

```
try (Driver driver = GraphDb.connect("bolt://localhost:7687","admin","admin")){
    Graph graph = GraphDb.driver(driver,"MovieDemo");
    // 增加起始點類型 " 人 "、外部唯一標識 " 劉德華 "，終止點類型 " 電影 "、外部唯一標識 " 無間道 "，
    // 無屬性的 " 主演 " 邊
    Edge insertEdge = graph.insertEdgeByVertexPk(" 劉德華 "," 人 "," 無間道 "," 電影 ",
" 主演 ");

    // 透過內部 id 查詢邊
    Edge retrieveEdge = graph.retrieveEdge(insertEdge.getId());

    // 透過內部 id 修改邊屬性：" 角色 " 修改為 " 劉建明 "
    Edge upsertEdge = graph.updateEdge(insertEdge.getId(),Collections.singletonMap
(" 角色 "," 劉建明 "));// 更新邊

    // 透過內部 id 刪除邊
    graph.deleteEdge(insertEdge.getId());// 刪除邊
}
```

6．遍歷操作

在建立圖模型、點邊資料後，可以在圖上進行遍歷操作。遍歷操作是通過點的邊資訊存取其他點的過程，是圖資料庫特有的一種操作。當開發遍歷操作時，必須要包含以下參數。

1）開始遍歷的點：最先開始遍歷的點。除了透過內部 id 獲取邊，還可以透過遍歷點的邊資訊獲取多條邊。

2）方向：決定每個點的遍歷方向。Galaxybase 的每條邊都有起始點和終止點，且每種邊類型都分為有向邊和無向邊，因此方向決定了每個點遍歷的邊列表。支援以下三種選擇。

- IN：內分支度方向。遍歷點的內分支度邊與無向邊。
- OUT：外分支度方向。遍歷點的外分支度邊與無向邊。
- BOTH：包含 IN 和 OUT。遍歷點的內分支度邊、外分支度邊和無向邊。

3）條件：在遍歷過程中可以增加多種條件，以過濾出期望的結果。支援選填以下四種條件。

- 邊類型過濾：只遍歷過濾集合中的邊類型。如果僅對邊類型進行過濾，則邊類型的過濾性能會優於透過邊條件過濾性能。

- 邊條件過濾：從遍歷到的邊中篩選出符合邊條件的邊，包含邊類型和屬性過濾。

- 環路過濾：過濾自環的邊。

- 點條件過濾：從遍歷到的點中篩選出符合點條件的點，包含點類型和屬性過濾。

```java
try (Driver driver = GraphDb.connect("bolt://localhost:7687","admin","admin")){
    Graph graph = GraphDb.driver(driver,"MovieDemo");
    // 邊類型集合過濾：過濾出 " 主演 " 的邊類型
    Set<String> edgeTypeFilter = new HashSet<>();
    edgeTypeFilter.add(" 主演 ");

    // 邊方向：BOTH
    Direction direction = Direction.BOTH;

    // 環路過濾：傳回環路邊
    boolean getLoop = true;

    Iterator<Edge> edgeIterator = graph.retrieveEdgeByVertexPk(" 劉德華 "," 人 ",
edgeTypeFilter,direction,null,null,getLoop);
    while (edgeIterator.hasNext()){
    // 邊資訊
    Edge edge = edgeIterator.next();
    }
}
```

7. 執行 Cypher 敘述

Cypher 作為強大的宣告式方法，支援對圖資料的點、邊、遍歷等操作。為了加快 Cypher 敘述的查詢，應盡可能使用傳遞參數的方式。

在 Galaxybase 中，透過 executeQuery 方法能執行完整的 Cypher 敘述。

```
try (Driver driver = GraphDb.connect("bolt://localhost:7687","admin","admin")){
    Graph graph = GraphDb.driver(driver,"MovieDemo");
    // 執行完整的 Cypher 敘述
    StatementResult result = graph.executeQuery("match (n)return n");

    // 迴圈驗證結果傳回情況。如果 hasNext 傳回 true，說明有結果傳回。
    // 如果 hasNext 傳回 false，說明無結果傳回
    while (result.hasNext()){

        // 獲得單條結果
        Record record = result.next();

        // 解析結果
        Node node = record.get(0).asNode();
    }
}
```

同時也支援透過傳遞參數的方式執行 Cypher 敘述。

```
try (Driver driver = GraphDb.connect("bolt://localhost:7687","admin","admin")){
    Graph graph = GraphDb.driver(driver,"MovieDemo");

    // 設定參數
    Map<String,Value> params = new HashMap<>();
    params.put("year",Values.value(1981));
    // 執行完整的 Cypher 敘述
    StatementResult result = graph.executeCypher("match (n: 人 )where n. 出生年份 =
$year return n",params);

    // 迴圈驗證結果傳回情況。如果 hasNext 傳回 true，說明有結果傳回。
    // 如果 hasNext 傳回 false，則說明無結果傳回
    while (result.hasNext()){

        // 獲得單條結果
        Record record = result.next();

        // 解析結果
        Node node = record.get(0).asNode();
    }
}
```

5.2.2 Python

1·驅動物件生命週期

1）建立驅動物件實例。透過 Bolt 協定連接本地圖資料庫節點在 7687 通訊埠上開啟的驅動服務。

```
driver = GraphDb.connect("bolt://localhost:7687","admin","admin")
```

2）建立圖物件實例。透過驅動物件實例，確定圖名稱來建立圖物件實例。

```
graph = GraphDb.driver(driver,"MovieDemo")
```

3）關閉圖物件實例。關閉圖物件實例時，會同步關閉驅動物件實例。若不再使用圖物件實例和驅動物件實例，則可以關閉。若驅動物件實例建立過其他圖物件實例，且正在使用中，則不可關閉。支援 with 敘述管理連接。

```
graph.close()
```

4）關閉驅動物件實例。關閉驅動物件實例，以及透過驅動物件實例建立的所有圖物件實例。若不再使用圖物件實例和驅動物件實例，則可以關閉。關閉後會釋放相關資源。支援 with 敘述管理連接。

```
driver.close()
```

2·圖列表查詢

透過驅動物件，可以獲取當前使用者能查看的所有圖名稱。

```
driver = GraphDb.connect("bolt://localhost:7687","admin","admin")
graphNames = GraphDb.graphs(driver)
print(graphNames)
```

3．圖模型操作

1）建立圖。如果圖還未建立，則可以透過驅動物件實例來建立一個全新的 MovieDemo 圖。

```
driver = GraphDb.connect("bolt://localhost:7687","admin","admin")
graph = GraphDb.new_graph(driver,"MovieDemo"," 預設組 ")
graphNames = GraphDb.graphs(driver)
print(graphNames)
```

2）定義圖模型的點類型。為 MovieDemo 圖定義點類型。Galaxybase 中每個點都屬於某一種點類型，因此建立點之前需要先定義點類型。定義「人」點類型，「姓名」作為點類型的外部唯一標識，具有「出生年份」（INT）和「出生地」（STRING）兩個屬性。定義「電影」點類型，「電影名稱」作為點類型的外部唯一標識，具有「上映年份」（INT）、「國家」（STRING）、「語言」（STRING）、「評分」（DOUBLE）和「票房」（STRING）五個屬性。外部唯一標識是用來區分同類型下不同點的唯一標識，不可修改。

```
driver = GraphDb.connect("bolt://localhost:7687","admin","admin")
graph = GraphDb.driver(driver,"MovieDemo")

# 定義 " 人 " 點類型
person_properties = {}
person_properties[" 出生年份 "]= PropertyType.INT
person_properties[" 出生地 "]= PropertyType.STRING
graph.schema().create_vertex_type(" 人 "," 姓名 ",person_properties)

# 定義 " 電影 " 點類型
movie_properties = {}
movie_properties[" 上映年份 "]= PropertyType.INT
movie_properties[" 國家 "]= PropertyType.STRING
movie_properties[" 語言 "]= PropertyType.STRING
movie_properties[" 評分 "]= PropertyType.DOUBLE
movie_properties[" 票房 "]= PropertyType.STRING
graph.schema().create_vertex_type(" 電影 "," 電影名稱 ",movie_properties)
```

3）定義圖模型的邊類型。為 MovieDemo 圖定義邊類型。Galaxybase 中每條邊都屬於某一種邊類型，因此建立邊之前需要先定義邊類型。定義「主演」邊類型，起始點類型「人」，終止點類型「電影」，具有「角色」（STRING）屬性。

```
driver = GraphDb.connect("bolt://localhost:7687","admin","admin")
graph = GraphDb.driver(driver,"MovieDemo")

#定義 "主演" 邊類型
movie_properties = {}
movie_properties[" 角色 "]= PropertyType.STRING
combined_edge_types = [CombinedEdgeType.init_combined_edge_type(" 人 "," 電影 ")]
graph.schema().create_edge_type(" 主演 ",combined_edge_types,True,False,"",
movie_properties)
```

4）查詢圖模型的點邊類型。查詢 MovieDemo 圖中所有點邊類型的名稱列表。

```
driver = GraphDb.connect("bolt://localhost:7687","admin","admin")
graph = GraphDb.driver(driver,"MovieDemo")

# 查詢 MovieDemo 圖中所有的點類型
vertexTypes = graph.schema().get_vertex_types()

# 查詢 MovieDemo 圖中所有的邊類型
edgeTypes = graph.schema().get_edge_types()
```

5）刪除圖模型的邊類型。刪除 MovieDemo 圖中的「主演」邊類型。

```
driver = GraphDb.connect("bolt://localhost:7687","admin","admin")
graph = GraphDb.driver(driver,"MovieDemo")

# 刪除 "主演" 邊類型
graph.schema().drop_edge_type(" 主演 ")
# 刪除圖模型的點類型。刪除 MovieDemo 圖中 " 人 " 和 " 電影 " 點類型
driver = GraphDb.connect("bolt://localhost:7687","admin","admin")
graph = GraphDb.driver(driver,"MovieDemo")

# 刪除 " 人 " 點類型
graph.schema().drop_vertex_type(" 人 ")
```

```
# 刪除 " 電影 " 點類型
graph.schema().drop_vertex_type(" 電影 ")
```

4 · 點操作

在定義圖模型後，可以對點資料進行增刪改查操作。

Galaxybase 在建立點時必須指定外部唯一標識和點類型。在查詢、更新、刪除點時，可以透過以下兩種方式操作。

1）通過點類型與外部唯一標識值。如透過外部唯一標識「劉德華」和點類型「人」進行點的增刪改查操作。

```
driver = GraphDb.connect("bolt://localhost:7687","admin","admin")
graph = GraphDb.driver(driver,"MovieDemo")
# 增加外部唯一標識為 " 劉德華 "，無屬性的 " 人 " 點
insert_vertex = graph.insert_vertex_by_pk(" 劉德華 "," 人 ")

# 查詢外部唯一標識為 " 劉德華 " 的 " 人 " 點
retrieve_vertex = graph.retrieve_vertex_by_pk(" 劉德華 "," 人 ")

# 更新外部唯一標識為 " 劉德華 " 的 " 人 " 點屬性：' 出生年份 ' 修改為 '1961'
upsert_Vertex = graph.upsert_vertex_by_pk(" 劉德華 "," 人 ",{" 出生年份 ":1961},
False)

# 刪除外部唯一標識為 " 劉德華 " 的 " 人 " 點
graph.delete_vertex_by_pk(" 劉德華 "," 人 ")
```

2）透過內部 id。內部 id 是 Galaxybase 為了進行快速查詢給每個點生成的唯一 id，因此透過內部 id 也可以確定一個點。如透過外部唯一標識「劉德華」建立點，再通過點的內部 id 進行查詢、更新、刪除操作。

```
driver = GraphDb.connect("bolt://localhost:7687","admin","admin")
graph = GraphDb.driver(driver,"MovieDemo")
# 增加外部唯一標識為 " 劉德華 "，無屬性的 " 人 " 點
insert_vertex = graph.insert_vertex_by_pk(" 劉德華 "," 人 ")
```

```
# 查詢外部唯一標識為 " 劉德華 " 的 " 人 " 點
retrieve_vertex = graph.retrieve_vertex(insert_vertex.get_id())

# 更新外部唯一標識為 " 劉德華 " 的 " 人 " 點屬性：" 出生年份 " 修改為 "1961"
upsert_vertex = graph.update_vertex(insert_vertex.get_id(),{" 出生年份 ":1961},
False)

# 刪除外部唯一標識為 " 劉德華 " 的 " 人 " 點
graph.delete_vertex(insert_vertex.get_id())
```

5 · 邊操作

在定義圖模型後，可以對邊資料進行增刪改查操作。在建立邊時需要確定邊類型、起始點和終止點，並可以對邊類型具有的屬性清單進行賦值操作。

Galaxybase 僅支援透過內部 id 方式獲取一條確定的邊。透過起始點類型「人」、外部唯一標識「劉德華」，終止點類型「電影」、外部唯一標識「無間道」，建立「主演」邊，再透過邊的內部 id 進行查詢、更新、刪除操作。

```
driver = GraphDb.connect("bolt://localhost:7687","admin","admin")
graph = GraphDb.driver(driver,"MovieDemo")
# 增加起始點類型 " 人 "、外部唯一標識 " 劉德華 "，終止點類型 " 電影 "、外部唯一標識 " 無間道 "，無屬
性的 " 主演 " 邊
insert_edge = graph.insert_edge_by_vertex_pk(" 劉德華 "," 人 ",False," 無間道 ",
" 電影 ",False," 主演 ",None)

# 透過內部 id 查詢邊
retrieve_edge = graph.retrieve_edge(insert_edge.get_id())

# 透過內部 id 修改邊屬性：" 角色 " 修改為 " 劉建明 "
upsert_edge = graph.update_edge(insert_edge.get_id(),{" 角色 ":" 劉建明 "},False)
# 更新邊

# 透過內部 id 刪除邊
graph.delete_edge(insert_edge.get_id())# 刪除邊
```

6‧遍歷操作

在建立圖模型、點邊資料後，可以在圖上進行遍歷操作。遍歷操作是通過點的邊資訊存取其他點的過程，是圖資料庫特有的一種操作。當開發遍歷操作時，必須包含以下參數。

1）開始遍歷的點：最先開始遍歷的點。除了透過內部 id 獲取邊，還可以透過遍歷點的邊資訊來獲取多筆邊。

2）方向：決定每個點的遍歷方向。Galaxybase 的每條邊都有起始點和終止點，且每種邊類型都分為有向邊和無向邊，因此方向決定了每個點遍歷的邊列表。支援以下三種選擇。

- IN：內分支度方向。遍歷點的內分支度邊與無向邊。

- OUT：外分支度方向。遍歷點的外分支度邊與無向邊。

- BOTH：包含 IN 和 OUT。遍歷點的內分支度邊、外分支度邊和無向邊。

3）條件。在遍歷過程中可以增加多種條件，以過濾出期望的結果。支援選填以下四種條件。

- 邊類型過濾：只遍歷過濾集合中的邊類型。如果僅對邊類型進行過濾，邊類型過濾性能會優於透過邊條件過濾的性能。

- 邊條件過濾：從遍歷到的邊中篩選出符合邊條件的邊，包含邊類型和屬性過濾。

- 環路過濾：過濾自環的邊。

- 點條件過濾：從遍歷到的點中篩選出符合點條件的點，包含點類型和屬性過濾。

```
driver = GraphDb.connect("bolt://localhost:7687","admin","admin")
graph = GraphDb.driver(driver,"MovieDemo")

#邊類型集合過濾：過濾出 " 主演 " 的邊類型
edge_type_filter = set()
edge_type_filter.add(" 主演 ")
```

```
# 邊方向：BOTH
direction = Direction.BOTH

# 環路過濾：傳回環路邊
get_loop = True

edge_iterator = graph.retrieve_edge_by_vertex_pk("劉德華","人",edge_type_filter,
direction,-1,None,None,get_loop)

for item in edge_iterator:
    print(item)
```

7‧執行 Cypher 敘述

Cypher 作為強大的宣告式方法，支援對圖資料的點、邊、遍歷等操作。為了加快 Cypher 敘述的查詢，應盡可能使用傳遞參數的方式。

在 Galaxybase 中透過 execute_query 方法能執行完整的 Cypher 敘述。

```
driver = GraphDb.connect("bolt://localhost:7687","admin","admin")
graph = GraphDb.driver(driver,"MovieDemo")
# 執行完整的 Cypher 敘述
result = graph.execute_query("match (n)return n")

# 迴圈查看結果傳回情況
for item in result:
    print(item)
```

同時也支援透過傳遞參數的方式執行 Cypher 敘述。

```
driver = GraphDb.connect("bolt://localhost:7687","admin","admin")
graph = GraphDb.driver(driver,"MovieDemo")

# 設定參數
params = {}
params["year"]= 1981

# 執行完整的 Cypher 敘述
result = graph.execute_cypher("match (n:人)where n.出生年份 = $year return n",params)
```

```
# 迴圈查看結果傳回情況
for item in result:
    print(item)
```

5.2.3 Go

1・驅動物件生命週期

1）建立驅動物件實例。透過 Bolt 協定連接本地圖資料庫節點在 7687 通訊埠上開啟的驅動服務。

```
driver,err := client.GraphDb.Connect("bolt://localhost:7687","admin","admin")
```

2）建立圖物件實例。透過驅動物件實例，確定圖名稱來建立圖物件實例。

```
graph,err := client.GraphDb.Driver(driver,"MovieDemo",nil)
```

3）關閉圖物件實例。關閉圖物件實例時，會同步關閉驅動物件實例。若不再使用圖物件實例和驅動物件實例，則可以關閉。若驅動物件實例建立過其他圖物件實例，且正在使用中，則不可關閉。

```
err := graph.Close()
```

4）關閉驅動物件實例。關閉驅動物件實例，以及透過驅動物件實例建立的所有圖物件實例。若不再使用圖物件實例和驅動物件實例，則可以關閉。關閉後會釋放相關資源。

```
err := driver.Close()
```

2・圖列表查詢

透過驅動物件，可以獲取當前使用者能查看的所有圖名稱。

```
driver,_:= client.GraphDb.Connect("bolt://localhost:7687","admin","admin")
graphNames,_:= client.GraphDb.Graphs(driver)
fmt.Println(graphNames)
```

3．圖模型操作

1）建立圖。如果圖還未建立，則可以透過驅動物件實例來建立一個全新的 MovieDemo 圖。

```
driver,_:= client.GraphDb.connect("bolt://localhost:7687","admin","admin")
graph,_:= client.GraphDb.NewGraph(driver,"MovieDemo"," 預設組 ",nil)
graphNames,_:= client.GraphDb.Graphs(driver)
fmt.Println(graphNames)
```

2）定義圖模型的點類型。為 MovieDemo 圖定義點類型。Galaxybase 中每個點都屬於某一種點類型，因此建立點之前需要先定義點類型。定義「人」點類型，「姓名」作為點類型的外部唯一標識，具有「出生年份」（INT）和「出生地」（STRING）兩個屬性。定義「電影」點類型，「電影名稱」作為點類型的外部唯一標識，具有「上映年份」（INT）、「國家」（STRING）、「語言」（STRING）、「評分」（DOUBLE）和「票房」（STRING）五個屬性。外部唯一標識是用來區分同類型下不同點的唯一標識，不可修改。

```
driver,_:= client.GraphDb.connect("bolt://localhost:7687","admin","admin")
graph,_:= client.GraphDb.Driver(driver,"MovieDemo",nil)

// 定義 " 人 " 點類型
personProperties := make(map[string]PropertyType.PropertyType,10)
personProperties[" 出生年份 "]= PropertyType.INT
personProperties[" 出生地 "]= PropertyType.STRING
graph.Schema().CreateVertexType(" 人 "," 姓名 ",personProperties)

// 定義 " 電影 " 點類型
movieProperties := make(map[string]PropertyType.PropertyType,10)
movieProperties[" 上映年份 "]= PropertyType.INT
movieProperties[" 國家 "]= PropertyType.STRING
movieProperties[" 語言 "]= PropertyType.STRING
movieProperties[" 評分 "]= PropertyType.DOUBLE
movieProperties[" 票房 "]= PropertyType.STRING
graph.Schema().CreateVertexType(" 電影 "," 電影名稱 ",movieProperties)
```

3）定義圖模型的邊類型。為 MovieDemo 圖定義邊類型。Galaxybase 中每條邊都屬於某一種邊類型，因此建立邊之前需要先定義邊類型。定義「主演」邊類型，起始點類型「人」，終止點類型「電影」，具有「角色」（STRING）屬性。

```
driver,_:= client.GraphDb.connect("bolt://localhost:7687","admin","admin")
graph,_:= client.GraphDb.Driver(driver,"MovieDemo",nil)

// 定義 " 主演 " 邊類型
movieProperties := make(map[string]PropertyType.PropertyType,10)
movieProperties[" 角色 "]= PropertyType.STRING
combinedEdgeTypes := []Interface.CombinedEdgeType{g.NewCombinedEdgeType(" 人 ",
" 電影 ")}
graph.Schema().CreateEdgeType(" 主演 ",combinedEdgeTypes,true,false,"",
movieProperties)
```

4）查詢圖模型的點邊類型。查詢 MovieDemo 圖中所有點邊類型的名稱列表。

```
driver,_:= client.GraphDb.connect("bolt://localhost:7687","admin","admin")
graph,_:= client.GraphDb.Driver(driver,"MovieDemo",nil)

// 查詢 MovieDemo  圖中所有的點類型
vertexTypes,_:= graph.Schema().GetVertexTypes()
// 查詢 MovieDemo  圖中所有的邊類型
edgeTypes,_:= graph.Schema().GetEdgeTypes()
```

5）刪除圖模型的邊類型。刪除 MovieDemo 圖中「主演」邊類型。

```
driver,_:= client.GraphDb.connect("bolt://localhost:7687","admin","admin")
graph,_:= client.GraphDb.Driver(driver,"MovieDemo",nil)

// 刪除 " 主演 " 邊類型
graph.Schema().DropEdgeType(" 主演 ")
```

6）刪除圖模型的點類型。刪除 MovieDemo 圖中「人」和「電影」點類型。

```
driver,_:= client.GraphDb.connect("bolt://localhost:7687","admin","admin")
graph,_:= client.GraphDb.Driver(driver,"MovieDemo",nil)
```

```
// 刪除 " 人 " 點類型
graph.Schema().DropVertexType(" 人 ")

// 刪除 " 電影 " 點類型
graph.Schema().DropVertexType(" 電影 ")
```

4 · 點操作

在定義圖模型後，可以對點資料進行增刪改查操作。Galaxybase 在建立點時必須要指定外部唯一標識和點類型。在查詢、更新、刪除點時可以透過以下兩種方式操作：

1）通過點類型與外部唯一標識值操作。如透過外部唯一標識「劉德華」和點類型「人」進行點的增刪改查操作。

```
driver,_:= client.GraphDb.connect("bolt://localhost:7687","admin","admin")
graph,_:= client.GraphDb.Driver(driver,"MovieDemo",nil)
// 增加外部唯一標識為 " 劉德華 "、無屬性的 " 人 " 點
insertVertex,_:= graph.InsertVertexByPk(" 劉德華 "," 人 ",nil)

// 查詢外部唯一標識為 " 劉德華 " 的 " 人 " 點
retrieveVertex,_:= graph.RetrieveVertexByPk(" 劉德華 "," 人 ")

// 更新外部唯一標識為 " 劉德華 " 的 " 人 " 點屬性：" 出生年份 " 修改為 "1961"
parameters := make(map[string]interface{},10)
parameters[" 出生年份 "]= 1961
upsertVertex,_:= graph.UpsertVertexByPk(" 劉德華 "," 人 ",parameters,false)

// 刪除外部唯一標識為 " 劉德華 " 的 " 人 " 點
graph.DeleteVertexByPk(" 劉德華 "," 人 ")
```

2）透過內部 id。內部 id 是 Galaxybase 為了進行快速查詢為每個點生成的唯一 id，因此透過內部 id 也可以確定一個點。如透過外部唯一標識「劉德華」建立點，則再通過點的內部 id 進行查詢、更新、刪除操作。

```
driver,_:= client.GraphDb.connect("bolt://localhost:7687","admin","admin")
graph,_:= client.GraphDb.Driver(driver,"MovieDemo",nil)
```

```
// 增加外部唯一標識為 " 劉德華 " 、無屬性的 " 人 " 點
insertVertex,_:= graph.InsertVertexByPk(" 劉德華 "," 人 ",nil)

// 查詢外部唯一標識為 " 劉德華 " 的 " 人 " 點
retrieveVertex,_:= graph.RetrieveVertex(insertVertex.GetId())

// 更新外部唯一標識為 " 劉德華 " 的 " 人 " 點屬性：" 出生年份 " 修改為 "1961"
parameters := make(map[string]interface{},10)
parameters[" 出生年份 "]= 1961
upsertVertex,_:= graph.UpdateVertex(insertVertex.GetId(),parameters,false)

// 刪除外部唯一標識為 " 劉德華 " 的 " 人 " 點
graph.DeleteVertex(insertVertex.GetId())
```

5・邊操作

在定義圖模型後，可以進行邊資料的增刪改查。邊在建立時需要確定邊類型、起始點和終止點，並可以對邊類型具有的屬性清單進行賦值操作。

Galaxybase 僅支援透過內部 id 方式獲取一條確定的邊。透過起始點類型「人」、外部唯一標識「劉德華」，終止點類型「電影」、外部唯一標識「無間道」，建立「主演」邊，再透過邊的內部 id 進行查詢、更新、刪除操作。

```
driver,_:= client.GraphDb.connect("bolt://localhost:7687","admin","admin")
graph,_:= client.GraphDb.Driver(driver,"MovieDemo",nil)
// 增加起始點類型 " 人 " 、外部唯一標識 " 劉德華 "，終止點類型 " 電影 " 、外部唯一標識 " 無間道 "，
// 無屬性的 " 主演 " 邊
insertEdge,_:= graph.InsertEdgeByVertexPk(" 劉德華 "," 人 ",false," 無間道 "," 電影 ",
false," 主演 ",nil)

// 透過內部 id 查詢邊
retrieveEdge,_:= graph.RetrieveEdge(insertEdge.GetId())

// 透過內部 id 修改邊屬性：" 角色 " 修改為 " 劉建明 "parameters := make(map[string]
interface{},10)
parameters[" 角色 "]= " 劉建明 "
upsertEdge,_:= graph.UpdateEdge(insertEdge.GetId(),parameters,false)// 更新邊
```

```
// 透過內部 id 刪除邊
graph.DeleteEdge(insertEdge.GetId())// 刪除邊
```

6・遍歷操作

　　在建立圖模型和點邊資料後，可以進行遍歷操作。遍歷操作是通過點的邊資訊存取其他點的過程，是圖資料庫特有的一種操作。當進行遍歷操作時，需要指定以下參數。

　　1）開始遍歷的點：確定遍歷的起始點。可以透過內部 id 獲取邊，也可以透過遍歷點的邊資訊來獲取多條邊。

　　2）方向：決定每個點遍歷的方向。Galaxybase 的每條邊都有起始點和終止點，且每種邊類型都分為有向邊和無向邊。因此，方向參數決定了每個點遍歷的邊列表。支援以下三種選擇。

- IN：內分支度方向。遍歷點的內分支度邊和無向邊。

- OUT：外分支度方向。遍歷點的外分支度邊和無向邊。

- BOTH：包含 IN 和 OUT。遍歷點的內分支度邊、外分支度邊和無向邊。

　　3）條件：在遍歷過程中可以增加多種條件以過濾出期望的結果。支援以下四種條件（可選填）。

- 邊類型過濾：只遍歷過濾集合中的邊類型。如果只需要對邊類型進行過濾，則邊類型過濾的性能會優於邊條件過濾的性能。

- 邊條件過濾：從遍歷到的邊中篩選出符合邊條件的邊，包括邊類型和屬性過濾。

- 環路過濾：過濾自環的邊。

- 點條件過濾：從遍歷到的點中篩選出符合點條件的點，包括點類型和屬性過濾。

```
driver,_= client.GraphDb.connect("bolt://localhost:7687","admin","admin")
graph,_= client.GraphDb.Driver(driver,"MovieDemo",nil)

// 邊類型集合過濾：過濾出 " 主演 " 的邊類型
edgeTypeFilter := mapSet.NewSet()
edgeTypeFilter.Add(" 主演 ")

// 邊方向：BOTH
edgeDirection := Direction.BOTH

// 環路過濾：傳回環路邊
getLoop := true

edgeIterator,_:= graph.RetrieveEdgeByVertexPK(" 劉德華 "," 人 ",edgeTypeFilter,
edgeDirection,-1,nil,nil,getLoop)

for edgeIterator.HasNext(){
        edgeIterator.Next()
}
```

7 · 執行 Cypher 敘述

Cypher 作為強大的宣告式方法，支援對圖資料的點、邊、遍歷等操作。為了加快 Cypher 敘述的查詢，應盡可能使用傳遞參數的方式。

在 Galaxybase 中透過 ExecuteQuery 方法能執行完整的 Cypher 敘述。

```
driver,_:= client.GraphDb.connect("bolt://localhost:7687","admin","admin")
graph,_:= client.GraphDb.Driver(driver,"MovieDemo",nil)
// 執行完整的 Cypher 敘述
result,_:= graph.ExecuteQuery("match (n)return n",0,0)

// 迴圈驗證結果傳回情況。如果 Next 傳回 true，則說明有結果傳回。如果 Next 傳回 false，則說明無
結果傳回
for result.Next(){
        fmt.Println(result.Record().Values()[0])
}
```

同時也支援透過傳遞參數的方式執行 Cypher 敘述。

```
driver,_:= client.GraphDb.connect("bolt://localhost:7687","admin","admin")
graph,_:= client.GraphDb.Driver(driver,"MovieDemo",nil)

// 設定參數
parameters := make(map[string]interface{},10)
parameters["year"]= 1981
// 執行完整的 Cypher 敘述
result,_:= graph.ExecuteCypher("match (n:人)where n.出生年份 = $year return
n",parameters)

// 迴圈驗證結果傳回情況。如果 Next 傳回 true，說明有結果傳回。如果 Next 傳回 false，說明無結果
傳回
for result.Next(){
        fmt.Println(result.Record().Values()[0])
}
```

5.3 RESTful API

RESTful API 是一套專門用於跨平臺操作的 Web API，可以透過不同程式語言（如 Java、Go、Python、JavaScript 等）向圖資料庫伺服器發起請求。

1·傳輸模式

向 Galaxybase 發起的請求和回應都使用 JSON 格式傳輸。服務端支援 gzip 壓縮，有效降低了網路傳輸的銷耗。HTTP 請求可以增加標頭 Content-Encoding:gzip，表示發送的資料已經進行了 gzip 壓縮，服務端會自動解壓並處理資料。HTTP 請求標頭還可以增加標頭 Accept-Encoding:gzip，表示服務端可以對回應結果進行 gzip 壓縮。

2·認證模式

每個 API 請求在回應之前都需要進行身份認證，需要將使用者的驗證資訊透過 HTTP 請求標頭 Authorization 發送給伺服器。使用者的驗證資訊可以透過登入介面獲取。

3 · 回應範本

```
{
    "success":true,          // 處理狀態。true 表示處理成功，並且將結果放在 "data" 中。
                             //false 表示處理失敗，並且將結果放在 "errorInfo" 中
    "status":200,//HTTP 狀態碼
    "data":// 回應結果
}
```

5.3.1 登入

透過使用 HTTP 向 Galaxybase 發送使用者名稱和密碼進行認證。

（1）功能介紹

登入。

（2）請求

```
POST http://localhost:18088/api/login
```

（3）Header

```
Content-Type：application/x-www-form-urlencoded
```

（4）請求參數

```
username        // 用戶名稱
password        // 密碼。需要經過 RSA 加密
```

（5）請求範例

```
POST http://localhost:18088/api/login

username：admin
password  ：OOBBWIWNAVm11/dfR3e/jrcAPn3yJxhxaacLn/E3V6lQaRyc8fKfUsAEhT3M/A6Jykww/
kYAmF08GljMvPmLgzbaJY5DfTTQ7CzJSv/iyYyyD2cixbFdJ2Caxb9UGCz8S7hf6Bb2OwqcchCZISHn
kW3/UYWPOYWyPzZQEfWoZ+o=
```

（6）回應結果

```json
{
    "success":true,
    "status":200,
    "data":{
        "token":"eyJhbGciOiJIUzI1NiJ9.eyJjcmVhdGV0aW1lIjoxNjE1MzgxMjg4OTc2LCJpZ
CI6IjAiLCJsZGFwVXNlciI6MCwidXNlcm5hbWUiOiJhZG1pbiJ9.G3L5q0TfpOiQLoZ8amViK1WsQPVZ7V
eyy26UYsq3eyw"
    }
}
```

5.3.2 圖列表查詢

（1）功能介紹

查詢當前使用者能查看的所有圖資訊。

（2）請求

```
GET http://localhost:18088/api/auth/graph/list
```

（3）Header

```
Content-Type：application/x-www-form-urlencoded
Authorization：// 驗證資訊
```

（4）請求範例

```
GET http://localhost:18088/api/auth/graph/list
```

（5）回應結果

```json
{
    "success":true,
    "status":200,
    "data":{
    "dataList":[
        {
            "groupId":"1",
```

```json
        "groupName":" 預設組 ",
        "graphIndex":0,
        "createUserId":"0",
        "originGroup":"0",
        "createTime":"Mar 11,2021 8:54:11 PM",
        "createUsername":"admin",
        "originUser":0,
        "roleType":"ARCHITECT",
        "buttonAllowed":[
            "detail":true,
            "edit":true,
            "load":true,
            "delete":true,
            "share":true,
            "duplicate":true
        ],
        "graphName":"MovieDemo",
        "graphDesc":"",
        "createTimestamp":1615467251460,
        "maxRoleName":" 架構師 ",
        "vertexSize":0,
        "edgeSize":0,
        "graphState":"READY",
        "shared":false,
        "graphActivated":true
      }
   ],
   "pageSize":2147483647,
   "totalPage":1,
   "currentPage":1,
   "totalCount":1
  }
}
```

5.3.3 圖模型操作

1. 建立圖

　　如果圖還未建立，可以透過使用圖建構來建立一個全新的 MovieDemo 圖。
也支援建立一個空圖，不包含任何點、邊類型。

（1）功能介紹

新建一個空圖。

（2）請求

```
POST http://localhost:18088/api/buildGraph/newGraph
```

（3）Header

```
Content-Type：application/x-www-form-urlencoded
Authorization：// 驗證資訊
```

（4）參數集合

```
groupId          // 使用者群組 ID
graphName        // 圖名稱
graphDesc        // 圖描述
```

（5）請求範例

```
POST http://localhost:18088/api/buildGraph/newGraph

groupId：1
graphName：MovieDemo
graphDesc：電影 demo 圖
```

（6）回應結果

```
{
    "success":true,
    "status":200,
    "data":{
    "graphName":"MovieDemo",
    "graphIndex":5,
    "graphDesc":" 電影 demo 圖 "
}
}
```

2．定義圖模型的點類型

為 MovieDemo 圖定義點類型。Galaxybase 中每個點都屬於某一種點類型，因此建立點之前需要先定義點類型。定義「人」點類型，「姓名」作為點類型的外部唯一標識，具有「出生年份」（INT）和「出生地」（STRING）兩個屬性。定義「電影」點類型，「電影名稱」作為點類型的外部唯一標識，具有「上映年份」（INT）、「國家」（STRING）、「語言」（STRING）、「評分」（DOUBLE）和「票房」（STRING）五個屬性。外部唯一標識是用來區分同類型下不同點的唯一標識，不可修改。

（1）功能介紹

定義點類型。

（2）請求

```
POST http://localhost:18088/api/schema/createVertexType
```

（3）Header

```
Content-Type：application/x-www-form-urlencoded
Authorization：// 驗證資訊
```

（4）參數集合

```
params：      // 參數集合。以 JSON 格式傳輸，需要設置以下欄位：
graphName    // 圖名稱，不能為空
type         // 點類型，不能為空
pkName       // 主鍵名稱，不能為空
classMap     // 屬性類型的映射，其中 key 是屬性名稱，value 是屬性類型（需要欄位：dataType 表
             // 示類型；firstSign 如果是集合或者 Map 類型才需要，表示為集合內類型或者 Map 的
             //key 類型；secondSign 如果是 Map 類型才需要，表示為 Map 的 value 類型）
```

（5）請求範例

```
POST http://localhost:18088/api/schema/cr)eateVertexType

params={
```

```
    "graphName":"MovieDemo",
    "type":"人",
    "pkName":"姓名",
    "classMap":{
        "出生年份":{"dataType":"INT"},
        "籍貫":{"dataType":"STRING"},
    "收貨地址":{"dataType":"LIST","firstDign":"STRING"},
    "籍貫":{"dataType":"STRING"},
    }
}
```

（6）回應結果

```
{
    "success":true,
    "status":200,
    "data":"createVertexType success!"
}
```

3. 定義圖模型的邊類型

　　為 MovieDemo 圖定義邊類型。Galaxybase 中每條邊都屬於某一種邊類型，因此建立邊之前需要先定義邊類型。定義「主演」邊類型，起始點類型「人」，終止點類型「電影」，具有「角色」（STRING）屬性。

（1）功能介紹

定義邊類型。

（2）請求

```
POST http://localhost:18088/api/schema/createEdgeType
```

（3）Header

```
Content-Type：application/x-www-form-urlencoded
Authorization：// 驗證資訊
```

（4）參數集合

```
params：                    // 參數集合。以 JSON 格式傳輸，需要設置以下欄位：
graphName                   // 圖名稱
type                        // 邊類型，不能為空
directed                    // 邊的方向，預設值為 false
allowRepeat                 // 是否允許重複
combineKey                  // 基於屬性進行去重，為空表示基於邊類型進行去重，只有在 allowRepeat
                            // 為 false 時有效
classMap                    // 屬性類型的映射，其中 key 是屬性名稱，value 是屬性類型（需要欄位：
                            //dataType 表示類型；firstSign 如果是集合或者 Map 類型才需要，表示為
                            // 集合內類型或者 Map 的 key 類型；secondSign 如果是 Map 類型才需要，
                            // 表示為 Map 的 value 類型）
combinedEdgeTypes           // 起止點清單，需要包含以下兩個參數，如果只有一個起止點類型，則可以
                            // 直接將 fromType 和 toType 寫在外部
fromType                    // 起始點類型名稱，不能為空
toType                      // 終止點類型名稱，不能為空
```

（5）請求範例

```
POST http://localhost:18088/api/schema/createEdgeType

params={
    "graphName":"MovieDemo",
    "type":" 主演 ",
    "fromType":" 人 ",
    "toType":" 電影 ",
    "directed":true,
    "allowRepeat":false,
    "classMap":{
        " 角色 ":{"dataType":"STRING"}
    }
}
```

（6）回應結果

```
{
    "success":true,
    "status":200,
    "data":"createEdgeType success!"
}
```

4. 查詢圖模型的點類型

查詢 MovieDemo 圖中所有點類型的名稱列表。

（1）功能介紹

查詢圖中所有點類型。

（2）請求

```
GET http://localhost:18088/api/schema/getVertexTypes
```

（3）Header

```
Content-Type：application/x-www-form-urlencoded
Authorization：// 驗證資訊
```

（4）參數集合

```
params：          // 參數集合。以 JSON 格式傳輸，需要設置以下欄位：
graphName         // 圖名稱
```

（5）請求範例

```
GET http://localhost:18088/api/schema/getVertexTypes

params={
    "graphName":"MovieDemo"
}
```

（6）回應結果

```
{
    "success":true,
    "status":200,
    "data":[
        " 電影 ",
```

```
      " 人 "
   ]
}
```

5. 查詢圖模型的邊類型

查詢 MovieDemo 圖中所有邊類型的名稱列表。

（1）功能描述

查詢圖中所有邊類型。

（2）請求

```
GET http://localhost:18088/api/schema/getEdgeTypes
```

（3）Header

```
Content-Type：application/x-www-form-urlencoded
Authorization：// 驗證資訊
```

（4）參數集合

```
params：          // 參數集合。以 JSON 格式傳輸，需要設置以下欄位：
graphName         // 圖名稱
```

（5）請求範例

```
GET http://localhost:18088/api/schema/getVertexTypes

params={
    "graphName":"MovieDemo"
}
```

（6）回應結果

```
{
    "success":true,
    "status":200,
    "data":[
```

```
    " 主演 "
  ]
}
```

6. 刪除圖模型的邊類型

刪除 MovieDemo 圖中的「主演」邊類型。

（1）功能描述

刪除邊類型。

（2）請求

```
POST http://localhost:18088/api/schema/dropEdgeType
```

（3）Header

```
Content-Type：application/x-www-form-urlencoded
Authorization：// 驗證資訊
```

（4）參數集合

```
params：          // 參數集合。以 JSON 格式傳輸，需要設置以下欄位：
graphName         // 圖名稱
type              // 邊類型，不能為空
```

（5）請求範例

```
POST http://localhost:18088/api/schema/dropEdgeType

params={
    "graphName":"MovieDemo",
    "type":" 主演 "
}
```

（6）回應結果

```
{
    "success":true,
```

```
    "status":200,
    "data":"dropEdgeType success!"
}
```

7. 刪除圖模型的點類型

刪除 MovieDemo 圖中的「人」點類型。

（1）功能介紹

刪除點類型。

（2）請求

```
POST http://localhost:18088/api/schema/dropVertexType
```

（3）Header

```
Content-Type：application/x-www-form-urlencoded
Authorization：// 驗證資訊
```

（4）參數集合

```
params：// 參數集合。以 JSON 格式傳輸，需要設置以下欄位：
graphName        // 圖名稱
type             // 點類型，不能為空
```

（5）請求範例

```
POST http://localhost:18088/api/schema/dropVertexType

params={
    "graphName":"MovieDemo",
    "type":"人 "
}
```

（6）回應結果

```
{
    "success":true,
```

```
    "status":200,
    "data":"dropVertexType success!"
}
```

5.3.4　點操作

在定義圖模型後，可以對點資料進行增刪改查。

1. Galaxybase　在建立點時必須要指定外部唯一標識和點類型

舉例來說，透過外部唯一標識「劉德華」和點類型「人」進行點的增加操作；增加外部唯一標識為「劉德華」、無屬性的「人」點。

（1）功能介紹

透過確定的外部唯一標識值與點類型增加點。

（2）請求

```
POST http://localhost:18088/api/graph/insertVertexByPk
```

（3）Header

```
Content-Type：application/x-www-form-urlencoded
Authorization：// 驗證資訊
```

（4）參數集合

```
params：// 參數集合。以 JSON 格式傳輸，需要設置以下欄位：
graphName        // 圖名稱
pk               // 外部唯一標識值，不能為空
type             // 點類型，不能為空
```

（5）請求範例

```
POST http://localhost:18088/api/graph/insertVertexByPk

params={
```

```
    "graphName":"MovieDemo",
    "pk":" 劉德華 ",
    "type":" 人 "
}
```

（6）回應結果

```
{
    "success":true,
    "status":200,
    "data":{
        "id":268435457,
        "type":" 人 ",
        "properties":{
            " 姓名 ":" 劉德華 "
        }
    }
}
```

在查詢、更新、刪除點時，可以透過兩種方式實現，分別是透過外部唯一標識和點類型、透過內部 id。我們將透過外部唯一標識和點類型進行查詢、更新、刪除。

2. 透過外部唯一標識和點類型進行點的查詢

查詢外部唯一標識為「劉德華」的點。

（1）功能介紹

透過外部唯一標識和點類型進行點的查詢操作。

（2）請求

```
GET http://localhost:18088/api/graph/retrieveVertexByPk
```

（3）Header

```
Content-Type：application/x-www-form-urlencoded
Authorization：// 驗證資訊
```

（4）參數集合

```
params：        // 參數集合。以 JSON 格式傳輸，需要設置以下欄位：
graphName       // 圖名稱
pk              // 外部唯一標識值，不能為空
type            // 點類型，不能為空
```

（5）請求範例

```
GET http://localhost:18088/api/graph/retrieveVertexByPk

params={
    "graphName":"MovieDemo",
    "pk":" 劉德華 ",
    "type":" 人 "
}
```

（6）回應結果

```
{
    "success":true,
    "status":200,
    "data":{
        "id":268435457,
        "type":" 人 ",
        "properties":{
            " 姓名 ":" 劉德華 "
        }
    }
}
```

3. 透過外部唯一標識和點類型進行點的更新

更新外部唯一標識為「劉德華」點的屬性：「出生年份」修改為「1961」。

（1）功能介紹

透過外部唯一標識和點類型進行點的更新。

（2）請求

```
PUT http://localhost:18088/api/graph/upsertVertexByPk
```

（3）Header

```
Content-Type：application/x-www-form-urlencoded
Authorization：// 驗證資訊
```

（4）參數集合

```
params：            // 參數集合。以 JSON 格式傳輸，需要設置以下欄位：
graphName          // 圖名稱
pk                 // 外部唯一標識值，不能為空
type               // 點類型，不能為空
propertyMap        // 點屬性，不能為空
```

（5）請求範例

```
PUT http://localhost:18088/api/graph/upsertVertexByPk

params={
    "graphName":"MovieDemo",
    "pk":" 劉德華 ",
    "type":" 人 ",
    "propertyMap":{
        " 出生年份 ":1961
    }
}
```

（6）回應結果

```
{
    "success":true,
    "status":200,
    "data":{
        "id":268435457,
        "type":" 人 ",
        "properties":{
```

```
        " 姓名 ":" 劉德華 ",
        " 出生年份 ":1961
    }
  }
}
```

4. 透過外部唯一標識和點類型進行點的刪除

刪除外部唯一標識為「劉德華」的「人」點。

（1）功能介紹

透過外部唯一標識和點類型進行點的刪除。

（2）請求

```
POST http://localhost:18088/api/graph/deleteVertexByPk
```

（3）Header

```
Content-Type：application/x-www-form-urlencoded
Authorization：// 驗證資訊
```

（4）參數集合

```
params：          // 參數集合。以 JSON 格式傳輸，需要設置以下欄位：
graphName         // 圖名稱
pk                // 外部唯一標識值，不能為空
type              // 點類型，不能為空
```

（5）請求範例

```
POST http://localhost:18088/api/graph/deleteVertexByPk


params={
    "graphName":"MovieDemo",
    "pk":" 劉德華 ",
    "type":" 人 "
}
```

（6）回應結果

```
{
    "success":true,
    "status":200,
    "data":"deleteVertexByPk success!"
}
```

　　內部 id 是 Galaxybase 為了進行快速查詢給每個點生成的唯一 id，因此透過內部 id 也可以確定一個點。我們將透過內部 id 進行查詢、更新、刪除。

5. 通過點的內部 id 進行查詢

（1）功能介紹

通過點的內部 id 進行查詢操作。

（2）請求

```
GET http://localhost:18088/api/graph/retrieveVertex
```

（3）Header

```
Content-Type：application/x-www-form-urlencoded
Authorization：// 驗證資訊
```

（4）參數集合

```
params：// 參數集合。以 JSON 格式傳輸，需要設置以下欄位：
graphName        // 圖名稱
id               // 點 id
```

（5）請求範例

```
GET http://localhost:18088/api/graph/retrieveVertex

params={
    "graphName":"MovieDemo",
    "id":268435457
}
```

（6）回應結果

```json
{
    "success":true,
    "status":200,
    "data":{
        "id":268435457,
        "type":"人",
        "properties":{
            "姓名":"劉德華"
        }
    }
}
```

6. 通過點的內部 id 進行更新

（1）功能介紹

通過點的內部 id 進行更新操作。

（2）請求

```
PUT http://localhost:18088/api/graph/updateVertex
```

（3）Header

```
Content-Type：application/x-www-form-urlencoded
Authorization：// 驗證資訊
```

（4）參數集合

```
params：          // 參數集合。以 JSON 格式傳輸，需要設置以下欄位：
graphName         // 圖名稱
id                // 點 id
ropertyMap        // 點屬性，不能為空
```

（5）請求範例

```
PUT http://localhost:18088/api/graph/updateVertex
```

```
params={
    "graphName":"MovieDemo",
    "id":268435457,
    "propertyMap":{
        " 出生年份 ":1961
    }
}
```

（6）回應結果

```
{
    "success":true,
    "status":200,
    "data":{
        "id":268435457,
        "type":" 人 ",
        "properties":{
            " 姓名 ":" 劉德華 ",
            " 出生年份 ":1961
        }
    }
}
```

7. 通過點的內部 id 進行刪除

（1）功能介紹

通過點的內部 id 進行刪除。

（2）請求

```
POST http://localhost:18088/api/graph/deleteVertex
```

（3）Header

```
Content-Type：application/x-www-form-urlencoded
Authorization：// 驗證資訊
```

（4）參數集合

```
params：          // 參數集合。以 JSON 格式傳輸，需要設置以下欄位：
graphName        // 圖名稱
id               // 點 id
```

（5）請求範例

```
POST http://localhost:18088/api/graph/deleteVertex

params={
    "graphName":"MovieDemo",
    "id":268435457
}
```

（6）回應結果

```
{
    "success":true,
    "status":200,
    "data":"deleteVertex success!"
}
```

5.3.5　邊操作

在定義圖模型後，可以進行邊資料的增刪改查。在建立邊時，需要確定邊類型、起始點和終止點，並可以對邊類型具有的屬性清單進行賦值。

Galaxybase 僅支援透過內部 id 方式獲取一條確定的邊。

1. 建立邊

增加起始點類型「人」、外部唯一標識「劉德華」，終止點類型「電影」、外部唯一標識「無間道」，無屬性的「主演」邊。

（1）功能介紹

透過起始點外部唯一標識和類型、終止點外部唯一標識和類型，建立一條邊。

（2）請求

```
POST http://localhost:18088/api/graph/insertEdgeByVertexPk
```

（3）Header

```
Content-Type：application/x-www-form-urlencoded
Authorization：// 驗證資訊
```

（4）參數集合

```
params：          // 參數集合。以 JSON 格式傳輸，需要設置以下欄位：
graphName        // 圖名稱
fromPk           // 起始點外部唯一標識，不能為空
fromType         // 起始點類型，不能為空
createFrom       // 填 true 時，如果點不存在，則增加沒有屬性的起始點；填 false 時，如果點不存在，
                 // 則拋出異常
toPk             // 終止點外部唯一標識，不能為空
toType           // 終止點類型，不能為空
createTo         // 填 true 時，如果點不存在，則增加沒有屬性的終止點；填 false 時，如果點不存在，
                 // 則拋出異常
type             // 邊類型，不能為空
propertyMap      // 邊屬性。填 null 或 EmptyMap 時，表示增加的邊沒有屬性值
```

（5）請求範例

```
POST http://localhost:18088/api/graph/insertEdgeByVertexPk

params={
    "graphName":"MovieDemo",
    "fromPk":" 劉德華 ",
    "fromType":" 人 ",
    "createFrom":true,
    "toPk":" 無間道 ",
    "toType":" 電影 ",
    "createTo":true,
    "type":" 主演 "
}
```

（6）回應結果

```
{
    "success":true,
    "status":200,
    "data":{
        "edgeId":"0000000010000002001B000053819040",
        "type":" 主演 ",
        "fromId":268435458,
        "toId":301989888,
        "properties":{}
    }
}
```

2. 透過邊的內部 id 進行查詢

（1）功能介紹

透過邊的內部 id 進行查詢。

（2）請求

```
GET http://localhost:18088/api/graph/retrieveEdge
```

（3）Header

```
Content-Type：application/x-www-form-urlencoded
Authorization：// 驗證資訊
```

（4）參數集合

```
params：          // 參數集合。以 JSON 格式傳輸，需要設置以下欄位：
graphName         // 圖名稱
edgeId            // 邊 id
```

（5）請求範例

```
GET http://localhost:18088/api/graph/retrieveEdge

params={
```

```
    "graphName":"MovieDemo",
    "edgeId":"0000000010000002001B000053819040"
}
```

（6）回應結果

```
{
    "success":true,
    "status":200,
    "data":{
        "edgeId":"0000000010000002001B000053819040",
        "type":"主演",
        "fromId":268435458,
        "toId":301989888,
        "properties":{}
    }
}
```

3. 透過內部 id 修改邊屬性

（1）功能介紹

透過內部 id 修改邊屬性。角色修改為「劉建明」。

（2）請求

```
PUT http://localhost:18088/api/graph/updateEdge
```

（3）Header

```
Content-Type：application/x-www-form-urlencoded
Authorization：// 驗證資訊
```

（4）參數集合

```
params：          // 參數集合。以 JSON 格式傳輸，需要設置以下欄位：
graphName         // 圖名稱
edgeId            // 邊 id
propertyMap       // 邊屬性，不能為空
```

（5）請求範例

```
PUT http://localhost:18088/api/graph/updateEdge

params={
    "graphName":"MovieDemo",
    "edgeId":"0000000010000002001B000053819040",
    "propertyMap":{
        " 角色 ":" 劉建明 "
    }
}
```

（6）回應結果

```
{
    "success":true,
    "status":200,
    "data":{
        "edgeId":"0000000010000002001B000053819040",
        "type":" 主演 ",
        "fromId":268435458,
        "toId":301989888,
        "properties":{
            " 角色 ":" 劉建明 "
        }
    }
}
```

4. 透過邊的內部 id 進行刪除

（1）功能介紹

透過邊的內部 id 進行刪除。

（2）請求

```
POST http://localhost:18088/api/graph/deleteEdge
```

（3）Header

```
Content-Type：application/x-www-form-urlencoded
Authorization：// 驗證資訊
```

（4）參數集合

```
params：          // 參數集合。以 JSON 格式傳輸，需要設置以下欄位：
graphName        // 圖名稱
edgeId           // 邊 id
```

（5）請求範例

```
POST http://localhost:18088/api/graph/deleteEdge

params={
    "graphName":"MovieDemo",
    "edgeId":"00000000010000002001B000053819040"
}
```

（6）回應結果

```
{
    "success":true,
    "status":200,
    "data":"deleteEdge success!"
}
```

5.3.6 遍歷操作

在建立圖模型和點邊資料後，可以對圖進行遍歷。遍歷操作是通過點的邊資訊存取其他點的過程，是圖資料庫特有的一種操作。在開發遍歷操作時，需要指定以下參數。

1）開始遍歷的點。指定最初開始遍歷的起始點。除了透過內部 id 獲取邊，還可以透過遍歷點的邊資訊獲取多條邊。

2）方向。決定每個點的遍歷方向。Galaxybase 的每條邊都有起始點和終止點，並且每種邊類型都分為有向邊和無向邊。因此，方向確定了每個點遍歷的邊列表。系統支援以下三種選擇。

- IN：內分支度方向。遍歷點的內分支度邊與無向邊。

- OUT：外分支度方向。遍歷點的外分支度邊與無向邊。

- BOTH：包含 IN 和 OUT。遍歷點的內分支度邊、外分支度邊和無向邊。

3）條件。在遍歷過程中，可以增加多種條件來篩選出所需的結果。系統支援以下四種條件。

- 邊類型過濾：只遍歷過濾集合中指定的邊類型。如果僅對邊類型進行過濾，邊類型過濾的性能優於透過邊條件過濾。

- 邊條件過濾：從遍歷到的邊中篩選出符合指定邊類型和屬性條件的邊。

- 環路過濾：過濾自環的邊。

- 點條件過濾：從遍歷到的點中篩選出符合指定點類型和屬性條件的點。

（1）功能介紹

透過外部唯一標識和點類型來獲取邊的資訊。

（2）請求

```
GET http://localhost:18088/api/graph/retrieveEdgeByVertexPk
```

（3）Header

```
Content-Type：application/x-www-form-urlencoded
Authorization：// 驗證資訊
```

（4）參數集合

```
params：          // 參數集合。以 JSON 格式傳輸，需要設置以下欄位：
graphName        // 圖名稱
pk               // 外部唯一標識值，不能為空
type             // 點類型，不能為空
```

edgeTypeFilter   // 邊類型的過濾條件。只會傳回滿足參數中邊類型的邊
direction   // 查詢方向，預設為 BOTH
limitEdge   // 邊數限制，小於 0 表示不進行限制
vertexCondition // 點條件，填 null 表示不參與計算
edgeCondition   // 邊條件，填 null 表示不參與計算
includeLoop   //true 表示計算自環，false 表示不計算自環，預設為 true

（5）請求範例

```
GET http://localhost:18088/api/graph/retrieveEdgeByVertexPk

params={
    "graphName":"MovieDemo",
    "pk":" 劉德華 ",
    "type":" 人 ",
    "edgeTypeFilter":[
        " 主演 "
    ],
    "direction":"BOTH",
    "includeLoop":true
}
```

（6）回應結果

```
{
    "success":true,
    "status":200,
    "data":{
        "edgeId":"0000000010000002001B000053819040",
        "type":" 主演 ",
        "fromId":268435458,
        "toId":301989888,
        "properties":{
            " 角色 ":" 劉建明 "
        }
    }
}
```

5.3.7　執行 Cypher 敘述

為了加快 Cypher 敘述的執行，應盡可能地使用參數去替換它們。

（1）功能介紹

執行 Cypher 敘述。

（2）請求

```
POST http://localhost:18088/api/cypher/commit
```

（3）Header

```
Content-Type：application/json
Authorization：// 驗證資訊
```

（4）請求範例

```
POST http://localhost:18088/api/cypher/commit

{
    "statements":[{
        "statement":"match (n)return n limit 5"
    }],
    "graphName":"MovieDemo"

}
```

（5）回應結果

```
{
    "results":[
        {
            "columns":
                "n"
            ,
            "data":[
                {
```

```
                        "row":
                            " 姓名 ":" 劉德華 "
                        }
                    ],
                    "meta":[
                        {
                            "id":0,
                            "type":"node"
                        }
                    ]
                }
            ]
        }
    ],
    "errors":[]
}
```

5.4 本章小結

　　本章介紹了圖資料庫的使用者端程式設計方式，詳細描述了透過 Java、Python、Go 等語言使用圖資料的 API 介面，也介紹了如何透過 RESTful API 向圖資料庫發起請求。

MEMO

6

圖資料庫服務端
程式設計

　　第 5 章介紹的圖資料庫程式設計開發，無論是使用驅動模式還是 RESTful API，都是在使用者端進行的開發。這種方式具備了各種程式設計開發的優勢。然而，在複雜的業務場景下，一個需求可能需要透過一系列請求來完成。由於存在使用者端和伺服器端之間的通訊銷耗，因此往往無法滿足對回應時間要求極高的性能需求。特別是在分散式系統中，這種性能損耗更加明顯。如果計算的控制邏輯在使用者端實現，不同計算步驟之間必然涉及將資料從伺服器傳輸到使用者端進行判斷。這種傳輸時間受網路頻寬的影響，並且使用者端的算力受有限資源的限制，無法充分利用底層資料庫的分散式運算框架的能力。此外，在服務端程式設計中進行計算還可以提高資料的安全性，避免使用者端獲取不必要的資料。本章將以 Galaxybase 圖資料庫為例，介紹如何透過服務端程式設計充分利用伺服器端的運算能力、降低網路通訊銷耗，從而實現更高的查詢計算性能。透過學習本章內容，讀者可以初步掌握 Galaxybase PAR API 程式設計，實現在伺服器端執行的自訂過程和函式。

6.1　概述

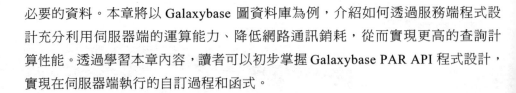

第 5 章介紹了使用程式語言進行圖資料庫開發的優勢和場景。本章將討論在使用程式語言時，何時更適合使用使用者端程式設計，何時更適合使用服務端程式設計。具體可以從以下幾個角度進行判斷。

1．性能最佳化

服務端程式的核心優勢是它在服務端執行，因此可以大幅地利用圖資料庫底層架構提供的並行資料迭代和分散式任務介面，並且可以在最細的粒度上控制任務的執行細節。然而，這也帶來了風險，需要小心設計並遵守嚴格的開發規範，以避免由於使用不當而導致圖資料庫服務本身進入不良狀態。

2．資料安全和完整性

如果對資料安全和完整性有較高的要求，使用服務端程式設計可能更合適。舉例來說，透過 Galaxybase 的服務端程式設計介面可以實現對資料的集中控制和存取權限管理，只將最終計算結果傳回使用者端，有助保護資料的安全性。

3．重複使用和封裝

如果需求涉及在多個場景或模組中重複使用相同的業務邏輯，使用服務端程式設計可以極佳地實現程式的封裝和重用。這種封裝是部署在服務端的，新的應用程式可以直接呼叫服務端已有的程式，無須引入使用者端的程式依賴，即可獲得相同業務邏輯的計算結果。

在傳統資料庫領域，服務端程式設計通常透過自訂函式或預存程序來實現。在圖資料庫中，服務端程式設計是指直接在圖資料庫服務處理程序內執行程式或指令稿的撰寫。這包括建立資料模型、查詢處理和最佳化、事務管理和安全性維護等任務。通常這些程式設計工作由資料庫管理員或後端開發人員完成，以支援應用程式對圖資料庫的使用。

圖資料庫的自訂函式或過程通常是使用程式語言（如 Java、C/C++、JavaScript 等）或查詢語言撰寫的。具體的使用方式可能會因資料庫而異，但整體上需要按照以下步驟進行。

- 撰寫：首先，需要使用支援的語言來撰寫自訂函式或過程的程式。

- 上傳：完成撰寫後，需要將這些函式或過程的程式上傳到資料庫伺服器。通常可以使用檔案傳輸工具或資料庫管理工具上傳。

- 編譯：某些語言（如 Java）需要將原始程式碼編譯成可執行的形式。如果使用這類語言，可以在圖資料庫伺服器上編譯，將編譯好的函式或過程轉換成可執行的程式。對於基於 C/C++ 開發的圖資料庫，進行服務端程式設計時可能需要依賴整個程式倉庫的原始程式。

- 載入：最後，需要在資料庫中載入自訂函式或過程，使其成為資料庫的一部分，並能夠在查詢中使用。

同傳統關聯式資料庫一樣，成熟的圖資料庫供應商也會提供服務端程式設計的介面以滿足深度使用者的需求。舉例來說，Neo4j 提供了一種易於使用的服務端程式設計方式，稱為 Awesome Procedures On Cypher（APOC）。APOC 是一組預建構的函式和過程，可以直接在圖資料庫伺服器上執行，並可被 Cypher 查詢呼叫。它提供了許多強大的功能，包括資料匯入和匯出、文字和時間處理、網路操作等。APOC 使得使用者能夠在 Cypher 查詢中執行複雜的邏輯，而無須從頭開始撰寫。使用者可以撰寫程式，將多個這樣的標準方法組合起來，以完成一系列複雜操作，如先呼叫函式 A，再呼叫函式 B 和 C，最後綜合函式 A、B、C 的結果得到最終計算結果。Galaxybase 除了支援 APOC 函式庫中可供呼叫的幾百種伺服器端函式和過程，還提供了自己的服務端程式設計方式，稱為參數化演算法程式（Parameterized Algorithm Routine，PAR）API。PAR API 允許使用者撰寫和執行使用 Galaxybase 特定語法的自訂過程和函式。同理，TigerGraph 也支援服務端程式設計的方式，使用其查詢語言 GSQL 實現使用者定義函式

（User Defined Function，UDF）。使用者可以透過建立和執行使用 GSQL 撰寫的 UDF 實現更複雜的邏輯。這些 UDF 可以在單獨的檔案中撰寫，並在安裝後透過 GSQL 查詢或被其他 UDF 呼叫。雖然不同資料庫產品的服務端程式設計方式存在差異，但它們都使得撰寫和管理複雜邏輯程式更加方便。

6.2 Galaxybase PAR API 簡介

　　為了讓使用者根據業務訂製實現，並且能夠充分利用底層分散式運算框架的能力，Galaxybase 提供了一種透過 PAR API 進行服務端程式設計的方式。PAR API 是 Galaxybase 提供的一套基於 Java 的高級程式設計開發介面。使用者可以使用 PAR API 撰寫服務端程式，這些程式被稱為參數化演算法程式（PAR）。透過 PAR API 撰寫的程式可以在 Galaxybase 圖資料庫處理程序中執行，執行複雜的查詢和計算操作，如圖資料與模型的增刪查改、撰寫並執行訂製化圖型演算法、分散式並行的點/邊資料遍歷、圖型計算任務的分散式排程等。Galaxybase 提供了豐富的 PAR API，使用者只需將透過 PAR API 實現的 PAR 程式檔案提前註冊到圖資料庫中，然後透過驅動物件進行呼叫即可。表 6-1 描述了查詢語言、驅動模式和 PAR 三者的使用方式對比。

▼ 表 6-1　查詢語言、驅動模式和 PAR 三者的使用方式對比

對比項	查詢語言 （以 Cypher 為例）	驅動模式 （以 Java 介面為例）	PAR
介面支援情況	圖模型的新增 圖資料的增刪改查	圖模型的增刪改查 圖資料的增刪改查 特定的圖遍歷方式 （如 BFS）支援	圖模型的增刪改查 圖資料的增刪改查 點、邊資料並行迭代 分散式任務操作
開發難度	難度：低 需要 Cypher 語法基礎，業務人員稍加培訓也能上手	難度：中 需要 Java 技能，具備普通程式設計技能的開發人員能夠掌握	難度：高 需要 Java 技能。若追求極致性能，則需要熟悉常見性能最佳化技術和分散式知識

對比項	查詢語言 （以 Cypher 為例）	驅動模式 （以 Java 介面為例）	PAR
性能情況	性能：中 需要進行語言層面解析，取決於服務端查詢最佳化的程度，複雜場景下性能可能不佳	性能：高 每個介面服務端都以最佳的方式實現，但每次呼叫介面都會受使用者端到伺服器的網路影響	性能：很高 可以實現最佳的本機和分散式的任務。合理的分散式演算法可以將使用者端到伺服器的網路影響降到最低

簡單地說，使用者可以透過撰寫 PAR 來實現更高的查詢和計算性能：

- 使用者可以根據需求訂製化開發相應的 PAR。

- PAR 在服務端執行，使用者可以充分利用資料分區的特點來最佳化圖查詢和計算的實現方式。

- 在參數化演算法程式中，使用者可以進行分散式和並行的細粒度執行控制。

- 透過參數化演算法程式，使用者只需將查詢和計算的最終結果傳輸給使用者端，而查詢的中間結果在服務端節點之間傳輸，從而降低了服務端與使用者端之間傳輸中間結果的網路銷耗。

6.3 PAR 的使用方法

PAR 引入了自訂的 UserFunction（函式）和 Procedure（過程）兩個概念。使用者可以使用 @UserFunction 和 @Procedure 注解，將那些對執行效率最敏感的核心計算程式設計成過程和函式，並透過一個提交工作流程將其上傳到圖資料庫伺服器端引擎中執行。

- UserFunction 可以讓使用者自訂通用的呼叫方式，並可以同其他 Cypher 使用。例如：

```
MATCH (n)RETURN apoc.graph.longestString(n. 姓名 )
```

- Procedure 可以讓使用者自訂實現一個任意複雜度的業務邏輯，並透過計算後獲得執行結果。例如：

```
CALL apoc.graph.callHelloWorld()
```

開發和使用 PAR 的工作流程主要包含上傳、註冊和執行三個階段，如圖 6-1 所示。其中，註冊階段包含檢查、編譯和載入三個步驟，這三個步驟目前是在同一個請求中完成的。

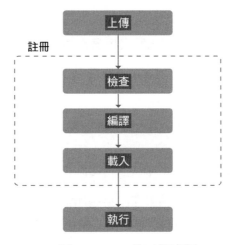

▲ 圖 6-1　PAR 的工作流程

1·上傳

PAR API 註冊目前僅辨識 ZIP 檔案。上傳的 ZIP 檔案中需要包含使用者撰寫的所有 Java 原始檔案。Galaxybase 支援使用者使用以下兩種方式將 ZIP 檔案上傳至圖服務中。

- 透過 galaxybase-par 命令列工具上傳。
- 透過叢集管理平臺 PAR 視覺化介面上傳。

2·註冊

在向 Galaxybase 上傳 ZIP 檔案之後，使用者可以選擇對應的 ZIP 檔案進行上線。在註冊階段，伺服器會對 ZIP 檔案進行檢查、編譯和載入。

1）檢查。伺服器會解壓並驗證 ZIP 檔案套件中的所有 Java 原始檔案。由於在編譯過程中實現了 Java 動態編譯，對於 PAR API 註冊的安全性和編碼有一定要求，因此會提前檢驗 .java 檔案是否符合要求。具體要求可以參考《Galaxybase PAR API 使用文件》。

2）編譯。編譯階段根據驗證過的 .java 檔案，透過動態編譯技術在記憶體中生成 .class 檔案。在這裡使用了 Java 的記憶體編譯技術，以便後續步驟可以直接載入編譯結果的類別檔案。

3）載入。載入過程分為以下兩步。第一步，根據記憶體中已生成的類別檔案，透過即時類別載入的方式將其載入到 Galaxybase 圖資料庫的核心處理程序中。第二步，解析 .class 檔案中的注解，將其增加到 PAR API 的管理中，建立 UserFunction 或 Procedure 註冊名稱與對應執行類別的映射關係，以供後續執行、查看和管理 UserFunction 和 Procedure。

3．執行

在上述載入步驟成功後，可以執行自訂的過程或函式。由於 JVM 的動態類別載入機制，執行過程無須重新啟動圖服務。如前所述，UserFunction 可以嵌入其他 Cypher 敘述中使用，Procedure 可以透過 Cypher 的 CALL 語法直接呼叫執行。無論是透過前端介面進行的 Cypher 查詢，還是透過 Java/Python/Go 語言 API 執行的 Cypher 敘述，都可以直接使用自訂的過程或函式。

6.4 PAR 的自訂函式

函式是在 Cypher 語言中對圖進行查詢和操作的重要工具。PAR API 提供了一種註冊自訂函式的通用呼叫方式，可以與其他 Cypher 敘述配合使用。例如：

```
MATCH (n)RETURN apoc.graph.longestString(n. 電影名稱 )
```

透過 @UserFunction 和 @UserAggregationFunction 注解，可以實現非匯總函式和匯總函式。它們的實現方式略有區別：對於非匯總函式，只需要撰寫

一個帶有 @UserFunction 注解的方法即可；對於匯總函式，除了需要實現帶有 @UserAggregationFunction 注解的方法，還需要額外撰寫兩個方法：一個用於聚合更新操作，另一個用於計算聚合結果。

6.4.1　自訂非匯總函式

使用者自訂非匯總函式需要使用 @UserFunction 注解宣告方法，並且在註冊之前明確呼叫函式名稱。

1・注解列表

- Context：資源類別注解。提供了 Graph 介面（圖模型和圖資料操作介面）和 GraphLogger 介面（日誌介面）。如果要使用這些資源，必須在欄位上增加相應的注解。

- UserFunction：將方法宣告為一個函式，可以透過 Cypher 查詢語言進行呼叫。@UserFunction 預設透過「類別的套件名稱 . 類別方法名稱」進行呼叫，也可以使用其他自訂的名稱進行呼叫。這是一個必填項。

- Description：對函式進行描述。在查詢非匯總函式列表時，將傳回方法的描述資訊。

- Name：用於確定輸入參數的名稱，在呼叫函式時為參數提供值。建議與參數名稱保持一致。

2・範例

查詢 MovieDemo 圖中評分屬性加 10 分後大於 14 分的電影。

首先自訂 ScalarTest.java。

```java
public class ScalarTest{
    // 註冊 Graph 物件，在方法中可以直接呼叫
    @Context
    public Graph graph;

    // 註冊 GraphLogger 物件，在方法中可以直接呼叫
    @Context
    public GraphLogger log;
```

```
// 宣告 Scalar 函式。註冊後可以透過 apoc.graph.size() 呼叫
@UserFunction
public long size(@Name("value")Long value){
    log.info("value add");
    return value + 10;
}

}
```

然後透過驅動物件執行。

```
StatementResult statementResult = graph.executeQuery("MATCH (n: 電影 )WHERE apoc.
graph.size(n. 評分 )> 14 RETURN n");
while (statementResult.hasNext()){
    Record next = statementResult.next();
    System.out.println(next.get(0).asNode());
}
```

6.4.2 自訂匯總函式

使用者自訂的匯總函式與其他 Cypher 匯總函式的呼叫方式相同。使用者自訂匯總函式需要使用 @UserAggregationFunction 注解。該注解函式必須傳回一個聚合器類別的實例，一個聚合器類別需要包含一個用 @UserAggregationUpdate 注解的方法和一個用 @UserAggregationResult 注解的方法。帶有 @UserAggregationUpdate 注解的方法會被多次呼叫，用於資料聚合；當聚合完成時，將呼叫帶有 @UserAggregationResult 注解的方法，並傳回聚合結果。

1 · 注解列表

- Context：資源類別注解。提供 Graph 介面（圖模型和圖資料操作介面）和 Graph-Logger 介面（日誌介面）。若需使用，必須在欄位上增加注解。

- UserAggregationFunction：將方法宣告為一個匯總函式，表示該方法可透過 Cypher 查詢語言呼叫。@UserAggregationFunction 預設透過「類別的套件名稱 . 類別方法名稱」呼叫，也可以使用其他自訂的名稱進行呼叫，此項為必填項。

- Description：對匯總函式的描述。在查詢匯總函式列表時，會傳回方法描述。

- UserAggregationUpdate：聚合更新操作。

- UserAggregationResult：聚合結果計算。

- Name ：用於界定輸入參數的名稱，在呼叫時為函式確定參數值。建議與參數名稱相同。

2 · 範例

查詢 MovieDemo 圖中電影名稱屬性值最長的電影。

1）自訂 AggregatingTest.java。

```java
public class AggregatingTest{

    // 註冊 Graph 物件，在方法中可以直接呼叫
    @Context
    public Graph graph;

    // 註冊 GraphLogger 物件，在方法中可以直接呼叫
    @Context
    public GraphLogger log;

    // 宣告 Aggregation 函式
    @UserAggregationFunction
    public LongStringAggregator longestString(){
        return new LongStringAggregator();
    }
    public static class LongStringAggregator {
        private int longest;
        private String longestString;

        // 宣告 UserAggregationUpdate 函式。聚合更新操作
        @UserAggregationUpdate
        public void findLongest(@Name("string")String string){
            if (string != null &&string.length()> longest){
                longest = string.length();
                longestString = string;
```

```
            }
        }

        // 宣告 UserAggregationResult 函式。聚合結果計算
        @UserAggregationResult
        public String result(){
            return longestString;
        }
    }
}
```

2）透過驅動物件執行。

```
StatementResult statementResult = graph.executeQuery("MATCH (n: 電影 )RETURN apoc.
graph.longestString(n. 電影名稱 )");
while (statementResult.hasNext()){
    Record next = statementResult.next();
    System.out.println(next.get(0).asString());
}
```

6.5 PAR 的自訂過程

　　過程允許使用者註冊自訂的複雜業務邏輯，並透過計算獲得執行結果。舉例來說，使用 Procedure 注解實現自訂過程，如 CALL apoc.graph.call()。作為一個分散式資料庫，Galaxybase 支援分散式的儲存和計算。透過過程的介面，使用者可以定義本地（單節點）和分散式（多節點）叢集過程。

　　注解列表如下。

- Context ：資源類別注解，提供 Graph 介面（圖模型和圖資料操作介面）和 GraphLogger 介面（日誌介面）。如果使用了這些介面，必須在欄位上增加該注解。

- Procedure ：將方法宣告為一個過程，表示該方法可透過 Cypher 查詢語言呼叫。預設情況下，透過「類別的套件名稱.類別方法名稱」進行呼叫，也可以使用其他自訂的名稱。此項為必填項。

- Description：對過程的描述。

- Name ：用於標識輸入參數的名稱，在呼叫過程時為參數確定值。建議與參數名稱相同。

6.5.1　自訂本機過程範例

在叢集中的節點上執行本機任務，獲取叢集中點的總數。

首先自訂 LocalhostTest.java。

```java
public class LocalhostTest{

    // 註冊 Graph 物件，在方法中可以直接呼叫
    @Context
    public Graph graph;

    // 註冊 GraphLogger 物件，在方法中可以直接呼叫
    @Context
    public GraphLogger log;

    // 宣告 Procedure 過程。註冊後可以透過 apoc.graph.count() 進行呼叫
    @Procedure("apoc.graph.count")
    @Description("count")
public Stream<SizeCount> count(){
        // 獲取本機節點資料，並封裝成 Stream 傳回
        return Stream.of(new SizeCount(graph.getAllVertexCount()));
    }

}
```

傳回值需要進行物件封裝。

```java
public class SizeCount {
    public Long out;

    public SizeCount(Long out){
        this.out = out;
    }
}
```

然後透過驅動物件執行。

```
StatementResult statementResult = graph.executeQuery("CALL apoc.graph.count()");
while (statementResult.hasNext()){
    Record next = statementResult.next();
    System.out.println(next.get("out").asLong());
}
```

6.5.2 自訂叢集過程範例

在叢集中的所有節點上執行帶傳回值和不帶傳回值的叢集任務：查詢叢集中每個節點儲存的點的總數。

首先自訂 ComputeTest.java。

```
public class ComputeTest{

    // 註冊 Graph 物件，在方法中可以直接呼叫
    @Context
    public Graph graph;

    // 註冊 GraphLogger 物件，在方法中可以直接呼叫
    @Context
    public GraphLogger log;

    // 宣告 Procedure 過程。執行帶傳回值的任務
    @Procedure
    @Description("call")
    public Stream<SizeCount> call(){

        log.info("test");

        Collection<Long> strings = graph.broadcastCallable(new GraphCallTest());

        return strings.stream().map(SizeCount::new).collect(Collectors.toList()).
 stream();

    }
```

```
// 宣告 Procedure 過程。執行不帶傳回值的任務
@Procedure
@Description("run")
public void run(){
    graph.broadcastRunnable(new GraphRunTest());
}

}
```

自訂帶傳回值的廣播任務 GraphCallTest.java。

```
// 需要實現 GraphBroadcastCallable 介面
public class GraphCallTest implements GraphBroadcastCallable<Long> {

    @Override
    public Long call(GraphContext graphContext){
        Graph graph = graphContext.getGraph();
        GraphLogger graphLogger = graphContext.getLogger();
        graphLogger.info("call test log");
        return graph.getVertexCount(true);
    }
}
```

自訂不帶傳回值的廣播任務 GraphRunTest.java。

```
// 需要實現 GraphBroadcastRunnable 介面
public class GraphRunTest implements GraphBroadcastRunnable{

    @Override
    public void run(GraphContext graphContext){
        Graph graph = graphContext.getGraph();
        GraphLogger logger = graphContext.getLogger();
        logger.info("graph run test:"+ graph.getVertexCount(true)+ "");
    }
}
```

然後透過驅動物件執行帶傳回值的廣播任務。

```
StatementResult statementResult = graph.executeQuery("CALL apoc.graph.call()");
while (statementResult.hasNext()){
```

```
    Record next = statementResult.next();
    System.out.println(next.get(0).asLong());
}
```

再透過驅動物件執行不帶傳回值的廣播任務。

```
StatementResult statementResult = graph.executeQuery("CALL apoc.graph.run()");
while (statementResult.hasNext()){
    Record next = statementResult.next();
}
```

6.6 PAR 的自訂過程封裝

6.6.1 PARKit

PARKit 是一種旨在幫助使用者快速建構高性能的 PAR 程式。它封裝了許多常用功能，例如多執行緒和分散式功能等，以便使用者可以更高效、便捷地進行開發。

1. 使用說明

（1）累計器

累計器是一種用於聚合資料集合的計算模式，它特別適合並行處理大型態資料集。在分散式系統中，處理任務可能會在多個不同的節點上執行，因此有必要將這些任務的執行結果或中間狀態聚合起來，從而得到一個完整的結果。累計器正是為了解決這個問題而被引入的。

在 PAR 開發中，開發者可以直接實例化一個累計器物件，並透過 add 方法將需要聚合的元素增加到這個累計器中，從而實現聚合。

累計器可以大致分為統計型累計器和集合型累計器。

1）統計型累計器：統計型累計器由兩部分組成：第一部分是統計函式，第二部分是資料型態。舉例來說，在 MaxByteAccumulator 中，「Max」表示取最大值的函式，而「Byte」表示資料型態。統計函式包括 Max、Min 和 Sum，而資料型態包括 Byte、Short、Int、Float、Long 和 Double。使用者可以根據實際需求，結合統計函式和資料型態來建立累計器。

2）集合型累計器：集合型累計器主要用於儲存集合資料。支援的類型有 ListAccumulator、MapAccumulator 和 SetAccumulator。使用者可以根據實際需求選擇這三種類型中的任意一種累計器。

（2）擴充參數

在圖資料庫中，常用的查詢操作有點查詢和邊查詢。邊查詢往往通過點擴充完成。PAR 為了增強這方面的功能，推出了許多與邊查詢相關的介面，如 retrieve-EdgeByVertexId。儘管這些介面功能強大，但它們的參數眾多，使用起來並不方便。因此，PARKit 推出了 ExtendParam 物件，將所有這些參數封裝起來，使其成為後續開發中的常用基礎參數。

借助 ExtendParam 物件，使用者可以更簡便地傳遞和管理邊查詢的各種必要參數。它提供了一個統一的方法來定義邊查詢的各種條件，如查詢的方向、邊的類型和結果數量的限制。這表示使用者可以更容易地建構複雜的邊查詢，並可以靈活地調整參數，而無須更改介面的基本設計。

ExtendParam 的變數清單如下：

- direction：定義了擴充邊的方向，可能的值為 OUT、IN 或 BOTH。

- sourceTypes、edgeTypes、targetTypes：這些變數用於過濾起始點類型、邊類型和終止點類型。

- sourceCondition、edgeCondition、targetCondition：用於基於起始點屬性、邊屬性和終止點屬性的過濾條件。

- sourceAlias、edgeAlias、targetAlias：這些別名用於起始點、邊和終止點，特別是在聚合統計時作為變數辨識。

- includeProps：決定查詢傳回的邊是否包含屬性。

- edgeLimit：設置查詢邊的數量上限。

　　每個變數都有對應的 get 和 set 方法。透過這些 set 方法，使用者可以輕鬆地為 ExtendParam 物件設定相應的查詢參數。每個 set 方法都傳回 ExtendParam 物件本身，從而支援鏈式呼叫以設定多個參數。舉例來說，可以用以下方式設定 ExtendParam 物件的參數：

```
ExtendParam extendParam = new ExtendParam();
extendParam.setDirection(Direction.OUT)
    .setIncludeProps(true)
    .setEdgeCondition(element -> {
        return (Double)element.getProperty(" 持股比例 ")>= 0.25;
    });
```

　　為了增強程式的可讀性、簡潔性和便捷性，我們可以新增一個 setStructure (Graph graph,String structure) 方法，使其支援字串形式來設定查詢準則中的 direction、sourceTypes、edgeTypes、targetTypes、sourceAlias、edgeAlias　及 targetAlias 等參數。

　　PARKit 為以下查詢模式提供了對應的解析規則，這些規則是區分大小寫的：

第一種為查詢出入邊模式：()-[]-()

- 範例：(n: 個人)-[r: 合作]-(m: 企業 | 個人)

- 解析規則：使用括號來定義點和邊的類型，其中，別名和類型透過冒號：進行分隔。其中，別名是必填項，類型是可選項。多個類型之間可以用 | 分隔。

第二種為查詢出邊模式：()-[]->()

- 範例：(n)-[r: 合作]->(m: 企業 | 個人)

- 解析規則：與查詢出入邊模式的規則相同。

第三種為查詢入邊模式：()<-[]-()

- 範例：(n: 企業 | 個人)<-[r: 合作]-(m: 企業 | 個人)

- 解析規則：與查詢出入邊模式的規則相同。

舉例來說，設置為查詢出邊模式的範例程式：

```
ExtendParam extendParam = new ExtendParam();
// 查詢出邊模式,起始點有 ' 個人 ' 類型限制,邊有 ' 合作 ' 類型限制,終止點有 ' 企業 ' 和 ' 個人 '
類型限制,起始點別名為 n,邊別名為 r,終止點別名為 m
extendParam.setStructure(graph,"(n: 個人 )-[r: 合作 ]->(B: 企業 | 個人 )");
```

（3）初始化點方法

在大多數場景中,圖型計算通常從一個點、一組點或特定的點類型開始。因此,PARKit 提供了用於初始化點的方法,讓使用者能夠根據規則指定起始點,例如基於點的類型或預先定義的點列表選擇起始點。接下來的計算將基於這些起始點進行,並在圖上執行各種複雜的演算法和分析操作。

初始化點方法列表:

- createIdContextById ：輸入參數形式為一個或多個點 ID,可以是單一點 ID 或點 ID 列表。

- createIdContextByVertex ：輸入參數形式為一個或多個點物件,可以是單一點物件或點物件列表。

- createIdContextByType ：輸入參數形式為一個或多個點類型,可以是單一點類型或點類型列表。

這些方法根據不同的需求接受各種參數形式,從而生成相應的點集合。舉例來說,為選擇某個點類型作為起始點的程式範例:

```
// 選擇 ' 個人 ' 點類型作為需要計算的起始點,建立物件
AbstractContext,Long,String> context = graph.parKit().createIdContextByType
(" 個人 ");
```

（4）擴充計算方法

使用者可在初始化點方法傳回的物件上執行進一步的計算。具體要使用的擴充方法可根據需求選擇和設定,以完成各種圖型計算任務。

擴充方法列表如下:

- parallel()：將計算模式設置為多執行緒模式。

- distributed()：將計算模式設置為分散式模式。

- 其他方法：用於設置邊查詢的相關參數，與先前提到的擴充參數相似。

計算方法列表：

- scan()：這是一個掃描點計算方法，用於遍歷點列表。它接受一個 consumer 參數，即一個二元組（Tuple），其中包括圖物件和起始點的 ID。使用者需傳入一個實現了 Consumer<Tuple<Graph,Long>> 介面的物件。該物件定義了對每個遍歷到的點執行的操作。這樣，使用者能自訂處理邏輯，如對每個點進行計算、資料收集或其他任務。

- expand()：這是一個定長擴充點計算方法，用於展開點列表的一度鄰居。它接受一個 consumer 參數，也就是一個四元組（Quadruple），其中包含圖物件、起始點 ID、起始點拓展出的邊物件，以及該邊物件對應的目標點 ID。使用者需傳入一個實現了 Consumer<Quadruple<Graph,Long,Edge,Long>> 介面的物件。此物件定義了對每個擴充點執行的操作。利用此方法，使用者可以根據需要自訂操作，如對每個擴充點進行計算、資料收集或其他任務。

- varLengthExpand()：這是一個變長擴充點計算方法，用於展開點列表的多度鄰居。它要求最小深度（minDepth）、最大深度（maxDepth）和一個函式參數（function）。該函式參數是一個四元組（Quadruple），其中包含圖物件、路徑的起始點 ID、路徑上的邊物件清單，以及路徑的目標點 ID。使用者應提供一個實現了 Function<Quadruple<Graph,Long,List<Edge>,Long>,Boolean> 介面的函式。這個函式定義了對每個多度鄰居路徑的處理，並傳回一個布林值，決定是否繼續擴充。

- varLengthExpandCount()：此為一個變長擴充點計算方法，旨在統計點集合。它接受最小深度（minDepth）和最大深度（maxDepth）作為參數。呼叫此方法時，它會進行變長擴充，並傳回滿足指定深度範圍的所有點集合。這個方法不涉及具體操作邏輯，只是對滿足條件的點集合進行統計。

具體使用範例可看後面範例部分。

（5）PAR 工具類別

除了點查詢和邊查詢，在實際的圖資料庫應用中，經常需要其他一些基本功能。為了提高程式的清晰度並減少重複編碼，PARKit 對 Graph 物件未提供的一些常用功能進行了封裝。

ParUtil 是 PAR 系列的工具類別，它為常用的功能提供了一系列方法。這些方法採用靜態方式呼叫。以下是一些常用或可能需要更深入解釋的方法：

- ResourceIterator<Edge> extendEdge(Graph graph,long vertexId,ExtendParam param)：此方法與 retrieveEdgeByVertexId 功能相同，它使用 ExtendParam 來指定邊查詢的條件。

- Map<String,Object> extendCompute(Graph graph,long vertexId,String structure,List<String> rules)：這是一個單點擴充計算方法。使用者需傳入計算規則。該方法傳回一個 map，其中 key 是規則中的別名，而 value 則是相應的聚合值。

計算規則範例：aggregationType(express)as alias

- aggregationType 表示聚合類型，支援求和（sum）、計數（count）兩個操作。

- express 表示運算式，支援加減乘除以及括號的功能，並且可以使用常數和屬性（數值型態）進行計算，傳回值均為 Object 類型。

- alias 表示結果的別名，即在最後傳回的 map 中透過別名獲取相應的值。

請確保按照規定的格式撰寫規則，並注意大小寫。以下列舉了幾種形式供參考，這裡假設 structure 為 (n)-[r: 合作]->(m: 企業 | 個人)：

- count()as result：計數，別名為 result。

- sum(n.score)as result：起始點的 score 屬性求和，別名為 result。

- sum(10 + r.score *m.score)as result：邊上的 score 屬性乘以終止點的 score 屬性加 10 並求和，別名為 result。

- Map<Long,Object> getProperty(Graph graph,List<Long> ids,String PropertyName)：批次獲取點屬性，key 為點 ID，value 為點屬性。

- Set<Long>getVertexIds(Graphgraph,Set<Integer>vertexTypes,Predicate<Element> vertexCondition)：通過點類型屬性過濾來獲取過濾後的點集合。

2 · 範例

（1）掃描點並聚合點屬性資訊

查詢說明：查詢特定班級裡的最高期中分數。

PAR 實現關鍵程式：

```java
public class Scan {
    @Context
    public Graph graph;

    @UserFunction("example.scan")
    @Description(" 查詢特定班級裡的最高期中分數 ")
    public Double scan(){
        // 累計器，用於聚合最大值
        MaxDoubleAccumulator result = new MaxDoubleAccumulator();
        // 掃描全圖 ' 個人 ' 點，過濾出 ' 班級 ' 為 " 高三一班 " 的點
        graph.parKit().createIdContextByType(" 個人 ",result)
            .setSourceCondition(element -> " 高三一班 ".equals(element.getProperty
(" 班級 ")))
            .parallel()
            .distributed()
            .scan(tuple -> {
                Graph graph = tuple.getGraph();
              long id = tuple.getSource();
            // 將其 ' 期中分數 ' 加到累計器中
            result.add((Double)graph.retrieveVertex(id).getPro perty(" 期中分數 "));
            });
        return result.value();
    }
}
```

（2）擴充一度鄰居，聚合點邊屬性並將聚合值回寫

查詢說明：求變電站上負載的電（變電站透過負載邊找到發電站，並將邊上的屬性和發電站上的屬性相乘求和），並回寫屬性。

PAR 實現關鍵程式：

```java
public class Expand {
    @Context
    public Graph graph;

    @UserFunction("example.expand")
    @Description(" 求變電站上負載的電（變電站透過負載邊找到發電站，並將邊上的屬性和發電站上的
屬性相乘求和），並回寫屬性 ")
    public Long expand(){
        // 累計器，統計回寫點數
        SumLongAccumulator result = new SumLongAccumulator();
        // 掃描全圖 " 變電站 " 點
            graph.parKit().createIdContextByType(" 變電站 ",result)
            .parallel()
            .distributed()
            .scan(tuple -> {
                Graph graph = tuple.getGraph();
                long id = tuple.getSource();
                // 擴充 " 負載 " 邊，將邊上的 " 負載比例 " 屬性和終止點上的 " 電 " 屬性相乘並求和
                Map<String,Object> map = ParUtil.extendCompute(graph,id,"(n:
變電站 )<-[r: 負載 ]-(m: 發電廠 )","sum(r. 負載比例 *m. 電 )as 電 ");
                // 更新點屬性，key 為 " 電 "，value 為聚合值
                graph.updateVertex(id,map);
result.add(1L);
            });
        return result.value();
    }
}
```

（3）擴充多度鄰居，擴充過程中屬性過濾

查詢說明：統計特定公司 5 跳內（邊類型、屬性過濾）到達自然人的路徑數量。

PAR 實現關鍵程式：

```
public class VarLengthExpand {
    @Context
    public Graph graph;

    @UserFunction("example.varLengthExpand")
    @Description(" 統計特定公司 5 跳內 ( 邊類型、屬性過濾 ) 到達自然人的路徑數量 ")
    public Long varLengthExpand(@Name(value = "company")String company){
        // 累計器，統計路徑數量
        SumLongAccumulator result = new SumLongAccumulator();
        // 從給定 " 公司 " 點出發，擴充 " 持股比例 " 大於 25% 的 " 持股 " 邊
        graph.parKit().createIdContextById(graph.getVertexIdByPk(company," 公司 "),
result)
            .setStructure("(n: 公司 )<-[r: 持股 ]-(m: 公司 | 自然人 )")
            .setIncludeProps(true)
            .setEdgeCondition(element -> (Double)element.getProperty(" 持股比例 ")>=
0.25)
            .parallel()
            .distributed()
            .varLengthExpand(1,5,quadruple -> {
                Graph graph = quadruple.getGraph();
                // 如果這條路徑上的終止點為 " 自然人 " 類型，累計器加 1
                    if (graph.vertexTypeIndex(quadruple.getTarget())== graph.
meta().getVertexTypeIndex(" 自然人 ")){
                    result.add(1L);
                    // 遇到 " 自然人 " 類型的點，將該路徑設置成停止擴充
                    return false;
                }
                return true;
            });
        return result.value();
    }
}
```

（4）擴充多度鄰居，新建衍生邊

查詢說明：若給定用電戶點和其他用電戶點 3 跳內有同一個銀行帳戶，則將這兩個用電戶之間增加衍生邊。

PAR 實現關鍵程式：

```
public class VarLengthExpandCount {
    @Context
    public Graph graph;

    @UserFunction("example.varLengthExpandCount")
    @Description(" 若給定用電戶點和其他用電戶點 3 跳內有同一個銀行帳戶，則將這兩個用電戶之間增
加衍生邊 ")
    public Long varLengthExpandCount(@Name(value = "person")String person){
        // 從給定 " 用電戶 " 點出發，擴充 3 跳，傳回的結果並不一定全是 " 銀行帳戶 " 點
        Set<Long> accountIds = graph.parKit().createIdContextById(graph.getVertex
IdByPk(person," 用電戶 "))
                .setDirection(Direction.BOTH)
                .parallel()
                .distributed()
                .varLengthExpandCount(1,3);
        // 從上一步跑出來的點過濾出 " 銀行帳戶 " 點，並擴充 3 跳，傳回的結果並不一定全是 " 用電戶 " 點
        Set<Long> personIds = graph.parKit().createIdContextById(new ArrayList<>
(accountIds))
                .setSourceTypes(ParUtil.convertVertexTypeName(graph," 銀行帳戶 "))
                .setDirection(Direction.BOTH)
                .parallel()
                .distributed()
                .varLengthExpandCount(1,3);
        // 獲取輸入用電戶點的 id，用於增加邊操作
        Long sourceId = graph.getVertexIdByPk(person," 用電戶 ");
        // 獲取 " 用電戶 " 點類型的 typeIndex
        Integer vertexTypeIndex = graph.meta().getVertexTypeIndex(" 用電戶 ");
            // 獲取 " 同一銀行帳戶 " 邊類型的 typeIndex，用於增加邊操作，需要保證圖模型上有該邊
類型
            Integer edgeTypeIndex = graph.meta().getEdgeTypeIndex(" 同一銀行帳戶 ",
vertexTypeIndex,vertexTypeIndex);
            // 統計新增邊數
            long result = 0;
            for (Long id :personIds){
                // 如果該點是 " 用電戶 " 點類型，則新增邊
                if (graph.vertexTypeIndex(id)== vertexTypeIndex){
                    graph.insertEdgeByVertexId(sourceId,id,edgeTypeIndex,null);
                    result++;
```

```
        }
    }
    return result;
  }
}
```

6.6.2 Traversal API

Traversal API 是能夠在圖資料庫中透過指定規則進行遍歷的一 Socket 埠。它能夠在遍歷過程中針對每個步驟做出自定義操作，從而讓使用者獲得簡單且強大的圖遍歷能力。

1 · 使用說明

（1）TraversalDescription

TraversalDescription 是用於定義和初始化遍歷的主要介面。使用者只需要簡單地設置遍歷的方向、深度等參數便可完成想要的遍歷，而不必撰寫複雜的遍歷程式。

（2）Traverser

Traverser 物件透過 TraversalDescription 呼叫 traverse() 方法獲取，它表示圖遍歷的結果。該方法會傳回一個迭代器，這個迭代器是惰性（lazy）執行的，即只有在獲取路徑時才會計算並傳回。

最簡單的 Traverser 使用僅需傳入一個起始點（startNode），下面的案例程式展示了如何使用 Traverser 進行路徑遍歷：

```
for(Path path :graph.traversalDescription().traverse(startNode)){
// 查詢出來的路徑
}
```

在不設置任何其他參數（如邊遍歷過濾、路徑評估器、去重操作、遍歷順序）時，Traverser 將使用預設值進行擴充。這包括：所有邊類型、出邊、全域點去重，以及廣度優先遍歷。

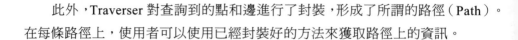

此外，Traverser 對查詢到的點和邊進行了封裝，形成了所謂的路徑（Path）。在每條路徑上，使用者可以使用已經封裝好的方法來獲取路徑上的資訊。

（3）邊遍歷過濾

透過使用 edgeTypes() 方法，可以為邊遍歷定義方向和類型。在預設情況下，遍歷會包括所有邊類型。當然，如有需要，使用者也可以增加一種或多種特定的遍歷方式。

以下是如何使用不同的邊類型進行遍歷的範例程式：

```
TraversalDescription td = graph.traversalDescription()
.edgeTypes(" 個人投資 ")
.edgeTypes(" 企業投資 ",Direction.BOTH);
return td.traverse(startNode);
```

（4）路徑評估器

使用 evaluator() 方法可以對當前的路徑進行評估，並據此決定該路徑的後續操作：增加到傳回結果中，評估是否繼續遍歷。

路徑評估器提供了多種預先定義的評估方式，這些被稱為內建路徑評估器。以下是部分內建路徑評估器的描述：

- Evaluation.ALL：遍歷所有路徑。

- Evaluation.atDepth(int)：僅包含給定深度的路徑，剔除其他的所有路徑。

- Evaluation.fromDepth(int)：包含路徑長度大於或等於給定深度的路徑。

- Evaluation.toDepth(int)：包含路徑長度小於或等於給定深度的路徑。

- Evaluation.includingDepths(int,int)：包含路徑深度在兩者之間的路徑。

- Evaluation.of(boolean,boolean)：針對每條路徑，設置是否增加到傳回結果中和是否進一步遍歷。

- Evaluation.ofIncludes(boolean)：針對每條路徑，設置是否增加到傳回結果中。

- Evaluation.ofContinues(boolean)：針對每條路徑，設置是否繼續遍歷。

使用內建路徑評估器查詢路徑長度為 2 的所有路徑：

```
TraversalDescription td = graph.traversalDescription()
.evaluator(Evaluation.atDepth(2));
return td.traverse(startNode);
```

當內建路徑評估器無法滿足具體的業務需求時，可以考慮使用自訂路徑評估器。使用者可以自行撰寫程式，根據特定需求進行路徑評估。

使用自訂路徑評估器來傳回不經過黑名單點的路徑：

```
TraversalDescription td = graph.traversalDescription().evaluator(path -> {
Vertex endVertex = graph.retrieveVertex(path.endVertexId());
Boolean isBan = (Boolean)endVertex.getProperty("黑名單");
return Evaluation.ofIncludes(!isBan);
});
return td.traverse(startNode);
```

（4）去重操作

去重操作對路徑中的點和邊進行限制。預設的去重策略是全域點去重（Uniqueness.NODE_GLOBAL）。在採用廣度優先遍歷（breadthFirst()）時，這種模式可以簡單地看作逐層遍歷，每遍歷完一層後對點進行去重。

下面是四種去重操作：

- noUnique()：允許任何點和邊被重複存取。在使用此模式時，應與遍歷深度設置結合使用。若不設置遍歷深度，從起始點出發的任何環路均可能導致程式陷入無窮迴圈。

- nodeGlobalUnique()：全域點去重，確保遍歷過程中每個點隻被存取一次。使用此模式可能會消耗大量記憶體，因為需要建構一個記憶體結構來追蹤所有已存取的點。

- edgeGlobalUnique()：全域邊去重，確保遍歷過程中每條邊僅被存取一次。與 nodeGlobalUnique() 模式類似，但由於圖上的邊數量通常遠大於點的數量，此模式可能會佔用更多的記憶體。

- nodePathUnique()：路徑點去重，保證每一條傳回路徑上的點不會重複出現。

- edgePathUnique()：路徑邊去重，確保每一條傳回路徑上的邊不會重複出現。

使用去重操作進行全域點去重遍歷：

```
TraversalDescription td = graph.traversalDescription().nodeGlobalUnique();
return td.traverse(startNode);
```

（6）遍歷順序

設定一個定義遍歷順序的規則，預設為廣度優先遍歷（breadthFirst()）。

- breadthFirst()：該模式為單機、單執行緒的廣度優先遍歷。在分散式環境下，此模式可能需要跨節點獲取資訊，導致額外的網路銷耗。

- breadthFirstParallel()：該模式為單機多執行緒的廣度優先遍歷。在分散式環境下，此模式可能需要跨節點獲取資訊，導致額外的網路銷耗。

- breadthFirstParallelDistributedNodeGlobalUnique()：該模式為分散式多執行緒的廣度優先遍歷，並自動將去重設置為 nodeGlobalUnique()。

使用遍歷順序的範例：

```
TraversalDescription td = graph.traversalDescription().breadthFirst();
return td.traverse(startNode);
```

2・範例

（1）多度全路徑

查詢說明：查詢個人的 6 度內投資鏈路總數。

PAR 實現關鍵程式：

```
public class Investment {
    @Context
    public Graph graph;
```

```
@UserFunction("example.investment")
@Description(" 查詢個人的 6 度內投資鏈路總數 ")
public Long investment(@Name("user")String user){
    Long userId = graph.getVertexIdByPk(user," 個人 ");
    long pathCount = 0;
    Traverser traverse = graph.traversalDescription()
            .edgeTypes(" 投資 ")
            .evaluator(Evaluation.includingDepths(1,6))
            .traverse(userId);
    for (Path path :traverse){
        ++pathCount;
    }
    return pathCount;
}
}
```

（2）分散式並行廣度優先遍歷查詢路徑

查詢說明：查詢風險銀行 3 度內的所有路徑，要求路徑上所有帳戶的交易邊在過去 90 天內的交易金額都超過 500 元，並傳回這些路徑中銀行帳戶點的總數。

PAR 實現關鍵程式：

```
public class Risk {
    @Context
    public Graph graph;

    @UserFunction("example.risk")
    @Description(" 查詢風險銀行 3 度內滿足路徑上所有帳戶交易邊 90 天內交易金額超過 500 元的所有
路徑，傳回所有銀行帳戶點總數。")
    public Long risk(@Name("account")String account){
        long endTime = System.currentTimeMillis();
        long startTime = endTime-90 *24 *3600 *1000L;
        Long accountId = graph.getVertexIdByPk(account," 銀行帳戶 ");
        Set<Long> ids = new HashSet<>();
        Traverser traverse = graph.traversalDescription()
                .edgeTypes(" 交易 ",Direction.BOTH)
```

```
            .breadthFirstParallelDistributedNodeGlobalUnique()
            .evaluator(path -> {
                Edge trade = path.lastEdge();
                if (trade == null){
                    // 路徑僅包含起始點，路徑長度 0，不存入結果，但繼續遍歷
                    return Evaluation.of(false,true);
                }
                // 路徑長度在 [1,3] 之間
                if (1 <= path.length()&&path.length()<= 3){
                    Long tradeTime = (Long)trade.getProperty(" 交易時間 ");
                    Double tradeMoney = (Double)trade.getProperty(" 交易金額 ");
                    // 路徑上的邊滿足交易時間在 90 天內，交易金額超過 500 元
                    if (startTime <= tradeTime &&tradeTime <= endTime
                            &&trade-Money >= 500){
                        // 存入結果，繼續遍歷
                        return Evaluation.of(true,true);
                        }
                    }
                // 不存入結果，不繼續遍歷
                return Evaluation.of(false,false);
            })
            .traverse(accountId);
        for (Path path :traverse){
            for (Long vertexId :path.vertexIds()){
                ids.add(vertexId);
            }
        }
        return (long)ids.size();
    }
}
```

6.7 PAR 管理介面

6.7.1 查詢

1．查詢非匯總函式

句法：CALL dbms.functions()。

傳回值：非匯總函式列表。

執行以下敘述：

```
StatementResult statement = graph.executeQuery("CALL dbms.functions()");
while (statement.hasNext()){
    Record next = statement.next();
    System.out.println(next);
}
```

結果如下：

```
Record<{name:"apoc.graph.size",signature:"apoc.graph.size(value ::INTEGER?)
::(INTEGER?)",description:""}>
...
```

2·查詢匯總函式

句法：CALL dbms.aggregationFunctions()。

傳回值：匯總函式列表。

執行以下敘述：

```
StatementResult statement = graph.executeQuery("CALL dbms.aggregation-
Functions()");
while (statement.hasNext()){
    Record next = statement.next();
    System.out.println(next);
}
```

結果如下：

```
Record<{name:"apoc.graph.longestString ",signature:"apoc.graph.
longestString(string ::STRING?)::(STRING?)",description:""}>
...
```

3·查詢過程

句法：CALL dbms.procedures()。

傳回值:過程列表。

執行以下敘述:

```
StatementResult statement = graph.executeQuery("CALL dbms.procedures()");
while (statement.hasNext()){
    Record next = statement.next();
    System.out.println(next);
}
```

結果如下:

```
Record<{name:"Aggregate",signature:"Aggregate(graphName ::STRING?,property
::STRING?,vertexTypes ::LIST?OF STRING?,edgeTypes ::LIST?OF STRING?,
functions = []::LIST?OF STRING?)::(value ::STRING?)",description:"execute
Aggregate."}>
...
```

6.7.2 刪除

1 · 刪除非匯總函式

句法:CALL remove.function(「非匯總函式名稱」)。

傳回值:非匯總函式。

執行以下敘述:

```
StatementResult statement = graph.executeQuery("CALL remove.function('apoc.
graph.size')");
while (statement.hasNext()){
    Record next = statement.next();
    System.out.println(next);
}
```

結果如下:

```
Record<{name:"apoc.graph.size",signature:"apoc.graph.size(value ::INTEGER?)
::(INTEGER?)",description:""}>
```

2·刪除匯總函式

句法：CALL remove.aggregationFunction(「匯總函式名稱」)。

傳回值：匯總函式。

執行以下敘述：

```
StatementResult statement = graph.executeQuery("CALL remove.aggregation-
Function('apoc.graph.longestString')");
while (statement.hasNext()){
    Record next = statement.next();
    System.out.println(next);
}
```

結果如下：

```
Record<{name:"apoc.graph.longestString ",signature:"apoc.graph.
longestString(string ::STRING?)::(STRING?)",description:""}>
```

3·刪除自訂過程

句法：CALL remove.procedure(" 過程 ")。

傳回值：過程。

執行以下敘述：

```
StatementResult statement = graph.executeQuery("CALL remove.procedure('apoc.
graph.count')");
while (statement.hasNext()){
    Record next = statement.next();
    System.out.println(next);
}
```

結果如下：

```
Record<{name:"apoc.graph.count",signature:"apoc.graph.count()",
description:""}>
```

6.8 本章小結

　　圖資料庫的服務端程式設計能夠充分利用服務端算力、降低網路通訊銷耗，實現更高的圖查詢計算性能，並提升計算過程的資料安全性。Galaxybase 的 PAR 具備極強的可擴充性，可以實現所有 Cypher 查詢及各語言驅動 API 能夠實現的業務邏輯。同時，PAR 在服務端執行，能夠充分利用資料分區特點進行計算最佳化，減少不必要的服務端和使用者端資料傳輸銷耗，並支援精細控制分散式任務和多執行緒並行任務的執行，從而實現更高的資料庫性能。然而，與使用者端程式設計相比，圖資料庫的服務端程式設計對使用者的程式設計能力有更高的要求。開發者需要具備分散式原理、性能調優、資料庫安全等領域知識，以及對資料庫實現原理的基本理解。因此，服務端程式設計更適用於深度使用圖資料庫解決巨量資料複雜分析問題的使用者。

圖型視覺化

　　圖資料庫技術以「圖」的形式組織和編輯連結資料，而圖型視覺化是發揮圖資料庫業務價值的重要手段之一。圖型視覺化是將連結資料以頂點和邊的形式在頁面或畫布上進行視覺化展示的前端形式。圖型視覺化工具是用於展示和分析圖結構資料的軟體或平臺，能夠以直觀、易於理解的方式呈現資料，幫助使用者發現資料中的模式、關係和趨勢。使用圖型視覺化工具，使用者無須撰寫程式，就可以瀏覽、佈局和互動圖資料，實現對圖資料的分析和檢索等操作。隨著圖技術的成熟，業界對挖掘和分析連結資料的需求越來越迫切，因此圖型視覺化工具也越來越多。截至 2023 年，已有近百種圖型視覺化產品。

　　實現圖型視覺化有三種方式：第一種方式是使用通用的圖型視覺化工具，這些工具可以接受任何形式的資料來源作為輸入，上手簡單、學習成本低，但訂製化程度較低，主要用於資料展示和報表；第二種方式是利用圖型視覺化框架開發適合自身場景的圖型視覺化工具，學習曲線較陡，但靈活性和訂製化程度高，更貼近業務場景的應用；第三種方式是利用圖資料庫系統附帶的視覺化環境，適用於巨量資料場景下需要與後端資料進行讀寫互動的分析場景。本章將介紹這三種不同的圖型視覺化方式。在實際應用中，讀者可以根據自身需求（如視覺化功能需求、訂製化程度和資料互動需求等），選擇適合的圖型視覺化工具。

7.1 圖型視覺化在不同領域的應用

　　許多行業領域正在使用圖型視覺化手段來研究資料中的連結關係。舉例來說，在金融反詐騙應用中，交易關係圖譜結合了個人和組織的帳戶資訊、交易明細、歷史財務記錄等連結資訊。對於負責符合規範稽核的分析師而言，透過視覺化的交易關係圖譜，可以更直觀地尋找可疑的連結交易。在網路安全應用中，圖型視覺化工具可以清晰地展示從系統、應用程式、網路裝置、資料庫、伺服器等各類系統的日誌中收集的巨量資料。透過圖型視覺化，可以將軟硬體資產、攻擊者、受害者、威脅安全事件等要素透過攻擊、防護和影響的連結鏈路串聯起來，快速進行網路攻擊的溯源分析。在學術研究領域，圖型視覺化工具可以展示文獻知識圖譜中不同文獻之間的相似程度，進行作者的學術影響力分析，以及文獻與作者之間的共現分析等。在生命科學圖譜中，圖型視覺化方式使疾病網路、藥物資料、疾病傳播方式等大量資料更易於存取和閱讀。在地理空間圖譜中，圖型視覺化有助實現更複雜的操作。

7.2 通用圖型視覺化工具

　　通用圖型視覺化工具並不需要依賴圖資料庫作為底層資料來源，它們的輸入可以是傳統的檔案或關聯式資料庫的資料表。這類圖型視覺化工具是單純的資料視覺化軟體，目的是以更直觀的方式展示複雜的連結資料，幫助使用者更進一步地理解資料、發現資料中隱藏的關係和模式，增強資料分析和報告的能力。

它們在資料分析、商業智慧、資料科學等相關領域獲得了廣泛應用。這類工具一般不支援直接對背景資料進行迭代，而是提供對靜態背景資料的視覺化功能，通常處理的資料量較小。以下是一些具有代表性的產品。

1 · ClueMaker

ClueMaker 是一款簡單的視覺化分析工具，能夠高效率地連線物件之間的關係，在金融詐騙檢測、犯罪、腐敗資訊挖掘等領域獲得了廣泛應用。ClueMaker 支援匯入多種資料來源，包括 Excel 檔案、Firebird、MySQL、Oracle、IBM DB2 等關聯式資料庫，以及 Aster Data、Hive、Teradata 等資料倉儲工具，還包括 Outlook 郵件資料的匯入。圖 7-1 和圖 7-2 顯示了 ClueMaker 工作區的基本佈局。點擊展示頁面上的「Data Table」按鈕，可查閱資料表資訊，如圖 7-3 所示。

同時，ClueMaker 支援對頂點進行篩選或計算，並將結果以報告的形式在獨立的視窗中顯示，還提供了 HTML 格式的結果匯出按鈕。

2 · Gephi

Gephi 是一款被廣泛使用的開放原始碼圖型視覺化軟體，以圖形和網路的視覺化形式探索連結資料。Gephi 已在網際網路、生物醫學、交通網絡等多個領域得到應用，可幫助使用者進行資料分析、連結分析、社群網站分析和生物網路分析等。此外，Gephi 還提供了一些基本的圖型視覺化功能，並提供超過 10 種不同的佈局演算法，以滿足不同場景的視覺化分析需求。圖 7-4 是 Gephi 0.9.2 版本的主介面，包含「概覽」「數據資料」「預覽」等部分。

在眾多的圖型視覺化工具中，Gephi 的佈局樣式最為豐富，多達 12 種，支援自訂佈局參數，如圖 7-5 所示。

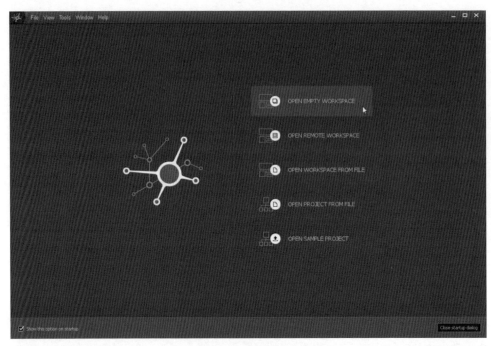

▲ 圖 7-1　ClueMaker 工作區

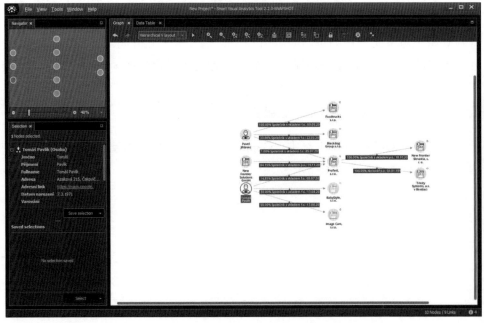

▲ 圖 7-2　ClueMaker 工作區面板

▲ 圖 7-3 資料表展示

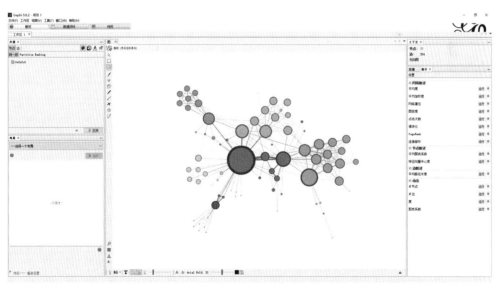

▲ 圖 7-4 Gephi 0.9.2 版本的主介面（備註：為簡體中文版本）

3・Linkurious

　　Linkurious 是一個基於 Web 的圖型視覺化工具，可以在圖資料庫上執行，
並支援 Azure Cosmos DB、JanusGraph 和 Neo4j 等圖資料庫。它可以在主流瀏
覽器中進行安裝。圖 7-6 展示了 Linkurious 介面，右側框顯示了頂點的屬性值，
左側框用於修改頂點和邊的樣式，頂點右上角的數字表示連接到該頂點的邊數。

▲ 圖 7-5　Gephi 視覺化佈局樣式設置 (編按：本圖例為簡體中文介面)

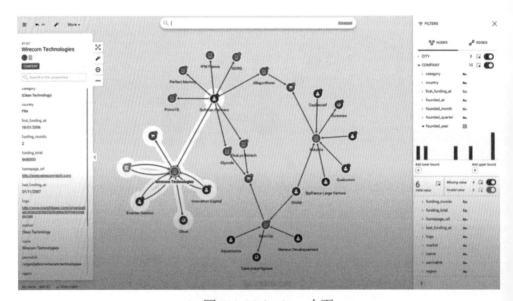

▲ 圖 7-6　Linkurious 介面

Linkurious 的頁面功能支援修改頂點和邊的屬性,使用者可按照不同的權重調整頂點和邊的大小,如圖 7-7 所示。

Linkurious 也可以為頂點外觀及其屬性選擇不同的展示圖示,如圖示庫、數字和字母等。

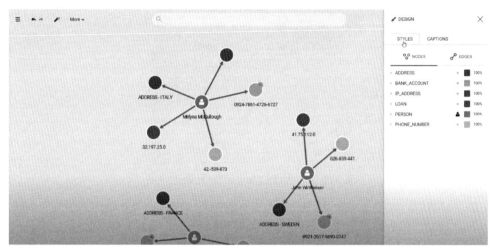

▲ 圖 7-7 修改頂點和邊的屬性

4 · VOSViewer

VOSViewer 是一款用於建構和視覺化文獻網路的工具。文獻網路是基於摘要、目錄、共同引文和共同作者等關係建構的,用於展示期刊、作者、雜誌社等實體之間的連結關係。透過文獻網路,使用者可以進行合作網路分析、共現分析、引證分析、文獻耦合分析和共被引分析等研究。此外,VOSViewer 還具備一定的自然語言處理功能,可以提取文獻的關鍵字,並與網路進行連結。圖 7-8 展示了 VOSViewer 的視覺化介面,左側區域用於設置參數,中間區域用於展示視覺化結果,右側區域用於調整視覺化結果。

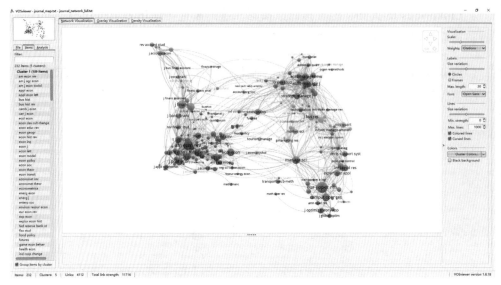

▲ 圖 7-8　VOSViewer 的視覺化介面

　　VOSViewer 支援密度視覺化，可以快速概覽文獻計量網路中的主要區域。透過疊加視覺化功能，可以展示該領域一段時間內的研究發展情況。圖 7-9 和圖 7-10 展示了這種密度視覺化的效果。

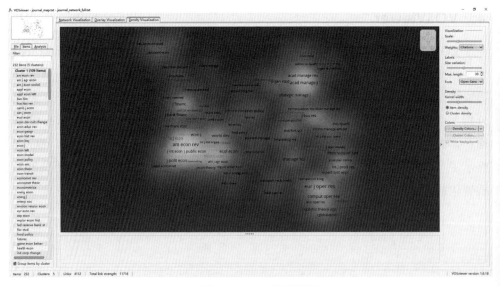

▲ 圖 7-9　item 密度視圖

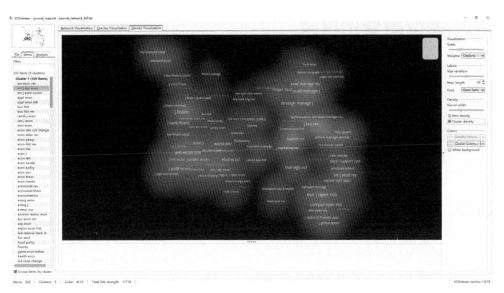

▲ 圖 7-10 叢集密度視圖

　　在查詢功能方面，VOSViewer 支援使用全列表模糊匹配搜尋 item，如圖 7-11 所示。使用者可以透過按兩下滑鼠定位到所查詢的 item。此外，VOSViewer 還支援在叢集分組後進行查詢，如圖 7-12 所示。

　　在計算功能方面，VOSViewer 支援對全域 item 的數值型屬性值進行資料標準化，如圖 7-13 所示。

▲ 圖 7-11 item 查詢　　▲ 圖 7-12 叢集分組查詢　　▲ 圖 7-13 資料標準化設置

7.3 圖型視覺化框架

　　圖型視覺化工具的開發往往離不開底層高效的圖型視覺化框架。圖型視覺化框架是一種工具或函式庫，提供豐富的功能和預設樣式，幫助使用者以視覺化的方式直觀、清晰地呈現和分析圖資料結構。一般來說圖型視覺化框架由多個元件組成：

- 資料處理元件：用於載入、解析和轉換圖資料，以便在視覺化元件中進行顯示。

- 視覺化組件：用於繪製圖形元素，如節點、邊、標籤和箭頭，並將它們呈現在使用者介面上的圖形中。

- 互動組件：允許使用者與圖形進行互動，如捲動、縮放、選擇和聚焦等操作。

- 佈局組件：負責計算圖形元素的位置和尺寸，以便在視覺化元件中呈現出具有良好可讀性和美觀度的圖形。

　　圖型視覺化框架和圖型視覺化工具之間的主要區別在於目標使用者群眾、功能和靈活性、學習曲線性。圖型視覺化框架為具備程式設計技能的使用者提供一個高度靈活的視覺化解決方案，而圖型視覺化工具則為非程式設計師使用者提供直觀好用的視覺化方法。

（1）使用者群眾

　　圖型視覺化框架是一套程式庫或軟體套件，提供用於建立、修改和控制圖形的程式設計介面，以便在專案中進行整合和訂製化，主要具備一定程式設計能力導向的開發者。圖型視覺化工具是一種獨立的軟體或線上平臺，通常透過圖形化使用者介面（Graphical User Interface，GUI）以拖放、點擊、選擇等操作來輕鬆建立和編輯圖形，廣泛導向的使用者群眾，如分析師、資料科學家和業務人員等。

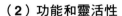

（2）功能和靈活性

　　圖型視覺化框架通常具有更高的靈活性，允許開發者自訂各種圖形特性，以滿足特定專案的需求。圖型視覺化框架可與其他程式設計函式庫和資料處理工具結合使用，完成複雜的資料分析和視覺化任務。圖型視覺化工具雖然提供了豐富的預先定義圖表類型和功能，但相對圖型視覺化框架來說靈活性較低，可能無法滿足某些特殊需求，如高度自訂的圖形樣式或與其他軟體的深度整合。

（3）學習曲線

　　由於需要具備程式設計和框架特定的知識，圖型視覺化框架通常需要更長時間的學習和實踐，學習曲線較為陡峭。相比之下，圖型視覺化工具主要依賴於直觀的使用者介面和預先定義的功能，學習曲線一般較為平緩。

　　雖然並不是所有的圖型視覺化工具都必須基於圖型視覺化框架進行開發，但使用圖型視覺化框架可以使開發過程更加便捷和高效。常見的圖型視覺化框架包括 Cytoscape、D3.js、Sigma.js 和 GalaxyVis 等。這些框架提供了豐富的功能和靈活的設定選項，使開發人員能夠訂製和最佳化圖形視覺化過程，以滿足特定需求。下面介紹一些典型的圖型視覺化框架。

1．GalaxyVis

　　GalaxyVis 是由圖資料公司創鄰科技自主研發的圖型視覺化框架，目前已應用於其圖平臺產品 Galaxybase 的視覺化前端。它使用純原生 WebGL 和 Canvas 作為底層繪圖協定，不依賴任何第三方框架。作為市面上極少數使用原生 WebGL 作為開發語言的圖型視覺化框架，它在性能方面優於大部分框架，能夠提供流暢的體驗效果。為了促進高性能圖展示技術的發展，創鄰科技已將該專案開放原始碼[①]。

　　GalaxyVis 不僅提供了圖的繪製、佈局、分析、互動和動畫等圖型視覺化的基礎能力，還提供了一組在 Web 應用程式中顯示、探索、與圖資料互動的功能，包括智慧佈局演算法、豐富的使用者互動以及高度可訂製的視覺樣式等。

[①]　在 GitHub 網站中搜尋「galaxybase/GalaxyVis」可以存取該專案。

身為專業的圖型視覺化框架，GalaxyVis 具有以下特徵。

- 高性能：使用 WebGL 繪圖協定，支援百萬級點邊的流暢著色。

- 佈局豐富：支援力導向、樹形、層次、網格、環狀、圓形深度和輻射 7
  種佈局，佈局參數自由定義，並且每個佈局都支援增量佈局。

- 分析力強：內建圖型分析演算法，可進行各種圖結構的分析操作。

- 支援地圖：整合了地圖模式，可更進一步地結合圖型視覺化場景。

- 高度可設定：可透過對頂點和邊的過濾、分組，動態調整畫布上的資料，
  滿足多樣化的圖展示需求。

- 樣式豐富：內建豐富的點樣式和邊樣式，可供使用者自由設定。

- 動態互動：可隨游標移動，重新排列頂點並突出顯示和調查物件相關的
  連結模式。

　　圖 7-14 顯示了 GalaxyVis 的性能，它預設使用原生 WebGL 著色協定進行
繪製，WebGL 更為直接地利用了 GPU 硬體，在某些場合幾乎可以擺脫 CPU 的
限制，達到性能極致。在普通顯卡設定下，百萬點邊的著色僅需 10 s 便能完成。

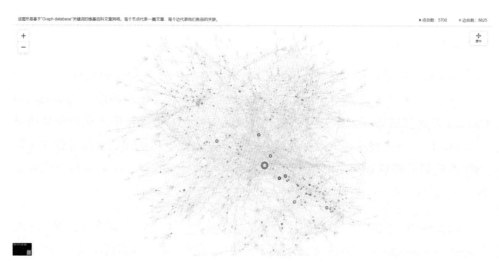

▲ 圖 7-14 「Graph database」關鍵字的維基百科文章網路（備註：為簡體中文版本）

GalaxyVis 支援在地圖模式和普通模式之間自由切換，非常適用於需要基於地理位置進行分析的場景，如流調、電力、警務和物流等。圖 7-15 展示了某城市地鐵網路的情況，展示了地圖和圖型視覺化的結合效果。

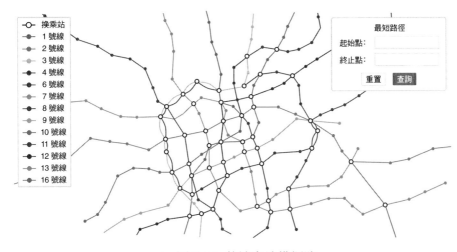

▲ 圖 7-15 某城市地鐵網路

GalaxyVis 支援多種佈局方式，包括 Circular、Concentric、Force、Grid、Tree、Dagre、Radial 等。此外，GalaxyVis 的所有佈局方式都支援增量佈局，可以在不改變原有佈局的情況下，更進一步地展示新增的資料。圖 7-16 展示了多種佈局的效果。

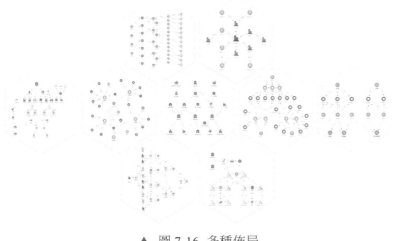

▲ 圖 7-16 多種佈局

　　GalaxyVis 支援對點和邊進行多樣的外觀修改，包括圖示、大小、顏色、形狀等，以滿足使用者多樣化的視覺化需求。圖 7-17 展示了點和邊的各種外觀變化情況。

　　GalaxyVis 的宗旨是建立一個簡單好用、功能豐富、高性能的圖型視覺化框架，透過簡單的 API 呼叫即可開發出複雜的視覺化應用。它適合對圖型視覺化技術了解不深但希望能快速開發出高效圖資料視覺化應用的開發者。

2 · D3.js

　　D3.js 是一個用於建立資料視覺化的 JavaScript 函式庫，在 Web 開發中廣泛應用，是建立互動式資料視覺化的重要工具之一。它代表資料驅動文件（Data-Driven Documents），可以將資料連接到文件物件模型（Document Object Model，DOM），並使用 Web 標準（如 HTML、SVG 和 CSS）呈現資料。D3.js 提供了豐富的函式和方法，使開發人員能夠輕鬆地建立各種類型的視覺化圖表，包括橫條圖、線圖、散點圖、圓形圖和力導向圖等。D3.js 還提供了豐富的互動功能，支援滑鼠移過提示、節點拖曳、縮放和平移等，讓使用者能夠直觀地探索資料。

　　在圖型視覺化領域，D3.js 提供了豐富的 API 和元件，支援建立各種類型的圖表，包括力導向圖、樹狀圖、流程圖和網路圖等。其中，力導向圖特別受歡迎，可用於視覺化複雜的關係網絡，輕鬆地連接節點和邊，並對它們的樣式、互動和佈局進行訂製。舉例來說，可以設置節點的大小、顏色、標籤和影像等屬性，以及邊的粗細、顏色和箭頭等屬性。

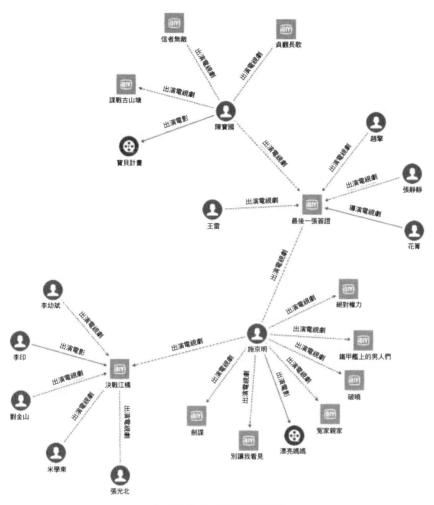

▲ 圖 7-17 豐富的外觀

　　此外，D3.js 還支援動態資料更新、過渡和動畫效果，使得圖表在資料集發生變化時能夠保持流暢和連貫，增加了視覺化的吸引力和互動性。它具有強大的資料綁定和選擇功能，開發人員可以根據資料集的內容動態生成和更新視覺化元素。同時，D3.js 提供了靈活的設定選項，使開發人員能夠自訂視覺化的樣式、互動和佈局等。與 GalaxyVis 一樣，D3.js 是一個社區驅動的開放原始碼專案，擁有豐富的文件、範例和外掛程式。

總之，D3.js 是一個功能強大的圖型視覺化工具。儘管學習曲線稍微陡峭，但它提供了極大的靈活性和自訂能力，可以幫助開發人員快速建立獨特且複雜的資料視覺化。圖 7-18 展示了 D3.js 在圖型視覺化場景下的效果圖。

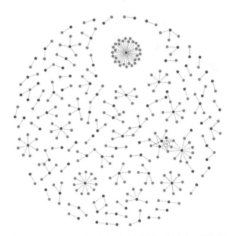

▲ 圖 7-18　D3.js 在圖型視覺化場景下的效果圖

3·Cytoscape

Cytoscape 是一個使用原生 JavaScript 撰寫的圖型視覺化框架，特別擅長視覺化分子互作網路、基因表達資料和其他生物醫學資料。在生物醫學領域，Cytoscape 的應用非常廣泛，如藥物發現、基因功能註釋和疾病機制研究等方面。該框架由美國國家生物技術資訊中心（National Center for Biotechnology Information，NCBI）支援，並於 2002 年首次發佈。Cytoscape 的主要目標是為研究人員提供一個直觀的工具，以幫助他們理解和分析複雜的生物網路。

Cytoscape 具有以下幾個主要特點。

- 視覺化：Cytoscape 允許使用者匯入或建立生物分子網路，如蛋白質互作網路或基因調控網路。使用者可以自訂網路的佈局、顏色、形狀和大小，以便更進一步地理解資料。

- 資料集成：Cytoscape 可以整合多種生物醫學資料，如基因表達、基因本體（Gene Ontology，GO）註釋和通路資訊等。使用者可以將這些資料疊加到網路上，進一步探索生物過程、功能和疾病連結。

- 外掛程式系統：Cytoscape 擁有一個龐大的外掛程式生態系統，提供了許多額外的功能和演算法，支援多種不同的圖模型，如有方向圖、無向圖、混合圖、循環圖表、多圖和複合圖等。這些外掛程式滿足了不同領域的需求。舉例來說，有些外掛程式專門用於網路分析，如計算節點中心度、尋找網路模組等；另一些外掛程式則針對特定的生物過程或疾病，如通路分析、藥物靶點預測等。

- 多平臺支援：Cytoscape 支援 Windows、macOS 和 Linux 作業系統，並可以在不同平臺上執行。它還與所有現代瀏覽器相容，包括支援 ES5 和 Canvas 的舊版瀏覽器。

圖 7-19 所示為 Cytoscape 呈現的視覺化效果圖。

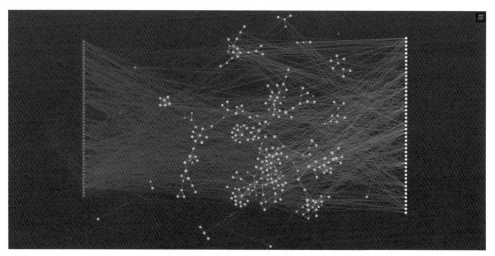

▲ 圖 7-19　Cytoscape 視覺化效果圖

7.4　基於圖資料庫的視覺化平臺

　　通用的圖型視覺化工具偏重於前端視覺化效果的 GUI，而非與背景資料的聯動，因此一般不直接與圖資料庫整合。當資料量增大時，這類視覺化工具可能會遇到性能問題，所以更適合視覺化展示資料量較小的圖譜。

　　圖型視覺化平臺是一個整合的軟體平臺或系統，將各種圖型視覺化功能和工具整合在一個統一的介面中，提供給使用者全面、一體化的使用體驗。這些功能和工具通常包括資料匯入和匯出、視覺化表示、互動功能、佈局演算法、自訂樣式、資料篩選和分析等。圖型視覺化平臺旨在幫助使用者更方便、有效地分析和呈現圖結構資料，發現資料中的隱藏資訊和關鍵洞察，從而輔助決策和最佳化策略。

　　與圖型視覺化工具和框架通常只專注於相對獨立的特定圖型視覺化任務不同，圖型視覺化平臺具有更廣泛的整合程度和功能範圍，使用者可以在同一個平臺上完成從資料匯入、查詢、分析、計算到呈現、匯出的圖資料分析全流程任務，無須切換到其他工具或系統。尤其是圖型視覺化平臺具備可整合的圖資料庫查詢功能，能夠執行圖資料庫查詢並即時更新視覺化結果，特別適用於展示更大規模的圖資料、提供基於複雜查詢和計算的即時迭代式、互動式分析，實現深度價值挖掘。

　　是否具備上述視覺化能力也是衡量一款圖資料庫產品成熟度及產品化程度的指標之一。與傳統關聯式資料庫不同，圖資料庫作為一項新興的資料庫技術，還沒有類似 SQL 的國際標準規範和統一查詢語言。因此，純命令列的工具對圖資料庫使用者並不友善。圖資料庫本身的視覺化能力解決了這一問題，使最前線業務人員能夠進行連結分析與資料洞察，輔助業務決策，促進了圖技術行業的實作與推廣速度。

7.5 Galaxybase Studio 圖型視覺化平臺

　　Galaxybase 圖資料庫作為中國出產的圖資料庫的代表產品，其視覺化能力在功能上比其他圖資料庫產品（如 Neo4j 和 JanusGraph）更加全面，且使用更為方便和友善。本小節將詳細介紹 Galaxybase Studio 圖型視覺化平臺，指導讀者透過 Galaxybase 圖資料庫附帶的視覺化平臺將原有的結構化資料轉化為圖資料，完成圖建構、圖展示、圖探索等多種功能，實現深度資料探勘和計算。Galaxybase Studio 不僅支援高度訂製化的圖型視覺化展示，還支援互動式程式設計和 AI 智慧分析等一體化的圖查詢、計算和分析功能。

7.5.1 建立圖專案

使用 Galaxybase Studio 圖型視覺化平臺前，使用者需要按照官方文件中的說明完成 Galaxybase 圖資料庫的安裝。安裝完成後，使用者可以登入 Galaxybase Studio 圖型視覺化平臺頁面，該頁面的預設位址是部署伺服器的 IP 位址後跟著的 8888 通訊埠。在本例中，我們以 Movie 圖專案為例進行圖建構、資料匯入和視覺化功能展示，使用預設的管理員（admin）使用者操作。(編按：本小節圖例為簡體中文介面)

1．建立圖專案「Movie」

Galaxybase Studio 圖型視覺化平臺支援建立多個圖專案，每個專案可以支援不同的業務場景，並且這些圖專案之間是相互獨立的。

建立圖專案非常簡單，只需點擊主頁右上角的「建立圖專案」按鈕，然後填寫圖名稱即可。在這個範例中，我們使用電影相關資料進行演示，所以將「圖名稱」命名為「Movie」，如圖 7-20 所示。在建立圖專案的過程中，圖形建圖和表格建圖的步驟沒有太大差異。為了更進一步地管理圖專案，使用者可以提供專案描述，並透過「分享至組」功能定義對該專案具有查閱許可權的使用者群組。

▲ 圖 7-20　建立圖專案「Movie」

2．建立圖模型

　　建立圖模型是指以點和邊的形式來展示不同維度和定義的資料之間關係的過程。圖模型通常由點類型和邊類型組成，每個類型都包含屬性資訊和連結方向。點類型表示資料中相同概念的實體的名稱，而邊類型表示實體之間的關係。透過建立圖模型，人們可以更進一步地理解和分析資料之間的關係。

　　Galaxybase 建立圖模型支援三種方式，如圖 7-21 所示。

▲ 圖 7-21　選擇圖模型建立方式

（1）手動建圖

使用者根據業務需求透過拖曳方式，手動建立點邊關係。

（2）利用關聯式資料庫建模

　　使用者可以使用此工具將關聯式資料庫中的資料移轉檔案匯入，並實現自動化建模和資料映射。目前支援的資料庫包括 MySQL、SQL Server、Oracle、PostgreSQL 等。

（3）匯入圖模型 JSON

使用者使用 JSON 格式的圖模型檔案進行匯入。

　　本書將以手動建圖為演示案例。根據電影樣例資料，演員和導演都屬於「人物」的概念。透過點擊「建立點」按鈕，可以建立「人物」點類型，並將「姓名」作為「人物」點類型的「外部唯一標識」。Galaxybase Studio 圖型視覺化平臺支援屬性圖的建立，支援為點、邊增加屬性資訊，因此為「人物」點類型增加兩個屬性，分別為「出生年份」和「出生地」。「出生年份」為一個數字，資料型態設置為 INT ；「出生地」為一個字串，資料型態設置為 STRING，如圖 7-22 所示。

　　以同樣的方法建立「電影」點類型，將「電影名稱」作為「電影」點類型的「外部唯一標識」。為該點類型增加另外五個屬性，分別為「上映年份」「語言」「評分」「票房」「類型」。「上映年份」「評分」「票房」的資料型態設置為 INT ；語言和類型的資料型態設置為 STRING，如圖 7-23 所示。

▲ 圖 7-22 建立「人物」點類型

▲ 圖 7-23　建立「電影」點類型

　　建立完「人物」和「電影」點類型後，再建立它們之間的關係邊：「導演」和「出演」兩種類型的邊。點擊「建立邊」按鈕，起始點類型選擇「人物」，終止點類型選擇「電影」，如圖 7-24 所示。在彈出的對話方塊中，將邊類型命名為「出演」，將方向設置為有向，即人物出演電影，並增加「角色」「片酬」「是否主演」等邊屬性。「角色」和「是否主演」的資料型態設置為 STRING，「片酬」的資料型態設置為 INT。

▲ 圖 7-24 建立「出演」邊類型

再以同樣的方法建立人物與電影之間的「導演」關係，如圖 7-25 所示。

建立完人物和電影之間的關係後，儲存圖模型。至此，Movie 圖專案的圖模型建立完成，如圖 7-26 所示。

3・映射資料

映射資料是指將其他資料來源的資料，無論是檔案中的內容還是資料庫中的表的欄位，與圖資料庫中的「頂點」和「邊」建立連結的過程。資料映射功能可以幫助使用者將指定資料來源的資料簡便地匯入圖資料庫，並轉化為圖資料庫中的點和邊資料。

▲ 圖 7-25 建立「導演」邊類型

▲ 圖 7-26 圖模型建立成功

　　在映射資料之前，需要先將來源資料檔案上傳至圖伺服器。在「我的圖專案」首頁右上角的「資料來源管理」中，找到「公共目錄」標籤，點擊其中的「上傳檔案」按鈕，即可上傳來源資料檔案。該功能支援同時增加多個檔案，如圖 7-27 所示。

▲ 圖 7-27 上傳檔案

　　成功增加檔案後，在「上傳檔案」對話方塊中，使用者可以檢查並確認檔案匯入的分隔符號是否正確、是否有標題、檔案編碼、包圍字元、資料型態是否與圖模型中一致。若有錯誤，則需修改。確認無誤後，上傳資料檔案，如圖 7-28 所示。在這一過程中，檔案將被上傳至圖伺服器的公共目錄，供不同的圖專案使用者共用使用。

　　完成檔案上傳後，傳回到 Movie 圖專案「映射資料」頁面。點擊「映射資料」按鈕，再點擊「選擇資料」按鈕，在已完成資料上傳的資料列表中選擇本專案資料映射需要的資料檔案，以進行下一步資料檔案與圖模型的資料映射，如圖 7-29 所示。

▲ 圖 7-28 檢查格式

▲ 圖 7-29 確定資料映射的來源資料檔案

增加需要進行映射的來源資料檔案後，在「映射資料」中點擊「建立映射」按鈕，選取來源資料檔案，再選擇需要完成資料映射的點類型或邊類型，建立映射關係。此時，右側畫布會出現相應的點、邊屬性和檔案欄位資訊。點擊「自動匹配」按鈕，系統將自動為名稱相同的屬性和檔案欄位之間建立映射關係。此步驟需要檢查匹配結果，若自動匹配不符合使用者預期，則需要手動對來源資料檔案欄位與目標點、邊類型的屬性進行連線，建立資料間的映射關係，如圖 7-30 所示。

建立來源資料檔案和圖模型映射關係後，點擊「儲存映射」按鈕，即可實現資料映射。

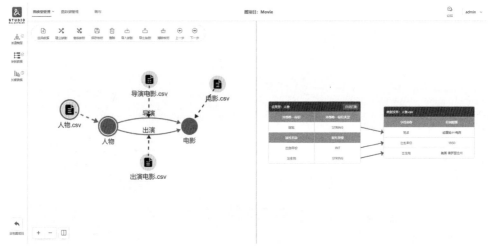

▲ 圖 7-30　建立映射關係

4．載入資料

載入資料是指完成資料映射後，將來源資料依據映射關係載入到圖資料庫中，完成圖資料匯入的過程。

使用者可對資料載入過程進行設定：是否忽略因來源資料檔案中的資料品質問題發生的載入錯誤，如果忽略，則系統會忽略錯誤行，載入過程不會因為單行資料的載入錯誤導致整個載入任務失敗；如果增量載入發生錯誤，是否清空新增資料後重新載入，以避免重複匯入相同資料。

　　設定完成後，在「載入資料」功能表列下點擊「載入」按鈕，圖服務會根據建立好的圖模型和資料映射關係，將相應檔案中的資料載入到圖資料庫，如圖 7-31 所示。

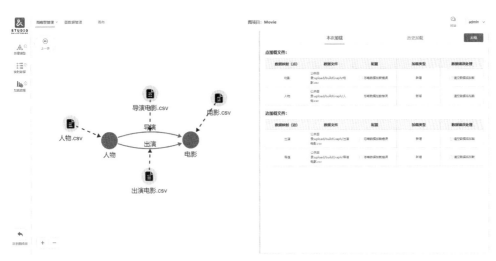

▲ 圖 7-31 載入資料

　　資料載入完成後，使用者可查看載入日誌，檢查是否存在載入錯誤，如圖 7-32 所示。如果存在錯誤，則使用者可以對來源資料或圖模型中的點、邊類型的屬性設定進行修改，然後重新進行載入。

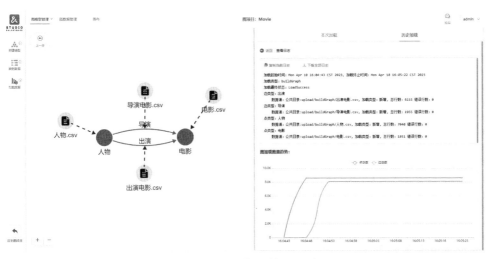

▲ 圖 7-32 查看載入日誌

至此，以 Movie 為例進行圖建構及資料匯入的操作已經完成，使用者可進入畫布查看圖展示。

7.5.2　圖專案管理

完成 Movie 圖專案的建立後，使用者可在「我的圖專案」中點擊「詳情」按鈕查看該專案的詳情（見圖 7-33），如建立時間、成功載入圖的點和邊的數量等。使用者也可以透過點擊「查看圖展示」「圖模型」「圖資料」「詳情」按鈕跳躍至相應的功能頁，或透過「分享」「複製圖專案」「編輯圖專案資訊」「刪除」等功能項進行相應的圖專案操作。

▲　圖 7-33　圖專案列表

「圖模型」功能包括建立、編輯、匯入匯出圖模型，使用者可線上對圖專案的模型進行調整。

「圖資料」功能包括線上視覺化的查看、編輯，以及刪除點、邊資料，如圖 7-34 所示。

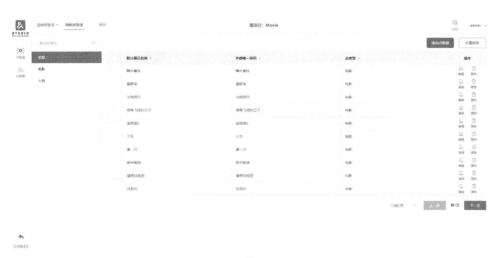

▲ 圖 7-34 「圖資料」功能

「詳情」功能包括查看圖專案當前資料載入數量的情況。如圖 7-35 所示，顯示 Movie 圖專案中不同點類型、不同邊類型的資料載入數量。

点边详情			✕
图名称：Movie	所属组：默认组		
◉ 点总数	**8594**	⭕ 边总数	**8108**
点类型	**数量**	**边类型**	**数量**
电影	1769	出演	6154
人物	6825	导演	1954

▲ 圖 7-35 詳情

利用「分享」功能，可以將該圖專案分享給視覺化平臺的其他使用者，並可對被分享使用者對該圖專案的操作許可權進行設置，操作許可權包括：唯讀、編輯、發行者等，如圖 7-36 所示。

「複製圖專案」功能是指複製當前圖專案。如圖 7-37 所示，使用者可在保留原專案的基礎上快速開始編輯新版本的圖專案。

▲ 圖 7-36 分享

　　「編輯圖專案資訊」功能是指修改圖專案的名稱、備註等資訊。

　　「刪除」圖專案分為兩種方式，一種方式為完全刪除該圖，即圖專案、圖模型、圖資料的完全刪除；另一種方式為保留圖結構僅刪除圖資料，即僅刪除載入的資料，保留圖模型和資料映射關係，如圖 7-38 所示。

▲ 圖 7-37 複製圖專案　　　　　　　　▲ 圖 7-38 刪除圖專案

7.5.3　資料來源管理

　　資料來源管理是指使用者透過圖型視覺化平臺對圖資料庫服務所用到的所有外部資料來源進行上傳和管理。

　　如圖 7-39 所示，在「我的圖專案」標籤中，在右上角點擊「資料來源管理」按鈕，使用者可選擇「檔案系統目錄」「SQL 資料來源」「公共目錄」三種方式，以便上傳、管理資料來源資料。

▲　圖 7-39　資料來源管理

　　「檔案系統目錄」是指管理使用者以資料夾為單元管理資料來源，支援使用者從本地上傳檔案或讀取 Galaxybase 部署系統中指定資料夾目錄的資料。

　　「SQL 資料來源」是指管理使用者透過 JDBC 連接的多個關聯式資料庫的資料。

　　「公共目錄」是指管理從本地上傳的單一檔案資料。

7.5.4　圖型視覺化分析

　　圖型視覺化分析功能是指透過視覺化的形式展現資料之間的連結關係，協助使用者發現、挖掘資料之間的連結模式。

　　在 Movie 圖專案處點擊「查看圖展示」按鈕，進入 Movie 圖專案展示介面。介面主體是一張畫布，畫布將隨機展示 Movie 圖專案的部分點和邊資料。畫布左側是導覽列，包括外觀、篩選、查詢、統計、快照五個部分。畫布左上方是搜尋欄，畫布右上角是工具列，包括一行功能按鈕，畫布右下角有地圖模式、縮略圖、是否全螢幕、視圖位置、匯出、縮放等相關功能按鈕，如圖 7-40 所示。本章將基於 Movie 圖專案講解並演示上述所有功能。

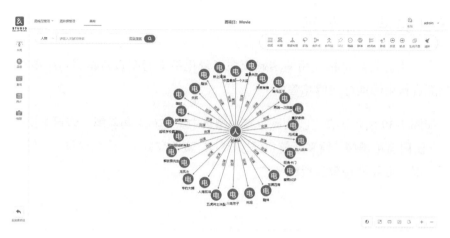

▲ 圖 7-40　視覺化主介面

1 · 畫布基礎功能

使用者可在圖展示的畫布上對頂點進行拖曳。按兩下某一點即可快速展開該點的 1 跳連結鄰居。使用者可使用滑鼠滾輪對當前畫布進行放大或縮小，與使用右下角的放大或縮小按鈕的效果一樣。如圖 7-41 所示，畫布顯示《身不由己》電影由傅東育導演。使用者按兩下電影點《身不由己》，便可展開與《身不由己》電影相關的 1 跳鄰居，即透過「出演」「導演」關係，展示出連結到的所有演員和導演。

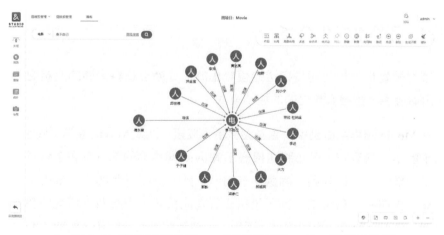

▲ 圖 7-41　畫布基礎功能——按兩下頂點，其 1 跳鄰居展開

在畫布空白處點擊滑鼠右鍵，可線上增加點資料、隱藏孤立點和生成嵌入式圖。如圖 7-42 所示，以增加點資料為例，選擇增加的點類型名稱為「電影」，以電影名稱「流浪地球 2」作為該點的外部唯一標識，並依次輸入屬性值，語言「中文」、評分「9」、票房「10000」、上映年份「2023」、類型「科幻」，點擊「確定」按鈕，畫布上出現剛增加的「流浪地球 2」。

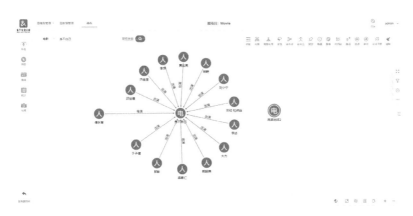

▲ 圖 7-42 畫布基礎功能——增加點資料

在畫布空白處點擊滑鼠右鍵，在彈出的快顯功能表中選擇「生成嵌入式圖」命令，系統會將當前畫布上的內容生成一個嵌入式的 iframe 網頁，可嵌入到第三方應用的頁面中，作為其他應用系統的一部分進行展示，並可自訂展示時的互動操作，如圖 7-43 所示。基於 Galaxybase 進行上層圖型分析應用的開發者使用該功能，可以方便地將 Galaxybase 的視覺化分析結果展示出來。

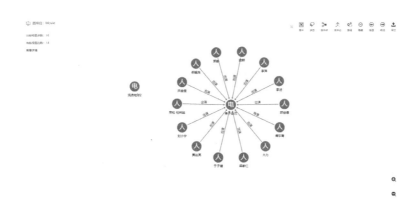

▲ 圖 7-43 畫布基礎功能——按右鍵生成嵌入式圖

2 · 資訊視窗

　　點擊畫布中具體的點或邊，畫布右側會彈出「資訊視窗」，並展示被選中物件的具體資訊。資訊視窗可以同時顯示多個點或邊的具體資訊。舉例來說，點擊電影「流浪地球 2」，右側顯示該點的資料資訊，外部唯一標識為「流浪地球 2」，點類型為「電影」，上映年份為「2023」，語言為「中文」，評分為「9」，票房為「10000」，類型為「科幻」，如圖 7-44 所示。

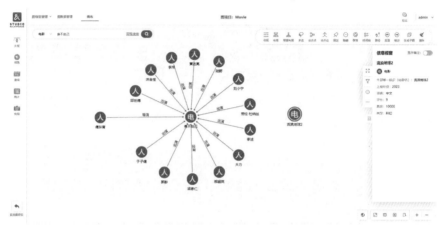

▲ 圖 7-44　資訊視窗

　　資訊視窗左側有一組可以對選中的點、邊操作的功能按鈕。

　　第一個功能按鈕為高級展開，可以展開最多三層的鄰居點。使用者可設定多跳展開時擴充的邊的類型、數量和方向。勾選「自動連接結果點」核取方塊，畫布會展示全部有連結的點之間存在的關係。如圖 7-45 所示，選中人物點「洪金寶」，點擊「高級展開」按鈕，設置展開類型為「出演」，展開層級為「2」，每個點展開的邊數量為「10」，勾選「自動連接結果點」核取方塊。

▲ 圖 7-45 高級展開

如圖 7-46 所示,根據設定的條件,畫布展示「洪金寶」出演的 10 部電影和這 10 部電影的其他出演人。

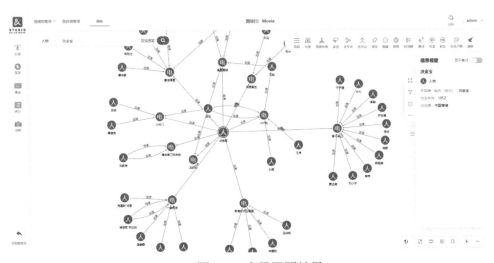

▲ 圖 7-46 高級展開結果

第二個功能按鈕為深度過濾,使用者可對該點的連結資料進行點類型和邊類型的過濾,最多設置過濾該點三層連結網路內連結的點或邊資料。確定過濾後,畫布上滿足過濾條件的點或邊的資料會被隱藏。如圖 7-47 所示,在畫布上對人物點「洪金寶」的鄰居進行過濾，選擇過濾「人物點」，層級設置為「2」，確定過濾之後可以看到，對「洪金寶」的二層展開理應出現其出演電影的其他人物，但因為設置了過濾「人物點」，所以沒有展示其他的「人物點」。

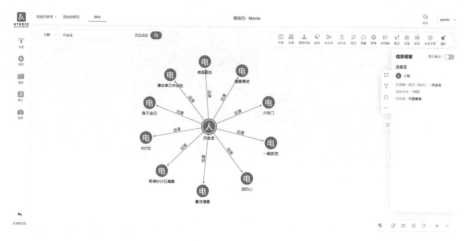

▲ 圖 7-47 深度過濾

第三個功能按鈕為隱藏，幫助使用者在畫布上遮罩特定不想分析的頂點。選中畫布上的點，點擊「隱藏」按鈕後，畫布上被選中的點會被隱藏，背景資料庫中的資料並不會被刪除。如圖 7-48 所示，選中人物點「洪金寶」，點擊「隱藏」按鈕，與圖 7-47 相比，該點在畫布上消失，並且與其相連的邊也會隨之隱藏。

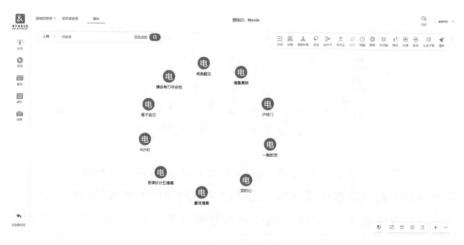

▲ 圖 7-48 隱藏

　　第四個功能按鈕為內嵌了一系列針對選中頂點的操作，包含：固定、修改點外觀、選中同類型點、編輯點資料和刪除點資料，如圖 7-49 所示。「固定」功能適合使用在核心分析物件上，它能夠將選中的頂點固定在畫布的特定位置，不隨畫布上其他點的佈局改變而挪動位置。

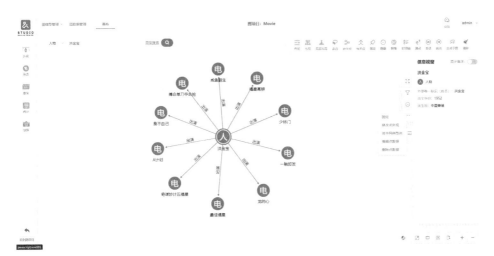

▲ 圖 7-49 其他功能

　　「修改點外觀」可對選中的不同點類型的頂點統一修改其大小、填充色、邊框色（見圖 7-50），適用於希望顯著突出特定分析物件的情況。

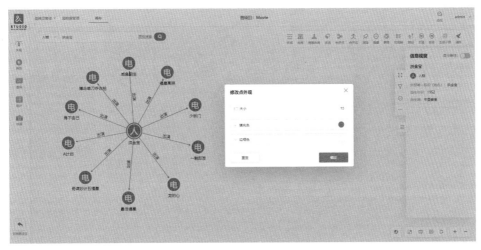

▲ 圖 7-50 修改點外觀

　　「選中同類型點」和「編輯點資料」需要滿足選中的頂點為同一點類型。「選中同類型點」可以快速地在當前畫布上反白顯示與選中點為相同點類型的頂點，如圖 7-51 和圖 7-52 所示。

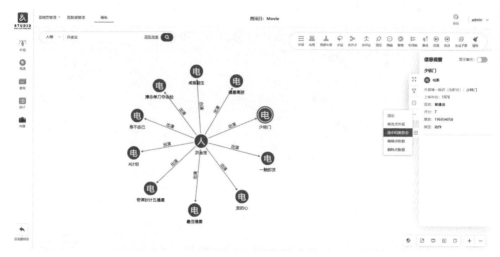

▲ 圖 7-51　選中同類型點

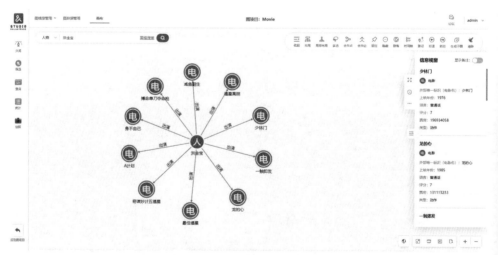

▲ 圖 7-52　選中同類型點的結果

　　「編輯點資料」允許使用者在「編輯點資料」對話方塊中直接對點的屬性進行修改，如將電影「流浪地球 2」的票房從「10000」修改為「20000」，如圖 7-53 和圖 7-54 所示。

　　「刪除點資料」功能允許使用者在畫布上直接刪除選中的點資料，背景圖資料庫中該頂點及其連結的邊也會全部被刪除。

3·搜尋欄

　　畫布左上方有一個搜尋欄，方便使用者對圖資料庫中的資料進行精準搜尋或模糊搜尋。點擊搜尋欄左側的下拉式功能表，選擇想要搜尋的點類型，再在搜尋框內輸入想要搜尋的頂點的外部唯一標識，便能完成搜尋。如圖 7-55 所示，搜尋選擇「電影」點類型，並在搜尋欄中輸入「流浪地球 2」，畫布上將出現上文手動增加的名為「流浪地球 2」的電影頂點。注意，搜尋為精準搜尋，如輸入「流浪地球 3」進行搜尋，將顯示「無符合條件的資料」。

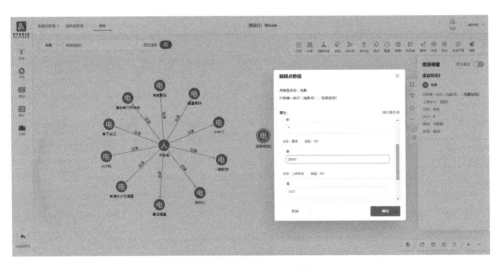

▲ 圖 7-53 編輯點資料

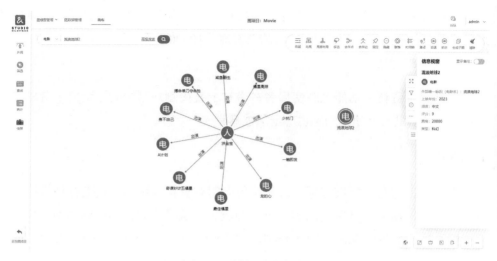

▲ 圖 7-54　編輯點資料的結果

除精準搜尋外，搜尋欄還支援跨點類型的模糊搜尋。點擊搜尋欄右側的「高級搜尋」按鈕，使用者可以選擇在多種點類型、多種建立了索引的點屬性中搜尋包含搜尋詞內容的物件。如圖 7-56 所示，搜尋範圍為全部點類型，搜尋物件為點的外部唯一標識，搜尋詞為「洪」字。在執行搜尋後，將傳回所有點類型中外部唯一標識裡包含「洪」字的點。

▲ 圖 7-55　搜尋欄

▲ 圖 7-56 高級搜尋

4 · 導覽列

畫布的左側為導覽列，包含外觀、篩選、查詢、統計和快照五類功能的主控台入口，如圖 7-57 所示。

由外觀入口進入「外觀設置」主控台，使用者可對不同的點、邊類型在畫布上的視覺化展示進行訂製化的設定。外觀設置的參數將被應用於圖專案中的所有資料。以點類型外觀設置為例，點擊導覽列中的「外觀」按鈕，在左側彈出的「外觀設置」主控台中選擇點外觀，在點類型的下拉式功能表中選擇需要設置的點類型，以及基於該設定的點屬性。在預設條件下，點外觀的設定僅基於點類型，使用者可以自訂各類型的頂點的形狀、大小、填充色、邊框色、圖示的樣式及顏色，以及頂點上顯示的標籤的文字內容、顏色、位置、字重和大小等。如圖 7-57 所示，「電影」類型的頂點的形狀被設置為方形、填充色被設置為紅色，圖示樣式被設置為五角星。

▲ 圖 7-57 導覽列外觀

如果圖資料庫中的資料量較大，圖查詢傳回的頂點數量可能過多，以至於超出能夠在視覺化視窗裡清晰分析、展示的邊界。此時，點擊導覽列中的「篩選」按鈕，進入「篩選條件」主控台，設定希望在畫布上展示的點、邊類型。如圖 7-58 和圖 7-59 所示，取消勾選類型為「人物」核取方塊的頂點，畫布上將僅顯示電影類型的頂點，所有人物類型的頂點被過濾隱藏。

▲ 圖 7-58 篩選電影點前

▲ 圖 7-59 篩選電影點後

此外，使用者可點擊點類型、邊類型右側的⊕圖示，對點、邊類型的某個或某些屬性設置篩選條件。如圖 7-60 和圖 7-61 所示，依據電影點的「評分」屬性的數值進行篩選，將篩選條件設為評分等於 8 的電影，則電影評分不等於 8 的頂點將被隱藏，不展示在畫布上。

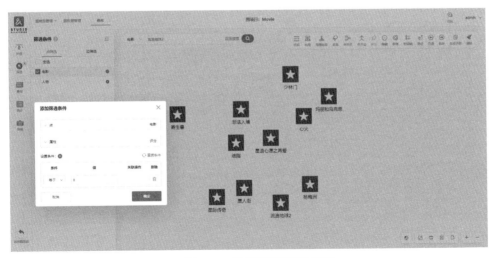

▲ 圖 7-60 設置高級篩選條件

除了精準搜尋與模糊搜尋，Galaxybase 視覺化平臺還支援透過 OpenCypher 圖查詢語言尋找圖資料庫中的物件。點擊導覽列中的「查詢」按鈕，螢幕左側會彈出「查詢敘述」主控台，如圖 7-62 所示。在「查詢敘述」主控台中，使用者可以輸入具體的 Cypher 查詢敘述，執行該查詢，設置查詢結果的傳回條件，並管理歷史查詢記錄。點擊「查看說明文件」，頁面會跳躍到 Galaxybase 說明文件頁面，詳細說明 OpenCypher 查詢語言。點擊「清除」按鈕，輸入區內容將被清空。勾選「自動清除畫布」核取方塊，執行查詢會清空當前畫布內容，僅展示查詢結果，否則 Cypher 查詢結果將補充顯示在當前畫布內容上。如圖 7-62 所示，設置預設查詢敘述的傳回數量為 20，點擊「執行」按鈕執行查詢敘述，畫布展示隨機傳回不考慮點類型的 20 個點資料，本次執行畫布上隨機出現 10 個電影點和 10 個人物點。點擊「執行並下載」按鈕，會將除在畫布上展示外的查詢結果以 CSV 檔案格式進行下載。對於結果需要複現或需要重複進行的圖型分析，使用者可以在「查詢敘述」主控台中收藏寫好的查詢敘述，以供將來多次重複執行。

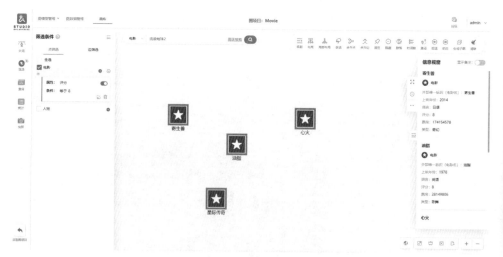

▲ 圖 7-61 高級篩選結果

▲ 圖 7-62 查詢敘述

回到查詢功能，使用「結果應用篩選條件」的功能，該功能可以應用導覽列中的「篩選」設置的篩選條件。如「篩選」處設置不顯示「人物」類型，頂點和評分不低於 8 的「電影」類型頂點，執行傳回「人物」和「電影」點類型的查詢敘述，如圖 7-63 所示，畫布將不顯示「人物」類型頂點，且僅顯示評分等於 8 的「電影」。

▲ 圖 7-63 查詢敘述 - 結果應用篩選條件

如果使用者需要對當前畫布上各類型的頂點和邊的數量進行統計，可以在導覽列中點擊「統計」按鈕，進入「點邊統計」面板，查看統計資料，如圖 7-64 所示。

▲ 圖 7-64 查看點邊統計

如果使用者希望分享當前畫布上的圖型分析結果，則可以點擊導覽列中的「快照」按鈕，進入「快照管理」主控台。點擊➕圖示，在彈出的「新增快照」對話方塊中增加快照名稱和描述。可以將當前畫布內容及其佈局以「快照」的形式進行儲存，便於使用者回溯查看過往的連結分析結果，如圖 7-65 所示。

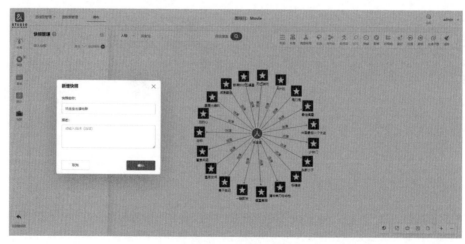

▲ 圖 7-65 建立快照

使用者還可以管理歷史快照。如圖 7-66 所示,「洪金寶出演電影」快照顯示其快照中的點邊數量、快照的建立時間,使用者可對該快照進行編輯、匯出和匯入等操作。

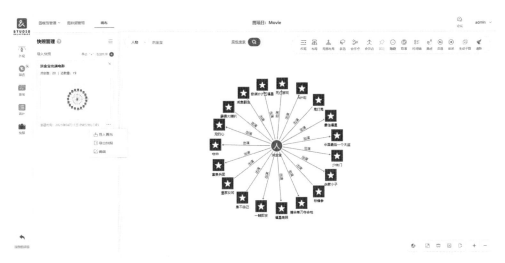

▲ 圖 7-66 快照管理

5．畫布工具列

畫布右上角是工具列,包括多個功能按鈕,在這裡使用者可以對畫布上的點、邊操作。

「收起」按鈕可以將工具列收起並最小化至螢幕右側。

「佈局」按鈕可以對畫布上的點進行重新佈局。滑鼠移過在「佈局」按鈕上將顯示可選的佈局選項。目前,Galaxybase 圖型視覺化平臺提供六種佈局方式:相對佈局、層次佈局、網格佈局、輻射佈局、環狀佈局和圓形深度佈局,如圖 7-67 ～圖 7-72 所示。

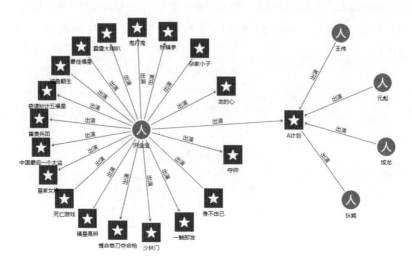

▲ 圖 7-67 相對佈局

▲ 圖 7-68 層次佈局

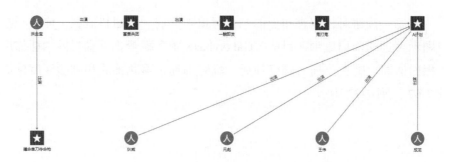

▲ 圖 7-69 網格佈局

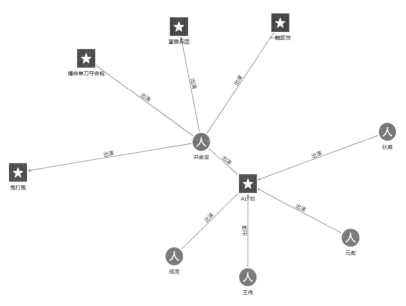

▲ 圖 7-70 輻射佈局

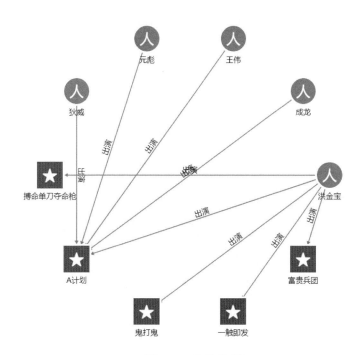

▲ 圖 7-71 環狀佈局

　　「局部佈局」按鈕需要與「多選」按鈕配合使用，「多選」按鈕能夠幫助使用者透過滑鼠在畫布上圈選想要的多個點，如圖 7-73 所示。當透過「多選」按鈕圈選成功後，可點擊「局部佈局」按鈕，選擇想要對多選的點採取的佈局方式，當前畫布上被圈選的點會按照選擇的方式進行佈局，如圖 7-74 所示，是選擇「網格佈局」方式的結果。

　　當選中多個點時，點擊「合併點」按鈕，可以合併畫布上被選中的多個點，並在畫布上生成一個名為「合併點」的頂點。按兩下畫布上的「合併點」，可以取消合併，並恢復原佈局。舉例來說，選中電影「身不由己」「最佳福星」「少林門」，點擊畫布上的「合併點」按鈕，畫布上將顯示選中點合併後的「合併點」，右邊的資訊視窗會顯示該合併點包含的點的數量及詳細資訊，如圖 7-74 所示。該功能便於使用者將一組物件抽象成一個集合進行分析，並可分析不同集合間的關係。

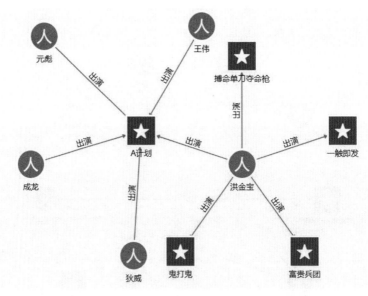

▲ 圖 7-72　圓形深度佈局

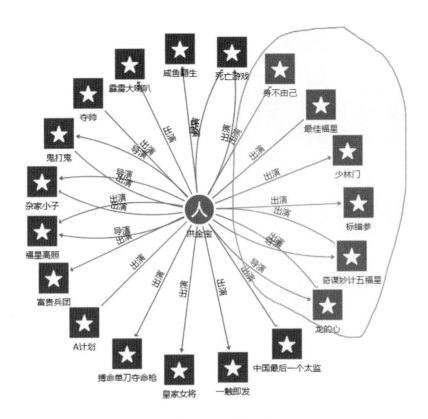

▲ 圖 7-73 多選功能

　　「合併邊」按鈕並非隨意選取多條邊進行合併，而是將所有兩點間存在的多條邊合併成一條邊。如圖 7-74 所示，電影「死亡遊戲」「福星高照」「雜家小子」「奇謀妙計五福星」「鬼打鬼」「龍的心」與人物點「洪金寶」之間有多條邊，存在「出演」和「導演」兩種關係，點擊「合併邊」按鈕，合併後的結果如圖 7-75 所示，「洪金寶」與既是「導演」關係也是「出演」關係的電影之間只顯示一條邊，並顯示合併的邊的數量。點擊其中一條合併邊，右側資訊視窗將顯示合併邊的詳細資訊。該功能可以簡化畫布上的視圖，讓使用者關注兩點之間是否存在關係，而非存在了多少種不同的關係。

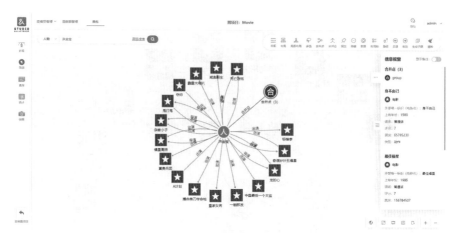

▲ 圖 7-74　合併點功能

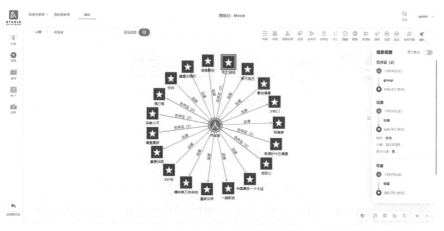

▲ 圖 7-75　合併邊功能

　　「固定」按鈕可以對具體的點進行固定，固定之後無法在畫布上拖曳該點，點擊「取消固定」按鈕將取消點的固定。「隱藏」按鈕可以對畫布上選定的點或邊進行隱藏。如圖 7-76 所示，固定「龍的心」電影頂點，並隱藏其與人物「洪金寶」之間的「導演」邊，可以看到圖釘狀的標識將點「龍的心」固定。與圖 7-74 相比，「洪金寶」與「龍的心」之間的「導演」邊被隱藏。該功能可幫助使用者聚焦分析特定物件並排除與當前業務視圖相關性弱的關係。

▲ 圖 7-76 固定點、隱藏邊功能

「群落」按鈕能對當前畫布展示的點進行分群，即將圖中聯繫較為緊密的點歸為同一群落，並以不同的顏色進行區分。目前，Galaxybase 視覺化平臺預設設定的能以顏色區分的分群群落上限為 7 個，當超過該上限時，則預設以灰色展示其餘群落。單擊「群落」按鈕建立群落後，再次點擊「群落」按鈕可退出群落效果。如圖 7-77 所示，搜尋「身不由己」電影頂點，透過高級展開功能對其進行 2 跳連結展開，點擊「群落」按鈕後可以看到畫布中所有點被歸為 3 個群落並自動以不同顏色區分。

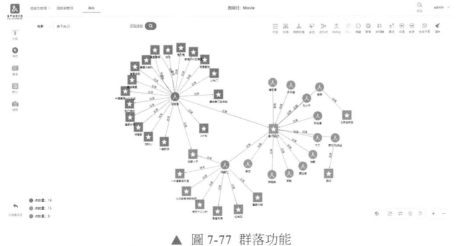

▲ 圖 7-77 群落功能

　　向 Movie 圖專案模型中的「導演」邊類型增加資料格式為 Datetime 的屬性「首映時間」，透過畫布線上編輯邊資料功能，為「洪金寶」作為「導演」的電影新增屬性「首映時間」的值。點擊「時間軸」按鈕，會在畫布下方顯示視窗，用於統計具有時間屬性值的邊在時間範圍內和當前時間單位（日、月、年）內的邊數量，如圖 7-78 所示。在使用「時間軸」功能進行分析時，當前畫布僅展示具有時間屬性的邊關係。在「時間軸」標籤的左側，使用者可以篩選具有時間屬性的邊類型進行分析；在「時間軸」標籤的右上角，使用者可以設置分析的時間範圍區間和時間單位；點擊「播放時間軸」按鈕，當前畫布會按照時間昇冪和設置的時間單位動態地顯示具有時間屬性的邊，以展示當前物件之間關係的演進歷程。

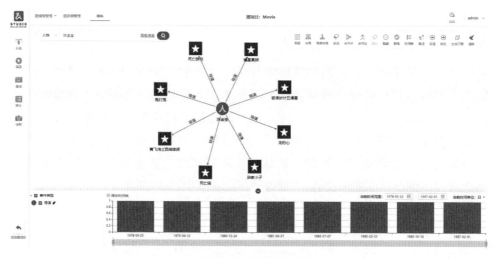

▲ 圖 7-78　時間軸功能

　　點擊「路徑」按鈕，透過設置起始點、終止點、最大長度限制，以及路徑包括點類型、路徑包括邊類型，可查詢兩點之間的最短路徑。如圖 7-79 所示，選擇起始點的點類型為「電影」，電影名為「回歸」，終止點的點類型為「人物」，姓名為「洪金寶」，畫布內加粗的鏈路為兩點間的最短路徑。

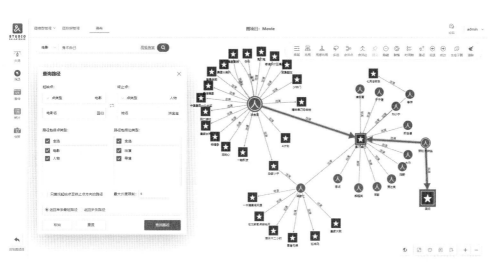

▲ 圖 7-79 查詢路徑功能

　　點擊「後退」或「前進」按鈕，允許使用者在歷史操作步驟間轉換，畫布
上會顯示上一步或下一步的操作結果。

　　點擊「生成子圖」按鈕，畫布將彈出「生成子圖」對話方塊。輸入子圖名
稱，系統將把當前畫布上的所有點邊資訊另存為一個新的圖專案，如圖 7-80 所
示。生成的子圖和原圖是兩個圖專案，它們之間存在物理隔離，彼此資料相互
獨立。

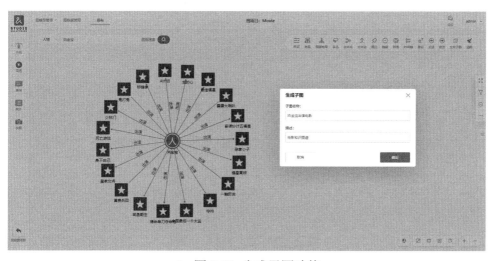

▲ 圖 7-80 生成子圖功能

7.5.5　使用者管理

　　主頁面右上角的「使用者管理」功能，旨在對不同圖專案的操作分配執行許可權，使用者管理分為「使用者群組」和「使用者」，如圖 7-81 所示。

▲ 圖 7-81 使用者管理

　　「使用者群組」可管理多個使用者，並對其下使用者對圖的操作進行許可權設置。「使用者」可分為「管理員」和「普通使用者」，管理員可對非自身使用者的登入密碼、查詢許可權等進行設置，普通使用者無使用者管理操作許可權，如圖 7-82 所示。

　　使用者對圖專案的操作許可權分為架構師、發行者、編輯和唯讀四種。

- 架構師：支援對圖資料和索引的新增、編輯和刪除，可編輯圖模型與映射。
- 發行者：支援對圖資料的新增、編輯和刪除，可編輯圖模型與映射。
- 編輯：支援對圖資料的新增、編輯和刪除，不可編輯圖模型與映射。
- 唯讀：支援對圖資料的查詢，不可編輯圖模型和圖資料。

▲ 圖 7-82 使用者資訊

7.5.6　圖型擷取

　　為了更進一步地滿足真實業務場景中的即時性和連結挖掘需求，Galaxybase Studio 實現了視覺化圖型擷取（Graph Mining）能力。透過整合圖建構、圖型分析、特徵計算、圖型計算和圖神經網路等技術，Galaxybase Studio 可以在零編碼的情況下完成圖建構、即時 / 離線圖特徵計算、模式匹配、社群分析、標籤預測等全鏈條的圖智慧分析工作。使用者可以方便快捷地挖掘圖資料特徵、發現潛在連結，實現即時決策和預警，以及使用者之間的協作分析。

圖型演算法模組管理標準化圖型演算法函式庫、使用者自訂圖型演算法，以及它們的執行、維護和更新。使用者可以透過視覺化方式對全圖或子圖進行演算法參數設定、選擇圖資料樣本、定義輸出結果形式，從而實現多樣化的業務分析。

圖規則模組根據實際業務需求的變化，基於不同的圖模型和圖特徵，靈活設定業務分析函式，實現高度自我調整的圖智慧分析。圖特徵是指基於圖結構的各頂點特徵，如外分支度、內分支度、中心性、網路鄰居特徵統計等，這些特徵是幫助業務人員進行決策的關鍵資訊。

工作流模組全面管理圖建構、圖型分析、圖型演算法、圖規則等圖智慧分析流程任務，包括以下功能：針對不同的資料集建構模型、進行分析和計算；執行複雜的圖型演算法，並對存在錯綜依賴關係的運算元進行流式編排；管理任務的上下線，即時監控任務的執行狀態，以保證流程定義的靈活性和執行實例的穩定性。這方便了業務使用者對任務執行進度的把控和管理。由於圖智慧和圖型擷取的工作複雜度較高，涉及的技術內容超出了圖型視覺化的範圍，詳細說明這些內容需要單獨的著作來闡述，因此無法在本章進行詳細的闡述。

7.6　本章小結

本章介紹了三種圖型視覺化分析的實現路徑：

（1）通用圖型視覺化工具

以 Gephi 等軟體為代表，這些工具主要用於對資料的圖型視覺化展示適用於傳統儲存架構，以及資料量不大的場景。

（2）圖型視覺化框架

以 GalaxyVis 為代表，這種框架在通用圖型視覺化工具的基礎上提高了靈活性和訂製化程度。使用者可以根據自己的需求進行訂製，以實現更加個性化的圖型視覺化分析。

（3）綜合圖型視覺化分析平臺

以 Galaxybase Studio 為代表，這種平臺基於圖資料庫底層，提供了圖資料展示、查詢、計算和互動式分析等一體化功能，適用於資料量大、分析互動性和即時性要求高的場景。

使用者可以根據自身的應用場景需求選擇合適的視覺化路徑進行資料探索。

MEMO

圖資料庫選型

　　圖資料庫因其在巨量資料連結分析場景中的優異性能而備受人們關注。在市場上存在多種不同類型的圖資料庫，它們的技術架構、支援的圖模型、性能、功能和查詢語言各不相同。由於缺乏統一標準，因此選擇適合自身業務的圖資料庫產品成為一項具有挑戰性的任務。本章將從應用場景、儲存架構、性能和功能四個維度，對圖資料庫選型應該考慮的主要因素進行整理。同時，本章將分享目前國際上主流的圖資料庫基準測試方法，並提供一份通用的選型測試樣例，該樣例取自多家客戶的實際選型實踐，可供需要進行圖資料庫選型的讀者參考。

8.1　圖資料庫的應用場景

在選擇圖資料庫之前，首先需要了解自己的業務需求和資料特點。沒有最好的圖資料庫，只有最適合自身需求的圖資料庫。

8.1.1　圖型分析需求：OLTP 還是 OLAP

資料庫根據其適用的主要場景的不同，分為連線交易處理（On-Line Transactional Processing，OLTP）資料庫和連線分析處理（On-Line Analytical Processing，OLAP）資料庫。前者偏重於交易處理，後者偏重於分析。

OLTP 資料庫偏重於線上事務型任務的處理，主要用於即時記錄核心業務事件的發生，並處理大規模使用者下的大量交易操作，如銀行轉帳、訂單處理等。在這種場景下，對資料庫的操作主要涉及新增、刪除、修改和查詢，對資料庫的要求是高併發、低延遲，並確保資料的一致性和完整性。為了儲存即時交易資料，OLTP 資料庫一般採用大量行、少量列的表結構資料，並使用關聯式資料庫（如 MySQL、Oracle、PostgreSQL 等）或鍵值資料庫（如 Redis、RocksDB 等）作為底層儲存。

OLAP 資料庫偏重於處理複雜分析型任務，主要用於探索和挖掘資料價值，並支援決策制定。它需要資料庫提供豐富多樣的分析計算功能，並能快速查詢和分析大量資料，以便使用者發現潛在的關係和趨勢，並做出商業決策。OLAP 資料庫更注重查詢效率和靈活性。一般來說 OLAP 資料庫採用多維資料模型（如星形模型、雪花模型等），將資料組織成多個維度，每個維度都包含一個或多個層次結構（舉例來說，一個訂單事實資料表可能包含客戶、時間、產品等多個維度）。這樣可以透過聚合操作對資料進行整理和計算，並更進一步地支援資料分析和查詢操作。OLAP 資料庫（如 Apache Kylin、ClickHouse、Redshift 等）通常採用列式儲存或混合儲存結構，以實現高效的查詢和分析性能。列式儲存可以唯讀取需要的資料列，而不必讀取整數個行，從而提高查詢和分析性能，更進一步地支援巨量資料的聚合、分組、排序和過濾等操作。

　　圖資料庫的主要應用場景是關聯式資料庫不擅長的分析型場景。根據架構設計的不同，有些圖資料庫更適合於 OLTP 場景，有些圖資料庫則更擅長 OLAP 場景。舉例來說，基於陣列的儲存結構讀取速度較快，但寫入速度較慢，相對而言更適合於 OLAP 場景。透過 LSM 樹或其他鍵值儲存方式雖然初始寫入速度快，但讀取速度較慢，相對而言更適合於 OLTP 場景。

　　圖資料庫的更新操作包括新增、刪除頂點、邊以及修改現有頂點、邊的屬性。圖查詢不僅包括簡單的頂點、邊及其屬性的查詢，還包括複雜的深度鏈式查詢和子圖模式查詢。如果業務場景中對多使用者高併發讀寫的要求較高，主要涉及頂點和邊的 CRUD 操作和簡單圖查詢，則適合選擇擅長 OLTP 任務的圖資料庫。如果業務場景的需求主要集中在深度鏈式查詢、路徑查詢、圖模式匹配、圖型計算等複雜圖型分析，對大量資料的查詢回應時間要求高，對高併發讀寫的性能要求並不高，則可以選擇更擅長 OLAP 任務的圖資料庫。OLAP 圖資料庫通常與資料集市一起使用，以提供高效的資料儲存和查詢分析能力。

　　在實際的業務場景中，通常對 OLAP 和 OLTP 同時存在需求。混合事務和分析處理（Hybrid Transactional and Analytical Processing，HTAP）是一種兼顧 OLTP 和 OLAP 需求的資料處理模式。圖資料庫中存在兩類主要的 OLAP 場景。一類是全圖型分析（Global Graph Analysis）演算法，用於分析圖的整體結構和特性，如檢測社群、測量中心性或確定連通分量等。另一類是子圖探索（Subgraph Exploration）演算法，特別注意感興趣的頂點附近的頂點和邊的連接和屬性，分析和探索圖的局部結構。因此，圖資料庫的 HTAP 也有兩層含義：一方面，作為圖資料庫系統，它不僅提供儲存查詢能力，還內建圖型計算引擎執行全圖型演算法，避免了外部第三方圖型計算引擎帶來的資料轉換和載入銷耗等問題；另一方面，它能夠高效率地支援即時插入和更改的資料立即進行子圖探索類的分析，通常需要依賴完全原生的圖型儲存才能實現。這種技術方案既不需要外部的全域索引，也不依賴於不可控的壓縮操作來提升鄰居遍歷的性能（參考第 2 章）。

　　在圖資料庫中，HTAP 旨在同時滿足即時交易處理和資料分析的需求，使得交易處理和資料分析可以在同一個資料庫系統中進行，降低了資料移轉和同步的成本，並具有以下特點。

- 即時性：能夠在同一個系統中同時處理即時事務和資料分析任務，減少了資料遷移和同步的延遲，提高了業務決策的時效性。

- 一致性：能夠保證交易處理和資料分析操作之間的資料一致性，避免了資料不一致帶來的問題。

- 靈活性：可以靈活地支援多種資料處理需求，包括即時交易處理、資料分析和資料探勘等，滿足不同場景的應用需求。

- 可擴充性：通常具有良好的可擴充性，能夠應對不斷增長的資料量和業務需求。

　　以即時信用卡申請反詐騙的場景為例，信用卡中心需要將新進申請件中的申請資訊解構為實體和關係，並即時地將其建構成圖資料庫的頂點和邊（OLTP）。然後根據當前網路中新的圖結構，快速計算不同實體基於新的圖結構的各類別圖風險指標（OLAP）。計算結果將寫回到圖資料庫進行屬性更新（OLTP），然後根據最新的即時資料傳回該申請件的風險判定（OLTP），並傳遞給線上秒批系統進行進件審核。在該場景中，詐騙圖特徵的查詢模式複雜，圖型計算的結果需要持久化到圖資料庫作為後續查詢和計算的輸入，並且對於複雜查詢和計算的回應時間要求很高。因此，選擇支援 OLTP 加 OLAP 的混合型任務的 HTAP 圖資料庫非常合適。

　　如果上述場景中的詐騙特徵還涉及全圖迭代的演算法（如 PageRank、Label Propagation、Connected Components 等），則需要使用專業的圖型計算引擎高效計算，以避免計算任務與讀寫任務之間的資源競爭。另外，也可以選擇使用 HTAP 類別的圖資料庫透過儲存計算分離的叢集部署架構，其中一個叢集提供線上圖查詢服務，另一個叢集執行耗時的全圖型演算法計算，並定期進行資料同步實現資料一致性。正是因為圖型分析業務場景中普遍存在混合型任務的需求，對底層圖資料庫具備原生算力支援提出了要求，因此「存算一體」的 HTAP 型圖資料庫成為行業發展的技術趨勢。

8.1.2 圖資料特點

從橫向擴充能力來看，目前市場上的圖資料庫產品分為三種：單機圖資料庫、僅支援主備/主從叢集的圖資料庫、支援分散式分片叢集的分散式圖資料庫。

顧名思義，單機圖資料庫僅支援在一個服務節點上構造實例，不支援水平擴充，無法將多個實例組成叢集。因此，它的資料規模受單機硬體條件的限制，同時參與運算分析的 CPU 和記憶體也受限制。然而，單機圖資料庫無須考慮分散式相關功能的約束，可以充分利用單機記憶體，在處理小資料集的查詢計算時效率較高，產品也更輕量化。

僅支援主備/主從叢集的圖資料庫支援在多個服務節點上啟動服務，可以將多個實例組成一個叢集。但在這種模式下，每個節點上儲存的資料都是全量資料，不具備分散式分片儲存機制。因此，其支援的資料規模同樣受單機硬體條件的限制。這種模式的好處是透過叢集備份機制可以支援更高的併發讀寫需求，並提供了良好的備份和容錯機制。

支援分散式分片叢集的分散式圖資料庫支援叢集節點的水平擴充，可以對圖資料進行分割以實現分片儲存。這擺脫了單機儲存和運算資源對圖資料規模的限制，不僅可以支援更大規模的圖資料儲存和查詢，而且計算任務也可以由更多的 CPU 分擔。在巨量資料場景下，對於基於 BSP 計算框架的任務（可以拆分後並存執行），具有更高的性能。

需要特別強調的是，在圖資料分析場景中，分散式架構並不總是表示更高效的查詢性能。在分散式系統中，多台電腦透過網路協作完成平行計算任務，這會導致額外的網路通訊和資料傳輸銷耗。除非資料分佈均勻且查詢可以在各個分區內部並行處理，否則分散式系統會因為前述銷耗而導致性能更低。在關聯式資料庫的分散式查詢中，無論是按行還是按列分割表資料，查詢請求都可以在相應節點上進行最佳化以避免跨節點資料傳輸和網路銷耗。然而，在圖資料庫中，基本存放裝置單元為頂點和邊，無論是頂點分割還是邊分割，圖查詢和計算涉及的在圖上的深度遍歷和隨機遊走都無法實現資料當地語系化，這導致查詢需要在不同節點間獲取資料，從而產生跨節點資料傳輸和網路銷耗。網路延遲時間越大，銷耗越大。因此，除非圖查詢 / 計算任務可以透過 BSP 計算框架進行拆分平行計算，且資料量龐大到跨節點資料傳輸和網路銷耗相對於計算複雜度本身顯得較小，不然在大多數情況下，分散式分片後的圖查詢和圖型演算法性能會低於單機圖資料庫或主備 / 主從叢集的圖資料庫性能。選型時，我們需要明確分散式分片技術在圖資料庫領域主要解決的是資料量超過單機處理能力範圍的問題，而非查詢加速的問題。

也正是因為上述原因，在做性能對比時，對不同的產品應該選擇相同的分散式模式進行對比，而非簡單對比單機圖資料庫和分散式圖資料庫的性能。分散式系統存在的意義是提升系統輸送量、處理單機無法處理的任務——解決的是能與不能的問題。圖型計算往往需要將全圖資料載入進記憶體，因此對巨量資料的圖型分析需求而言，單機記憶體往往是一個最大的瓶頸。

選型時要根據業務資料量、計算性能的要求，以及備份容錯等需求進行決策。如果資料量較小、計算性能要求高，並且主要用於離線分析場景，單機圖資料庫就能極佳地滿足業務需求。如果在小資料場景中存在較高的併發讀寫需求，並且需要提供良好的線上業務支援，則應選擇可以進行主備 / 主從叢集部署的圖資料庫，以增加備份和容錯能力。如果資料量很大，或資料增量很大，並且當前或在可預見的未來，單機儲存和運算資源會遇到瓶頸，則應選擇支援資料分片的分散式圖資料庫來實現水平擴充。

8.2　圖資料庫的儲存架構

從儲存層的實現來看，圖資料庫可以分為原生圖型儲存和非原生圖型儲存兩類。非原生圖型儲存圖資料庫是指依賴第三方儲存系統實現的圖資料庫，如基於 HBase 或 RocksDB 等底層儲存系統，在資料處理層實現了免索引鄰接。相反，原生圖資料庫不依賴第三方儲存系統實現底層儲存（參考第 1 章、第 2 章相關詳細描述），在資料儲存層實現了免索引鄰接，避免了像資料 Compaction 等最佳化圖遍歷性能的中間步驟，在深鏈分析中表現出更優秀的性能。

將圖資料庫的儲存架構作為選型因素，主要出於三個方面的考量。

其一，與非原生圖資料庫相比，原生圖資料庫的性能普遍更為優異。非原生圖資料庫基於第三方儲存系統，其設計初衷並不是為了圖結構資料的儲存與查詢，所以在圖場景下存在額外的空間和性能損耗，如使用多個具有重複首碼的鍵來索引資料。相比之下，原生圖資料庫專門針對圖結構資料的儲存和查詢進行了最佳化，包含大量的下推邏輯，可以進行更多、更深層次的查詢和計算最佳化，具有更高的效率和性能，並具備良好的圖型分析場景延展性。

其二，原生圖型儲存通常比非原生圖型儲存更加穩定和可靠，使用風險和整體使用成本更低。非原生圖資料庫大多基於第三方開放原始碼儲存元件建構，依賴於第三方儲存系統的穩定性和可靠性，存在較多的使用風險。舉例來說，開放原始碼軟體使用中的智慧財產權風險主要源於使用違反開放原始碼許可證或有著作權瑕疵的開放原始碼軟體。此外，開放原始碼的底層儲存元件容易受安全性漏洞的影響，可能被駭客或其他惡意人員用來攻擊系統或盜取資料。雖然開放原始碼軟體本身是免費的，但使用和維護卻需要成本投入，包括訂製化開發和運行維護方面。

其三，在高度不確定的國際政治、經濟環境中，技術的安全自主可控成為客戶需要考慮的重要因素。作為支撐資料經濟的核心基礎設施，資料庫在數位經濟發展中扮演著重要角色，並面臨著技術斷供的風險。原生圖資料庫的儲存核心不依賴於第三方開放原始碼或閉源產品，完全由圖資料庫廠商自主研發，具備完全自主可控性。

8.3 圖資料庫的性能

除了圖資料庫的應用場景、採購符合規範、安全可控等政策因素，圖資料庫的性能和功能也是選型時的重要考慮因素，這兩個方面共同反映了一款圖資料庫產品的成熟度。圖資料庫的性能主要包括匯入性能、查詢性能和圖型演算法性能。在評估任何一種性能時，都不能忽略同時進行正確性驗證的重要性。

8.3.1　匯入性能

保持資料的正確性和高效的匯入性能是圖資料庫的基礎能力。在處理巨量資料量和頻繁更新的情況下，不同設計架構的圖資料庫可能存在顯著的匯入性能差異。

圖資料庫的資料匯入可以分為存量匯入（Full Data Ingestion）、即時匯入（Real-time Data Ingestion）、流式匯入（Stream Import）和增量批次匯入（Incremental and Batch Data Ingestion）等多種模式。不同的匯入模式也表示具有不同的時間成本，因此在選型時需要在相同的匯入模式下比較性能。

- 存量匯入：指將存放在其他資料庫、資料倉儲或分散式檔案系統中的歷史全量資料按照預先定義的圖模型一次性取出並存入圖資料庫的過程。存量匯入常用於資料移轉和資料備份等場景，能夠快速將大量資料從關聯式資料庫或其他非關聯式資料庫遷移到圖資料庫，並保證資料的完整性和準確性。

- 即時匯入：指將資料即時地從外部來源系統匯入圖資料庫中，以確保資料的及時性和準確性。即時匯入常用於資料更新頻繁、對資料即時性要求較高的場景，如實時監控和交易處理等。能夠支援需要快速決策的業務應用需求。

- 流式匯入：也是即時匯入的一種方式，區別在於，即時匯入通常直接從外部系統獲取資料並進行即時處理和分析，對準確性和回應速度要求更高；而流式匯入透過即時資料流的方式獲取資料，並將資料暫存於快取中，以便稍後進行批次處理。流式匯入犧牲一定的精度以獲得更高的輸送量和效率，通常適用於大規模資料和批次處理等場景。

- 增量批次匯入：是指在存量資料匯入圖資料庫之後，將新增資料按照一定的時間間隔或資料量大小分批次匯入圖資料庫的過程。這種模式的匯入性能相比即時匯入更高，適用於資料同步和資料增量大但對資料即時性要求不高的場景。

　　不同資料庫由於設計架構的差異，通常在某些特定的匯入模式上表現更優。因此，客戶在選擇資料庫時需要根據實際業務需求進行選擇。舉例來說，在需要頻繁對全量圖資料進行替換和更新的場景下，可以重點考慮存量匯入能力；而對於一次性完成歷史資料匯入，之後只涉及頻繁增量資料更新的場景，則可以重點考慮增量匯入能力。

　　對於分散式圖資料庫，支援分散式資料匯入也是一個重要的考查指標。分散式導入指的是將給定的資料集切分並分發到各個分散式節點，以實現並行的資料匯入。對於資料量大且業務場景要求採用分散式圖資料庫的情況，分散式並行的圖資料匯入能夠顯著加快匯入速度。

　　除了匯入速度，匯入前後的資料膨脹比也是衡量圖資料庫匯入能力的指標之一。不同的儲存方案匯入圖資料庫後，資料的膨脹比會有很大差異。原生圖型儲存的資料膨脹通常是來源資料的 1 ～ 2 倍，而基於第三方儲存的圖資料庫，如果沒有額外的壓縮，膨脹比普遍超過 3 倍。在資料量巨大的情況下，這表示額外的顯著硬體成本。此外，資料壓縮需要消耗系統資源，並且會嚴重影響同時段的查詢性能。因此，非原生圖資料庫通常需要在資料匯入完成後等待一段不可控且不確定長度的時間進行資料壓縮（資料壓縮由第三方底層儲存實現，壓縮時間取決於資料情況），然後再進行查詢性能測試。從理論上講，考慮可比性，資料壓縮的時間應計入非原生圖資料庫的資料匯入時間。資料匯入時間應包括從資料匯入任務開始到資料庫能夠執行正常查詢所經過的時間。

8.3.2　查詢性能

　　評估圖資料庫的查詢性能需要考慮多種因素，主要有以下幾個方面。

1 · 查詢回應時間

　　查詢回應時間（Response Time）是指從使用者發出查詢請求到獲得完整結果所需的總時間，包括處理查詢、資料傳輸和其他相關操作的時間。它是衡量系統性能的重要指標，反映了系統處理使用者查詢的整體效率。通常情況下，回應時間越短，性能越好。

2 · 輸送量

輸送量（Throughput）表示單位時間內圖資料庫能夠處理的查詢請求數量。高輸送量表示圖資料庫可以更快地處理大量併發查詢。

3 · 延遲

延遲（Latency）是指從使用者發出查詢請求到接收到查詢結果的第一個位元組所需的時間。它關注的是系統開始回應查詢請求所需的時間，而非整個查詢過程完成的總時間。延遲受到多種因素的影響，包括網路傳輸延遲、伺服器處理能力等。與回應時間類似，一般來說，延遲越短，性能越好。

4 · 查詢複雜度

圖資料庫的查詢複雜度（Query Complexity）可以根據涉及的圖結構或查詢模式的複雜度、處理的資料量以及所使用的演算法和技術，分為簡單圖查詢和複雜圖查詢。不同的複雜度對圖資料庫的查詢性能產生不同的影響。簡單圖查詢通常涉及簡單的圖結構查詢，如頂點或邊的屬性查詢、兩個頂點之間的關係查詢、K 跳鄰居查詢等。其中，K 跳鄰居查詢是指從起始頂點開始，能夠在 K 跳內到達的所有頂點的集合。K 跳鄰居查詢性能是評估圖資料庫深鏈查詢能力的常用指標。簡單圖查詢的特點是可以透過基礎的遍歷演算法和索引實現。

相比之下，複雜圖查詢涉及更複雜的圖結構和查詢模式，如路徑查詢、子圖匹配等。這些查詢通常需要使用更高級的演算法和技術，如圖遍歷演算法、圖資料庫最佳化等。複雜圖查詢通常需要處理更大的資料量，可能需要採用分散式運算、並行處理等技術來確保查詢性能和效率。整體而言，如果圖資料庫能夠高效率地處理複雜查詢，那麼就說明它具備更好的查詢性能。

值得一提的是，在圖資料庫選型的過程中，許多使用者重視以多跳查詢為代表的簡單查詢性能，而忽視對複雜查詢能力的評估。實際應用場景中，基於複雜業務場景建構的屬性圖往往涉及多種複雜的點和邊類型，這些點和邊可能帶有不同類型的屬性。對於這樣的圖，分析通常涉及複雜的過濾和聚合操作、包含業務邏輯的子圖模式匹配、帶條件的隨機遊走等複雜問題。因此，複雜查詢性能才是真正表現圖資料庫產品在處理真實業務場景分析需求方面能力的指標。複雜查詢常常被忽視的主要原因是設計測試方案的技術人員往往不熟悉具體的業務邏輯，不清楚如何建構業務圖模型以及業務需要查詢哪些圖模式。

目前，國際上唯一的第三方權威圖資料庫基準測試機構連結資料基準委員會（LDBC）提供了一套完備的基準測試框架（詳見 8.5 節），其中就包含多項具有跨領域通用性的複雜查詢。截至本書出版時，能在第三方稽核下成功完成 LDBC 性能測試的圖資料庫產品並不多，僅有螞蟻金服的 TuGraph 以及創鄰科技的 Galaxybase。

5・最佳化策略

圖資料庫採用的最佳化策略（Optimization Strategies）會影響查詢性能，有效的最佳化策略可以提高查詢速度。與關聯式資料庫的預存程序類似，成熟的圖資料庫產品也會向有極致性能需求的高級使用者提供查詢執行過程最佳化的底層介面。舉例來說，TigerGraph 和 Galaxybase 分別向使用者開放了各自產品的底層查詢最佳化介面。

6・併發性能

併發性能（Concurrency Performance）用於評估圖資料庫在多個使用者同時存取和查詢時保持查詢性能的能力。這通常涉及一些複雜的技術，如負載平衡、快取策略、鎖定策略、事務管理和資源設定等。

7・可擴充性

可擴充性（Scalability）用於評估圖資料庫在資料規模、使用者數量或查詢負載增加時，是否能保持良好的查詢性能。通常涉及分散式運算、資料切分、快取機制、負載平衡和索引最佳化等多種技術。

8・系統資源使用率

系統資源使用率（System Resource Utilization）用於評估圖資料庫在執行查詢過程中對 CPU、記憶體、磁碟和網路資源的使用情況。較低的資源使用率表示較高的性能效率。

綜上所述，使用者需要從多個維度綜合評估一款圖資料庫的查詢性能。越是架構簡單的早期產品，越容易在單一維度上取得極致性能，但這往往以其他維度的性能犧牲為代價。成熟的圖資料庫產品會平衡查詢各個維度的性能需求，為客戶提供跨場景、跨資料規模、跨查詢類別的查詢體驗。

8.3.3　圖型演算法性能

圖資料庫是專門用於儲存和管理圖結構資料的系統，而圖型演算法則是用在圖結構資料上進行計算和分析的方法，旨在發現圖中的關係、結構和模式。因此，對圖資料庫來說，評估圖型演算法性能是非常重要的。圖型演算法的性能包括執行時間、記憶體佔用、可擴充性、演算法複雜度、即時性和準確性等多個方面。這些指標有助使用者更全面地了解圖資料庫在處理圖相關問題時的性能表現。

1 · 執行時間

執行時間（Execution Time）用於衡量圖型演算法在替定資料集上完成計算所需的時間。執行時間越短，說明性能越好。

2 · 記憶體佔用

記憶體佔用（Memory Usage）用於衡量圖型演算法在執行過程中佔用的記憶體資源。較低的記憶體佔用表示更高的性能效率。

3 · 可擴充性

可擴充性（Scalability）用於評估圖型演算法在處理不同規模的資料集時的性能表現，以及在節點和邊的數量增加時，是否仍能保持良好性能。目前大部分圖型演算法依然是單機圖型演算法，僅有少數圖資料庫廠商提供了分散式圖型演算法的實現。演算法能否進行分散式並行化，也是考量演算法可擴充性的關鍵指標。

4‧複雜度

複雜度（Complexity）用於評估圖型演算法在處理不同複雜性問題時的性能表現。需要測試在處理各種複雜度的圖問題時，圖資料庫的性能表現。

5‧即時性

即時性（Real-time Performance）用於評估圖型演算法在即時更新和查詢圖資料時的性能表現。即時性越好，說明圖資料庫更適合處理即時資料的場景。

6‧準確性

準確性（Accuracy）用於衡量圖型演算法的結果準確性和可靠性。準確性是評估圖型演算法性能的非常重要但實操中常被忽略的指標。

7‧通用性和可訂製性

通用性和可訂製性（Generality and Customizability）用於評估圖型演算法是否具有較強的通用性，能夠適應不同類型的圖資料和問題，以及是否可以根據場景的特定需求透過參數化設定進行靈活的自訂。

常見的圖型演算法包括最短路徑演算法、社區發現演算法、節點中心性演算法、子圖匹配演算法等幾大類。舉例來說，PageRank、Degree Centrality、Betweenness Centrality 都是常見的中心性演算法，Louvain、三角計數、標籤傳播、強 / 弱連通分量都是常見的社區發現演算法。測試圖型演算法時，一般只需從各大類中選出代表性強的若干演算法進行性能比較。這些演算法通常需要透過遍歷圖來尋找特定的結構或資訊，並且存在時間複雜度、空間複雜度、可擴充性等方面的差異。在實踐中，圖資料庫選型也需要對不同的圖型演算法進行測試和比較。由於各個演算法的複雜度不同，能支援的資料規模和資源耗費也不同，使用者需要綜合考慮圖規模、運算資源和時間成本，選擇適合自己需求的演算法，並使用最佳的演算法參數和設定以獲得最佳的性能表現。

　　值得一提的是，在圖資料庫之間比較演算法性能時，為了結果的可比性，需要統一演算法參數（如迭代輪數、阻尼係數等）並明確演算法結果以相同的方式傳回（回寫到圖資料庫或輸出到檔案）。另外，不同廠商對相同圖型演算法也會存在實現邏輯上的差異，所以還需檢驗演算法結果的正確性——只有結果正確，性能的對比才有意義。結果不一致，則表示演算法的實現邏輯存在差異，計算的複雜度也可能不一樣，導致性能結果失去可比性。

8.3.4　正確性驗證

　　圖資料庫的正確性是指其中儲存的資料應該符合一定的完整性和一致性條件，能夠在操作和查詢時保持準確性和可靠性。為了確保圖資料庫的正確性和可靠性，選型時進行正確性驗證是非常必要的。只有在圖資料庫資料準確、完整和安全的前提下，才能保證上層應用程式的穩定可靠。

　　對於圖資料庫的正確性驗證，可以從以下幾個方面來進行。

1 · 圖資料模型一致性

　　圖資料模型一致性（Graph Data Model Consistency）用於驗證頂點、邊和屬性的類型定義及約束（如資料範圍、長度、唯一性等）是否正確且一致，確保圖資料庫的資料模型符合預期。

2 · 圖資料完整性

　　圖資料完整性（Graph Data Integrity）用於驗證圖資料庫中的頂點、邊和屬性值是否完整且符合預期，檢查圖資料的拓撲結構是否完整、是否存在斷裂的邊或孤立的頂點（除非業務允許）。

3 · 圖查詢和操作正確性

　　圖查詢和操作正確性（Graph Query and Operation Correctness）用於驗證圖資料庫在執行查詢和操作（如建立、更新、刪除頂點和邊）時，相關拓撲結構和屬性資訊得到正確維護，沒有資料不一致或遺失。可以透過建構測試用例和預期結果，對比實際查詢或操作的結果來進行驗證。

4・圖型演算法正確性

圖型演算法正確性（Graph Algorithm Correctness）用於驗證圖資料庫中提供的圖型演算法是否正確執行並傳回正確結果。可以透過使用已知的演算法和資料集，比較實際結果與預期結果來進行驗證，如可以橫向對比 PageRank 分值最高的 100 個點。有的圖型演算法可以基於不同論文實現，對比時應要求統一演算法邏輯，選擇以公認的第三方演算法邏輯為準。另外，有的演算法結果具有隨機性，如 Louvain、LPA，這些演算法的結果允許存在一定程度的差異。

5・事務正確性

事務正確性（Transaction Correctness）用於驗證圖資料庫事務的正確性，確保事務能夠滿足 ACID（原子性、一致性、隔離性、持久性）屬性。可以透過模擬事務操作並檢查結果來進行驗證。

6・資料匯入與匯出驗證

資料匯入與匯出驗證（Data Import and Export Validation）用於驗證圖資料庫的資料匯入和匯出功能是否正確執行。可以透過實際匯入匯出資料並對比結果來進行驗證：一是檢查資料總量是否正確，對比原始資料檔案的行數與匯入圖資料庫後顯示的資料量是否一致；二是隨機抽查資料，對比原始資料和入庫後資料（如屬性值、起始點、終止點）是否一致。

7・系統相容性驗證

系統相容性驗證（System Compatibility Validation）用於驗證圖資料庫在不同作業系統、硬體規格和軟體環境中的相容性和正確性，確保資料庫能夠在多種環境中正常執行。

8・安全性驗證

安全性驗證（Security Validation）用於驗證圖資料庫能否透過適當的安全性措施（如存取控制、身份驗證、資料加密、稽核等）檢測，保護敏感性資料不被未經授權的存取和修改，抵禦外部攻擊和內部誤操作，保障資料的安全性。

9·備份和恢復驗證

備份和恢復驗證（Backup and Recovery Validation）指在備份資料庫後，對備份資料進行驗證以確保備份的完整性和準確性，以及在進行資料庫恢復時驗證恢復所得到的資料與備份資料一致。驗證圖資料庫的備份和恢復功能是否正確執行，確保在出現故障或資料遺失時可以迅速恢復正常執行。

總之，正確性驗證是確保圖資料庫資料完整、一致、可靠、安全的關鍵，是選型時的重要考量要素。

8.4　圖資料庫的功能

性能並不是唯一的選型考量，對企業客戶而言，圖資料庫產品的功能豐富程度、好用度、系統的穩定性、易運行維護程度、產品的生態完備性同樣重要。身為新興的資料庫類別，業內還沒有統一的圖資料庫功能標準。一般來說，資料庫的功能包括資料儲存、查詢、備份與恢復、安全、擴充性、性能和可用性等多個維度。這些功能共同組成了一個完整的資料庫系統，可以為企業提供高效、安全、可靠的資料管理和應用支援。基於此，筆者調研了多款流行的圖資料庫產品，並徵詢了多家大型企業使用者的需求建議，整理了一份共識度較高的圖資料庫功能考查框架供讀者參考。

8.4.1　基礎圖資料庫功能

基礎圖資料庫功能代表圖資料庫身為資料庫軟體產品應該具有的基本能力，需要包含以下維度。

1·圖資料模型

圖資料庫的核心是基於圖模型的資料儲存和表示，包括頂點、邊及其屬性等基本元素。

2·資料匯入與匯出

圖資料庫應提供便捷的資料匯入和匯出功能，支援與其他資料來源和資料庫系統的資料交換和遷移，其中包括對存量資料的批次匯入能力和對新增資料的增量匯入能力。

3·圖資料持久化

圖資料庫主要功能之一是實現對圖資料的持久化儲存，以確保資料的安全性、完整性和可靠性。這可能涉及使用不同類型的儲存引擎和資料儲存格式。

4·事務管理

圖資料庫需要支援事務管理，以確保資料操作的原子性、一致性、隔離性和持久性。

5·圖查詢

圖資料庫還應具備強大的圖資料查詢能力，能夠對儲存在其中的圖資料進行高效和準確的各類別圖查詢操作。這既可以透過使用圖查詢語言實現，也可以透過基於程式語言的自訂函式、過程實現。

圖資料庫領域目前還沒有主導的查詢語言，比較流行的有 Cypher 和 Gremlin。Cypher 是 Neo4j 使用和推廣的一種宣告式查詢語言，語法設計淺顯易懂，比較人性化，同時兼顧了查詢效率和完備性。隨著 Neo4j 的發展和社區的壯大，Cypher 成為目前使用者最多的圖查詢語言之一。Gremlin 是 Apache TinkerPop 框架下規範的圖查詢語言，表達能力強，但是學習與性能調優難度較大。另外，一些圖資料庫也會使用自研的圖查詢語言，這類產品對使用者而言會有一定的系統鎖定風險，後期如果想替換成其他的圖資料庫產品，遷移成本會很高。

自 2019 年 9 月起，國際上開始推行圖查詢語言（GQL）標準化工作。GQL 很大程度上參考了現有的資料庫查詢語言，如 Neo4j 的 Cypher、Oracle 的 PGQL 和 SQL。GQL 專案也是自 SQL 之後的第一個 ISO/IEC 國際標準資料庫語言專案。GQL 和 SQL 類似，均屬於宣告式程式語言。

　　宣告式查詢語言和命令式查詢語言是用於資料庫查詢的兩種不同的程式設計範式：命令式查詢語言透過明確的指令來描述如何執行某項查詢任務，開發者需要顯式地撰寫查詢敘述並控制查詢過程的每個步驟，包括最佳化執行過程、處理快取等；相比之下，宣告式查詢語言透過定義問題的解決方案來描述查詢結果，讓開發者只需專注於查詢的目標，而非底層具體的實現細節，具備易於理解、撰寫靈活、學習門檻低等特性，更容易推廣和普及。

6・最佳化策略

　　最佳化策略對提高資料庫的性能和可用性至關重要，是資料庫不可或缺的核心功能之一。對於承載了大量的資料和業務邏輯的圖資料庫而言，性能和效率的最佳化顯得尤為重要。

　　圖資料庫查詢的最佳化策略的主要目的是提高複雜圖查詢的性能和回應速度。常見的圖資料庫查詢最佳化策略包括：對經常作為查詢準則的點邊屬性建立索引來加快查詢；合理使用圖資料庫支援的子查詢、聚合等功能，撰寫高效的查詢敘述，避免不必要的計算和中間資料傳輸；透過限制查詢深度、點邊類型篩選等方法縮短查詢路徑，避免過長的路徑導致性能下降；採用懶載入策略，減少不必要的資料傳輸和計算銷耗等。

　　此外，不同的圖資料特徵、軟硬體環境、業務需求往往表示不同的查詢最佳化策略，宣告式查詢語言的抽象層次較高，使用者無法對查詢過程進行細粒度的控制，面對查詢邏輯複雜、性能要求高的場景，控制力不足。因此，圖資料庫也應該具備支援命令式查詢語言的底層實現，讓使用者能夠透過標準程式語言撰寫自訂過程，實現查詢執行過程的最佳化。這些底層實現是否提供了豐富的程式設計結構（如迴圈、條件分支等），讓使用者實現更複雜的查詢邏輯，是否允許使用者對圖查詢的過程（如並行迭代點邊、分散式任務執行、超級點的特殊處理、快取最佳化等）進行詳細的控制，是考核心圖資料庫最佳化策略是否滿足不同場景需求的關鍵維度。

　　除了索引、查詢敘述最佳化、使用命令式查詢語言更細粒度控制查詢過程等方式，還可以透過資料的分區與分片（將資料劃分到多個伺服器上並行處理）、分散式平行計算（將查詢任務劃分為多個子任務，並存執行）、快取策略（將熱點資料或經常被查詢的結果放入快取，以減少重複查詢的銷耗）進行查詢最佳化。一款圖資料庫產品是否具備並高效支援這些最佳化策略，將決定它在實際應用場景中真實的查詢性能和回應速度，以及場景通用性。

7・資料安全和存取控制

圖資料庫應具備資料安全和存取控制功能，以保護敏感性資料的安全性、完整性和機密性，確保未經授權的使用者無法存取敏感性資料，防範內外部威脅。圖資料庫的價值在於整合多來源資料形成資料網路效應，因此在企業級應用中涉及多個部門和不同角色的使用者，同時圖資料庫涉及儲存、計算等多層服務，這給系統的安全和穩定執行帶來挑戰。成熟的圖資料庫應具備良好的使用者分組和身份驗證機制，並對不同使用者群組設置不同的存取權限。優秀的圖資料庫應具備更細粒度的許可權管理（舉例來說，基於點邊屬性的許可權控制），能夠對敏感性資料進行加密儲存、傳輸和脫敏展示，並能夠記錄所有使用者對資料庫的 CRUD 操作以發現潛在的安全問題。

8・資料庫備份和恢復

為了確保資料的安全性，圖資料庫需要具備備份和恢復功能，以便在意外情況下能夠快速恢復資料並避免資料遺失。完備的備份與恢復功能需要實現合理的備份策略和恢復方案，包括定期進行全量或增量備份、資料庫還原、災難恢復、部分恢復等多種方式，以確保資料的完整性和可靠性。同時，還需要注意備份檔案的加密、驗證和安全儲存，以防止備份資料的洩露或損壞。在進行資料庫備份和恢復時，還應對備份資料進行正確性驗證，以確保備份資料與原始資料一致。

8.4.2　高階圖資料庫功能

高階圖資料庫功能代表一款成熟的圖資料庫產品提供給使用者的在基礎功能之外的額外資料管理服務。不同的圖資料庫產品根據自身定位不同，對這些功能的涵蓋度以及支援程度會存在差異。舉例來說，有些圖資料庫不提供圖型演算法支援，需要外接第三方圖型計算引擎來完成圖型分析；有些圖資料庫則無法支援分散式分片的叢集部署。整體來說，一款優秀的圖資料庫產品應該盡可能多地涵蓋以下功能。

1 · 圖型演算法

好的圖資料庫產品通常會提供一套用於執行和實現各種圖型演算法的軟體工具集，用於處理圖型分析和圖型計算任務，也稱為圖型演算法函式庫。圖型演算法函式庫包含一系列通用圖型演算法和常用的圖操作 API。各廠商的演算法工程師對自身產品的底層設計非常熟悉，能夠針對產品特性實現性能更好的演算法。提供圖型演算法函式庫可以大大減少使用者的演算法開發工作量，並提升演算法效率。其中的基礎演算法和運算元可以靈活組合，成為建構使用者自訂演算法的基礎單元，幫助使用者解決複雜計算問題。圖型演算法函式庫的關鍵衡量指標包括演算法覆蓋範圍（種類和數量）、演算法的性能（速度、資源佔用、平行計算支援）、可擴充性（分散式運算支援）、適應性（適用於不同類型的圖資料結構），以及演算法的可訂製性（參數化程度）。

2 · 分散式和叢集支援

為了滿足企業不斷增長的資料處理需求，圖資料庫需要具備可擴充性，能夠根據資料規模的變化來動態調整運算資源。優秀的圖資料庫產品能夠支援基於資料分片的分散式叢集部署，透過分散式事務管理機制實現分片資料的一致性和完整性，並實現自動化的負載平衡，提高整體系統的可擴充性、容錯性和性能。

3 · 監控和管理

成熟的圖資料庫產品會提供完備的監控和管理功能。圖型分析任務通常具有較高的複雜度、資源銷耗和耗時，因此圖資料庫需要具備良好的任務管理功能，能夠即時監控和管理資料庫的執行狀態、性能指標，以及 CPU、記憶體、I/O 裝置、網路等資源的使用情況。這樣可以辨識潛在的性能瓶頸和故障，並及時預警運行維護人員，停止問題任務。完備的監控和管理功能不僅包括性能監控與最佳化，還需要執行安全監控和管理，以保護資料免受內外部攻擊。舉例來說，透過存取日誌、稽核功能等方式來追蹤使用者活動，防止惡意存取。此外，良好的版本控制和管理也能方便運行維護人員更進一步地追蹤和管理資料庫中的更新和變更，實現多版本管理。

4・程式設計介面

　　主流的圖資料庫通常都會提供程式設計介面，以便開發者透過程式設計方式來存取和操作圖資料庫。這些程式設計介面包括資料庫連接、定義資料模型、控制事務、定義角色及權限控制等功能。不同的圖資料庫可提供不同的程式設計介面，開發者需要根據自己的需求和技術堆疊選擇合適的圖資料庫和相應的程式設計介面，如表 8-1 所示。

▼ 表 8-1　常見的圖資料庫及其提供的程式設計介面

圖資料庫產品	提供的程式設計介面
Neo4j	Java、Python、C++、C#、.NET、JavaScript
Amazon Neptune	Java、Python、C#、Go、PHP、Scala、Ruby、JavaScript
JanusGraph	Java、Python、JavaScript
ArangoDB	Java、Python、C++、C#、Go、PHP、JavaScript
TigerGraph	Java、C++
Galaxybase	Java、Python、Go、JavaScript
TuGraph	Java、Python、C++
Nebula Graph	Java、Python、C++、Go

5・高可用性

　　圖資料庫的高可用性是指在元件或節點發生故障時，仍能保證資料庫服務的正常執行和資料的可用性，以防止業務中斷或資料遺失對業務執行和使用者體驗造成影響。為了實現高可用性，圖資料庫可以採用多副本部署、資料複製、心跳檢測、災難恢復備份和負載平衡等技術手段。在選型過程中，可以評估圖資料庫是否提供了相應的技術方案來實現高可用性。

8.4.3　視覺化分析與查詢

　　資料視覺化及視覺化分析並不是傳統意義上的資料庫功能，而是以第三方元件或獨立軟體的形式存在，供資料科學家和業務人員使用。在傳統關聯式資料庫領域，資料模型通常由資料庫管理員（Database Administrator，DBA）或專門的資料架構師設計。圖資料庫的資料模型與業務邏輯緊密耦合，通常由業務人員或資料分析師根據具體的分析需求進行定義。

　　與此同時，圖型分析本身解決的主要是開放性和探索性的問題，需要分析人員以圖的模式將散亂的資訊組織起來，並在未知中尋找規律。這表示分析人員需要具備業務邏輯的理解能力，但對程式設計能力的要求相對較低。因此，對資料分析人員來說，深入使用圖資料庫進行資料探索和挖掘是至關重要的，而視覺化分析和查詢功能則成為圖技術產品中不可或缺的組成部分。

　　行業通常將整合圖資料庫、圖資料視覺化、資料探勘與探索等多種功能的綜合性軟體稱為圖平臺（Graph Platform），而專門用於儲存和管理圖資料、支援查詢和分析的系統被稱為圖資料庫。目前，市面上主流的商業圖資料庫（如 Neo4j、TigerGraph、Galaxybase 等）都支援圖型視覺化分析和查詢功能。

　　良好的視覺化操作介面可以顯著降低使用者的學習成本。透過以「物件 - 關係」的形式將複雜業務場景中的人、事、物直觀地呈現，視覺化工具符合人腦分析和理解事物的方式。它可以幫助分析人員整理與分析物件相關的上下文資訊，並提供更好的決策支援。優秀的視覺化分析工具能夠讓使用者在無須程式設計的情況下完成資料建模、資料匯入、查詢與計算、迭代分析、結果匯出等操作，從而降低使用者的學習成本，推動圖技術在廣泛應用中發揮業務價值。圖資料庫的視覺化能力的好壞可透過以下方面表現：互動介面是否支援資料縮放、多種佈局，樣式是否清晰美觀、是否支援訂製化（如大小、粗細、顏色、圖示等），資料匯入匯出是否簡便、是否支援資料修改等。

　　綜上所述，一款完備的圖資料庫產品應涵蓋多個維度的功能，包括圖資料模型、圖查詢、圖資料持久化、事務管理、最佳化策略、資料安全和存取控制、圖型演算法、分散式和叢集支援、監控和管理和視覺化分析等。這些功能共同組成了圖資料庫的整體能力，以滿足不同場景下多樣化的圖資料儲存和處理需求。

8.5 圖資料庫選型基準測試

在市場競爭中，不同的資料庫產品需要進行比較和評估。資料庫基準測試是一種透過模擬真實場景和負載來評估資料庫系統性能、可靠性和穩定性的測試方法。其主要目的是提供客觀的關鍵性能指標和資料，幫助使用者更進一步地理解和評估資料庫系統，是資料庫選型和最佳化的重要參考依據。

在資料庫基準測試中，會進行各種類型的測試，如讀寫測試、查詢測試、併發測試和事務測試等，以模擬不同的負載情況。透過這些測試，可以評估資料庫系統在高負載環境中的性能表現，包括回應時間、輸送量、併發處理能力、記憶體使用率和 CPU 使用率等指標。

好的基準測試需要精心地設計測試項，與真實生產環境貼合，能夠深入考查產品能力，測試結果準確可靠且具有較強的業務參考性。測試過程應該嚴謹規範，包括標準的測試流程、嚴謹的測試指標和規範的稽核規則，以確保測試結果的可靠性、可重複性和可對比性。同時，提供的測試工具應支援常見的資料庫系統，具備可擴充性和高效性等特點。

好的基準測試可以極大地減少行業內及上下游之間的溝通和選型對比成本，為使用者選擇適合自身需求的資料庫提供重要的參考依據。

資料庫基準測試一般包括以下幾個步驟。

- 測試環境設置：確定測試使用的硬體裝置和軟體環境，包括伺服器設定、資料庫版本和作業系統等。

- 負載設計：設計不同類型的負載，包括讀取、寫入、更新和刪除等操作，並確定每種操作的頻率和順序。

- 測試運行：在測試環境中執行負載，並記錄各項性能指標和資料，如回應時間、輸送量、CPU 和記憶體使用率等。

- 資料分析：對測試結果進行統計和分析，包括生成報告、繪製圖表和評估性能瓶頸等。

- 最佳化方案：根據測試結果，提出合理的最佳化方案，以提高資料庫系統的性能、可靠性和穩定性。

　　圖資料庫和關聯式資料庫在資料模型、應用場景和性能指標等方面存在明顯的差異，因此圖資料庫基準測試的設計和實施也應針對這些特點加以考慮。在測試中需要選擇合適的負載類型、資料模型、演算法和工具，以評估圖資料庫在複雜圖結構下對不同類型任務的處理能力和性能表現。

　　類似於關聯式資料庫領域的交易處理性能委員會（Transaction Processing Performance Council，TPC），連結資料基準委員會（Linked Data Benchmark Council，LDBC）是目前圖資料庫領域開發和推廣基準測試標準的唯一國際權威的非營利組織。它的成員包括倫敦大學、愛丁堡大學、Oracle、亞馬遜、Intel 等學術機構，以及 Neo4j、TigerGraph、創鄰科技等圖資料庫供應商。該組織長期致力於圖資料庫基準測試的研究和發佈。

　　LDBC 主要關注的是大規模圖資料導向的基準測試，旨在提高圖資料庫工業界的技術水準和競爭力。為此，LDBC 制定了多種基準測試標準，包括 Social Network Benchmark、Graphalytics Workload Benchmark、Semantic Publishing Benchmark 等。這些標準覆蓋了不同的應用場景和負載類型，可以幫助使用者評估圖資料庫系統在不同場景下的性能和可靠性。同時，LDBC 還規定了一系列測試過程中的標準要求，包括資料集大小、測試時間長度、測試結果統計方法等，以確保測試結果的可靠性和可重複性。

　　LDBC-SNB 的圖基準測試針對圖資料庫的 Choke Points [1]，包括聚合性能、連結擴展、資料存取、運算式計算、子查詢最佳化、並行化、圖特徵計算和更新操作等八個維度全面考查圖資料庫的能力。它是知名度最高、使用範圍最廣、在真實場景下對圖資料庫進行全方位考查的一項測試方案。該測試方案公平、嚴謹地評測了圖資料庫的正確性、穩定性、查詢性能等各項指標，全面對比了

---

[1]　圖資料庫實現過程中容易遇到的困難。

圖資料庫在真實場景下的能力。提取的複雜查詢模式具備很好的場景泛化能力，因此被各大廠商、行業領導客戶和科學研究機構廣泛使用。

　　為保證測試的公平統一，LDBC-SNB 提供官方的圖基準測試工具和資料生成器。統一的測試工具可以保證不同時刻的測試都在一致的讀寫比例和請求方式下進行。統一的資料生成器可以保證相同規模下的測試資料是唯一的，資料生成器可以根據使用者需求生成對應規模的社群網站場景資料。LDBC-SNB 圖基準測試圖模型如圖 8-1 所示。

　　該模型透過不同的實體和關係資訊，描述了一段時間內社群網站中發帖、回帖、按讚等一系列活動。基於該模型，LDBC-SNB 圖基準測試提供了一套真實且全面的查詢測試案例。

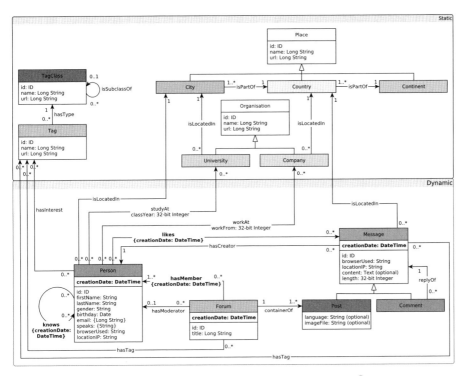

▲ 圖 8-1 LDBC-SNB 圖基準測試圖模型[①]

---

① 模型取自 LDBC.The LDBC Social Network Benchmark (version 2.0.0-SNAPSHOT,commit 2053550) [2022-05-19].https://ldbcouncil.org/ldbc_snb_docs/ldbc-snb-specification.pdf.

測試案例包括三大部分，分別是互動式插入更新 II（Interactive Insert updates）8 項，互動式簡單查詢 IS（Interactive Short reads）7 項，互動式複雜查詢 IC（Interactive Complex reads）14 項，總共 29 項測試。互動式插入更新 II 與互動式簡單查詢 IS 主要考核的是圖資料庫最基礎的插入和查詢能力，雖然簡單但卻非常重要。互動式複雜查詢 IC 考核的是圖資料庫的複雜模式查詢能力。值得一提的是，這些複雜查詢背後尋找的圖模式，除了在社交領域，在其他領域同樣具備適用性，如圖 8-2 所示。

在設計測試用例時，LDBC-SNB 從圖資料庫設計角度出發，考查圖資料庫的八大類瓶頸點（Choke Points）。所有圖資料庫都應該包含這些瓶頸點的功能與最佳化設計。儘管場景可能差別很大，但這些關鍵的功能與最佳化設計卻是相同的。LDBC-SNB 互動式查詢測試似乎在考查這 29 項測試，實際上更為抽象，是在考查背後的瓶頸點。換句話說，如果一款圖資料庫在 LDBC-SNB 測試中能夠表現出良好的指標，那麼它的性能在其他場景中也會有保障。這八大類瓶頸點包括：

- 聚合性能：考查根據需求以特定形式進行結果聚合輸出的能力，如排序、並行排序、Top$K$ 排序等。

- 連結性能：考查根據需求選擇最佳遍歷方式的能力，如遍歷方式的選擇、屬性延遲查詢、根據鄰居數量選擇不同的查詢方式、使用雜湊或布隆篩檢程式進行深度最佳化等。

- 資料存取：考查資料庫的基本查詢性能，如屬性迭代讀取、特殊屬性排序、隨機查詢等能力。

- 運算式計算：考查根據給定規則進行計算的能力，如公共子運算式重複使用、根據屬性範圍進行計算等能力。

- 子查詢最佳化：考查對子查詢結果進行重複使用的能力，如將查詢內相同或相反的計算合併到一個子查詢、不同查詢之間重複使用子查詢結果等能力。

- 並行化：考查對查詢進行平行計算的能力，如在高併發請求下的局部快取能力等。

- 圖特徵計算：考查對圖特徵查詢的最佳化能力，如路徑查詢的最佳化能力、對查詢中間結果的預估能力、多個子查詢組合查詢等能力。

- 更新操作：考查資料庫插入點邊的性能，如插入一組相關點邊的能力等。

查詢	模式	社交場景	金融場景
IC 1		朋友圈中同姓的人的生活、工作、學習所在城市	申請人在申請件上的居住、身份證電話所在的城市資訊
IC 2		朋友最近發的推文	申請資訊被重複使用
IC 3		朋友圈中去過特定兩個國家的朋友	打款對象的帳戶與違規企業的帳戶有過交易
IC 4		朋友在某時間後發的推文主題	轉帳鏈的起始帳戶與終止帳戶背後是同一人
IC 5		朋友在新討論區發的推文數量	存在資金挪用風險的企業帳戶
IC 6		朋友發送一種標籤的推文同時用的另一種標籤，找出相似標籤	同時具備兩種產品偏好的客戶
IC 7		判斷朋友是否因為我的某筆推文而關注的我	擔保互保圈 / 循環轉帳圈
IC 8		評論我推文的人	找實際控制人
IC 9		朋友圈最近發的推文	時間視窗內的所有交易帳戶
IC 10		統計每個朋友發送我感興趣與不感興趣的推文數量，及朋友所在的城市	客戶購買商品時具有多個相同標籤的其他產品
IC 11		在這個國家工作的朋友	交易鏈的目標帳戶是違規帳戶
IC 12		喜歡評論某一類標籤推文的朋友	申請人多跳網路內打過風險標籤的實體
IC 13		兩個人最近的社交關係	兩個企業最短的資金轉帳路徑
IC 14		統計兩個人之間的互動關係權重	根據股權關係找到企業的實際控制人

▲ 圖 8-2 互動式複雜查詢 IC 在不同場景下的業務含義

從考查瓶頸點的角度來看這些測試項，可以發現雖然 LDBC-SNB 是基於社交資料的基準測試，但測試項背後考查的核心是圖資料庫的綜合能力，具有很強的跨場景適用性，如圖 8-3 所示。

Interactive / complex / 9

query	Interactive / complex / 9			
title	Recent messages by friends or friends of friends			
pattern				
desc.	Given a start Person, find the most recent Messages created by that Person's friends or friends of friends (excluding start Person). Only consider Messages created before the given maxDate (excluding that day).			
params	1 personId ID 2 maxDate Date			
result	1 otherPerson.id	ID	R	
	2 otherPerson.firstName	String	R	
	3 otherPerson.lastName	String	R	
	4 message.id	ID	R	
	5 message.content or message.imageFile (for photos)	Text	R	
	6 message.creationDate	DateTime	R	
sort	1 message.creationDate ↓ 2 message.id ↑			
limit	20			
CPs	1.1, 1.2, 2.2, 2.3, 3.2, 3.3, 8.5			
relevance	This query looks for paths of length two or three, starting from a given **Person**, moving to its friends and friends of friends, and ending at their created **Messages**. This is one of the most complex queries, as the list of choke points indicates. This query is expected to touch variable amounts of data with entities of different characteristics, and therefore, properly estimating cardinalities and selecting the proper operators will be crucial.			

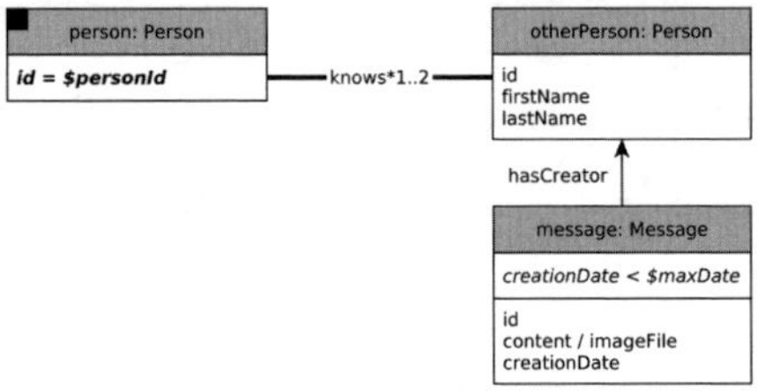

▲ 圖 8-3　IC 9 查詢模式說明圖

以 IC 9 查詢為例，它的查詢內容是：給定一個人，找出其兩跳內的好友，在一定時間範圍內，發出的最新的 20 筆博文資訊。這裡考查的瓶頸點包括以下資訊。

- 資料存取：給定一個人，找出其兩跳內好友及他們的發帖資訊。

- 連結擴充：從兩跳好友連結擴充到發帖資訊。

- 運算式計算：對發文頂點的發帖時間進行屬性過濾。

- 聚合：最新的 20 筆博文資訊。

換作金融交易的場景，同樣的查詢可以變成：給定一個使用者，找出該使用者連結到的帳戶在時間視窗內交易金額大於 1 萬元的交易帳戶，按照交易金額降冪，傳回交易金額最高的前 20 個帳戶。此時考查的瓶頸點則為。

- 資料存取：給定一個使用者，找出該使用者連結到的帳戶及交易的帳戶。

- 連結擴充：從使用者連結到的帳戶到交易的帳戶。

- 運算式計算：在時間視窗內交易金額大於 1 萬元的交易帳戶。

- 聚合：交易金額最高的前 20 個帳戶。

兩個應用場景下的業務問題看似完全不同，但是從圖資料庫設計的瓶頸點來說，本質上都是解決同樣的問題。透過這樣的方式，LDBC-SNB 用一個場景下的資料集，對圖資料庫產品進行了全面、完整的測試。

同時，LDBC-SNB 測試還提供了標準化的測試程式，能夠保證不同類型的工作負載可以恰當地混合發送。因為在真實場景中，簡單查詢和複雜查詢也是混合發生的，並不會一直使用圖資料庫的單一查詢方式。這也是不推薦簡單地使用 LDBC-SNB 資料集，然後用其他工具（如 JMeter）選取幾個測試進行壓測的原因。LDBC-SNB 的測試工具還可以使用 IC 測試項的輸出結果作為 IS 測試項的輸入條件，更符合真實場景的使用方式，而簡單使用 JMeter 進行發壓則難以做到。同時，LDBC-SNB 測試工具還能保證每次測試的測試項的發送順序和預期執行結果都是一致的，可以更進一步地進行正確性的驗證。

綜上，LDBC-SNB 旨在讓不同的圖資料庫產品完成一系列相同、可控、可複現的任務，進而比較各個圖資料庫產品的高低優劣。依照 LDBC-SNB 互動式查詢的官方測試規範，進行 29 項測試，能夠公平、全面地對比一款圖資料庫的基礎插入、簡單查詢能力與複雜查詢能力。透過參與 LDBC 基準測試，圖資料庫供應商可以展示自己的產品性能和優勢，同時也可以借此比較自己的產品與競爭對手的產品之間的差異和優劣。對使用者來說，LDBC 基準測試提供了客觀的性能指標和資料，有助使用者選擇最符合自己需求的圖資料庫產品。

8.6　圖資料庫選型測試方案樣例

本節提供一套比較完整的實操圖資料庫選型測試方案，具體測試專案為前述各種圖資料庫選型維度的綜合應用，該方案的定製版已經在金融、能源、政務等多個行業的標桿客戶選型過程中實際採用。讀者可以直接使用這套測試方案進行圖資料庫技術選型，或在此基礎上酌情修改。

8.6.1　測試說明

1 · 測試環境

（1）測試的物理資源

- 3 台伺服器：256 GB 記憶體、32 核心 CPU、5 TB 硬碟、10GB 網路卡。

- 2 台伺服器存取終端，可以連接到伺服器，用來執行操作。

（2）測試的軟體資源

- 作業系統：CentOS 7.1 或更高版本、Ubuntu 16.04.1 LTS 或更高版本、Suse Linux Enterprise Server 12 SP3 或更高版本、Red Hat Enterprise Linux 7.1 或更高版本。

- 伺服器支援一些基礎操作：tar、curl、netstat、ip。

- 具備 root 許可權。

- 通訊埠開放：根據需要開放相應通訊埠。

- 用於存取伺服器的終端，例如 Xshell、Putty 等需要安裝 Chrome、Postman 和 SSH 連接工具。

2·測試資料集

1）資料集 1：LDBC-SNB 的 SF-1 資料集（約 320 萬個點，1730 萬筆邊）。

2）資料集 2：LDBC-SNB 的 SF-10 資料集（約 3000 萬個點，1.76 億筆邊）。

3）資料集 3：LDBC-SNB 的 SF-100 資料集（約 2.8 億個點，17 億筆邊）。

4）資料集 4：Twitter-2010（約 4160 萬個點，14.7 億筆邊）。

8.6.2 測試用例

1·基本功能測試

（1）安裝部署測試（見表 8-2）

▼ 表 8-2 安裝部署測試

測試名稱	安裝部署測試
測試目的	驗證圖資料庫安裝部署是否方便快捷
前置條件	測試環境（硬體、軟體、網路）準備就緒
測試步驟	• 完成圖資料庫的安裝部署 • 記錄安裝部署操作步驟 • 記錄安裝部署總耗時
預期結果	• 安裝部署順利 • 操作步驟簡單，耗時短
測試結果	

（2）圖模型測試（見表 8-3）

▼ 表 8-3　圖模型測試

測試名稱	圖模型測試
測試目的	測試圖資料庫是否支援建構、修改圖模型
前置條件	圖服務正常運行
測試步驟	• 建立圖模型，圖模型包含多種點、邊類型 • 給點、邊增加屬性 • 檢查建立的圖模型是否符合預期 • 對圖模型進行修改（包括點、邊、屬性的增刪改） • 檢查修改是否生效
預期結果	成功建立和修改圖模型，操作結果符合預期
測試結果	

（3）資料型態支援測試（見表 8-4）

▼ 表 8-4　資料型態支援測試

測試名稱	資料型態支援測試
測試目的	測試圖資料庫支援哪些資料型態
前置條件	圖服務正常運行
測試步驟	• 在圖模型中增加各種資料型態的屬性（String、Int、Long、Double、Datetime、List、Set） • 這些屬性可以被正常賦值
預期結果	圖資料庫支援各種常見的資料型態
測試結果	

（4）資料匯入測試（見表 8-5）

▼ 表 8-5　資料匯入測試

測試名稱	資料匯入測試
測試目的	測試圖資料庫的資料匯入能力
前置條件	圖服務正常運行
測試步驟	• 建立圖專案 Graph-SF10，匯入 SF10 資料集 • 檢查匯入資料的數量及正確性 • 圖資料庫廠商提供資料來源支援情況説明（如 CSV、關聯式資料庫、HDFS 等），並提供相應文件及工具套件
預期結果	• 成功匯入資料，點邊數量符合預期，入庫資料正確 • 提供的文件和工具套件可印證對其他資料來源的支援
測試結果	

（5）增量匯入測試（見表 8-6）

▼ 表 8-6　增量匯入測試

測試名稱	增量匯入測試
測試目的	測試圖資料庫的增量資料匯入能力
前置條件	圖服務正常運行
測試步驟	• 發起增量匯入請求，將 SF1 資料集作為增量資料匯入圖 Graph-SF10 中 • 檢查增量匯入資料的數量及正確性
預期結果	成功匯入資料，點邊數量符合預期，入庫資料正確
測試結果	

(6)資料匯出測試（見表 8-7）

▼ 表 8-7　資料匯出測試

測試名稱	資料匯出測試
測試目的	測試圖資料庫的資料匯出能力
前置條件	圖服務正常運行
測試步驟	• 發起匯出請求，將圖 Graph-SF10 匯出為 CSV 檔案 • 檢查 CSV 檔案，驗證內容和數量的正確性 • 檢查是否支援只匯出指定點邊類型及屬性
預期結果	• 資料匯出成功，數量及內容正確 • 支援資料匯出時指定點邊類型及屬性
測試結果	

(7)交易處理能力測試（見表 8-8）

▼ 表 8-8　交易處理能力測試

測試名稱	交易處理能力測試
測試目的	測試圖資料庫是否支援交易處理
前置條件	圖服務正常運行
測試步驟	• 開啟事務寫入多筆資料，不提交 • 建立新的連接，查詢新寫入資料是否存在 • 開啟事務寫入多筆資料並提交 • 建立新的連接，查詢新寫入資料是否存在
預期結果	• 未提交的事務，所有寫入操作不成功，查不到寫入資料 • 事務順利提交，則寫入操作成功，能查到新寫入資料
測試結果	

（8）圖查詢語言測試（見表 8-9）

▼ 表 8-9　圖查詢語言測試

測試名稱	圖查詢語言測試
測試目的	測試圖資料庫支援哪些標準化圖查詢語言（如 Cypher），以及完備性、好用程度
前置條件	圖服務正常運行
測試步驟	• 使用圖查詢語法進行資料的基本操作，包括但不限於點、邊、屬性的增刪改查 • 使用圖查詢語言進行圖相關的基本操作，包括但不限於鄰居查詢、路徑查詢 • 使用圖查詢語言進行帶過濾條件的鄰居查詢：指定點邊類型和屬性過濾條件 • 驗證是否支援敘述合法性檢查 • 驗證是否支援查看敘述執行計畫
預期結果	各項操作執行成功，查詢語言功能完備，簡潔易懂
測試結果	

（9）圖索引測試（見表 8-10）

▼ 表 8-10　圖索引測試

測試名稱	圖索引測試
測試目的	測試圖資料的索引功能
前置條件	圖服務正常運行
測試步驟	• 在圖專案 Graph-SF10 上，根據某屬性值條件進行點查詢，記錄查詢時間 • 對該屬性建立索引，並記錄建立索引的耗時，以及索引佔用的磁碟空間大小 • 再次執行步驟 1 中的查詢，記錄查詢時間 • 對比步驟 1 和步驟 3 的耗時，檢查索引是否生效 • 對索引進行查詢、刪除操作

預期結果	• 索引建立成功，建立索引前後的查詢耗時差異明顯 • 支援對索引的查詢和刪除操作
測試結果	

（10）多圖共存測試（見表 8-11）

▼ 表 8-11　多圖共存測試

測試名稱	多圖共存測試
測試目的	測試圖資料庫是否支援多圖共存，每個圖的操作相互獨立，互不影響
前置條件	圖服務正常運行
測試步驟	• 建立多個圖，各自增加一批資料 • 對各個圖分別進行一些操作，如增刪改查 • 檢查各個圖中的資料情況，驗證是否互不影響
預期結果	允許建立多個圖，且支援對各個圖的操作，每個圖的操作相互獨立，互不影響
測試結果	

（11）使用者管理測試（見表 8-12）

▼ 表 8-12　使用者管理測試

測試名稱	使用者管理測試
測試目的	考查圖資料庫的使用者管理功能
前置條件	圖服務正常執行
測試步驟	• 驗證是否支持新增、刪除、禁用使用者 • 驗證是否支持設置使用者群組 • 驗證是否支援修改密碼 • 驗證密碼是否加密傳輸
預期結果	圖資料庫支援以上提及的全部使用者管理功能
測試結果	

（12）許可權管理測試（見表 8-13）

▼ 表 8-13　許可權管理測試

測試名稱	許可權管理測試
測試目的	考查圖資料庫的許可權管理功能，是否支援對使用者設置不同許可權，如唯讀／編輯、能否訪問某個圖專案、許可權粒度能否達到屬性等級、是否支援資料脫敏展示
前置條件	圖服務正常運行
測試步驟	• 建立使用者 A，賦予唯讀許可權 • 使用使用者 A 登入，驗證是否無法修改圖資料 • 建立使用者 B，對其遮罩 X 屬性 • 使用使用者 B 登入，驗證是否無法查看 X 屬性資訊 • 建立使用者 C，對其設置 Y 屬性脫敏展示 • 使用使用者 C 登入，驗證 Y 屬性是否脫敏展示
預期結果	圖資料庫支援以上提及的全部許可權管理功能
測試結果	

（13）備份恢復測試（見表 8-14）

▼ 表 8-14　備份恢復測試

測試名稱	備份恢復測試
測試目的	考查圖資料庫是否具備備份恢復功能、是否支援線上的全量及增量備份
前置條件	圖服務正常運行
測試步驟	• 選擇任意圖專案，記錄點邊數量 • 執行備份操作，備份該圖專案 • 備份完成後清空該圖專案的所有資料 • 執行資料恢復操作，恢復資料 • 恢復完成後檢查點邊數量，是否和備份前一致

預期結果	• 支援備份恢復，恢復後的資料和備份前一致 • 支援線上的全量及增量備份
測試結果	

2・性能測試

（1）資料匯入性能測試（見表 8-15）

▼ 表 8-15　資料匯入性能測試

測試名稱	資料匯入性能測試
測試目的	考查圖資料庫的資料匯入性能
前置條件	圖服務正常運行
測試步驟	• 建立圖專案 Graph-Twitter，全量匯入資料集 Twitter-2010 • 匯入完成之後隨機抽樣查詢頂點和關係 • 記錄資料匯入耗時 • 檢查匯入資料量和正確性 • 後續性能測試應在匯入資料完成後直接執行，不進行額外的 Compaction 操作，以測試圖資料庫在真實使用場景下的性能
預期結果	資料匯入成功，匯入資料正確，資料量符合預期 正確性驗證方式：入庫後的資料量與原始檔案的資料行數一致；隨機選擇一筆資料，對比入庫資料和原始檔案中資料是否一致（屬性值、起始點、終止點）；資料匯入時間為從載入開始到收到回應結果的時間，即從資料載入開始，直至入庫資料可以正常存取為止
測試結果	

（2）資料匯出性能測試（見表 8-16）

▼ 表 8-16　資料匯出性能測試

測試名稱	資料匯出性能測試
測試目的	考查圖資料庫的資料匯出性能

前置條件	圖服務正常執行，圖專案 Graph-Twitter 已建立並匯入成功
測試步驟	● 匯出圖專案 Graph-Twitter 的資料 ● 記錄匯出耗時 ● 檢查匯出資料量和正確性
預期結果	資料匯出成功，匯出資料正確，資料量符合預期 正確性驗證方式：匯出資料的行數與資料庫中的資料量一致；隨機選擇一筆資料，對比資料庫資料和匯出檔案中資料是否一致（屬性值、起始點、終止點）
測試結果	

（3）點、邊的增刪查改壓力測試（見表 8-17）

▼ 表 8-17 點、邊的增刪查改壓力測試

測試名稱	點、邊增刪查改壓力測試
測試目的	考查圖資料庫查詢、增加、修改、刪除頂點和邊的輸送量
前置條件	圖服務正常執行，建立 Twitter 圖模型並載入 Twitter-2010 資料集
測試步驟	使用 Twitter 資料集，人物類型為 person，邊類型為 knows。基於樣本點在 100 併發數下執行以下增刪查改操作。分別記錄查詢的輸送量、平均回應時間、P95 回應時間 ● 增加點、邊 ● 修改點、邊 ● 刪除點、邊 ● 查詢點、邊 廠商可逐步提升併發數，以得出最大輸送量並記錄在最大輸送量情況下的併發數
預期結果	查詢、增加、修改、刪除頂點和邊執行成功，結果正確
測試結果	

（4）K 跳鄰居查詢性能測試（見表 8-18）

▼ 表 8-18　K 跳鄰居查詢性能測試

測試名稱	K 跳鄰居查詢性能測試
測試目的	考查圖資料庫的 K 跳鄰居查詢性能
前置條件	圖服務正常執行，圖專案 Graph-Twitter 準備就緒，起始點樣本檔案 Sample-KN.txt 準備就緒
測試步驟	• 從 Sample-KN.txt 檔案中讀取樣本點 • 以這批樣本點作為起始點，依次進行 K 跳鄰居查詢 • 記錄每個樣本的查詢耗時和查詢結果（K 跳內的鄰居數量） • 對所有樣本做統計分析，記錄平均耗時和平均鄰居數量 • 設定步驟 2 中 K=1、2、3、6，重複步驟 2 ～ 4，一共做 4 輪測試
預期結果	• 測試期間圖服務執行正常 • 因為是查詢 K 跳內的鄰居數量，所以隨著跳數增加，鄰居數應該增加，耗時也相應增加正確性驗證方式：對比平均鄰居數是否一致；對比隨機樣本點的鄰居數是否一致
測試結果	

（5）最短路徑查詢性能測試（見表 8-19）

▼ 表 8-19 最短路徑查詢性能測試

測試名稱	最短路徑查詢性能測試
測試目的	考查圖資料庫的最短路徑查詢性能
前置條件	圖服務正常執行，圖專案 Graph-Twitter 準備就緒，樣本檔案 Sample-SP.txt 準備就緒
測試步驟	• 從 Sample-SP.txt 檔案中讀取樣本點對 • 查詢樣本點對之間的最短路徑（方向為 OUT，路徑長度限制為 6） • 記錄耗時和路徑資訊，最後統計平均耗時

預期結果	• 測試期間圖服務執行正常
	• 查詢結果符合預期
	正確性驗證方式：隨機選擇樣本，對比最短路徑的長度是否一致
測試結果	

（6）PageRank 演算法性能測試（見表 8-20）

▼ 表 8-20 PageRank 演算法性能測試

測試名稱	PageRank 演算法性能測試
測試目的	考查圖資料庫的 PageRank 演算法性能
前置條件	圖服務正常執行，圖專案 Graph-Twitter 準備就緒
測試步驟	• 執行 PageRank 演算法（迭代 10 輪，阻尼係數 0.85）
	• 儲存結果，記錄耗時
	（如果需要匯入至第三方框架，如 Spark，則應考慮資料移轉時間）
預期結果	• 測試期間圖服務執行正常
	• 結果符合預期
	正確性驗證方式：結果唯一，取分值最高的 100 個點，參考公認第三方結果，橫向對比
測試結果	

（7）WCC 演算法性能測試（見表 8-21）

▼ 表 8-21 WCC 演算法性能測試

測試名稱	WCC 演算法性能測試
測試目的	考查圖資料庫的 WCC 演算法性能
前置條件	圖服務正常執行，圖專案 Graph-Twitter 準備就緒
測試步驟	• 執行 WCC 演算法
	• 儲存結果，記錄耗時
	（如果需要匯入至第三方框架，如 Spark，則應考慮資料移轉時間）

預期結果	• 測試期間圖服務執行正常 • 結果符合預期 正確性驗證方式：結果唯一，參考公認第三方結果，橫向對比社群數
測試結果	

（8）Louvain 演算法性能測試（見表 8-22）

▼ 表 8-22　Louvain 演算法性能測試

測試名稱	Louvain 演算法性能測試
測試目的	考查圖資料庫的 Louvain 演算法性能
前置條件	圖服務正常執行，圖專案 Graph-Twitter 準備就緒
測試步驟	• 執行 Louvain 演算法 • 儲存結果，記錄耗時 （如果需要匯入至第三方框架，如 Spark，則應考慮資料移轉時間）
預期結果	• 測試期間圖服務執行正常 • 結果符合預期 正確性驗證方式：結果具有隨機性，橫向對比，社群數量在同一個數量級可以認為正確
測試結果	

（9）LPA 演算法性能測試（見表 8-23）

▼ 表 8-23　LPA 演算法性能測試

測試名稱	LPA 演算法性能測試
測試目的	考查圖資料庫的 LPA 演算法性能
前置條件	圖服務正常執行，圖專案 Graph-Twitter 準備就緒
測試步驟	• 執行 LPA 演算法 • 儲存結果，記錄耗時 （如果需要匯入至第三方框架，如 Spark，則應考慮資料移轉時間）

預期結果	● 測試期間圖服務執行正常
	● 結果符合預期
	正確性驗證方式：結果具有隨機性，橫向對比，社群數量在同一個數量級可以認為正確
測試結果	

3‧高階功能測試

（1）圖型演算法函式庫豐富程度測試（見表 8-24）

▼ 表 8-24　圖型演算法函式庫豐富程度測試

測試名稱	圖型演算法函式庫豐富程度測試
測試目的	考查圖資料庫的圖型演算法函式庫豐富程度
前置條件	圖服務正常運行
測試步驟	● 列出圖資料庫原生支援的分散式演算法
	● 列出圖資料庫原生支援的單機演算法
	（註：原生支援，指的是可以直接呼叫，而不需要轉入第三方框架，如 Spark）
預期結果	圖型演算法函式庫附帶豐富的圖型演算法，業界常用演算法可以直接呼叫
測試結果	

（2）演算法好用性測試（見表 8-25）

▼ 表 8-25　演算法好用性測試

測試名稱	演算法好用性測試
測試目的	考查圖資料庫演算法的好用性，以及輸出結果能否用於後續計算
前置條件	圖服務正常運行
測試步驟	● 檢查能否使用圖資料庫查詢語言呼叫資料庫內建演算法進行查詢
	● 檢驗圖資料庫演算法結果能否被查詢敘述呼叫

預期結果	• 圖資料庫演算法能直接被查詢敘述呼叫 • 圖資料庫演算法結果能夠用於查詢
測試結果	

（3）分散式儲存測試（見表 8-26）

▼ 表 8-26 分散式儲存測試

測試名稱	分散式儲存測試
測試目的	考查圖資料庫是否支援分散式儲存
前置條件	圖服務正常運行
測試步驟	檢查資料是否以某種形式（如分片）分散儲存於各個節點，每個節點各佔總量的三分之一左右
預期結果	資料分散儲存於各個叢集節點，資料分佈基本均勻
測試結果	

（4）分散式運算測試（見表 8-27）

▼ 表 8-27 分散式運算測試

測試名稱	分散式運算測試
測試目的	考查圖資料庫是否支援分散式運算
前置條件	圖服務正常運行
測試步驟	• 執行圖型演算法操作，如 PageRank 演算法 • 查看各節點的日誌、CPU 負載等資訊，驗證計算任務是否被分散到各個節點共同完成
預期結果	各節點的日誌、負載等資訊符合分散式運算的預期
測試結果	

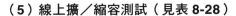

（5）線上擴／縮容測試（見表 8-28）

▼ 表 8-28　線上擴／縮容測試

測試名稱	線上擴／縮容測試
測試目的	考查圖資料庫是否支援線上擴／縮容
前置條件	圖服務正常運行
測試步驟	● 執行持續的增刪改查混合查詢，作為背景操作 ● 執行叢集擴／縮容操作 ● 觀察資料量是否正常，以及線上查詢成功率
預期結果	線上擴／縮容成功，其間線上查詢正常回應、無顯示出錯，資料量一致
測試結果	

（6）監控警告功能測試（見表 8-29）

▼ 表 8-29　監控警告功能測試

測試名稱	監控警告功能測試
測試目的	考查圖資料庫是否具備監控警告能力
前置條件	圖服務正常運行
測試步驟	● 檢查圖資料庫是否具有視覺化監控介面 ● 檢查圖資料庫是否支援查看叢集執行狀態、圖專案狀態 ● 檢查圖資料庫是否支援監控 CPU 使用率、記憶體使用率、硬碟 I/O 速率等指標 ● 檢查能否查看一段時間內各指標的變化情況 ● 檢查能否在某些指標異常時進行簡訊或郵件警告
預期結果	● 圖資料庫監控功能完善，資訊全面 ● 支援指標異常時警告功能
測試結果	

（7）任務管理功能測試（見表 **8-30**）

▼ 表 8-30　任務管理功能測試

測試名稱	任務管理功能測試
測試目的	考查圖資料庫是否具備任務管理能力
前置條件	圖服務正常運行
測試步驟	• 檢查圖資料庫是否支援查看歷史任務，以及正在執行的任務 • 檢查圖資料庫是否支援終止正在執行的任務
預期結果	圖資料庫支援查詢和終止任務
測試結果	

（8）日誌管理功能測試（見表 **8-31**）

▼ 表 8-31　日誌管理功能測試

測試名稱	日誌管理功能測試
測試目的	考查圖資料庫是否具備日誌管理功能
前置條件	圖服務正常運行
測試步驟	• 檢查圖資料庫是否具有視覺化日誌管理介面 • 檢查日誌分類是否合理，不同功能模組具有各自的日誌目錄，如介面呼叫日誌、查詢語言日誌、演算法日誌等 • 檢查是否支援設定篩選規則（如日期、關鍵字）查詢日誌內容
預期結果	具有視覺化日誌管理介面，日誌分類合理，支援根據規則篩選日誌
測試結果	

（9）擴充開發能力測試（見表 **8-32**）

▼ 表 8-32　擴充開發能力測試

測試名稱	擴充開發能力測試
測試目的	了解圖資料庫具有哪些語言的 SDK，如 Java、Python、Go 等 了解圖資料庫產品是否支援自訂函式、預存程序功能

前置條件	圖服務正常運行
測試步驟	• 列出圖資料庫支援的 SDK 類型，提供相應介面文件和工具套件 • 選擇一種類型的 SDK，對照介面文件和工具套件進行功能驗證 • 提供關於自訂函式、預存程序功能的文件及工具套件 • 對照文件及工具套件，對自訂函式、預存程序進行功能驗證
預期結果	圖資料庫具有多種語言的 SDK，支援自訂函式、預存程序功能，便於使用者進行擴充開發
測試結果	

（10）服務崩潰自動拉起測試（見表 8-33）

▼ 表 8-33 服務崩潰自動拉起測試

測試名稱	服務崩潰自動拉起測試
測試目的	考查圖資料庫能否在服務崩潰後自動拉起恢復
前置條件	圖服務正常運行
測試步驟	• 選擇某節點，終止圖服務處理程序，模擬服務崩潰 • 觀察該節點的圖服務能否自動拉起恢復
預期結果	節點的服務崩潰會自動拉起恢復
測試結果	

（11）節點故障時資料完整性測試（見表 8-34）

▼ 表 8-34 節點故障時資料完整性測試

測試名稱	節點故障時資料完整性測試
測試目的	考查圖資料庫能否在節點故障時保持資料完整性
前置條件	圖服務正常運行
測試步驟	• 記錄圖服務支援執行時期的點邊資料量 • 選擇某節點，終止圖服務處理程序，模擬節點故障 • 檢查圖服務的點邊數量總量是否減少 • 執行隨機查詢，檢查圖服務是否正常

預期結果	• 節點故障，資料總量不減少 • 執行隨機查詢成功
測試結果	

（12）圖服務高可用測試（見表 8-35）

▼ 表 8-35　圖服務高可用測試

測試名稱	圖服務高可用測試
測試目的	考查圖資料庫的服務高可用能力
前置條件	圖服務正常運行
測試步驟	• 執行持續的增刪改查混合查詢 • 選擇某節點，終止圖服務處理程序，模擬節點故障 • 觀察線上查詢成功率，檢查圖服務是否正常
預期結果	節點故障時，線上查詢響應正常，服務不受影響
測試結果	

4・互動介面測試

（1）視覺化操作測試（見表 8-36）

▼ 表 8-36　視覺化操作測試

測試名稱	視覺化操作測試
測試目的	測試能否在圖資料庫的視覺化介面中完成圖模型建構、資料匯入、圖相關查詢等操作
前置條件	圖服務正常運行
測試步驟	• 透過視覺化介面進行圖模型建構與修改操作 • 透過視覺化介面進行資料匯入操作 • 透過視覺化介面進行圖查詢操作 • 透過視覺化介面直接呼叫 Cypher，並傳回結果 • 驗證能否直接在畫布上增加、修改、刪除點邊資料 • 檢查各操作結果是否符合預期

預期結果	支援在視覺化介面中完成各類操作，各操作執行正常，結果符合預期
測試結果	

（2）視覺化圖展示測試（見表 8-37）

▼ 表 8-37　視覺化圖展示測試

測試名稱	視覺化圖展示測試
測試目的	考查圖資料庫是否支援常見視覺化圖展示功能
前置條件	圖服務正常運行
測試步驟	• 驗證是否支援滑動、縮放、屬性值展示 • 驗證是否支援樹形佈局、網格佈局等多種佈局格式 • 驗證是否支援兩點間多關係的展示 • 驗證是否支援按兩下展開一度鄰居 • 驗證是否支援多度展開 • 驗證是否支援設置各種過濾條件
預期結果	圖資料庫視覺化支援常見的圖展示相關功能
測試結果	

（3）視覺化樣式修改測試（見表 8-38）

▼ 表 8-38　視覺化樣式修改測試

測試名稱	視覺化樣式修改測試
測試目的	考查圖資料庫是否支援視覺化樣式修改
前置條件	圖服務正常運行
測試步驟	• 驗證是否支援頂點顏色、圖示、大小設置 • 驗證是否支援線條顏色、粗細等個性化設置 • 驗證是否支援修改點、邊預設展示資訊 • 驗證是否支援根據屬性值動態調整點的圖示大小及邊的線條粗細
預期結果	圖資料庫支援對視覺化樣式進行靈活的修改

測試結果	

（4）畫布資料匯出測試（見表 8-39）

▼ 表 8-39　畫布資料匯出測試

測試名稱	畫布資料匯出測試
測試目的	考查視覺化畫布資料能否匯出
前置條件	圖服務正常運行
測試步驟	驗證圖資料庫是否支援畫布資料匯出為 jpg、svg 等格式
預期結果	圖資料庫支援畫布資料匯出
測試結果	

（5）畫布資料生成子圖測試（見表 8-40）

▼ 表 8-40　畫布資料生成子圖測試

測試名稱	畫布資料生成子圖測試
測試目的	考查圖資料庫是否支援將畫布資料生成一個獨立的子圖專案
前置條件	圖服務正常運行
測試步驟	• 驗證圖資料庫是否支援將畫布資料生成一個子圖 • 驗證子圖專案是否獨立，操作互不影響
預期結果	圖資料庫支援將畫布資料生成為獨立子圖，子圖專案操作獨立互不影響
測試結果	

（6）多語種支援測試（見表 8-41）

▼ 表 8-41　多語種支援測試

測試名稱	多語種支援測試
測試目的	考查圖資料庫是否支援中英文，且可自由切換
前置條件	圖服務正常運行

測試步驟	• 驗證圖資料庫是否支援中英文介面 • 驗證圖資料庫是否支援中英文介面自由切換
預期結果	圖資料庫支援中英文介面，且可自由切換
測試結果	

（7）視覺化修改圖資料庫參數測試（見表 8-42）

▼ 表 8-42　視覺化修改圖資料庫參數測試

測試名稱	視覺化修改圖資料庫參數測試
測試目的	考查圖資料庫是否支援在前端修改圖資料庫參數
前置條件	圖服務正常運行
測試步驟	驗證圖資料庫是否支援在前端修改圖資料庫參數
預期結果	圖資料庫支援在前端修改圖資料庫參數
測試結果	

5・圖基準測試

秉承著 LDBC 基準測試公平公正的原則，採用 LDBC 官方的測試方式進行基準測試。在性能測試的同時，需要滿足正確性要求，正確性驗證採用與第三方資料庫 Neo4j 對比驗證的方式。下面詳細介紹建立驗證結果、正確性驗證、性能測試的要求。

圖基準測試版本要求見表 8-43。

▼ 表 8-43　圖基準測試版本要求

專案	版本編號
ldbc_snb_datagen	0.3.3
ldbc_snb_interactive_driver	0.3.4
ldbc_snb_interactive_impls	0.3.4

（1）建立驗證結果

1）測試方式。在 SF10 的資料集下採用 LDBC 提供的功能建立驗證結果。

2）測試結果。按照以下設定生成一份 Neo4j SF10 的參考結果 validation_params.csv。

3）測試設定：可增加自訂連接設定。

```
endpoint = bolt://localhost:7687
user = neo4j
password = admin
queryDir = queries/
```

根據實際情況填寫參數。

```
db = com.ldbc.impls.workloads.ldbc.snb.interactive.CypherInteractiveDb
ldbc.snb.interactive.parameters_dir = ../sf10/substitution_parameters/
ldbc.snb.interactive.updates_dir = ../sf10/social_network/
```

除以上設定外，其餘設定均不可修改。

（2）正確性驗證

1）測試方式：在 SF10 的資料集下採用 LDBC 提供的功能進行正確性的驗證。將上述生成的 validation_params.csv 作為參照，與其他資料庫進行驗證。

2）測試結果：正確性結果需要 100% 透過，驗證成功後輸出「ValidateDatabase-Mode Validation Result:PASS」。

3）測試設定。可增加自訂連接設定。

```
endpoint = bolt://localhost:7687
user = neo4j
password = admin
queryDir = queries/
```

根據實際情況填寫參數。

```
db = com.ldbc.impls.workloads.ldbc.snb.interactive.CypherInteractiveDb
```

設置 validate_database 為上述生成的 validation_params.csv 位址。

```
validate_database = validation_params.csv
```

除以上設定外，其餘設定均不可修改。

（3）性能測試

1）測試方式。在 SF100 的資料集下採用 LDBC 提供的功能進行性能測試。需根據系統的能力調整壓縮比（time_compression_ratio），透過壓縮比正比例控制請求間隔，數值越小發壓間隔越短，對系統的要求越高。性能測試需進行 30 分鐘預熱，再正式執行 2 小時。預熱期間不統計性能，正式執行時會統計性能。

2）測試結果。性能測試不允許發生逾時，測試結束後成功輸出「PASSED SCHEDULE AUDIT --workload operations executed to schedule」。並將每一項的測試量（Total Count）、最小回應時間（Min）、最大回應時間（Max）、平均回應時間（Mean）、50 分位回應時間（P50）、90 分位回應時間（P90）、95 分位回應時間（P95）、99 分位回應時間（P99）記錄下來，將整理的輸送量、測試量、測試時間、查詢及時率記錄下來。

3）測試設定。可增加自訂連接設定。

```
endpoint = bolt://localhost:7687
user = neo4j
password = admin
queryDir = queries/
```

根據實際情況填寫參數。

```
db = com.ldbc.impls.workloads.ldbc.snb.interactive.CypherInteractiveDb
ldbc.snb.interactive.parameters_dir = ../sf100/substitution_parameters/
ldbc.snb.interactive.updates_dir = ../sf100/social_network/
```

根據自身資料庫能力設置最佳的參數。

```
thread_count = 48
time_compression_ratio = 0.0088
operation_count = 112000000
warmup = 27000000
```

其中程式含義如下。

- thread_count：使用者端發壓執行緒數。

- time_compression_ratio：壓縮比，透過壓縮比正比例控制請求間隔，數值越小，發壓間隔時間越小，對系統的要求越高。

- operation_count ：正式基準測試的執行查詢數量，此數量需保證系統至少執行 2 小時。

- warmup：預熱基準測試的執行數量，此數量需保證系統至少執行 30 分鐘。除以上設定外，其餘設定均不可修改。

（4）結果檔案

正確性驗證記錄表見表 8-44。

▼ 表 8-44 正確性驗證記錄表

資料規模	驗證結果
SF10	PASS/FAIL

性能測試結果統計表見表 8-45。

▼ 表 8-45 性能測試結果統計表

資料規模	Benchmark duration	Benchmark operations	Throughput	Query on-time compliance
SF100				

單項性能測試結果統計表見表 8-46。

▼ 表 8-46 單項性能測試結果統計表

Query	Total Count	Min	Max	Mean	P50	P90	P95	P99
IC 1								
IC 2								
IC 3								
IC 4								
IC 5								
IC 6								
IC 7								
IC 8								
IC 9								
IC 10								
IC 11								
IC 12								
IC 13								
IC 14								
IS 1								
IS 2								
IS 3								
IS 4								
IS 5								
IS 6								
IS 7								
II 1								

Query	Total Count	Min	Max	Mean	P50	P90	P95	P99
II 2								
II 3								
II 4								
II 5								
II 6								
II 7								
II 8								

需保留所有測試程式、參數設定檔、原始產出記錄以備核查。完成正確性測試後用同一套系統進行性能測試，LDBC-SNB 詳細測試項參考：

（5）LDBC IC 測試

1）複雜唯讀查詢任務 IC 1，見表 8-47。

▼ 表 8-47　複雜唯讀查詢任務 IC 1

測試名稱	IC 1：根據名字找朋友
測試目的	LDBC 場景測試
前置條件	圖服務正常執行，圖專案 Graph-SF100 準備就緒
測試步驟	• 傳入參數：PersonId（類型 ID）和 FirstName（類型為 String） • 描述：給定一個起始點，類型為 Person，找到 FirstName 符合傳入參數的 Person，查詢邊類型為 knows，距離（1..3）條之內的朋友。傳回朋友的工作場所和學習地點

2）複雜唯讀查詢任務 IC 2，見表 8-48。

▼ 表 8-48　複雜唯讀查詢任務 IC 2

測試名稱	IC 2：您朋友最近的訊息
測試目的	LDBC 場景測試

前置條件	圖服務正常執行，圖專案 Graph-SF100 準備就緒
測試步驟	• 傳入參數：PersonId（類型 ID）和 maxDate（類型為 Date） • 描述：給定一個起始點，類型為 Person，查詢其所有朋友的最新訊息，這些訊息是給定日期 maxDate 之前建立的（包含該日期）

3）複雜唯讀查詢任務 IC 3，見表 8-49。

▼ 表 8-49　複雜唯讀查詢任務 IC 3

測試名稱	IC 3：到過特定國家的朋友和朋友的朋友
測試目的	LDBC 場景測試
前置條件	圖服務正常執行，圖專案 Graph-SF100 準備就緒
測試步驟	• 傳入參數：PersonId（類型 ID）、countryXName（類型為 Date）、countryYName（類型為 Date）、startDate（類型為 Date）、durationDays（類型為 Date） • 描述：給定一個起始點類型為 Person，查詢他的朋友和朋友的朋友（不包括起始點）在替定期間內指定國家（CountryX 和 CountryY）中都發表過發文 / 評論的人。僅考慮不在國家（地區）X 和國家（地區）Y 的人，即他的位置既不是 CountryX 也不是 CountryY

4）複雜唯讀查詢任務 IC 4，見表 8-50。

▼ 表 8-50　複雜唯讀查詢任務 IC 4

測試名稱	IC 4：新階段
測試目的	LDBC 場景測試
前置條件	圖服務正常執行，圖專案 Graph-SF100 準備就緒
測試步驟	• 傳入參數：PersonId（類型 ID）、startDate（類型為 Date）、durationDays（類型為 32bit Integer） • 描述：給定一個起始點，類型為 Person，查詢其朋友建立的發文所附的標籤。僅包括在替定時間間隔內建立的增加到朋友的發文上的標籤，並且永遠不會增加在此時間間隔之前建立的好友的發文上的標籤

5）複雜唯讀查詢任務 IC 5，見表 8-51。

▼ 表 8-51　複雜唯讀查詢任務 IC 5

測試名稱	IC 5：新團體
測試目的	LDBC 場景測試
前置條件	圖服務正常執行，圖專案 Graph-SF100 準備就緒
測試步驟	• 傳入參數：PersonId（類型 ID）、minDate（類型為 Date） • 描述：給定一個起始點，類型為 Person，查詢其朋友和朋友的朋友（不包括起始點）在替定日期之後成為其成員的討論區。對於每個討論區，查詢其中任何一個建立的發文數。對於每個討論區，僅考慮在替定日期（minDate）之後加入該討論區的人員

6）複雜唯讀查詢任務 IC 6，見表 8-52。

▼ 表 8-52　複雜唯讀查詢任務 IC 6

測試名稱	IC 6：共同出現的標籤
測試目的	LDBC 場景測試
前置條件	圖資料庫系統正常部署、執行正常
測試步驟	• 傳入參數：PersonId（類型 ID）、tagName（類型為 Long String） • 描述：給定一個類型為 Person 的人和多個類型為 Tag 的標籤，查詢起始點的朋友和朋友的朋友（不包括起始點）建立的發文與此標籤一起出現的其他標籤。傳回前 10 個標籤，以及由這些人員建立的發文數，其中包含此標籤和給定的標籤

7）複雜唯讀查詢任務 IC 7，見表 8-53。

▼ 表 8-53　複雜唯讀查詢任務 IC 7

測試名稱	IC 7：最近按讚的人
測試目的	LDBC 場景測試
前置條件	圖服務正常執行，圖專案 Graph-SF100 準備就緒

測試步驟	• 傳入參數：PersonId（類型 ID） • 描述：給定一個起始點，類型為 Person，查詢其最新的按讚訊息。查詢所有為其訊息按讚（Likes Edge）的人，最近按讚的訊息、按讚的建立日期，以及建立訊息和按讚之間的時間延遲（minutesLatency）。此外，對於找到的每個人，傳回一個標識，表示按讚者是否是起始人的朋友。如果某人同時喜歡多個訊息，請傳回識別字最低的訊息

8）複雜唯讀查詢任務 IC 8，見表 8-54。

▼ 表 8-54 複雜唯讀查詢任務 IC 8

測試名稱	IC 8：最近回覆的人
測試目的	LDBC 場景測試
前置條件	圖服務正常執行，圖專案 Graph-SF100 準備就緒
測試步驟	• 傳入參數：PersonId（類型 ID） • 描述：給定一個起始點，類型為 Person，找到對其訊息的最新回覆。僅考慮直接（單躍點）回覆，不考慮傳遞（多跳）回覆。傳回回覆內容，以及建立每筆回覆內容的人

9）複雜唯讀查詢任務 IC 9，見表 8-55。

▼ 表 8-55 複雜唯讀查詢任務 IC 9

測試名稱	IC 9：朋友或朋友的朋友最近的訊息
測試目的	LDBC 場景測試
前置條件	圖服務正常執行，圖專案 Graph-SF100 準備就緒
測試步驟	• 傳入參數：PersonId（類型 ID）、maxDate（類型為 Date） • 描述：給定一個起始點，類型為 Person，查詢其朋友或朋友的朋友（不包含起始點）建立的（最新）訊息。僅考慮在替定日期（不包括當天）之前建立的訊息

10）複雜唯讀查詢任務 IC 10，見表 8-56。

▼ 表 8-56 複雜唯讀查詢任務 IC 10

測試名稱	IC 10：朋友的推薦
測試目的	LDBC 場景測試
前置條件	圖服務正常執行，圖專案 Graph-SF100 準備就緒
測試步驟	• 傳入參數：PersonId（類型 ID）、month（類型為 32-bit Integer） • 描述：給定一個起始點，類型為 Person，查詢其朋友的朋友（不包括起始點及其直系朋友），這些人出生於給定月份 21 日或之後（任何年份），或下個月的 22 日之前。計算每個人與起始點之間的相似性，其中 commonInterestScore 的定義如下：common = 朋友建立的發文數，該發文是起始點感興趣的標籤；uncommon = 朋友建立的發文數，該發文沒有起始點感興趣的標籤；commonInterestScore = common-uncommon

11）複雜唯讀查詢任務 IC 11，見表 8-57。

▼ 表 8-57 複雜唯讀查詢任務 IC 11

測試名稱	IC 11：工作推薦
測試目的	LDBC 場景測試
前置條件	圖服務正常執行，圖專案 Graph-SF100 準備就緒
測試步驟	• 傳入參數：PersonId（類型 ID）、countryName（類型為 String）、workFromYear（類型為 32bit Integer） • 描述：給定一個起始點，類型為 Person，查詢其朋友和朋友的朋友（不包含起始點），他們是在替定日期（年）之前，在某國家 / 地區的某公司工作的人

12）複雜唯讀查詢任務 IC 12，見表 8-58。

▼ 表 8-58　複雜唯讀查詢任務 IC 12

測試名稱	IC 12：高級搜尋
測試目的	LDBC 場景測試
前置條件	圖服務正常執行，圖專案 Graph-SF100 準備就緒
測試步驟	• 傳入參數：PersonId（類型 ID）、tagClassName（類型為 Long String） • 描述：給定一個起始點，類型為 Person，查詢其朋友在回覆發文時所發表的評論，只考慮直接（單躍點）回覆的發文，不考慮傳遞（多跳）的發文。僅考慮在替定 TagClass 或該 TagClass 的衍生中帶有標籤的發文。計算這些回覆評論的數量，並收集附加到其回覆的發文的標籤，但僅收集具有給定 TagClass 或該 TagClass 的衍生的標籤。傳回至少有一個回覆、回覆計數和標籤集合的人員

13）複雜唯讀查詢任務 IC 13，見表 8-59。

▼ 表 8-59　複雜唯讀查詢任務 IC 13

測試名稱	IC 13：單筆最短路徑
測試目的	LDBC 場景測試
前置條件	圖服務正常執行，圖專案 Graph-SF100 準備就緒
測試步驟	• 傳入參數：Person1Id（類型 ID）、Person2Id（類型 ID） • 描述：給定兩個 Person，在有 know 關係的子圖中找到這兩個人之間的最短路徑 傳回該路徑的長度：等於 -1 表示找不到路徑；等於 0 表示開始的人 = 結束的人；大於 0 表示正常情況

14）複雜唯讀查詢任務 IC 14，見表 8-60。

▼ 表 8-60　複雜唯讀查詢任務 IC 14

測試名稱	IC 14：可信的連接路徑
測試目的	LDBC 場景測試
前置條件	圖服務正常執行，圖專案 Graph-SF100 準備就緒
測試步驟	• 傳入參數：Person1Id（類型 ID）、Person2Id（類型 ID） • 描述：給定兩個 Person，在 know 關係的子圖中找到這兩個人之間的所有（未加權）最短路徑。然後，為每個路徑計算權重。路徑中的頂點為 Person，路徑的權重是路徑中每對連續的 Person 節點之間的權重之和 一對 Person 的權重是根據他們的互動來計算的： • 每個人（一個人）對某個職務（另一個人）的直接答覆貢獻 1.0 • 每個評論（由其中一個人）的直接回覆（另一個人）貢獻 0.5。傳回所有長度最短的路徑及其權重。如果兩個人之間沒有路徑，請不要傳回任何行

（6）LDBC IS 測試

1）簡單互動查詢 IS 1，見表 8-61。

▼ 表 8-61　簡單互動查詢 IS 1

測試名稱	IS 1：一個人的資料
測試目的	LDBC 場景測試
前置條件	圖服務正常執行，圖專案 Graph-SF100 準備就緒
測試步驟	• 傳入參數：PersonId（類型 ID） • 描述：給定一個起始點，類型為 Person，查詢他們的名字、姓氏、生日、IP 位址、瀏覽器和居住城市

2）簡單互動查詢 IS 2，見表 8-62。

▼ 表 8-62 簡單互動查詢 IS 2

測試名稱	IS 2：一個人的最新訊息
測試目的	LDBC 場景測試
前置條件	圖服務正常執行，圖專案 Graph-SF100 準備就緒
測試步驟	• 傳入參數：PersonId（類型 ID） • 描述：給定一個起始點，類型為 Person ，查詢其建立的最後 10 筆訊息（Messages）。對於每筆訊息，傳回該訊息對話中的原始發文（Post）以及該發文的作者（OriginalPoster）。如果任何訊息是發文，則原始發文是相同的訊息，即該訊息會在該結果中出現兩次

3）簡單互動查詢 IS 3，見表 8-63。

▼ 表 8-63 簡單互動查詢 IS 3

測試名稱	IS 3：一個人的朋友
測試目的	LDBC 場景測試
前置條件	圖服務正常執行，圖專案 Graph-SF100 準備就緒
測試步驟	• 傳入參數：PersonId（類型 ID） • 描述：給定一個起始點，類型為 Person ，查詢其所有的朋友，以及他們成為朋友的日期

4）簡單互動查詢 IS 4，見表 8-64。

▼ 表 8-64 簡單互動查詢 IS 4

測試名稱	IS 4：訊息內容
測試目的	LDBC 場景測試
前置條件	圖服務正常執行，圖專案 Graph-SF100 準備就緒
測試步驟	• 傳入參數：messageId（類型 ID） • 描述：給定一個起始點，類型為 Message，查詢其內容和建立日期

5）簡單互動查詢 IS 5，見表 8-65。

▼ 表 8-65　簡單互動查詢 IS 5

測試名稱	IS 5：訊息的建立者
測評目標	LDBC 場景測試
前置條件	圖服務正常執行，圖專案 Graph-SF100 準備就緒
測試步驟	• 傳入參數：messageId（類型 ID） • 描述：給定一個起始點，類型為 Message，查詢其作者

6）簡單互動查詢 IS 6，見表 8-66。

▼ 表 8-66　簡單互動查詢 IS 6

測試名稱	IS 6：forum 的訊息
測試目的	LDBC 場景測試
前置條件	圖服務正常執行，圖專案 Graph-SF100 準備就緒
測試步驟	• 傳入參數：messageId（類型 ID） • 描述：給定一個起始點，類型為 Message，查詢包含該訊息的討論區以及主持該討論區的人員。由於評論未直接包含在討論區中，因此對於評論，請傳回評論所回覆的發文所屬的討論區

7）簡單互動查詢 IS 7，見表 8-67。

▼ 表 8-67　簡單互動查詢 IS 7

測試名稱	IS 7：新階段
測試目的	LDBC 場景測試
前置條件	圖服務正常執行，圖專案 Graph-SF100 準備就緒
測試步驟	• 傳入參數：messageId（類型 ID） • 描述：給定一個起始點，類型為 Message，查詢回覆該訊息的（1 跳）Comment。另外，傳回一個布林值的 knows 標識，表明答覆的作者是否知道原始訊息的作者。如果作者與原始作者相同，則傳回 false（表示已知標識）

（7）LDBC II 測試

1）插入 II 1，見表 8-68。

▼ 表 8-68 插入 II 1

測試名稱	II 1：增加 person 點
測試目的	LDBC 場景測試
前置條件	圖服務正常執行，圖專案 Graph-SF100 準備就緒
測試步驟	• 傳入參數：PersonId（類型 ID）、personFirstName（類型 String）、personLastName（類型 String）、gender String（類型 String）、birthday（類型 Date）、creationDate（類型 DateTime）、locationIP（類型 String）、browserUsed（類型 String）、cityId（類型 ID）、languages（類型 {String}）、emails（類型 {Long String}）、tagIds（類型 {ID}）、studyAt（類型 {<ID,32-bit Integer>}）、workAt（類型 {<ID,32-bit Integer>}） • 描述：增加一個 Person 節點，透過 4 種可能的邊類型（isLocatedIn、hasInterest、workAt、studyAt）連接到網路

2）插入 II 2，見表 8-69。

▼ 表 8-69 插入 II 2

測試名稱	II 2：增加按讚的 post
測試目的	LDBC 場景測試
前置條件	圖服務正常執行，圖專案 Graph-SF100 準備就緒
測試步驟	• 傳入參數：PersonId（類型 ID）、postId（類型 ID）、creationDate（類型 DateTime） • 描述：透過一個 likes 邊連接到 post 點

3）插入 II 3，見表 8-70。

▼ 表 8-70　插入 II 3

測試名稱	II 3：增加 likes 邊到 comment 點
測試目的	LDBC 場景測試
前置條件	圖服務正常執行，圖專案 Graph-SF100 準備就緒
測試步驟	• 傳入參數：PersonId（類型 ID）、commentId（類型 ID）、creationDate（類型 DateTime） • 描述：透過一個 likes 邊聯絡到 comment 點

4）插入 II 4，見表 8-71。

▼ 表 8-71　插入 II 4

測試名稱	II 4：增加 forum 點
測試目的	LDBC 場景測試
前置條件	圖服務正常執行，圖專案 Graph-SF100 準備就緒
測試步驟	• 傳入參數：forumId（類型 ID）、forumTitle（類型 Long String）、creationDate（類型 DateTime）、moderatorId（類型 ID）、tagIds（類型 {ID}） • 描述：增加一個 forum 節點，透過 2 種可能的邊類型（hasTag、hasModerator）連接到網路

5）插入 II 5，見表 8-72。

▼ 表 8-72　插入 II 5

測試名稱	II 5：增加 forum membership
測試目的	LDBC 場景測試
前置條件	圖服務正常執行，圖專案 Graph-SF100 準備就緒
測試步驟	• 傳入參數：PersonId（類型 ID）、forumId（類型 ID）、creationDate（類型 DateTime） • 描述：增加一個 forum 點，透過 hasMember 邊連接到 person 點

6）插入 II 6，見表 8-73。

▼ 表 8-73 插入 II 6

測試名稱	II 6：增加 post 點
測試目的	LDBC 場景測試
前置條件	圖服務正常執行，圖專案 Graph-SF100 準備就緒
測試步驟	• 傳入參數：postId（類型 ID）、imageFile（類型 String）、creationDate（類型 DateTime）、locationIP（類型 String）、browserUsed（類型 String）、language（類型 String）、content（類型 Text）、length（類型 32bit Integer）、authorPersonId（類型 ID）、forumId（類型 ID）、countryId（類型 ID）、tagIds（類型 {ID}） • 描述：增加一個 post 點，透過 4 種可能的邊類型（hasCreator,containerOf,isLocatedIn,hasTag）連接到網路

7）插入 II 7，見表 8-74。

▼ 表 8-74 插入 II 7

測試名稱	II 7：增加 comment 點
測試目的	LDBC 場景測試
前置條件	圖服務正常執行，圖專案 Graph-SF100 準備就緒
測試步驟	• 傳入參數：commentId（類型 ID）、creationDate（類型 DateTime）、locationIP（類型 String）、browserUsed（類型 String）、content（類型 Text）、length（類型 32bit Integer）、authorPersonId（類型 ID）、countryId（類型 ID）、replyToPostId（類型 ID）。如果 Comment 回覆的是 Comment，則值改為 -1。如果 replyToCommentId（類型 ID）回覆的是 Post，則值改為 -1 • 描述：增加一個 Comment 節點，回覆一個 Post/Comment，透過 4 種可能的邊類型（replyOf,hasCreator,isLocatedIn,hasTag）連接到網路

8）插入 II 8，見表 8-75。

▼ 表 8-75　插入 II 8

測試名稱	II 8：增加 friendship 邊
測試目的	LDBC 場景測試
前置條件	圖服務正常執行，圖專案 Graph-SF100 準備就緒
測試步驟	• 傳入參數：person1Id（類型 ID）、person2Id（類型 ID）、creationDate（類型 DateTime） • 描述：在兩個 person 點之間增加 know 邊

8.7　本章小結

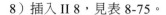

　　圖資料庫選型是使用者在選擇多種各具特點的圖資料庫時經常要碰到的問題。本章介紹了在選型過程中需要考慮的多個方面的選型標準，譬如 OLTP 還是 OLAP、資料規模、原生還是非原生、查詢語言選擇、深鏈查詢需求、好用性等，也提供了一套完整的選型測試專案方案供讀者直接使用。整體上講，選型是一個開放性問題，需要使用者在深度理解和挖掘自身使用需求的基礎上針對性地制定標準和方案。但由於圖資料庫技術適合跨業務資料融合的平臺特性，不要侷限於短期、單一場景的需求，盡可能選擇一款能夠更多業務場景導向的性能、具備優秀綜合素質能力的圖資料庫產品。

MEMO

實踐篇

　　身為新興的底層技術，圖資料庫技術在多個行業的不同場景中獲得了廣泛的應用。然而，與傳統關聯式資料庫相比，圖資料庫的應用廣度和深度還有待提高。本篇將介紹圖資料庫的行業應用案例，透過這些案例，讀者可以找到與自己的工作和行業相關的場景進行學習和參考，並進一步深入思考和挖掘更多的圖資料庫應用場景。

　　隨著巨量資料和物聯網的迅速發展，資料型態越來越豐富，資料之間的連結性也在增加。傳統的針對小規模、單一維度、靜態資料的分析方法已經無法滿足時代發展的需求。資料量的激增、資料間複雜連結關係的有效分析和處理已經成為資料庫行業的痛點。

　　傳統的關聯式資料庫在處理複雜資料關係時表現不佳。圖資料庫擅長處理大量、複雜、相互連結、多變的網路資料，其效率是關聯式資料庫的數千到數萬倍。

　　因此，圖資料庫在各行業的不同場景中具有天然的應用優勢。

9

知識圖譜

9.1 背景

　　知識圖譜（Knowledge Graph）最早起源於 Google，旨在最佳化搜尋引擎傳回結果，並建立概念之間的關係，以提升搜尋品質和使用者體驗。它是一種語義網路，由實體點和邊組成，用於表示實體或概念之間的語義關係。知識圖譜以結構化方式描述現實世界中的概念、實體及其關係，將多來源資訊轉化為更接近人類認知的形式，提供了組織、管理和理解巨量資訊的能力。

　　自知識圖譜概念被提出以來，其應用領域逐漸擴大，從最初的網際網路搜尋引擎和電子商務領域擴充到金融、保全、教育等各個領域。隨著知識圖譜應用的成熟，所承載的資訊也從靜態的自然語言文字取出的概念資料演變為企業核心交易資料和日誌事件，以及客戶行為資料等規模更大、變化更頻繁的資料。這對底層儲存系統的能力提出了更高的要求。知識圖譜應用的成熟度發展處理程序如圖 9-1 所示。

　　以「點 - 邊」資料結構查詢最佳化為第一設計原理的圖資料庫是知識圖譜應用的理想底層技術支援。不論是處理小規模的靜態產品圖譜、企業關係圖譜，還是處理大規模的資金流向交易圖譜、網路攻擊事件圖譜、服務呼叫圖譜等，圖資料庫相較於傳統的檔案儲存和表儲存具有更直觀、貼合知識圖譜結構的資料模型，並擁有出色的儲存和查詢能力。

　　本章將以影視知識圖譜為例，介紹如何利用圖資料庫技術更進一步地表達和儲存知識、推理客戶需求，以實現業務價值。交易圖譜和事件、日誌圖譜將在後續章節的案例中涉及，本章不再單獨舉例。

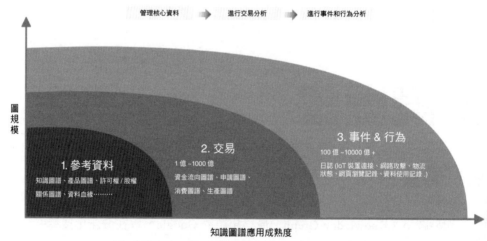

▲ 圖 9-1　知識圖譜應用的成熟度發展處理程序

9.2　影視知識圖譜

1 · 背景

　　隨著新時代的到來，人們的精神生活需求也越發充實。文化消費在人均消費支出中的比重逐漸增加。其中，影視內容作為重要的娛樂方式，不僅讓觀眾獲得快樂，還能觸及生活的苦難，領悟人生的哲理。影視娛樂在更多的消費場景觸達更多的人群和時間段，實現日常化和高頻化。如何利用千億級市場的消費潛力成為影視行業和資本界最為關注的問題。

「讓更多人看見」一直是內容行業的永恆追求。影視產業目前的痛點之一是缺乏 DTC（直接消費者）導向的能力，即內容能夠直接回饋到內容創作端，加速並推動優秀內容創作者受到更高的關注並獲得相應的收入。

2・痛點分析

影視行業在過去的百年間累積了大量優質的內容，同時隨著時代的發展，不斷湧現出新的作品。面對龐大的消費者群眾和多樣化的觀影場景，如何從巨量內容中高效率地篩選出適合特定消費人群、場景和觀影通路的內容，成為行業面臨的重要問題。

由於影視內容的維度豐富性和不同內容生產方的差異，資料分散儲存在各個業務邏輯的關聯式資料庫中。要實現高維度的連結推薦，就需要跨多個表進行複雜的連結查詢。無論是在查詢效率還是分析直觀程度上，傳統關聯式資料庫都無法滿足場景化即時推薦的需求。

本節將演示如何利用圖資料庫建構影視知識圖譜，以幫助平臺實現快速的內容推薦。

3・圖技術實踐：電影推薦

將與影視內容相關的知識概念進行取出，如導演、演員、IP、類型、標籤、獎項、播放平臺或通路等，建構成影視知識圖譜。透過建構，可以為內容營運人員提供全域角度，快速匹配適合特定人群特徵和興趣的內容。

（1）樣本資料

1）樣本資料集下載：存取本書原始程式位址，並下載 Film_solution.tar.gz。

2）樣本資料集內容：電影基本資訊、IP 基本資訊、演員／導演基本資訊、觀影基本資訊，包括以下內容。

- 電影基本資訊：如電影 ID、電影名稱、出品方、上映年份、語言、評分、票房、類型、導演、主要演員、相關 IP、IP 作者和標籤等。

- IP 基本資訊：如 IP_ID、IP 名稱、IP 作者、IP 創作時間、IP 類型和相關 IP 等。

- 演員 / 導演基本資訊：如人 ID、姓名、出生年份、國家、出演 / 導演電影、是否主演、其他身份、其他作品、作品類型、作品標籤、作品獎項、人標籤、人類型和人獎項等。

- 觀影基本資訊：如線上觀影平臺、線下觀影影院和觀影時間等。

3）樣本資料集規模：樣本資料集包含 13 部電影相關資訊，6 個演員資訊，7 個 IP 資訊，9 個出品方資訊。

（2）圖模型設計

電影推薦涉及多種維度，其中演員 / 導演、類型、標籤、獎項和連結的 IP 等因素都是觀眾選擇電影的關鍵因素。因此，我們可以將電影、人、類型、標籤、獎項和 IP 等作為圖資料庫中的點類型，並建立它們之間的連結關係。同時，還可以加入觀眾觀看電影的通路資訊，建構一個圖模型，如圖 9-2 所示。

圖模型中的點類型見表 9-1，圖模型中的邊類型見表 9-2。

（3）圖型分析範例

1）業務訴求：電影智慧推薦。

基於影視知識圖譜，可以快速地對觀眾的觀影資訊進行分析，找到觀眾選擇影片的內在隱性關係，並向其推薦可能感興趣的電影。

由於該查詢中需要呼叫數十次的全路徑演算法，本文使用查詢效率更高的 Galaxybase 圖資料庫的 Java 程式設計開發介面進行查詢的實現。

2）查詢說明：快速找到 ID 為「A001」的觀眾觀看過的電影，尋找其觀看電影之間的連結性，並為其推薦可能感興趣的電影。

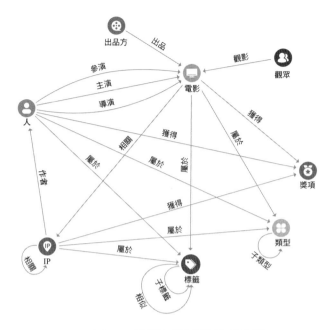

▲ 圖 9-2 影視知識圖譜模型範例

▼ 表 9-1 圖模型中的點類型

點類型	屬性	點類型	屬性
電影	電影 ID、國家、電影名稱、上映年份、語言、評分、票房、類型、標籤	標籤	標籤名稱
人	人 ID、姓名、出生年份、出生地	獎項	獎項名稱
IP	IP_ID、名稱、類型、年份	觀眾	觀眾 ID、觀眾類型、性別
類型	類型名	出品方	出品方名稱

▼ 表 9-2 圖模型中的邊類型

邊類型	起始點類型	終止點類型	屬性
參演	人	電影	角色
主演	人	電影	角色
導演	人	電影	—

邊類型	起始點類型	終止點類型	屬性
屬於	電影	類型	—
屬於	電影	標籤	—
獲得	電影	獎項	獲獎時間
相關	電影	IP	—
屬於	IP	類型	—
屬於	IP	標籤	—
獲得	IP	獎項	獲獎時間
作者	IP	人	時間
相關	IP	IP	—
觀影	觀眾	電影	線上觀影平臺、線下觀影影院、觀影時間
獲得	人	獎項	獲獎時間
屬於	人	類型	—
屬於	人	標籤	—
子類型	類型	類型	—
子標籤	標籤	標籤	—
相似	標籤	標籤	—
出品	出品方	電影	—

- 查詢 ID 是「A001」的觀眾觀看的電影。

- 透過多部電影之間的 IP、標籤、演員、出品方等連結性，找到該觀眾可能感興趣的電影。

- 計算已看電影與推薦電影之間的 7 跳連結路徑數，按連結路徑的條數從高到低排序傳回。

2）Java 實現關鍵程式。

```
public class MovieRecommendation {
    public static Graph graph;
```

```java
// 啟動入口
public static List<MovieRes> main(String[]args){
// 初始化圖的連結
initGraph();
Long personId = graph.getVertexIdByPk("A001"," 觀眾 ");
// 尋找其 1 度鄰居使用者所看的電影
Iterator<Edge> edgeIterator = graph.retrieveEdgeByVertexId(personId,null,
Direction.OUT,null,null,false);
List<Long> movies = new ArrayList<>();
while (edgeIterator.hasNext()){
    Edge next = edgeIterator.next();
    long toVertexId = next.getToVertexId();
    movies.add(toVertexId);
}
// 查詢特定範圍內的電影
QueryResult queryResult = graph.bfsMaster(personId,7,-1,-1,
    Collections.singletonList(Direction.OUT),null,null,

    null,false,false,true,false);
Map<Long,ResponseElementInfo> vertexSet = queryResult.getVertexSet();
Set<Long> allMovies = new HashSet<>();
for (Map.Entry<Long,ResponseElementInfo> entry :vertexSet.entrySet()){
    String type = entry.getValue().getType();
    // 找到電影
    if (" 電影 ".equals(type)){
        allMovies.add(entry.getKey());
    }
}
movies.forEach(allMovies::remove);
List<MovieRes> lists = new ArrayList<>();
// 透過全路徑演算法查詢路徑資訊
for (Long movieStart :movies){
    String startPk = graph.retrieveVertex(movieStart).getProperty(" 電影 ID").
asString();
    for (Long movieEnd :allMovies){
        StatementResult
        statementResult = graph.executeQuery(
            String.format("CALL gapl.AllPaths(%s,%s,{direction:'BOTH',minDepth:1,
maxDepth:7,"+ "primaryKey:false,limit:-1,vertexTypes:[],edgeTypes:[]})",
movieStart,movieEnd));
```

```
            int num = 0;
            while (statementResult.hasNext()){
                statementResult.next();
                num++;
            }
            String endPk = graph.retrieveVertex(movieEnd).getProperty(" 電影 ID").asString();
            System.out.println(" 計算起始點 "+ startPk + " 終止點 "+ endPk + " 結果為 :"+ num);
            lists.add(new MovieRes(startPk,endPk,num));
        }
    }
    // 排序傳回結果
    lists.sort((o1,o2)-> Integer.compare(o2.num,o1.num));

    return lists;
}
public static void initGraph(){
    // 圖服務連接 ip
    String ip = "192.168.20.31";
    // 圖服務連接資料庫名稱
    String name = "movie";
    // 連接圖服務驅動
    Driver driver = GraphDb.connect("bolt://"+ ip + ":7687","admin","admin");
    // 獲取對應 graph
    graph = GraphDb.driver(driver,name);
    }
    /**
     * 結果傳回形式
     */
    static class MovieRes{
        // 起始點主鍵
        String startPrimaryKey;
        // 終止點主鍵
        String endPrimaryKey;
        // 路徑數量
        int num;
        public MovieRes(String startPrimaryKey,String endPrimaryKey,int num){
            this.startPrimaryKey = startPrimaryKey;
            this.endPrimaryKey = endPrimaryKey;
            this.num = num;
        }
    }
}
```

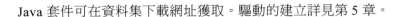

Java 套件可在資料集下載網址獲取。驅動的建立詳見第 5 章。

4）查詢結果：ID 是「A001」的觀眾觀看了《哪吒之魔童降世》《新神榜：楊戩》《長津湖》3 部電影，基於圖資料庫的連結能力，透過演員、電影標籤、電影內容（連結的 IP）、出品方等連結關係，能找到《姜子牙》《新神榜：哪吒重生》《西遊記之大聖歸來》《白蛇：源起》《白蛇 2：青蛇劫起》《殺破狼》《流浪地球》《少年的你》《七月與安生》《左耳》10 部電影。

如表 9-3 所示，透過圖資料庫的全路徑演算法，可以快速遍歷已觀看電影和推薦電影間的多維關係路徑數，並進行計數排序，更加具體地展現推薦電影與已觀看電影的連結性。

▼ 表 9-3　觀看電影與推薦電影的路徑數

起始點	終止點	路徑數
新神榜：楊戩	新神榜：哪吒重生	25
哪吒之魔童降世	新神榜：哪吒重生	23
哪吒之魔童降世	西遊記之大聖歸來	19
新神榜：楊戩	西遊記之大聖歸來	19
新神榜：楊戩	姜子牙	19
長津湖	新神榜：哪吒重生	18
哪吒之魔童降世	白蛇：源起	17
哪吒之魔童降世	白蛇 2：青蛇劫起	17
新神榜：楊戩	白蛇：源起	16
新神榜：楊戩	白蛇 2：青蛇劫起	16
哪吒之魔童降世	殺破狼	15
哪吒之魔童降世	姜子牙	15
新神榜：楊戩	殺破狼	14
哪吒之魔童降世	流浪地球	13
長津湖	姜子牙	13

起始點	終止點	路徑數
新神榜：楊戩	流浪地球	12
長津湖	西遊記之大聖歸來	12
長津湖	白蛇：源起	12
長津湖	白蛇 2：青蛇劫起	12
長津湖	殺破狼	8
新神榜：楊戩	左耳	6
新神榜：楊戩	少年的你	6
長津湖	流浪地球	6
哪吒之魔童降世	左耳	4
哪吒之魔童降世	少年的你	4
新神榜：楊戩	七月與安生	4
長津湖	七月與安生	4
哪吒之魔童降世	七月與安生	2
長津湖	左耳	2
長津湖	少年的你	2

可對上表各終止點電影的路徑數進行統計，作為最終的推薦順序。推薦順序如表 9-4 所示。

▼ 表 9-4 推薦電影排序

推薦電影名稱	路徑總數	推薦電影名稱	路徑總數
新神榜：哪吒重生	66	殺破狼	37
西遊記之大聖歸來	50	流浪地球	31
姜子牙	47	左耳	12
白蛇：源起	45	少年的你	12
白蛇 2：青蛇劫起	45	七月與安生	10

　　用視覺化展示能夠更進一步地理解上述推薦結果背後的隱性邏輯。從圖 9-3 中可以觀察到以下內容：ID 是「A001」的觀眾偏好奇幻和劇情類電影。其中，動漫電影《哪吒之魔童降世》和《新神榜：楊戩》與神話《封神榜》和《西遊記》相連結，因此可以推薦其他與神話相關的動漫電影。此外，奇幻電影《新神榜：哪吒重生》《西遊記之大聖歸來》《姜子牙》的推薦係數較高，相對於愛情類電影《白蛇：源起》《白蛇 2：青蛇劫起》更具推薦優先性。除了動漫電影，ID 是「A001」的觀眾還觀看了風格迥異的《長津湖》，透過主要演員的相關性，可以找到其他風格各異的電影。由於 ID 是「A001」的觀眾偏好奇幻電影，而奇幻類別與科幻類別的相似度遠高於愛情類別，因此，在推薦優先順序上，《流浪地球》應該優先於《少年的你》《七月與安生》《左耳》。

　　由此可見，相較於傳統的推薦演算法，基於知識圖譜的推薦會超越相同電影類型或相同演員的簡單顯性連結，從概念間內在的複雜連結關係出發進行推理，挖掘電影及其相關內容的內在隱性連結，更加精準地為觀眾做出推薦，提高推薦的效果及觀眾的觀影體驗。同時，基於圖資料庫及視覺化分析的推薦引擎比傳統機器學習的方法可解釋性更強。一圖勝過千言萬語，依據使用者的觀影圖譜，可以清晰地知道為什麼一部電影會更合適使用者品味。

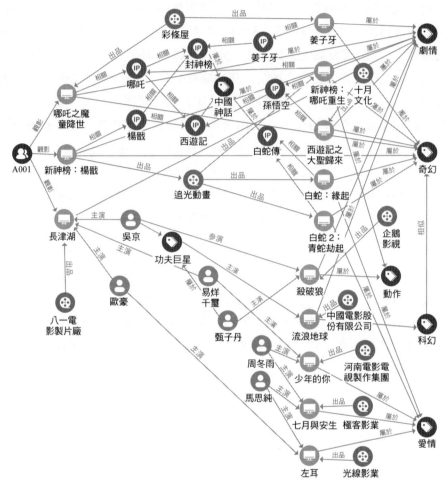

▲ 圖 9-3　ID 是「A001」的觀眾的觀影圖譜

10

金融

　　在金融科技高速發展的今天，不法分子、投機分子規避監管的犯罪手段不斷升級，金融機構面臨的風險日益複雜化、規模化和隱蔽化。

　　舉例來說，在一種新型的信用詐騙中，不法分子利用不法手段收集大量合法資訊（如以應徵名義大量收集身份證資訊），偽裝成正常申請人，成功獲取大量信用卡，並套現資金進行放貸，或透過頻繁刷單炒信，將信用卡額度養到最高後立即套現跑路，給金融機構造成巨額損失。由於詐騙團夥中的個體申請及刷卡都偽裝成普通帳戶行為，隱蔽性極強，很難依靠傳統規則發現。

又如，企業為滿足信用要求，透過關係人及連結企業進行擔保，形成相互擔保、連環擔保。一旦授信企業因資金鏈斷裂無法償還貸款，需要擔保人代償，風險就會透過擔保鏈條在企業間擴散，引發連鎖反應，甚至導致區域性的集體暴雷。由於擔保圈所涉及的相關債權債務關係的複雜性和隱蔽性，很難做到及時有效地發現。

再如，地下錢莊為黑社會、毒販、貪污分子、恐怖分子等提供洗錢服務，會大幅地分散交易帳號，並使用多個帳戶相互交易，層層偽裝線索、隱藏身份，交易層級可達十幾層甚至幾十層，從而形成龐大且複雜的交易網路。洗錢轉帳交易迅速，涉及的連結交易數量巨大，給監管追查帶來了巨大挑戰。

綜上，無論是對私業務還是企業業務，金融機構都要面對多角色、多帳戶、多場景的複雜關係。然而，這些連結涉及的資料量之大、跨越維度之多、連結深度之深、需要處理及決策之迅速，給傳統的技術手段帶來了巨大挑戰，而這些場景正是圖資料庫擅長的。

10.1 信用卡申請反詐騙

1·背景

隨著網際網路的發展，大量線下活動向線上轉移，網銀支付和行動支付方式成為人們最常用的支付手段。巨量資料、人工智慧等技術日臻成熟，犯罪分子開始基於大量的線上交易資料，利用網際網路技術實施詐騙行為，網際網路金融詐騙手段開始多樣化，數位金融詐騙登上舞臺。正是在這種金融新模式、新業態不斷出現的背景下，網際網路金融詐騙呈現出高科技化、產業化、隱蔽化、專業化和場景化特徵。本節以信用卡申請場景為切入點，拆解信用卡申請反詐騙面臨的痛點及其圖解決方案。

2·痛點分析

現有的信用卡申請反詐騙主要透過人工核查、專家規則和機器學習來實現。

人工核查指透過審核申請件資訊以及進行電話核查，由業務員人工判斷申請人的潛在風險以及申請資訊的真實性。這種審核方式需要跨系統、跨資料表查詢交叉驗證，極度依賴業務員的業務經驗，對隱蔽性詐騙辨識的成本高、效率低。

專家規則指標對申請人個體申請資訊，利用行業經驗沉澱的業務規則進行自動化審核。舉例來說，申請人過去 3 個月在征信系統中的查詢次數過多、申請人的手機命中外部黑名單等。由於專家規則是從歷史經驗中總結得出的，很難及時應對動態演變的詐騙手段，並且對隱蔽性詐騙的辨識效果差。

機器學習指將個人的行為、屬性等資訊取出為特徵向量，根據歷史詐騙資料進行學習，預測新進申請件的詐騙風險。這種方法極度依賴黑名單樣本的數量和品質。而詐騙行為極具隱蔽性，很多逾期或入催的壞樣本很難被準確打上詐騙標籤，導致黑樣本高度缺乏、樣本標籤偏差、預測效果不佳。

3．圖技術實踐：辨識詐騙信用卡申請件

基於圖技術的解決方案，其核心設計原理遵從社會學原理中的「物以類聚，人以群分」。詐騙分子的本質目的是透過各種手段偽裝身份及行為，實現大量套現並逃避法律的追責。為了達到這個目的，不法分子會非法盜取、騙取、偽造申請資訊和申請實體，合成看似正常的申請，透過金融機構審核後再利用洗錢、刷流水等手段來提高套現額度，最終透過套現跑路獲利。因為是規模經濟，不法分子會重複使用 IP、裝置、聯繫方式等犯罪資源，而正是這些共用的資源使得看似獨立的申請事件之間形成了各種直接或間接的隱性連結。透過圖技術，可以整合來自銀行內外部各個資料來源的資料，建構連結關係圖譜，從而能夠發現這些直接或間接的隱性連結，讓詐騙團夥無所遁形。

（1）樣本資料

1）樣本資料集下載：存取本書原始程式位址，並下載 anti-fraud_solution.tar.gz。

2）樣本資料集內容：信用卡申請人的基本資訊，申請件的基本資訊和申請行為資訊。

- 申請人的基本資訊：證件號碼、姓名、性別和學歷等。
- 申請件的基本資訊：申請時間、申請的信用卡類型、申請地址、申請電子郵件、申請手機號碼等。
- 申請行為資訊：登入裝置、登入 IP 等。

3）樣本資料集規模：樣本資料集包含 100 筆申請人資訊，150 筆申請件資訊，以及 200 筆有關電子郵件、連絡人、手機號碼、登入 IP、裝置和地址的資訊。

（2）圖模型設計

基於自然人的申請行為和申請件資訊，建構信用卡申請反詐騙的圖模型。如圖 10-1 所示，申請人向銀行提交信用卡申請件，申請件中包含使用者填寫的地址、電子郵件和手機號碼等申請資訊，將這些能形成潛在連結的申請資訊建構成申請實體節點。同時，申請人在申請過程中使用的裝置、IP 等也是重要的申請資源，它們也被作為申請實體加入圖模型中。

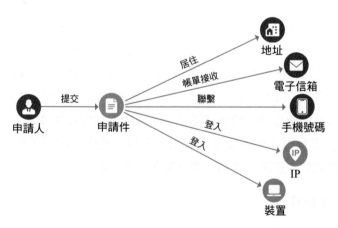

▲ 圖 10-1 申請反詐騙的圖模型

圖模型中的點類型見表 10-1。

▼ 表 10-1　圖模型中的點類型

點類型	屬性	點類型	屬性
申請人	申請人 ID、姓名	手機號碼	手機號碼
申請件	申請件 ID	IP	IP
地址	地址	裝置	裝置 ID
電子郵件	電子郵件		

圖模型中的邊類型如表 10-2 所示。

▼ 表 10-2　圖模型中的邊類型

邊類型	起始點類型	終止點類型	屬性
提交	申請人	申請件	申請時間
居住	申請件	地址	—
帳單接收	申請件	電子郵件	—
聯繫	申請件	手機號碼	—
登入	申請件	IP	登入時間
登入	申請件	裝置	登入時間

（3）圖型分析範例

　　詐騙申請人透過非法途徑獲取多個身份證資訊進行申請，這些申請件對應的申請人看似是獨立的個體，但實際上為了降低操作成本和追求經濟效益，不法分子在應對金融機構的身份審核時會利用有限的申請資源，並留下相同的連絡人和聯繫方式。然而，對正常申請人來說，這些申請資源往往是私人資訊，不會共用給其他申請人。透過分析這些申請資源的使用情況，我們可以發現風險帳戶之間的隱性連結，從而揭示整個詐騙團夥的存在，如圖 10-2 所示。

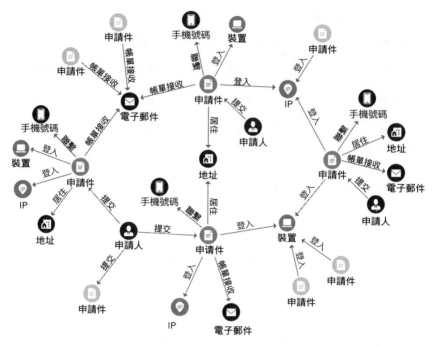

▲ 圖 10-2 由共用申請資源群組成的詐騙團夥

1）業務訴求 1：檢測詐騙實體及詐騙申請件。

分析申請資源的被使用情況，透過異常使用規律推斷該申請資源是詐騙資源的可能性，並透過申請件使用存在詐騙風險的申請資源的情況，判定一個申請件是詐騙件的風險。

① 查詢說明。

- 單位時間內有多個獨立申請人使用同一裝置提交申請，則該裝置存在詐騙風險。這裡假設 24 小時內，超過 2 個獨立申請人使用同一裝置申請，則該裝置為風險裝置。

- 所有使用該裝置提交申請的其他申請件同樣具有詐騙風險，視為風險申請件。

- 若新進系統的申請件與上述的潛在風險申請件共用了某種申請資源，不論是手機、電子郵件、裝置還是 IP，則該申請件同樣也存在詐騙風險。

② 查詢敘述。

```
// 獲取所有裝置的提交時間
MATCH (: 申請人 )-[t1: 提交 ]->(: 申請件 )-->(b: 裝置 )
WITH t1,b
//24 小時內超過 2 個獨立申請人使用同一裝置申請，則該裝置為風險裝置
MATCH p=(people: 申請人 )-[t2: 提交 ]->(: 申請件 )-->(b)
WHERE 0 < t2. 申請時間 -t1. 申請時間 < 1000 *60 *60 *24
WITH b,count(DISTINCT people)AS cnt
// 至少有 2 個其他的申請件與該申請件在同一天內提交
WHERE cnt >= 2
// 所有使用該裝置提交申請的其他申請件，視為風險申請件
MATCH p1=(b)<--(c: 申請件 )<--(: 申請人 )
// 若新進系統的申請件與風險申請件共用申請資源，則該申請件也存在詐騙風險
OPTIONAL MATCH p2 = (c)-->()<--(: 申請件 )
RETURN p1,p2
```

③ 查詢結果。如圖 10-3 所示，裝置 5936 在過去的 24 小時內提交了 3 個獨立申請，這表明它可能是某個詐騙團夥所使用的作案工具。進一步分析發現，由該風險裝置提交的 4 個申請件都存在詐騙嫌疑。對其他申請件進行進一步分析，發現有 3 個申請件（8971、1126、1345）與嫌疑詐騙申請件 3086 共用相同的登入 IP、居住地址或帳單接收電子郵件，因此可以推斷這些申請件也存在詐騙風險。

2）業務訴求 2：詐騙團夥辨識。

由於申請資源的私有性，正常的申請人一般不會透過申請資源和其他申請人形成社群，即使存在家庭或親友關係，一個社群中涉及的獨立申請人數量也較少。透過使用弱連通分量演算法（詳見 4.4.2 節）對客戶申請圖譜進行分群，可以找到連通子圖，並分析子圖的組成，從而有效地幫助判斷群內成員的詐騙風險。

① 查詢說明。

- 使用弱連通分量演算法，檢測獨立的連結群眾。

- 計算詐騙團夥的網路特徵指標，這裡以網路中的申請資源重複使用率——（申請件數量－申請資源數量）/ 申請件數量為例。

- 申請資源重複使用率過高的群眾為潛在詐騙團夥。

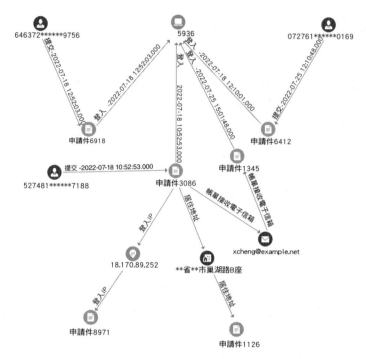

▲ 圖 10-3　檢測詐騙實體及詐騙申請

② 查詢敘述。

```
// 使用弱連通分量演算法，檢測獨立的連結群眾
CALL gapl.WeaklyConnectedComponents({primaryKey:false})
YIELDid,communityId
MATCH(n)WHERE id(n)= toInteger(id)
// 統計網路中各種申請資源和申請件的數量
WITH communityId,labels(n)[0]AS type,count(*)AS count
WHERE type IN ['申請件','手機號碼','IP']
RETURN communityId AS 群落,type AS 實體類型,count AS 群落內的數量 ORDER BY 群落,實體類型
```

③ 查詢結果。從表 10-3 可以看到，群落 0 的 140 個申請件中，只有 90 個申請裝置被使用，即有 50 個申請件與其他申請件共用了相同的申請裝置，重複使用率高達（140-90)/140 ≈ 36%。由於裝置作為隱私性較強的個人物品，一般不會頻繁外借，因此群落 0 存在潛在的詐騙風險，需要人工審核。

▼ 表 10-3 群落查詢結果

群落	實體類型	群落內的數量	群落	實體類型	群落內的數量
0	裝置	90	2	手機號碼	1
0	手機號碼	139	2	申請件	1
0	申請件	140	3	IP	1
1	手機號碼	1	3	手機號碼	1
2	裝置	1	……	……	……

10.2 中小信貸風控

1·背景

中小企業對經濟發展貢獻突出，但由於大部分中小企業本身存在經營與管理不規範、資料不透明等問題，銀企間資訊不對稱，導致中小企業信貸風險一直較高。因此，商業銀行迫切需要解決如何科學有效地進行中小企業貸款風險管理，在提升業務量的同時控制風險的問題。

2·痛點分析

風控是商業銀行經營業務的核心內容之一。在傳統信貸業務中，商業銀行雖然累積了豐富的風控經驗，但是在將這些經驗應用到中小業務時，銀行仍然面臨很多困難。

一方面，與傳統企業業務相同，中小企業的資料也存在資訊透明度低、資料完備性差、資料分散在行內外多個系統中、調查難度大等問題。與此同時，中小企業間呈現隱蔽化、家族化、受上下游企業影響大的複雜連結態勢，難以辨識連結風險。僅對企業自身資質進行審查的傳統風控手段不足以進行全面性風險評估，容易忽略企業連結方的信用和經營問題對授信客戶還款意願和還款能力的影響。

　　另一方面，與傳統企業業務不同，中小企業的客戶數量龐大、規模小、抗風險能力較弱，信貸需求具有「短、小、頻、急」的特點。傳統信貸風控手段對大型核心企業重度依賴客戶經理進行線上、線下多方盡職調查，需要人工從多個行內外系統中搜尋、收集、核查、核對資訊，過程耗時且效率低，成本高，無法滿足中小企業業務量大、金額小、期限短、分散的業務需求。

　　因此，需要借助新的技術手段，實現對中小企業全域關係的高效、自動化探查和分析，以提升金融機構在中小信貸領域的風控效率和能力。

3．圖技術實踐：中小客戶連結關係挖掘

　　圖技術非常適合對大規模中小客戶的信貸風險進行自動化評估。透過整合行內信貸客戶、交易流水、擔保合約等內部資料，與行外人行征信、企業工商、風險輿情等外部資料，共同建構客戶連結關係圖譜，其中以企業和自然人為實體，以擔保、持股、交易等關係為連接。借助業務規則、風險傳導、股權穿透、實體分群等圖型演算法，可以辨識集團連結、擔保圈、交易圈、生態鏈等企業真實營運情況。透過圖型演算法進一步量化企業系統風險，自動辨識高風險客戶，為貸前、貸中和貸後的全流程信貸過程提供支援和服務。

（1）樣本資料

　　1）樣本資料集下載網址：閱讀前言，存取本書原始程式位址，並下載 enterprise_relationship_solution.tar.gz。

　　2）樣本資料集內容：自然人之間的親屬關係、自然人在公司中的任職關係、公司之間的持股關係等，包括以下內容。

- 自然人的基本資訊：證件號碼、姓名、性別、學歷等。
- 公司的基本資訊：公司名稱、統一社會信用程式、註冊時間、註冊資本等。
- 自然人間的親屬關係：配偶、父母、子女等。

- 自然人與公司間的持股關係：持股比例、出資金額、幣種等。

- 自然人與公司間的高管關係：職務類型、任職時間等。

- 自然人與公司間的法定代表人關係。

- 公司與公司間的持股關係：持股比例、出資金額、幣種等。

3）樣本資料集規模：樣本資料集包含 100 多筆公司資訊、30 筆自然人資訊，以及上百筆它們之間的關係資訊。

（2）圖模型設計

如圖 10-4 所示，以公司和自然人為頂點，以它們之間的相互關係為邊，建構圖模型。在該模型中，自然人可以在公司中擔任高管、法定代表人或股東的角色，自然人之間存在親屬關係，公司之間存在持股和擔保關係。

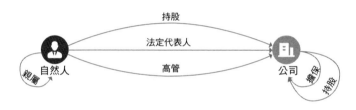

▲ 圖 10-4 企業關係圖譜模型範例

圖模型中的點類型如表 10-4 所示。

▼ 表 10-4 圖模型中的點類型

點類型	屬性
自然人	自然人 ID、姓名
公司	公司 ID、公司名稱

圖模型中的邊類型如表 10-5 所示。

▼ 表 10-5　圖模型中的邊類型

邊類型	起始點類型	終止點類型	屬性
親屬	自然人	自然人	關係類型
高管	自然人	公司	職務類型
法定代表人	自然人	公司	—
持股	自然人	公司	認繳出資額、認繳出資幣種、持股比例
持股	公司	公司	認繳出資額、認繳出資幣種、持股比例
擔保	公司	公司	擔保金額

（3）圖型分析範例（見圖 10-5）

1）業務訴求 1：家族連結企業辨識。

中小企業為增加實際授信額度，可能會分頭融資統一排程，導致信貸資產的營運風險增加。圖技術可以透過企業股東、高管、法定代表人之間的親屬關係，挖掘隱蔽的家族連結企業，加強對集團企業間的貸款資金流向的監控。

① 查詢說明。查詢與公司 7 透過家族關係相連結的公司，即高管、股東、法定代表人直接或間接與公司 7 的高管、股東、法定代表人存在親屬關係的公司。在查詢中，限定親屬間關係層級在 1 ～ 3 跳，即透過最多 3 個親屬關係連接到公司 7 的連結公司。

② 查詢敘述。

```
// 查詢符合條件的公司，要求該公司的高管、股東、法定代表人與公司 7 的高管、股東、法定代表人
// 存在親屬關係，親屬關係層級在 1~3 跳
MATCH p = (c1: 公司 { 公司名稱 :' 公司 7'})-[r1: 持股 | 高管 | 法定代表人 ]-(p1: 自然人 )-[r2:
親屬 *1..3]-(p2: 自然人 )-[r3]-(n2: 公司 )
RETURN p
```

③ 查詢結果。如圖 10-5 所示，公司 8、公司 9 與公司 7 存在家族連結關係。如果發現公司 7 在貸後在其中一家公司進行多筆或單筆企業轉帳，而這些轉帳的總金額接近公司 7 的貸款總額，那麼說明存在貸後資金挪用的風險，需要進行重點監管。

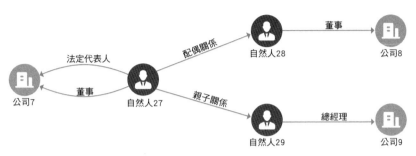

▲ 圖 10-5 查詢家族集團企業

2）業務訴求 2：受益所有人辨識。

受益所有人是指直接或間接持有公司 25% 以上股權或表決權的自然人，對於辨識企業利益集團，揭露受益所有人具有重要意義。根據中國人民銀行的規定，金融機構需要對非自然人客戶的受益所有人進行身份辨識，並留存相關資訊和資料。透過有效開展非自然人客戶的身份辨識、提高受益所有人資訊的透明度、加強風險評估和分類管理等措施，可以防範由於複雜股權或控制權等網路結構所導致的洗錢或恐怖融資風險。圖 10-6 展示了一種典型的複雜股權網路結構。

```
// 展示公司 3 的股權穿透圖
MATCH p = (: 自然人 )-[: 持股 *1..10]->(: 公司 { 公司名稱 :" 公司 3"})
RETURN p
```

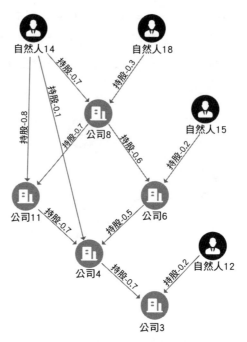

▲ 圖 10-6 複雜股權網路結構

　　圖中的邊表示持股關係，邊上的權重數值表示自然人與企業、企業與企業間的持股比例，如自然人 12 持有公司 3 達 20% 的股權。

　　① 查詢說明。

- 沿著公司的股權路徑向上追溯，查詢在 10 跳內所有直接或間接持股該公司的自然人。

- 對於每條持股路徑，將各級持股比例進行連乘，並累加每個自然人在每條持股路徑上的持股比例，得出實際持股比例。

- 篩選出持股比例高於 25% 的自然人，確定其為受益所有人。

　　② 查詢敘述。

```
// 查詢公司 3 的所有股權穿透路徑
MATCH p = (n0: 自然人 )-[r1: 持股 *1..10]->(n: 公司 { 公司名稱 :' 公司 3'})
// 對每條持股路徑的持股比例進行連乘，並累加每個自然人在每條持股路徑上的持股比例，
// 得出實際持股比例
```

```
WITH n0,sum(reduce(product = 1,r in Relationships(p)|product *r. 持股比例 ))AS
持股比例
// 篩選出持股比例高於 25% 的自然人，確定其為受益所有人
WHERE 持股比例 > 0.25
// 對受益所有人按實際持股比例倒序排列輸出
RETURN n0. 姓名 AS 受益所有人 , 持股比例 ORDER BY 持股比例 DESC
```

③ 查詢結果。如表 10-6 所示，即自然人 14 在公司 3 中的綜合持股比例為
28.28%，所以公司 3 的受益所有人為自然人 14。

▼ 表 10-6 股權查詢結果

受益所有人	持股比例
自然人 14	0.2828

④ PAR 實 現。參 數 化 演 算 法 程 序（Parameterized Algorithm Routine，
PAR）是 Galaxybase 提供的個性化程式設計介面，能夠在伺服器端直接對資料
進行查詢、計算等操作，用於實現無法用 Cypher 表達的自訂函式，以滿足個性
化查詢需求，並大幅提升查詢性能。

在真實的企業集團股權連結中，連結鏈條非常複雜，深鏈長度可能達到 20
～ 30 跳。對於這樣的深鏈查詢，Cypher 解譯器通常基於單機資源執行。然而，
當資料量大時，查詢性能可能會受到瓶頸的限制。此時，可以利用 PAR 來實現
查詢，並充分發揮分散式系統的性能優勢。

⑤ PAR 實現關鍵程式。

```
public class Beneficiary{
    @Context
    public Graph graph;

    @Procedure("corporation.beneficiary")
    @Description(" 受益所有人辨識 ")
    public Stream<Result> beneficiary(
        @Name(value = "corp",defaultValue = "15979769")String corp,
        @Name(value = "maxDepth",defaultValue = "10")Long maxDepth,
```

```
            @Name(value = "shareholding",defaultValue = "0.25")Double shareholding){
        Long corpId = graph.getVertexIdByPk(corp," 公司 ");
        Integer personTypeIndex = graph.meta().getVertexTypeIndex(" 自然人 ");
        LongDoubleMapAccumulator result = new LongDoubleMapAccumulator();
        // 從公司點出發，沿持股邊多度擴充
        graph.parKit().createIdVectorById(corpId,result)
            .setStructure("(n: 公司 )<-[r: 持股 ]-(m: 公司 |  自然人 )")
            .setIncludeProps(true)
            .varLengthExpand(1,maxDepth.intValue(),quadruple -> {
            // 遇到自然人點，計算持股比例並停止擴充
            if (quadruple.getGraph().vertexTypeIndex(quadruple.getTarget())
== personTypeIndex){
                double sum = 1;
                // 將路徑上的邊上的持股比例累乘
                for (Edge edge :quadruple.getEdge()){
                    Double property = (Double)edge.getProperty(" 持股比例 ");
                    if (property == null){
                        continue;

                    }
                    sum *= property;
                }
                result.add(quadruple.getTarget(),sum);
                return false;
            }
            return true;
        });
    // 將結果過濾並排序傳回
    return result.value().entrySet().parallelStream()
        .filter(entry -> entry.getValue()> shareholding)
        .sorted((o1,o2)-> Double.compare(o2.getValue(),o1.getValue()))
        .map(entry -> {
            Vertex vertex = graph.retrieveVertex(entry.getKey());
            return new Result(vertex.getProperties(),entry.getValue());
        })
        .collect(Collectors.toList()).stream();
    }
    public static class LongDoubleMapAccumulator extends MapAccumulator<Long,
Double> {
```

```java
        public void add(Long key,Double value){
            result.compute(key,(k,v)-> {
                if (v == null){
                    v = 0d;
                }
                v += value;
                return v;
            });
        }
    }
    public static class Result {
        public String personPk;
        public String personName;
        public double shareholdingPercent;

        public Result(Map<String,Object> properties,double percent){
            this.personPk = (String)properties.get(" 自然人編號 ");
            this.personName = (String)properties.get(" 姓名 ");
            this.shareholdingPercent = percent;
        }
    }
}
```

完整 Java 套件可在資料集下載網址獲取。具體呼叫方法見第 6 章。

3）業務訴求 3：擔保圈辨識。

擔保圈是指透過相互擔保或連環擔保形成的相互連結利益集團。擔保圈的形成使原本獨立的公司之間產生了緊密聯繫，圈內一個企業因經營不善或現金流問題引發的償債風險會沿著擔保鏈條擴散傳導，影響圈內其他企業的資金流問題，從而對它們的償債能力組成挑戰。特別是當擔保關係形成閉環時，本可以由其他企業分攤的風險又轉移回企業自身，帶來極大的隱憂。為了在圖中辨識出這種異常的擔保形態，可以使用強連通分量演算法。該演算法可以在有方向圖中檢測出成員節點首尾相連的環狀子圖，在擔保關係網絡中，這樣的子圖即為擔保圈。

① 查詢說明。

- 執行強連通分量演算法,找到形成擔保閉環的擔保群落。

- 展示擔保圈成員企業的擔保網路。

② 查詢敘述。

```
// 執行強連通分量演算法,劃分擔保群落
CALL gapl.StronglyConnectedComponents({vertexTypes:[' 公司 '],edgeTypes:[' 擔保 '],
limit:-1})yield id,communityId
// 展示擔保圈成員企業的擔保網路
MATCH p = (n)-[: 擔保 ]-()
WHERE id(n)= toInteger(id)
RETURN p
```

③ 查詢結果。如圖 10-7 所示,檢測到一個包含 6 個成員企業的擔保圈,總擔保金額達到 1600 萬元。發現這種情況後,金融機構可以採取措施,如要求客戶更換擔保方、降低授信額度或拒絕授信,以增強對地區系統性風險的防範能力。

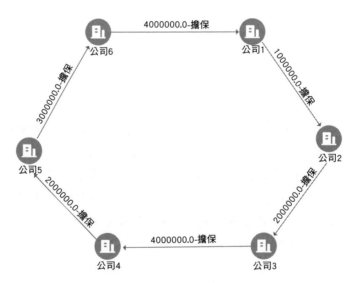

▲ 圖 10-7 擔保圈辨識查詢結果

10.3 反洗錢

1 · 背景

在當前經濟全球化的社會背景下，各國的貿易往來愈發密切，開放的環境使得跨國走私、毒品交易等犯罪活動更加猖獗。同時，反腐行動收效顯著，有些案情涉及巨大數額贓款。這些非法所得的贓款會透過看似正常的途徑合法化，導致洗錢活動屢禁不止。

洗錢活動違背了經濟活動的公平性與公正性原則，不僅不利於市場經濟的有序競爭，而且會降低商業銀行等金融機構的公信力，從而侵蝕整個金融系統。此外，洗錢的上游犯罪往往涉及重大的刑事案件，會對各個國家的政治與經濟環境的穩定性造成重大影響，進而破壞整個國際經濟系統的執行秩序。

當前，單一帳戶的資訊辨識判定已遠遠不能滿足業務需求，金融機構亟須對個人、帳戶、企業、地點等多類資訊間的多種關係進行挖掘、追蹤，從複雜網狀資訊結構中迅速提取有效資訊，為快速辨識洗錢行為提供有力保障。只有實現資金來源、中間環節與資金最終去向的連接穿透，監管機構才能判斷資金來源和最終去向是否合法，資金流通中是否發生性質改變。只有實現這種「穿透式」的透明監管，金融機構才能充分發揮反洗錢職能優勢，切實履行反洗錢符合規範義務，降低反洗錢符合規範成本，提升反洗錢工作的協作性和有效性[2]。

2 · 痛點分析

隨著金融業務的發展，傳統基於規則策略、依靠人力判別的反洗錢系統逐漸無法滿足線上業務迅速發展和巨量交易資料的即時處理要求。

首先，基於歷史經驗的反洗錢系統對具有複雜交易鏈路的洗錢行為辨識能力較弱。近年來，洗錢團夥利用多重身份、大量帳號、低頻交易等方式進行複

---

[1] 齊琦. 央行去年反洗錢處罰金額超 5 億元，虛擬資產洗錢治理趨嚴 [EB/OL]. 第一財經,2021-11-26. https://www.yicai.com/news/101241962.html.

[2] 簡潔，李澤平. 後互評估時代縣域反洗錢履職的現狀、問題及對策——以山西省為例的考察 [J]. 呂梁學院學報,2021,11(1):66-69.

雜的金融交易來轉移資金，將可疑資金混入正常交易鏈，以達到洗錢目的。這些洗錢方式包括跨行轉帳、證券投資、跨境支付、投資貿易、藝術品拍賣、賭博和數位貨幣等。傳統反洗錢系統依賴過去的經驗，難以及時對不斷更新的洗錢模式做出判斷，特別是對於具有複雜交易路徑的洗錢模式，辨識更加困難。

其次，傳統反洗錢技術難以準確辨識客戶在複雜連結網路中的真實角色。銀行機構在進行客戶身份辨識時，需要了解客戶的基礎身份資訊，同時還需要了解客戶的行為特徵資訊以及客戶之間的連結交易模式。因此，銀行需要建構客戶的多維畫像、調查、確認和確定與客戶有連結關係的其他物理資訊。然而，傳統反洗錢技術在處理連結關係方面的能力不足，無法清晰地辨識複雜的客戶關係網絡和資金流轉網路，難以有效地辨識存在洗錢風險的多層級連結帳戶群。

最後，傳統反洗錢手段依賴於歷史累積的專家經驗，缺乏巨量資料分析的支援，因此準確性和穩定性容易受到人為因素的干擾。這也導致現有反洗錢系統存在誤報率高、辨識能力弱、運算能力差，以及分析和監管所需的人力、物力成本高等問題。

3·圖技術實踐：洗錢模式及團夥辨識

憑藉對實體間連結關係的處理優勢，圖技術能夠連接孤立、碎片化的帳號資訊，提供完整洗錢團夥的深鏈鑽取和全域分析能力，並能夠有效辨識洗錢網路中複雜的可疑連結模式。圖技術借助深鏈分析能力，能夠將資金流分析的深度拓展至幾十層，有效解決傳統技術在上報率低、團夥辨識能力弱、運算能力差等方面的問題，降低調查人力成本，最佳化上報審核流程，提高案例辨識的精準度，並能夠及時偵測到新型的洗錢模式。

（1）樣本資料

1）樣本資料集下載：存取本書原始程式位址，並下載 anti-money_laundering_solution.tar.gz。

2）樣本資料內容：銀行帳戶的基本資訊、交易資訊，客戶的基本資訊、登入日誌等，包括以下內容。

- 銀行帳戶、個人客戶、企業客戶的基本資訊。

- 銀行帳戶間的交易資訊：交易時間、交易金額等。

- 銀行帳戶的登入資訊：網銀登入 IP、網銀登入裝置。

- 個人、企業客戶的連結資訊：法定代表人。

- 個人、企業客戶的開戶資訊：預留手機號。

3）樣本資料集規模：樣本資料集包含 73 筆物理資料、95 筆關聯資料。

（2）圖模型設計

以銀行帳戶間的交易關係以及帳戶持有人、持有企業、連結的聯繫方式、登入資訊為基礎建構圖模型，如圖 10-8 所示。

圖模型中的點類型如表 10-7 所示。

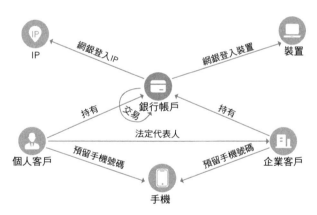

▲ 圖 10-8 反洗錢模型範例

▼ 表 10-7　圖模型中的點類型

點類型	屬性	點類型	屬性
銀行帳戶	帳戶 ID	個人客戶	客戶編號、姓名
IP	IP	企業客戶	客戶編號、公司名稱
裝置	裝置 ID	手機	手機號碼

圖模型中的邊類型如表 10-8 所示。

▼ 表 10-8　圖模型中的邊類型

邊類型	起始點類型	終止點類型	屬性
交易	銀行帳戶	銀行帳戶	交易金額、交易時間
持有	個人客戶	銀行帳戶	—
持有	企業客戶	銀行帳戶	—
網銀登入 IP	銀行帳戶	IP	登入時間
網銀登入裝置	銀行帳戶	裝置	登入時間
預留手機號	個人客戶	手機	—
預留手機號	企業客戶	手機	—
法定代表人	個人客戶	企業客戶	—

（3）圖型分析範例：洗錢帳戶及洗錢團夥辨識

洗錢的一般模式是透過一個或多個源頭帳戶，經過多層中間帳戶，將資金轉移至目標帳戶。因此，在洗錢網路中，不同位置的帳戶會具有不同的交易特徵。

- 上游帳戶向中間帳戶分發資金，因此具有集中轉入和分散轉出的特徵。
- 中間帳戶充當中轉過渡角色，因此其轉入和轉出金額會較為接近。
- 下游帳戶匯集中間帳戶的資金，因此具有集中轉出和分散轉入的特徵。

在一個完整的洗錢團夥中，通常同時存在具有上述特徵的帳戶。然而，由於洗錢犯罪常涉及跨行操作，對於單一銀行主體而言，資金流向資料可能會斷裂，無法同時找到滿足上述特徵的帳戶。但除了交易關係，帳戶之間可能存在其他連結關係，如某個個人帳戶的持有人同時是某個企業帳戶的法定代表人。透過分析這些帳戶之間的連結關係，並結合資金轉帳特徵，可以查出洗錢帳戶的連結帳戶，進一步挖掘潛在的洗錢團夥。

① 查詢說明。黑產洗錢時，為了規避監管，資金在洗錢帳戶上的停留時間通常非常短。如果某個帳戶在短期內出現了資金快速進出，並且進出的總金額相近，那麼就存在很高的洗錢風險。在這裡，我們以帳戶最後發生轉帳的 3 天內為限，帳戶發生了滿足以下三種情況之一的轉入和轉出交易，同時轉入和轉出的金額之比在 0.8 ～ 1.2 作為洗錢嫌疑的定義。根據這個定義，傳回所有有洗錢嫌疑的帳戶。

- 上游帳戶：轉入筆數 < 2，轉出筆數 ≥ 3；
- 中游帳戶：轉入筆數 ≥ 3，轉出筆數 ≥ 3；
- 下游帳戶：轉入筆數 ≥ 3，轉出筆數 < 2。

基於單一帳戶的規則，誤判率非常高。然而，當將帳戶透過各種關係連結起來時，如果一個嫌疑帳戶的連結網路中存在其他疑似洗錢帳戶，那麼該帳戶是洗錢帳戶的機率會極大提升。為了找到所有洗錢嫌疑帳戶的 10 跳網路中的帳戶，我們計算其中嫌疑帳戶的數量。

如果一個嫌疑帳戶連結了多個嫌疑帳戶，那麼這些帳戶很可能組成一個洗錢團夥。在這個團夥內的其他交易帳戶可能透過降低交易金額、拉長轉帳時間跨度、保留更多金額用於下次轉帳等方式逃避單一帳戶的監控規則。然而，這些帳戶同樣存在洗錢嫌疑，應該受到重點監控。如果一個帳戶連結了至少兩個的嫌疑帳戶，那麼將傳回所有嫌疑帳戶，以及這些帳戶所連結的完整帳戶網路。

② 查詢敘述。

```
// 對所有交易帳戶進行檢測，獲取帳戶最後發生轉帳的交易時間
MATCH (a)-[b0:`交易`]-()
WITH a,max(b0.交易時間)AS ft
// 先統計帳戶最後發生轉帳的 3 天內的總入帳金額和入帳筆數
MATCH (a)<-[b1:`交易`]-(c)
WHERE ft-b1.交易時間 < 3 *24 *3600 *1000
WITH a,ft,sum(b1.交易金額)AS in_amount,count(b1)AS in_cnt
// 再統計帳戶最後發生轉帳的 3 天內的總出賬金額和出賬筆數
MATCH (a)-[b2:`交易`]->(d)
WHERE ft-b2.交易時間 < 3 *24 *3600 *1000
WITH a,in_amount,in_cnt,sum(b2.交易金額)AS out_amount,count(b2)AS out_cnt
```

```
//3 天內帳號發生轉帳，且轉入轉出的折損率為 0.8~1.2
// 且符合 " 轉入筆數 < 2，轉出筆數 >= 3" 或 " 轉入筆數 >= 3，轉出筆數 >= 3"
// 或 " 轉入筆數 >= 3，轉出筆數 < 2"
WHERE out_amount <> 0 AND 0.8 < in_amount/out_amount < 1.2 AND ((in_cnt < 2 and
out_cnt >= 3)or (in_cnt >= 3 and out_cnt >= 3)or (in_cnt >= 3 and out_cnt < 2))
// 將符合條件的帳戶標記為疑似洗錢帳戶（中度風險）
SET a.` 疑似洗錢風險 ` = TRUE
//WITH 串聯 2 句查詢，無實際意義
WITH 1 AS tmp
// 如果疑似洗錢帳戶的 10 跳關係網絡記憶體在至少 2 個其他疑似洗錢帳戶，則其洗錢機率更高
MATCH (f:` 銀行帳戶 `{` 疑似洗錢風險 `:TRUE})-[*1..10]-(g:` 銀行帳戶 `{` 疑似洗錢風險 `:
TRUE})
WHERE NOT f = g
WITH f,COUNT(DISTINCT g)AS cnt2
WHERE cnt2 >= 2
// 給這種帳戶標記 " 高度洗錢風險 "
SET f.` 高度洗錢風險 ` = TRUE
WITH f
// 展示 " 高度洗錢風險 " 帳戶 10 跳網路內的其他帳戶
MATCH p = (f)-[*1..10]-(:` 銀行帳戶 `)
RETURN p
```

③ PAR 實現。上述只能查詢固定時間段內（近 3 天）帳戶的資金流入流出情況，無法發現歷史存量交易中的洗錢嫌疑。原因是 Cypher 查詢的結果以二維度資料表的形式逐步輸出，更適合對單次傳回結果內的各個變數進行計算，難以對多次傳回的結果進行比較。在對歷史存量交易進行檢測時，需要在滑動時間視窗內判斷每個檢測週期是否存在洗錢行為，這在使用 Cypher 撰寫時變得尤為困難。因此，可以使用 PAR 來實現此功能。PAR 基於 Java 語言開發，可以更靈活地利用程式語言的特性，以滿足更為複雜的業務場景需求。

④ PAR 實現關鍵程式。

• 辨識疑似洗錢帳戶。

對於每個帳戶，從帳戶最早的交易時間到最晚的交易時間，以 3 天為移動視窗，對每個視窗進行檢測。若存在某個 3 天之內，帳戶的轉入金額之和、轉

出金額之和的比例為 0.8 ～ 1.2，且轉帳模式符合多進多出規則的，則設置帳戶
的屬性「疑似洗錢風險」為 TRUE。

```
// 對所有銀行帳戶進行檢測，獲取帳戶最後發生轉帳的交易時間
    graph.parKit().createIdVectorByType(" 銀行帳戶 ").parallel().distributed().scan
(context -> {
    Graph graph = context.getGraph();
    Double maxTranTime = (Double)ParUtil.extendCompute(graph,context.getSource(),
            "(n)-[r: 交易 ]-(m)","max(r. 交易時間 )as ft").get("ft");
    // 先統計帳戶最後發生轉帳的 3 天內的總入帳金額和入帳筆數
    ExtendParam extendParam = new ExtendParam(graph,"(n)-[r: 交易 ]-(m)")
            .setEdgeCondition(element -> maxTranTime-(Long)element.getProperty
(" 交易時間 ")< 3 *24 *3600 *1000).setIncludeProps(true);
    Map<String,Object> inMap = ParUtil.extendCompute(graph,context.getSource(),
            extendParam.setDirection(Direction.IN),List.of("sum(r. 交易金額 )as in_
amount","count()as in_cnt"));
    // 再統計帳戶最後發生轉帳的 3 天內的總出賬金額和出賬筆數
    Map<String,Object> outMap = ParUtil.extendCompute(graph,context.getSource(),
            extendParam.setDirection(Direction.OUT),List.of("sum(r. 交易金額 )as out_
amount","count()as out_cnt"));
    Double inAmount = (Double)inMap.get("in_amount");
    Double inCount = (Double)inMap.get("in_cnt");
    Double outAmount = (Double)outMap.get("out_amount");
    Double outCount = (Double)outMap.get("out_cnt");
    //3 天內帳號發生轉帳，且轉入轉出的折損率為 0.8~1.2 且符合 " 轉入筆數 <2，轉出筆數 >=3" 或
" 轉入筆數 >=3，轉出筆數 >=3" 或 " 轉入筆數 >=3，轉出筆數 <2"
    if (outAmount != 0
            &&(0.8 < inAmount /outAmount &&inAmount /outAmount < 1.2)
            &&((inCount < 2 &&outCount >= 3)|| (inCount >= 3 &&outCount >= 3)
|| (inCount >= 3 &&outCount < 2))){
        // 將符合條件的帳戶標記為疑似洗錢帳戶（中度風險）
        graph.updateVertex(context.getSource(),Map.of(" 疑似洗錢風險 ",true));
    }
});
```

- 辨識高度洗錢風險帳戶。

對於每個被標記為「疑似洗錢風險」的帳戶，根據以下條件拓展其 10 跳網
路。拓展過程中經過的邊類型：是「交易」邊，並且邊的「交易時間」與起始

帳戶在某個洗錢週期內的最早或最晚交易時間相差不超過 30 天。拓展過程中經過的邊類型可以是「網銀登入 IP」或「網銀登入裝置」邊,並且邊的「登入時間」與起始帳戶在某個洗錢週期內的最早或最晚交易時間相差不超過 30 天。其他類型的邊不受時間屬性限制。如果在 10 跳網路內,除了起始帳戶本身外,至少存在 2 個其他被標記為「疑似洗錢風險」的帳戶,則將帳戶的屬性「高度洗錢風險」設置為 TRUE。

```
// 如果疑似洗錢帳戶的 10 跳關係網絡記憶體在至少 2 個其他疑似洗錢帳戶,則其洗錢機率更高
graph.parKit().createIdVectorByType(" 銀行帳戶 ")
        .setSourceCondition(element -> Boolean.TRUE == element.getProperty(" 疑似洗
錢風險 "))
        .parallel().distributed().scan(tuple -> {
    Graph graph = tuple.getGraph();
    Set<Long>  ids  =  graph.parKit().createIdVectorById(tuple.getSource()).
setDirection(Direction.BOTH).varLengthExpandCount(1,10);
    long countHigh = ParUtil.getVertexCount(graph,new ArrayList<>(ids),
            Set.of(graph.meta().getVertexTypeIndex(" 銀行帳戶 ")),
            element -> Boolean.TRUE == element.getProperty(" 疑似洗錢風險 "));
    if (countHigh >= 2){
        // 將這種帳戶標記上 " 高度洗錢風險 "
        graph.updateVertex(tuple.getSource(),Map.of(" 高度洗錢風險 ",true));
    }
});
```

- 展示暫未顯露洗錢嫌疑的其他帳戶。展示「高度洗錢風險」帳戶 10 跳網路內的其他帳戶,輸出整個網路。

```
// 展示 " 高度洗錢風險 " 帳戶 10 跳網路內的其他帳戶
ListAccumulator<ResultValueShow> accumulator = new ListAccumulator<>();
graph.parKit().createIdVectorByType(" 銀行帳戶 ",accumulator)
        .setSourceCondition(element -> Boolean.TRUE == element.getProperty(" 高度洗
錢風險 "))
        .setDirection(Direction.BOTH)
        .setIncludeProps(true)
        .parallel().distributed().varLengthExpand(1,10,quadruple -> {
    Graph graph = quadruple.getGraph();
    List<Edge> edges = quadruple.getEdge();
    if (graph.vertexTypeIndex(quadruple.getTarget())== graph.meta().getVertexType
```

```
Index(" 銀行帳戶 ")){
        // 著色
        for (Edge edge :edges){
            Vertex fromVertex = graph.retrieveVertex(edge.getFromId());
            CypherNode start = CypherVirtuals.nodeValue(edge.getFromId(),
    CypherValues.stringValue(graph.meta().getVertexTypeName(fromVertex.
getTypeIndex())),ConvertUtil.toMapValue(fromVertex.getProperties()));
            Vertex toVertex = graph.retrieveVertex(edge.getToId());
            CypherNode end =
            CypherVirtuals.nodeValue(edge.getToId(),
    CypherValues.stringValue(graph.meta().getVertexTypeName(toVertex.getTypeIndex())),
                  ConvertUtil.toMapValue(toVertex.getProperties()));
            CypherRelationship relationship = CypherVirtuals.relationshipValue(edge.id(),
                  edge.getFromId(),edge.getToId(),
    CypherValues.stringValue(graph.meta().getEdgeTypeName(edge.getTypeIndex())),
                  ConvertUtil.toMapValue(edge.getProperties()));
            accumulator.add(new ResultValueShow(start,end,relationship));
        }
    }
    return true;
});
return accumulator.value().stream();
```

完整的 Java 套件可在資料集下載網址獲取。具體呼叫方法見第 6 章。

⑤ 查詢結果。如圖 10-9 所示，圖中的藍色小數點表示帳戶以及帳戶之外的客戶、手機、裝置等實體。這些連結實體將 3 個獨立的交易網路連接在一起。在整個整理後的交易網路中，共有 52 個帳戶。根據特定的條件，「10 跳關係網絡記憶體在至少 3 個其他疑似洗錢帳戶」的標準，發現了 3 個滿足此特徵的疑似洗錢帳戶。這 3 個帳戶在圖中以放大的橙色小數點表示，表示它們具有高度洗錢嫌疑。需要對這些高風險帳戶進行重點排除，並密切監控這些帳戶的連結網路中暫未顯露洗錢特徵的帳戶。

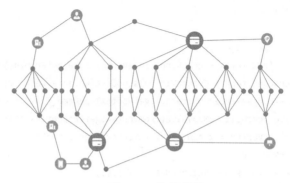

▲ 圖 10-9　洗錢網路

11

泛政府

隨著科技和經濟的發展，為了實現治理系統和能力的現代化，數位作為資訊化發展的重要戰略部署。資料是數位經濟的關鍵要素，資料的挖掘和分析在現代經濟系統建設中起著至關重要的作用。

各級政府在履行巨觀調節、市場監管、社會管理、公共服務等各種職能時，面臨各種龐雜的業務需求。透過各種資訊系統的支援，政府擷取、處理和加工了大量的業務資料。這些資料因圍繞人民生活的各個方面而天然地存在著錯綜複雜的相互連結。但又因部門牆、職能牆、系統門檻等原因，形成了大量的「資訊孤島」，導致資料不能用、不好用，影響了政府職能的執行效率和公民的服務體驗。

　　圖技術憑藉其處理複雜資料關係的優勢，能夠輕鬆打破「資訊孤島」，有效降低資料探勘成本，解決傳統關聯式資料庫在分析和處理大量複雜連結資料時的性能瓶頸。它可以實現「用資料對話、用資料決策、用資料服務、用資料創新」的目標。

　　本章以社會治安、疫情防控、電力排程、武器裝置管理等四個政府管理的重要場景為切入點，說明如何利用圖技術來幫助警務部門利用警務資料快速定位嫌犯藏匿地點，提升破案率；協助有關部門利用流調資料快速溯源疫情傳播範圍，降低疫情傳播速率；賦能電力部門利用排程資料快速分析故障影響範圍，提升電網執行安全性；助力人民軍隊利用裝備資料精準規劃零組件供應，降低採購與維修成本。

11.1　社會治安

1‧背景

　　數位警網的建設是關鍵任務，以資料作為提高警務能力的核心要素，釋放警務資料資產價值，推動警務作戰模式的轉變。

　　數位警網的建設目標是透過先進技術底座，實現警務資料的智慧化、數位化處理，包括資料獲取、儲存、運算、業務驅動等環節。它將建設安全、高效的警務資訊網，支援公民或機動車軌跡溯源，提供即時分析輔助決策，提升地方警務的安全能力、資源設定能力和資產使用率。

2‧痛點分析

　　目前警務系統在建立數位警網的智慧化目標方面還會有較大差距。儘管資料的高效擷取與儲存已經實現，但距離實現全面的數位化警務還有一定距離。

　　一方面，隨著數位技術與實體經濟的深度融合，人們的行為越來越多地轉向線上，智慧硬體也擷取了大量的出行和活動資料，資料的複雜性不斷增加。然而，現有系統中各警種之間的業務資料相互獨立，資料之間無法高效聯動，無法充分挖掘資料連結的最大價值。因此，建立一個能實現「全警種、全業務、全資料」互聯的「數位網警」變得更加緊迫。

另一方面，智慧警務對警務作業的效率提出了更高的要求。在金融犯罪和刑事偵查案件中，辦案警員需要在短時間內查詢涉案人員的關係、行動軌跡和交易對象，以便快速鎖定嫌犯並整理案情。這對跨部門和跨系統的資訊查詢效率，以及複雜關係的推理提出了高要求。然而，傳統的關聯式資料庫對巨量資料的快速連結查詢能力不足，限制了當前警務系統在即時資料分析和即時決策方面的能力。

因此，具備全域視野的統一融合警務巨量資料，以及跨系統的巨量資料連結查詢分析能力對警務部門來說至關重要，它對有效控制和精確打擊罪犯、精準設定警務資源具有關鍵意義，同時對提高警務資產使用率、案件偵破率和社會治安水準也具有重要意義。

針對警務系統當前遇到的即時巨量資料融通和高效分析查詢問題，圖技術能夠有效支援建立「數位網警一張圖」，實現資料的儲存、查詢、視覺化和即時分析，實現對偵查物件的全方位洞察，揭示涉案人、事、物之間潛在的連結，即時感知危險行為的變化動態，充分發揮警務資料互聯的價值。圖技術是未來數位化網警的關鍵底層技術。

下面以嫌犯追蹤場景為例，演示圖資料庫如何賦能刑偵人員基於警務資料快速挖掘定位嫌犯藏匿地點。

3 · 圖技術實踐：嫌犯追蹤

當前互聯互通的交通網絡和出行方式為嫌犯的逃跑和隱匿行動提供了諸多便利，給警務偵辦人員的抓捕工作帶來了困難。為了確保社會和人民的生命和財產安全不受嫌犯的危害，警務機關需要建立「重點人員一張網」，透過連接交通運輸部的攝影資料、公共交通的乘坐資料、警務人口管理相關部門的酒店入住資料、金融機構的消費記錄資料和通訊營運商的通話資料等資訊，全面快速地鎖定目標嫌犯的出行資訊和社會關係，為抓捕工作提供有力支援。這樣做可以避免嫌犯造成更大、更多的危害，提高辦案效率，並減輕警力資源設定的壓力。

（1）樣本資料

1）樣本資料集下載：存取本書原始程式位址，並下載 suspect-tracking.tar. gz。

2）樣本資料集內容：案件基本資訊、公民基本資訊、公民社交關係資訊、公民居住資訊、公民出行資訊、公司的聯繫電話和地址等資訊，如下所示。

- 案件基本資訊：案件編號、案件類別、案件名稱、嫌犯姓名、案發時間、案發地點等。
- 公民基本資訊：證件號碼、姓名、性別、戶籍地、年齡等。
- 公民社交關係資訊：A 姓名、B 姓名、關係類型等。
- 公民居住資訊：公民居住地的位置名稱、處所類型等。
- 公民出行資訊：公民出行到某地的出現時間、停留時長、離開時間、處所類型等。
- 公司的聯繫電話和地址等資訊。

3）樣本資料集規模：樣本資料集包含 23 筆案件相關資訊、41 筆關聯資料。

（2）圖模型設計

對於嫌犯的追蹤，需要建構一個嫌犯潛逃圖模型，其中包括案件資訊、公民、地址、公司、聯繫電話等實體之間的連結關係，如圖 11-1 所示。

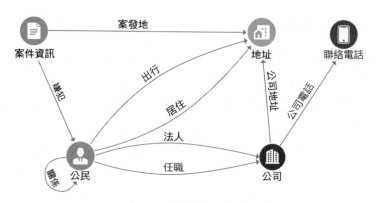

▲ 圖 11-1　嫌犯潛逃圖模型

圖模型中的點類型見表 11-1。

▼ 表 11-1 圖模型中的點類型

點類型	屬性
案件資訊	案件編號、案件類別、案件名稱、案發時間
公民	證件號碼、姓名、性別、戶籍地、年齡
地址	地址名稱、處所類型
公司	公司名稱、法人、聯繫電話、業務範圍
聯繫電話	號碼

圖模型中的邊類型見表 11-2。

▼ 表 11-2 圖模型中的邊類型

邊類型	起始點類型	終止點類型	屬性
嫌犯	案件資訊	公民	狀態
案發地	案件資訊	地址	—
關係	公民	公民	關係類型
居住	公民	地址	—
出行	公民	地址	出現時間、停留時長、離開時間
任職	公民	公司	職務
法人	公民	公司	—
公司電話	公司	聯繫電話	—
公司地址	公司	地址	—

（3）圖型分析範例：案件分析及警力布控

基於嫌犯潛逃圖，可以快速預測涉案人員的潛在藏匿地址，並進行行動軌跡追蹤。警務機關能夠全面、快速地了解嫌犯與哪些公民有深度連結，在網路中與有前科的「重點監控物件」有密切活動。透過追蹤嫌犯，還能快速準確地獲取涉案同夥的資訊，極大地提高辦案效率，保障人民生命和財產的安全。

在某涉毒案件中，需要快速確定涉案人員的住所和社會關係網，以便及時對涉案人員的連結物件進行布控。透過深入分析案件中的人、事、物的連結關係，從人員的出行和工作等方面入手，調查是否存在隱藏的涉案人或事。

查詢說明如下：

- 查詢案件編號為「XD0050」的吸毒案件的涉案人及案發地。

- 找到涉案人及案發地的關係人及連結地點。

- 透過分析上述關係人及連結地點是否連結到其他案件，挖掘潛藏的可疑資訊。

- 逐步地展示整個涉毒案件的全貌鏈路分析軌跡圖。

① 查詢敘述 1。

```
// 查詢案件編號為 "XD0050" 的吸毒案件的涉案嫌犯和案發地
MATCH p1 = (a: 案件資訊 { 案件編號 :"XD0050"})-[r1: 嫌犯 | 案發地 ]-(b)
WITH p1,b
// 找到涉案人及案發地的關係人、連結地點
// 透過分析這些關係人和連結地點是否有連結案件，判定其是否有前科或涉及其他案件
    OPTIONAL MATCH p2 = (b)-[r2: 關係 | 居住 | 嫌犯 ]-(c)
    WHERE r2. 關係類型 IN [' 父子 ',' 朋友 ',' 叔侄 ]AND type(r2)= ' 關係 '
WITH p1,p2,c
OPTIONAL MATCH p3 = (c)-[: 嫌犯 | 案發地 ]-(d)
// 結果傳回案件編號為 "XD0050" 的吸毒案件的 2 跳關係網絡內的關係人與相關地點
RETURN p1,p2,p3
```

如圖 11-2 所示，根據圖中的資訊可知，案件編號為「XD0050」的吸毒案件發生在當日晚上 10 時，涉案的嫌犯共有 3 人，分別為張三、李四、王五（紅色節點）。其中，王五和李四已成功被逮捕，而張三處於逃逸狀態。此外，張三在 2020 年有吸毒前科。透過社會和居住關係分析發現，張三的朋友趙六同樣有吸毒前科。這些連結資料為案件偵破提供了全新的線索。為了抓捕張三，需要

進一步深入分析他的出行關係以及關係人的居住情況，並對可能的潛逃地址進行全面布控，確保其無處可逃。

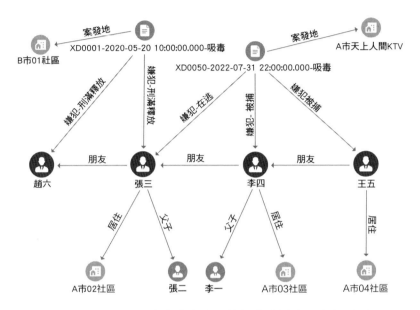

▲ 圖 11-2 吸毒案涉案資訊的初步連結資訊掌握圖譜

② 查詢敘述 2。

```
// 探查在逃嫌犯張三的 3 跳連結網路內的關係人和地址
MATCH p = (n{ 姓名 :" 張三 "})-[*..3]-(m)
// 傳回結果，張三的 3 跳連結網路內所有關係
RETURN p
```

如圖 11-3 所示，從圖中可以知曉，張三可能藏匿的地點有：其父親和自己的住所（A 市 01 社區）；張三在近幾個月經常出入的朋友趙六的住所（B 市 01 社區）；已逮捕嫌犯李四和王五的住所（A 市 03、04 社區）。警務機關可直接對這四個地點進行嚴密的布控，在最短的時間內將張三逮捕歸案。

透過圖型分析也可以發現，嫌犯王五在當年連續 5 個月的 15 號的晚 8 點出現在「C 市 01 社區」，且停留時間短暫、固定，該地點十分可疑，接下來對王五的這一可疑行跡進行深入連結分析，探查是否有隱藏的涉案資訊。

③ 查詢敘述 3。

```
// 從居住、出行、任職的角度出發，查詢可疑地點 "C 市 01 社區 "
// 深鏈分析嫌犯王五可疑出行規律的地點的相關人之間是否也同樣存在可疑行跡的情況
MATCH p = (n{ 姓名 :" 王五 "})-[: 出行 ]-(m)-[r: 居住 | 出行 | 任職 | 法人 | 公司電話 | 公司地址
*..3]-()
// 傳回結果，可疑出行規律背後的犯罪行跡
RETURN p
```

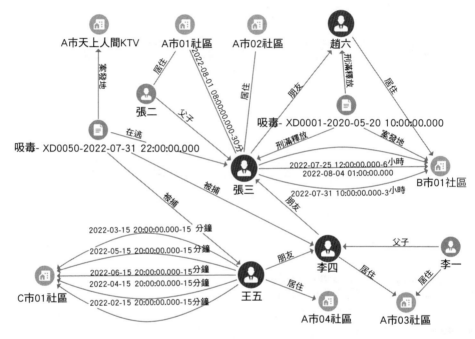

▲ 圖 11-3 在逃嫌犯張三的可能隱匿地點

　　如圖 11-4 所示，從圖中可以知曉，可疑地點「C 市 01 社區」的居住人為錢七，是主營跨境運輸的物流公司的職員，其叔叔「周九」是該公司的法人，且參與過另外一起涉毒案件，屬於有犯罪前科人員。錢七在王五去其居所的前兩天，同樣有規律地每間隔 2 個月出現在周九的家中，停留時間為 2 小時左右。有理由懷疑周九和錢七是該起吸毒案背後的供毒人員，在「C 市 02 社區」完成毒品交易或製毒。

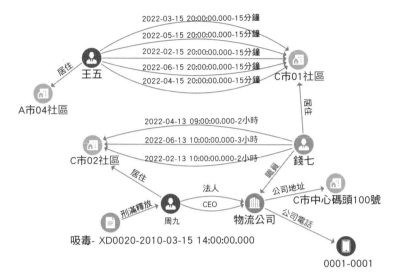

▲ 圖 11-4 王五犯罪軌跡圖譜

　　至此，透過對基於社會關係、出行、居住、就職等關係建構的 360° 嫌犯圖譜的深度連結挖掘，有效地整理出整個吸毒案件背後的複雜資訊，為偵查人員提供強有力的資料支撐，精準布控警力。推測此案是以周九為首的販毒團夥，借由物流運輸傳播毒品，以家族式的方式進行販賣，流動到以王五等朋友關係的 3 人手中。

　　上述案例只是日常警務工作中的業務場景的模擬，實際的日常警務工作更加複雜。圖型分析可以良好地支撐重點人員或場所的管控、涉毒涉黃涉詐風險分析及串併案分析等各類涉及複雜社會關係的警務支援。

11.2 疫情防控

1．背景

　　自新冠病毒感染出現以來，病毒的變異不斷持續。隨著現代化行動通訊和巨量資料技術的升級，疫情防控部門收集了大量人群的行跡資料，旨在實現更加精準的數位化防控，提高防控效率，降低防控成本。當出現感染者時，如何快速找到某趟出行車次的所有密切接觸者？如何迅速確定某感染者的傳播範圍？

在哪些地區應該重點部署防控資源？哪些地區存在更高的感染風險？面對疫情，時間就是生命，早發現、早隔離、早治療不僅可以拯救生命，還能避免因大規模感染而帶來的社會和經濟損失。

2‧痛點分析

依據疫情防控相關政策，控制疫情發展的關鍵在於快速找到可能被感染的密切接觸者、次密切接觸者和時空伴隨者等人員。然而，各級政府的相關流調資料以不同的形式高度碎片化地儲存在不同系統的不同表格中，這導致查詢速度變慢且低效，並使巨量的人群行跡資料分析變得極具挑戰性。最終，防控部門不得不依賴大量人力篩查，無法即時做出疫情防控決策。

下面將透過具體的場景介紹圖資料庫技術如何應用於疫情防控場景，以實現敏捷的動態疫情傳播分析，並為精準疫情防控提供支援。

3‧圖技術實踐：時空密接物件辨識

疫情防控的關鍵在於及時切斷疫情傳播鏈，對關鍵人員和場所進行隔離和消毒。基於圖的高性能深鏈分析能力可以幫助防控人員迅速定位受感染人群的時空伴隨者，使相關專家能夠更及時、便捷、全面地了解疫情的即時傳播情況。

（1）樣本資料

1）樣本資料集下載網址：存取本書原始程式位址，並下載 pandemic_origin_tracing_solution.tar.gz。

2）樣本資料集內容：人員資訊、人員逗留資訊、逗留場所資訊，如下所示。

- 人員資訊：身份證字號、快篩狀態、快篩檢測時間。
- 人員逗留資訊：入場時間。
- 逗留場所資訊：場所名稱、所屬地區。

3）樣本資料集規模：樣本資料集包含 113 名人員資訊、160 筆逗留資訊、45 個場所資訊。

（2）圖模型設計

判定時空伴隨者需從受感染者入手，整理出與受感染者在過去 14 天內在同一時間段內到達過同一場所的人員，將其判定為時空伴隨者，並進行後續的防範管理。可以將「人員」和「場所」作為實體節點，將它們之間的「逗留」關係作為邊，從而建構出一個包含兩種實體和一種邊的圖模型，如圖 11-5 所示。

▲ 圖 11-5 疫情防控圖模型

圖模型中的點類型如表 11-3 所示。

▼ 表 11-3 圖模型中的點類型

點類型	屬性
人員	身份證字號、快篩狀態、快篩檢測時間
場所	場所名稱、所屬地區

圖模型中的邊類型如表 11-4 所示。

▼ 表 11-4 圖模型中的邊類型

邊類型	起始點類型	終止點類型	屬性
逗留	人員	場所	入場時間

（3）圖型分析範例：時空伴隨者精準定位

透過受感染者的逗留資訊，可以查詢到其確診前 14 天內逗留過的所有場所，並將與受感染者在相同時間段到達相同場所的一度密接人員進行連結。透過一度密接人員的逗留資訊，可以進一步連結到具有感染可能性的二度密接人員。根據不同地區相關政策的需要，可以限制查詢的度數和時間範圍。場所的精度越高，對應的地理區域範圍越小，從而可以更準確地定位密接和次密接人群。

1）查詢說明。查詢與受感染者「A0001」在同日逗留過相同場所的一度人員，以及與一度人員同日逗留過相同場所的二度人員。

設定時間過濾條件。本範例以受感染者確診前 14 天範圍內，與其存在 5 小時時空相交的一度密接關係和二度密接關係為例進行查詢：限制受感染者「A0001」的入場時間在確診前 14 天範圍內；限制一度密接人員和患者的時間交集在 5 小時範圍內；限制二度密接人員和一度密接人員的時間交集在 5 小時範圍內。

傳回確診人員與存在時空交集的一度密接和二度密接人員關係鏈。

2）查詢敘述。

```
// 查詢受感染者 "A0001" 到二度密接人員的完整關係鏈
MATCH e = (p0: 人員 { 身份證字號 :"A0001"})-[d0: 逗留 ]-(: 場所 )-[d1: 逗留 ]-(p1: 人員 )-[d2:
逗留 ]-(: 場所 )-[d3: 逗留 ]-(p2: 人員 )
// 設定時間過濾條件
WHERE p0. 快篩檢測時間 -d1. 入場時間 < 14 *24 *3600 *1000
    AND 0 < d1. 入場時間 -d0. 入場時間 < 5 *3600 *1000
    AND 0 < d3. 入場時間 -d2. 入場時間 < 5 *3600 *1000
// 傳回與受感染者 "A0001" 確診前 14 天記憶體在時空交集人員的關係鏈
RETURN e
```

3）查詢結果。查詢結果如圖 11-6 所示。根據查詢出的傳播關係鏈結果，可以對存在被感染可能性的一度密接人員和二度密接人員進行快篩排除，並對相關場所進行消毒檢測。

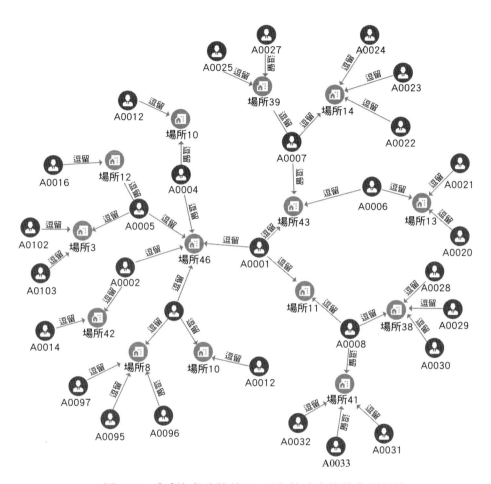

▲ 圖 11-6 受感染者確診前 14 天內的時空伴隨者關係鏈

上述查詢僅表現了針對一名受感染者的查詢。當受感染人數增多且行動軌跡類型（如航空、高鐵、計程車等）更豐富時，該圖模型需要處理的資料量將更大、更複雜，圖資料庫的優勢也將更明顯。透過將所有受感染者及其密切接觸者的行動軌跡場所與地圖區劃結合，可以進一步定位疑似感染人群密度高的社區，從而更有效地進行防控措施的部署。

11.3 電力排程

1 · 背景

數位電網的發展目標之一是透過先進的數位技術實現資料的高效擷取、儲存和運算，提升輸電線路的智慧化水準，支援電網的即時監測、即時分析和即時決策，從而提高電網的安全防禦能力、資源設定能力和資產利用效率。為了實現電網在數位世界和物理世界之間的雙向互動，實現從數位化走向智慧化，以實現電網更安全、可靠、智慧和經濟營運的目標，需要在數位世界中實現對傳統物理電網的完整映射，建構電網拓撲的數位孿生模型，並在此基礎上實現電網資訊的傳遞、狀態感知、線上檢測、行為追蹤、知識挖掘和科學決策。

2 · 痛點分析

目前，電網為了滿足各種業務發展需求，採用了相應的業務系統，如智慧排程管理系統、裝置管理系統、能量管理系統等。這些業務系統生成的資料分別獨立儲存。然而，在電力排程研判過程中，通常需要跨越多個業務系統，對分佈在不同系統中的資料進行多層次的連結分析。傳統的技術手段在查詢性能方面效率低下，耗時過長，無法支援業務人員即時決策，從而無法準確判斷與複雜連結裝置及其相關資料的問題。

為了解決當前電力排程環節中複雜資料連結查詢效率低的問題，可以利用圖資料庫建構電網拓撲的數位孿生模型，實現物理電網在數位世界中的完整映射。在此基礎上，結合電力業務邏輯，推動資料之間的自主計算，釋放電網資料的價值，提升電網的應急回應效率，使電網更安全、高效和經濟。

本節將以「線路段故障影響分析」作為排程中常見場景的例子，介紹如何基於電網拓撲圖譜，快速實現業務邏輯並完成故障影響分析。

3 · 圖技術實踐：線路段故障影響分析

線路段故障影響分析是指在電網執行過程中，當廠站間的線路發生故障或檢修事件時，需要對相關的廠站以及其他正在執行的線路段進行風險判定。這個分析過程主要涉及各個業務系統中的廠站基本資訊，線路段基本資訊，以及廠站之間的線路段連接資訊等資料。

（1）樣本資料

1）樣本資料集下載網址：存取本書原始程式位址，並下載 road_breakdown _solution.tar.gz。

2）樣本資料集內容：廠站資訊、線路段資訊，如下所示。

* 廠站資訊：廠站名稱、廠站類型、X（經度）、Y（緯度）、區域 ID、最高電壓等級、簡稱等。

* 線路段資訊：起始廠站、終點廠站、線路編號、線路名稱、線路電壓等級等。

3）樣本資料集規模：樣本資料集包含 8 筆廠站相關資訊資料、12 條線路段相關資訊資料。

（2）圖模型設計

在電網建設中，每個廠站之間由一條或多條線路段連接。為了描述電網中的各廠站間的拓撲結構，建構如圖 11-7 所示的各廠站拓撲結構模型。

▲ 圖 11-7　廠站拓撲結構模型

圖模型中的點類型如表 11-5 所示。

表 11-5 圖模型中的點類型

▼ 圖 11-5　圖模型中的點類型

點類型	屬性
廠站	廠站名稱、廠站類型、區域 ID、最高電壓等級、簡稱、X（經度）、Y（緯度）

圖模型中的邊類型如表 11-6 所示。

▼ 表 11-6　圖模型中的邊類型

邊類型	起始點類型	終止點類型	屬性
線路段	廠站	廠站	線路名稱、線路編號、線路電壓等級

（3）圖型分析範例：線路段故障影響分析

為了提高排程員的工作效率，增強電網安全防禦機制的洞察力，促進電網的安全、可靠和智慧執行，可以利用基於電網拓撲圖譜的自動化方法，快速分析某一條或多條線路故障對電網的風險影響。

① 查詢說明。在電網風險辨識中，首先需要判斷多線同時停電是兩個廠站之間的多線同時停電，還是兩個以上廠站的單線同時停電，以針對不同的停電類型進行不同的風險辨識業務邏輯判斷。舉例來說，對於 GB Ⅰ線和 GB Ⅱ線的事故同時停電（以下簡稱「同停」）情況，第一步是在圖中找到涉及「GB Ⅰ線」和「GB Ⅱ線」的廠站。

② 查詢敘述。

```
// 匹配線路電流起始廠站與電流終止廠站的連結關係
MATCH (A: 廠站 )-[r]->(B: 廠站 )
// 設置目標線路的名稱條件
WHERE r. 線路名稱 = 'GB Ⅰ線 '
// 傳回每次匹配的電流起始廠站與電流終止廠站
RETURN A AS ' 廠站 A',B AS ' 廠站 B'
// 匹配線路電流起始廠站與電流終止廠站的連結關係
MATCH (A: 廠站 )-[r]->(B: 廠站 )
// 設置目標線路的名稱條件
WHERE r. 線路名稱 = 'GB Ⅱ線 '
// 傳回每次匹配的電流起始廠站與電流終止廠站
RETURN A AS ' 廠站 A',B AS ' 廠站 B'
```

③ 查詢結果。在範例圖中分別執行這兩個查詢。以「GB Ⅰ線」為查詢主體，會得到表 11-7。

▼ 表 11-7 以「GB Ⅰ線」作為查詢主體的查詢結果

廠站 A	廠站 B
廠站名稱：GS 站	廠站名稱：TB 站
廠站類型：變電站	廠站類型：變電站

以「GB Ⅱ線」為查詢主體，會得到表 11-8。

▼ 表 11-8 以「GB Ⅱ線」作為查詢主體的查詢結果

廠站 A	廠站 B
廠站名稱：GS 站	廠站名稱：TB 站
廠站類型：變電站	廠站類型：變電站

　　由第一步的查詢結果可見，這兩條線屬於兩個廠站的同塔線路（一個輸電桿塔上架設多條線路），那麼事故類型屬於同塔同停事故。所以繼續進行第二步，判斷「GS 站」與「TB 站」之間發生同塔同停（一個輸電桿塔上架設多條線路同時斷電）事故後，整體電網執行方式發生的變化。

　　在本文的案例中，由於「GS 站」與「TB 站」之間並無其他線路，所以當「GB Ⅰ線」「GB Ⅱ線」發生同塔同停時，「TB 站」必然全站失壓（站內所有主變壓器斷電失壓）。此時，分析人員需要查詢「TB 站」是否給其他廠站供電。若查詢無結果，則研判流程結束；若查詢有結果，則繼續查詢結果廠的供給廠站（電流起始廠站），且判斷相連線路的條數。若相連線路條數為 1 條以上，則無其他風險；若相連線路條數僅為 1 條，則該條唯一線路會有線路風險，結果廠站會有失壓風險。這個查詢的 Cypher 敘述如下：

```
// 匹配線路電流起始廠站與電流終止廠站的連結關係
MATCH (A: 廠站 { 廠站名稱 :'GS 站 '})-[r1]-> (B: 廠站 { 廠站名稱 :'TB 站 '})-[r2]-> (C: 廠站
)<-[r3]-(D: 廠站 )
// 設置目標線路的名稱條件，排除 "C 廠站的電流供給廠站為 TB 站 " 這一已有條件
WHERE D. 廠站名稱 <> 'TB 站 '
// 將滿足上述篩選條件的所有資料（在這個例子中，是指風險線路與風險廠站）傳回
RETURN DISTINCT r3 AS ' 風險線路 r3 ',D AS ' 風險廠站 D'
```

在範例圖中執行以上查詢。以電流起始廠站（GS 站）、電流終止廠站（TB 站）為查詢主體，以線路（GB Ⅰ線、GB Ⅱ線）作為篩選條件，會得到表 11-9。

▼ 表 11-9 「GS 站」與「TB 站」間發生同塔同停後電網執行方式研判的 Cypher 查詢結果

風險線路 r3	風險廠站 D
線路名稱：PJ 線	廠站名稱：PA 站
線路編號：1634	廠站類型：變電站

從結果中可以看出，由 GB Ⅰ線、GB Ⅱ線發生的同塔同停事故，導致「GS 站」的電流終止廠站「TB 站」全站失壓，因此「JW 站」的「TB 站」方向電源遺失。從而「JW 站」與剩餘且唯一電源供給側「PA 站」形成「N-1」風險（兩個廠站之間現存唯一一條正常執行的供電線路段，且電流終止廠站無其他電源供給廠站），則 PA 站為風險廠站，它們之間的唯一線路段「PJ 線」為風險線路。

上述範例只是線路段故障影響分析中雙線同塔同停這一簡單情況的解決方案。在電網實際運轉中，還會有著線路故障的其他各種情況，如單線故障、不同塔的雙線同停、雙線同塔輪停、不同塔的雙線輪停等。

11.4 武器裝置管理

1・背景

隨著軍事資訊時代的不斷演進，隨之產生的大量軍事資訊資料已成為不可或缺且亟待開發的重要戰略資源。軍事資料應用能力的提升是影響戰爭勝負的重要戰略工程。當今蓬勃發展的巨量資料技術，正是高效賦能武器裝置管理、情報網絡、人物追蹤、故障診斷等重要軍事應用領域的一大助力。如何更進一步地管理、啟動大量軍事資訊資料，是每一個軍事機構需要不斷探索的課題，也是國家核心競爭力的表現。

2‧痛點分析

打仗就是打後勤。購買和管理規模龐大的人員和武器裝備是一個重大的後勤挑戰。以美國為例,美軍每年需要採購數十萬件武器和車輛,涉及數千萬個零件,預算、採購、物流追蹤、維護保養這些武器與零件需要花費極大的人力物力。

軍事裝備涉及的資料量龐大,且現代化武器元件、零件許多,某坦克 BOM 表就涉及 1000 萬個零件,且零組件之間存在複雜、深鏈的樹狀組成連結關係。如果需要基於零組件之間的關係做各種採購決策、預算評估,如此許多、複雜的關係在使用關聯式資料庫查詢時,會導致系統性能急劇下降,甚至無法完成。

以下以武器裝置管理場景為例,演示透過圖資料庫如何建構零件、元件、武器系統間的關係圖譜,快速賦能 BOM 管理、有效支援採購決策。

3‧圖技術實踐:武器裝備採購成本預測分析

透過圖資料庫技術可以儲存和管理現代化軍隊的完整供應鏈。基於圖資料庫開發的武器裝備管理系統,能夠幫助軍事單位更精確地節省採購成本,更科學地進行裝備規劃、計畫、預算、執行等流程,更全面地進行採購決策。

(1)樣本資料

1)樣本資料集下載網址:存取本書原始程式位址,並下載 military.tar.gz。

2)樣本資料集內容:武器組成資訊、武器成本資訊、武器庫存資訊,如下所示。

- 武器組成資訊:武器 ID 資訊、武器零件資訊、武器元件資訊等。
- 武器成本資訊:武器零件價格、武器倉儲成本價格等。
- 武器庫存資訊:武器庫存數量等。

3)樣本資料集規模:樣本資料集包含武器系統 10 套、元件 100 個、零件 1005 個,共包含 1115 個點資料、1012 條邊資料。

（2）圖模型設計

基於武器系統、元件和零件之間的包含關係，建立武器系統模型，如圖 11-8 所示。

▲ 圖 11-8 武器系統模型

圖模型中的點類型如表 11-10 所示。

▼ 表 11-10 圖模型中的點類型

點類型	屬性
武器系統	系統 ID
組件	元件 ID、維保期限、庫存數量
零件	零件 ID、成本價格、維保期限、庫存數量

圖模型中的邊類型如表 11-11 所示。

▼ 表 11-11 圖模型中的邊類型

邊類型	起始點類型	終止點類型	屬性
包含	武器系統	元件	使用數量
包含	元件	元件	使用數量
包含	元件	零件	使用數量
包含	零件	零件	使用數量

（3）圖型分析範例

1）業務訴求 1：武器系統替換成本查詢。

全球政治環境的緊張導致原材料供應鏈的穩定性和成本價格變得更為動盪、缺乏可預測性。軍隊對武器的採購往往是大量的，為了做好採購預算，需要根據區域軍備的需求以及當前裝置零組件的耗損狀態，快速查詢和統計所需的系統零組件數量及其成本。

① 查詢說明。

- 查詢武器系統「系統 1」的所有組成零件。

- 找到該武器系統中維保期限不足 1 年的零件，即需要替換的零件。

- 計算上述需要替換的零件的替換數量和替換成本，展示 10 筆。

② 查詢敘述。

```
// 指定起始點武器系統 1，查詢組成該系統的所有零件
MATCH p = (wq: 武器系統 { 系統 ID:" 系統 1"})-[: 包含 *]->(n: 零件 )
// 找出武器系統 1 中的維保期限在 1 年內的零件
WHERE (NOT (n)-->())AND (n. 維保期限 < 365)
// 計算武器系統 1 中需要替換的零件的替換成本
// 計算邏輯為：需要替換的零件的成本價格 * 元件需要使用該零件的數量
WITH n,sum(reduce(product = 1,r IN Relationships(p)| product *r. 使用數量 ))AS 替換數量 ,
sum(reduce(product = n 本價格 ,r IN Relationships(p)| product *r. 使用數量 ))AS 替換成本
// 傳回武器系統 1 中維保期限不足 1 年的零件、需要替換的數量，以及相應的替換成本
// 注：本 demo 實際傳回 104 條滿足條件的零件，下表只列出前 10 條
RETURN n. 零件 ID AS 零件 ID, 替換數量 , 替換成本 ORDER BY 替換成本 DESC LIMIT 10
```

③ 查詢結果。如表 11-12 所示，傳回結果包含武器系統 1 及其總成本。

▼ 表 11-12 武器系統 1 中維保期限不足 1 年的零件的替換成本

零件 ID	替換數量 / 個	替換成本 / 元	零件 ID	替換數量 / 個	替換成本 / 元
零件 75	18	342	零件 588	12	228
零件 78	18	324	零件 585	12	216
零件 37	18	270	零件 35	12	204
零件 595	18	270	零件 16	12	168
零件 599	12	240	零件 586	12	156

2）業務訴求 2：武器系統需求預測。

武器系統的供應鏈最佳化決定著軍隊的資備和作戰能力的強弱。清晰、明確地掌握武器系統之間的共用資源的使用情況，可以為武器系統的製造提供最佳的供應鏈方案，並為決策提供依據。

① 查詢說明。

- 找到武器系統 1 的零件組成情況。

- 分析這些零件中哪些零件同時也是武器系統 2 的零件。

- 計算兩個武器系統共用零件的情況。

- 假設系統 1 需求為 100，系統 2 需求為 50，找到共用零組件中存在庫存不足的零件，以及其各自的庫存缺口。

② 查詢敘述。

```
// 找到組成武器系統 1 的零件
MATCH p1 = (wq1: 武器系統 { 系統 ID:" 系統 1"})-[: 包含 *]-> (n: 零件 )
WITH p1,n
// 查詢武器系統 1 的零件中同時被武器系統 2 所使用的零件
MATCH p2 = (n)<-[: 包含 *]-(wq2: 武器系統 { 系統 ID:" 系統 2"})
// 計算系統 1 和系統 2 各自需要使用的共用零件的數量
WITH n,sum(reduce(product = 1,r IN Relationships(p1)| product *r. 使用數量 ))AS
系統 1 使用數 ,sum(reduce(product=1,r IN Relationships(p2)| product *r. 使用數量 ))AS
系統 2 使用數
// 共用的零件 ID、零件當前的庫存數量、該零件組成系統 1 和系統 2 的使用情況和需求預測情況
WITH n 零件 ID AS 零件 ID,n. 庫存數量 AS 零件庫存數量 , 系統 1 使用數 , 系統 1 使用數 *100 AS
系統 1 需求預測 , 系統 2 使用數 , 系統 2 使用數 *50 AS 系統 2 需求預測
// 武器系統 1 和武器系統 2 需求之和大於現有庫存數量，即庫存不足
WHERE ( 系統 1 需求預測 + 系統 2 需求預測 - 零件庫存數量 )> 0
// 計算函式庫存不足的共用零件的庫存缺口
RETURN 零件 ID , 零件庫存數量 , 系統 1 使用數 , 系統 1 使用數 *100 AS 系統 1 需求預測 , 系統 2 使用數 ,
系統 2 使用數 *50 AS 系統 2 需求預測 , ( 系統 1 需求預測 + 系統 2 需求預測 - 零件庫存數量 )AS 庫存
缺口
```

③ 查詢結果。如表 11-13 所示,可以看到兩個武器系統所共用的零件,以及它們的需求數量和當前各零件的倉儲情況。根據各個軍區對不同武器系統的需求總量,可以快速分析哪些零件的庫存不足,並提前做好軍事儲備,將其運送到各個軍區。

▼ 表 11-13 武器系統 1 和武器系統 2 包含的共用零件的庫存缺口

零件 ID	零件庫存數量	系統 1 使用數	系統 1 需求預測	系統 2 使用數	系統 2 需求預測	庫存缺口
零件 152	535	9	900	6	300	665
零件 151	501	6	600	4	200	299
零件 146	373	3	300	2	100	27
零件 147	448	6	600	4	200	352
零件 148	623	9	900	6	300	577
零件 149	183	3	300	2	100	217
零件 164	341	3	300	3	150	109
零件 163	217	2	200	2	100	83
零件 156	560	6	600	6	300	340
零件 157	597	9	900	9	450	753
零件 122	278	2	200	3	150	72
零件 15	382	4	400	9	450	468

MEMO

12

零售

　　隨著相關政策的出臺，行動網際網路普及程度的增強，以及消費者生活水準的提高，電子商務系統的發展更加成熟。相比於傳統的線下零售業，電子商務行業正在以驚人的速度不斷壯大。電子商務平臺憑藉線上零售的發展，累積了巨量的商品資料資源。高效率地查詢、分析這些資料以最佳化使用者的網購體驗，成為各電子商務平臺的核心競爭力。

　　作為網購服務提供方的電子商務平臺，主要追求銷售轉化的實現。如今，產品目錄變更週期短、變更速度快；潛在客戶對服務的要求高、等待耐心弱；在場景行銷背景下，推薦維度複雜、事物連結程度高。快速理解客戶的多維畫像，並將客戶的即時興趣與不斷迭代的產品資訊即時連結起來，形成場景化、訂製化的推薦，成為一個巨大的挑戰。

類似於商品推薦的場景，品牌方希望透過使用者的社群網站來實現產品的精準行銷。借助於巨量資料技術和行動社交媒體，社交應用呈現出顯著的行動化和當地語系化特徵，成為商業行銷的良好導流入口。如何有效地利用巨量資料技術增強社群網站的熟人關係傳播效應，增加品牌曝光、推動使用者增長並提升使用者黏性，成為社交電子商務平臺差異化競爭力的關鍵。

綜上所述，無論是傳統的電子商務平臺還是新興的社交電子商務平臺，都面臨著巨量使用者與使用者、使用者與商品、商品與商品之間複雜連結的情況。對於這些連結關係的分析和挖掘，非常適合使用圖技術來完成。

12.1 商品推薦

1 · 背景

「啤酒與尿布」的故事廣為人知，這一故事背後的理論依據便是「推薦演算法」。因為啤酒和尿布經常出現在同一購物車裡，所以向購買尿布的年輕爸爸推薦啤酒也在情理之中。如今網際網路迅猛發展，資訊超載嚴重，準確找到客戶興趣點、捕捉客戶注意力變得更加困難。因此，從許多資料中準確並快速地找到有效資訊，增加客戶黏性，提升客戶體驗，便是推薦系統的價值所在。好的推薦系統可以幫助商家實現流量變現，從交叉銷售和追加銷售中獲得盈利，推薦的個性化程度越高，企業的回報率也隨之增高。亞馬遜的個性化產品推薦號稱推薦之王：其整體營業收入中近 35% 來自交叉銷售和追加銷售[①]。

推薦系統的本質是客戶和商品之間的橋樑，基本任務是幫助客戶解決資訊超載的問題，從巨量商品中準確並快速地找到客戶最喜愛、最有可能購買的物品。所以，推薦系統的兩個關鍵點：一個是準，另一個是快。

[①] Shabana Arora.Recommendation Engines:How Amazon and Netflix Are Winning the Personalization Battle [EB/OL].(2021-12-16).https://www.spiceworks.com/marketing/customer-experience/articles/recommendation-engines-how-amazon-and-netflix-are-winning-the-personalization-battle/.

　　在網際網路領域，線上推薦系統常見的應用場景大致可分兩類：一類是基於使用者維度的推薦，即根據使用者的歷史行為和興趣偏好進行推薦，如網易雲首頁的「推薦歌單」、小紅書首頁的「發現」等；另一類是物品維度的推薦，也就是根據使用者當前瀏覽的標的物進行推薦，如淘寶特定商品的「找相似」功能。不管是基於使用者維度的推薦還是基於物品維度的推薦，推薦過程的本質是資訊過濾的過程：推薦系統透過分析使用者的歷史購買和當前行為模式，在使用者退出頁面前過濾掉不太可能引起使用者興趣的產品，再根據優先等級傳回最相關 Top-N 產品清單。大致流程如圖 12-1 所示。

2 · 痛點分析

　　「準確和快速」是推薦領域中取得成功的關鍵。隨著線下新零售和場景行銷時代的到來，推薦系統需要考慮的維度越來越多，時間、地點、天氣等因素都會對客戶的購物體驗產生重要影響。無論是線上還是線下，消費者的注意力持續時間越來越短，如果不能根據客戶當前的行為進行多維度的即時推薦，就可能錯過合適的時機，導致潛在客戶流失。

　　面對不斷迭代的產品目錄、複雜多元的行銷場景和推薦維度，以及對即時推薦性能要求更高的需求，傳統的推薦系統面臨一定的挑戰。在推薦系統中，使用者對物品的行為資料是最核心的資料，這些資料直接反映了使用者可能感興趣的物品。然而，現有的架構通常將使用者和產品的特徵資訊分開儲存，再根據具體的模型生成不同的使用者或產品特徵資訊，如圖 12-2 所示。

　　要查詢某客戶可能感興趣的產品，推薦系統基於使用者行為分析的推薦演算法會建立關於使用者和產品的相似度矩陣，並從中選出使用者可能感興趣的物品集。然而，隨著使用者數量和物品數量的不斷增加，系統計算使用者或產品的相似度矩陣的代價變得很大，無法保證推薦的時效性，在使用者行為發生改變時難以及時更新推薦內容。

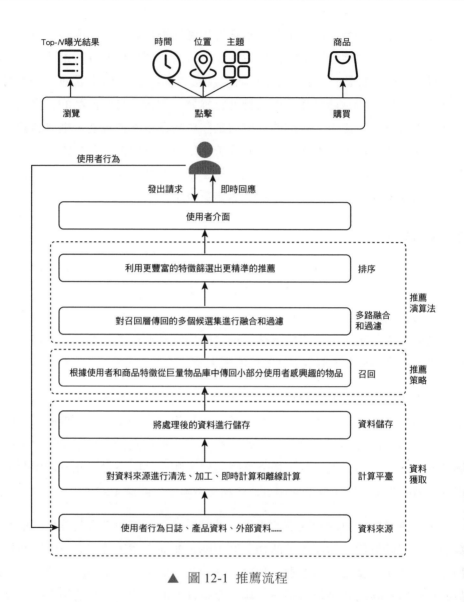

▲ 圖 12-1 推薦流程

　　從資料儲存到召回，再到更深入的排序環節，系統篩選出的商品集越集中，精度越高，推薦效果就會越好，但難度也相應增加。在提高召回速度，幫助系統即時地從巨量商品中找出與客戶當前興趣和消費場景相關的產品方面，圖資料庫具有明顯的優勢。

3 · 圖技術實踐：個性化商品推薦

圖資料庫技術的關鍵在於不僅重視儲存資料本身（使用者、商品、品類等），而且注重儲存資料之間的連結（使用者購買了哪些商品，使用者喜歡什麼產品，使用者的購買順序等）。

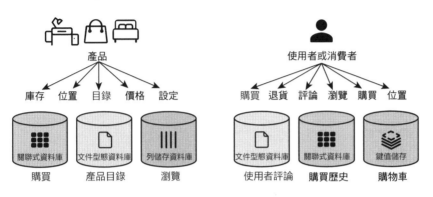

▲ 圖 12-2 架構的挑戰

透過圖資料庫，可以基於多種維度對客戶進行推薦，如客戶的購買行為、客戶之間的關係、產品之間的內在相關性等。對於給定的客戶，可以分析所有客戶的購買行為，找到與其購買行為相似的其他客戶，並生成「購買該產品的客戶也喜歡……」的推薦列表。同時，可以透過客戶之間的好友關係生成「您的好友也喜歡……」的推薦列表。重要的是，圖資料庫可以結合多種維度進行推薦，如「與您購買過同類產品的好友同時也喜歡……」。

這些相似客戶和好友喜歡的產品往往是當前客戶最有可能感興趣的產品。透過圖資料庫的多跳連結查詢，可以即時地提取所需資料，完成快速召回。然後，根據產品與當前客戶的相關度對召回的產品進行排序。基於圖的推薦演算法綜合考慮了路徑長度、路徑數和路徑上邊的權重等關係特徵，準確評估產品與客戶之間的相關度。透過對特定類型邊進行適當加權，還可以突出不同推薦場景下特定關係的影響力差異，如透過加權好友關係邊來反映社交行銷場景下社交關係的影響效果。

本節將以使用者的購物行為作為推薦維度，演示如何利用圖技術進行個性化推薦。

（1）樣本資料

1）樣本資料集下載網址：存取本書原始程式位址，並下載 recommendation_solution.tar.gz。

2）樣本資料集內容：商品的基本資訊、使用者的基本資訊、訂單的基本資訊、使用者的行為資料、訂單包含的商品資訊，如下所示。

- 商品的基本資訊：商品編號、商品名稱等。

- 使用者的基本資訊：使用者編號、使用者名稱等。

- 訂單的基本資訊：訂單編號、交易時間等。

- 使用者的行為資料：使用者加購物車、完成訂單等。

- 訂單包含的商品資訊。

3）樣本資料集規模：樣本資料集中的訂單、商品、購物車、使用者等資料大約為 100 筆。

（2）圖模型設計

圖 12-3 是根據使用者歷史消費行為建構的圖模型。

▲ 圖 12-3 商品推薦圖模型

圖模型中的點類型如表 12-1 所示。

▼ 表 12-1 圖模型中的點類型

點類型	屬性	點類型	屬性
使用者	使用者編號、姓名	訂單	訂單編號
商品	商品編號、名稱、價格	品類	品類編號、名稱

圖模型中的邊類型如表 12-2 所示。

▼ 表 12-2 圖模型中的邊類型

邊類型	起始點類型	終止點類型	屬性
加購物車	使用者	商品	加購時間、數量
訂購	使用者	訂單	下單時間
包含	訂單	商品	數量
屬於	商品	品類	—

（3）圖型分析範例：個性化精準推薦

下面是一組利用上述圖模型進行商品推薦的實例。圖 12-4 截取了該模型的一份局部資料。

從圖 12-4 可以直觀地看出消費者小明的消費偏好。小明在電子商務「雙十一」活動期間（11 月 1—11 日）中一共完成了 3 筆訂單。首先，小明在一筆訂單中購買了兩種品牌的牙刷，又繼續購買了一些個人護膚用品，最後購買了一個浴球。

除了小明，系統背景還存有其他成千上萬個使用者的購買記錄。透過分析其他使用者的歷史消費行為，可以影響小明未來的消費決策。

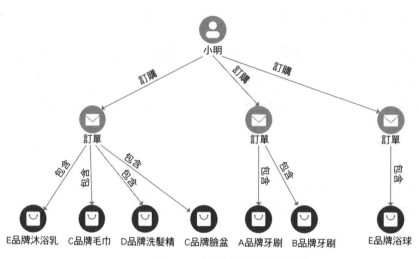

▲ 圖 12-4 使用者消費偏好圖

　　當使用者有購買意願，但沒有明確的採購目標時，可以透過提供給使用者其感興趣的商品來吸引其注意力。與使用者購買過大量相同商品的其他使用者，在生活需求與個人興趣上更有可能與其相似，推薦系統可以利用這一點為其做出推薦。以圖 12-5 為例，小剛和小紅的購買行為與小明類似，可以給小明推薦小剛和小紅購買過的其他商品，吸引小明的注意力。

① 查詢說明。

- 尋找在過去半年內的消費行為與小明相似的使用者人群。

- 定義兩個使用者的興趣相似度為他們共同買過的不重複的產品的數量，本範例取數量最多的前 10 名使用者作為小明興趣相似人群。

- 查詢這些使用者購買過的所有商品，從中剔除小明已經購買過的商品。

- 查詢這些商品同時被多少個與小明相似的使用者購買過，傳回同時被最多使用者購買的商品，本範例取使用者數量最多的前 10 個商品。

- 計算與小明興趣相似的人群對前述 10 個商品的興趣強度，用 log（購買數量）+1 表示某個使用者對商品的興趣程度，並將人群對商品的興趣強度定義為該人群中各成員的興趣度之和。

- 結果傳回商品名稱、在相似人群中總購買人數、總購買數量,以及相似人群對商品的總興趣度;對結果依次按總購買人數、總興趣度進行排序,傳回排名最高的 3 件商品。

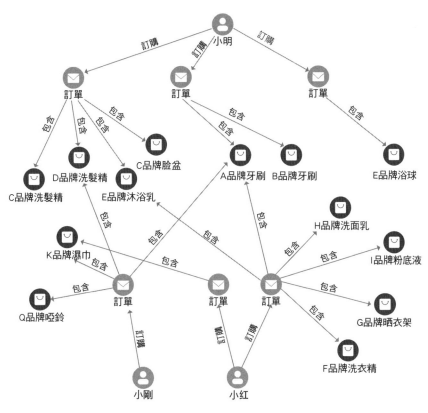

▲ 圖 12-5 相似使用者產品推薦圖

② 查詢敘述。

```
// 尋找與小明興趣相似的使用者,以半年內與小明購買過大量相同的商品為標準,記為 user
MATCH (:使用者 { 姓名 :' 小明 '})-[c1: 訂購 ]->(:訂單 )-[: 包含 ]->(sku: 商品 )<--(:訂單 )<-
[c2:訂購 ]-(user: 使用者 )
WHERE abs(c1. 下單時間 -c2. 下單時間 )< 365/2 *24 *3600 *1000
// 定義兩個使用者興趣相似度為他們共同買過的不重複的產品的數量
// 本範例取數量最多的前 10 名使用者作為小明興趣相似人群
WITH user,count(distinct sku)AS same_purchase_count ORDER BY same_purchase_
count DESC LIMIT 10
```

```
// 查詢這些商品同時被多少個與小明相似的使用者購買過
// 傳回同時被最多使用者購買的商品,本範例取使用者數量最多的前 10 個商品
MATCH (user)-[c3:' 訂購 ']->(: 訂單 )-[include:` 包含 `]->(sku: 商品 )
WHERE NOT (: 使用者 { 姓名 :' 小明 '})-[:' 訂購 ']->(: 訂單 )-->(sku)
WITH user,sku,include ORDER BY c3. 下單時間 DESC LIMIT 10
// 計算與小明興趣相似的人群對前述 10 個商品的興趣強度
// 用 log( 購買數量 )+1 表示某個使用者對商品的興趣度,人群對某個商品的
// 興趣強度為該人群興趣度之和。結果傳回商品名稱、在相似人群中總購買人數、
// 總購買數量,以及相似人群對商品的總興趣度
RETURN sku. 名稱 AS 商品名稱 ,count(DISTINCT user)AS 總購買人數 ,sum(include. 數量 )AS
總購買數量 ,sum(log(include.` 數量 `)+ 1)AS 總興趣度
// 對結果依次按總購買人數、總興趣度進行排序,傳回排名最高的 3 件商品
ORDER BY 總購買人數 DESC, 總興趣度 DESC LIMIT 3
```

③ 查詢結果。如表 12-3 所示,小剛和小紅都購買了 K 品牌濕巾,且購買數量較多,因此這是首選的推薦項。F 品牌洗衣精和 I 品牌粉底液只被其中一個人購買過,但洗衣精的購買數量比粉底液更多,這表示目標使用者對洗衣精的興趣可能更高,因此洗衣精也應優先推薦。最後的總興趣度指標綜合考慮了對產品的推薦程度。

▼ 表 12-3 根據相似使用者推薦商品查詢結果

商品名稱	總購買人數	總購買數量	總興趣度
K 品牌濕巾	2	6	4.20
F 品牌洗衣精	1	3	2.10
I 品牌粉底液	1	2	1.69

作為一個簡單範例,本文僅從相同的購買行為來定義相似使用者。除此之外,產品特徵、品牌特徵、使用者標籤等都可以用來定義使用者相似性,並將其作為相似性推薦的關鍵連結實體建構到圖模型中。透過使用分群演算法進行聚類,可以以無監督學習的方式找到不同特徵之間的聚類情況,從而實現基於多維特徵的精準推薦。

與關聯式資料庫不同，圖資料庫具有較強的 Schema 靈活性，可以直接反映業務邏輯。分析人員可以根據場景和業務需求的變化，靈活地增加不同類型的新關係、新節點、新標籤，形成新的子圖，從而動態調整推薦策略，而不必擔心破壞已有查詢或應用程式的功能。圖資料庫模型的靈活性消除了在專案開始時為每個細節而苦苦思考的煩惱，讓分析人員根據公司業務發展和客戶所處場景的變化，靈活地改變資料模型，實現客戶、產品和場景之間的高效動態連結，大大降低了系統迭代的成本和開發週期。

12.2 社群網站行銷

1・背景

從傳統的口耳相傳到媒體傳播，再到資訊爆炸時代，當今社會已經進入了資訊傳播的第四個浪潮——影響力行銷時代。數位行銷在消費者眼中逐漸變得免疫和可選擇性遮罩。品牌商為了在資訊爆炸的時代中脫穎而出，需要透過關鍵意見領袖（Key Opinion Leader，KOL）在客戶群眾中精準地將產品和品牌資訊傳遞給目標客戶群眾。影響力行銷已成為將品牌與消費者聯繫起來的最新且最有效的手段。

2・痛點分析

然而，對於重金投入的 KOL，並不總能帶來預期的回報。不同 KOL 的粉絲人群存在差異，即使在相同粉絲人群中，對於 KOL 的「人設」（粉絲對 KOL 的認知）也有所不同。因此，他們對於相同產品在不同人群中的推薦影響力也存在差異。品牌商面臨著如何找到高投資回報率的 KOL 的巨大挑戰。這要求品牌商深入理解和分析消費者所處的社群網站，找到其中的關鍵資訊傳播節點，並理解不同節點對於不同資訊的傳播效力。圖技術正在這個領域發揮著它最擅長的作用。

3・圖技術實踐：基於社群網站分析的影響力行銷

圖資料庫解決方案能夠更快速地對社群網站中的使用者行為資料進行分析，從而找到 KOL 行銷的最佳策略，迅速把握市場機遇。透過利用圖資料庫連結「使用者—使用者」和「使用者—興趣標籤」之間的關係，分析人員可以解決關聯式資料庫無法快速進行多表資料之間多層連結查詢和計算的問題。品牌或商家能夠快速、準確地定位目標使用者以及影響目標使用者的 KOL，從而實現更大的盈利。

（1）樣本資料

1）樣本資料集下載網址：存取本書原始程式位址，並下載 social_network_solution.tar.gz。

2）樣本資料集內容：使用者個人資訊、使用者社交資訊、使用者興趣資訊，如下所示。

- 使用者個人資訊：帳號 ID、昵稱、性別、城市等。
- 使用者社交資訊：關注關係等。
- 使用者興趣資訊：使用者喜歡的遊戲、動漫、電影、品牌等。

3）樣本資料集規模：樣本資料集包含使用者 100 人、電影 / 動漫等興趣詞各 10 個、使用者之間的關注關係 500 筆、使用者提交興趣詞的行為資訊 350 筆。

（2）圖模型設計

基於使用者行為資料建立圖模型，使用者與使用者實體間建立關注關係邊，使用者與使用者的不同興趣偏好實體之間建立興趣邊，如圖 12-6 所示。

▲ 圖 12-6 基於使用者行為資料的精準行銷圖模型

圖模型中的點類型如表 12-4 所示。

▼ 表 12-4 圖模型中的點類型

點類型	屬性
使用者	帳號 uid、昵稱、性別、城市、認證類型、粉絲數、關注數
遊戲	遊戲名稱
動漫	動漫名稱
電影	電影名稱
明星	人名
汽車品牌	品牌名稱
服裝品牌	品牌名稱
美妝品牌	品牌名稱

圖模型中的邊類型如表 12-5 所示。

▼ 表 12-5 圖模型中的邊類型

邊類型	起始點類型	終止點類型	屬性
關注	使用者	使用者	—
興趣	使用者	遊戲	提及數
興趣	使用者	動漫	提及數
興趣	使用者	電影	提及數
興趣	使用者	明星	提及數
興趣	使用者	汽車品牌	提及數
興趣	使用者	服裝品牌	提及數
興趣	使用者	美妝品牌	提及數

（3）圖型分析範例

1）業務訴求 1：定位真實意見領袖。

評估使用者在社群網站中的真實影響力，幫助品牌或商家快速找到影響力最大的 KOL。

一個使用者在社群網站中的影響力代表其將資訊傳遞給更多受眾的能力。社群網站中並不是粉絲數越多影響力一定越大，尤其是當下各個社群網站中僵屍粉、水軍假粉普遍存在的情況下。實際上，真正決定影響力的是粉絲的品質。如果一個使用者的粉絲也有很多粉絲，甚至粉絲的粉絲也有很多粉絲，那麼說明 KOL 粉絲品質很好，資訊可以高效率地沿著關注鏈擴散到更大的網路中，其影響力比相同粉絲數但粉絲品質低的 KOL 影響力更大。這個方法所評估的使用者影響力更為真實可靠，畢竟一個帳號的粉絲可以買，但是人為操控整個網路的結構的難度及成本太高。這種評估使用者真實影響力的方法可以透過 PageRank 演算法來實現。PageRank 演算法的相關實現與原理詳見本書 4.3.2 節。

① 查詢說明。

- 限定點類型為「使用者」，邊類型為「關注」，在使用者關注關係子圖上呼叫 PageRank 演算法，將結果按「0-Max」方法歸一化，然後倒序排列輸出。

- 將 PageRank 歸一化後的結果乘以 100，作為影響力得分，取影響力前五的使用者。

② 查詢敘述。

```
// 限定點類型為 " 使用者 "，邊類型為 " 關注 "，在使用者關注關係子圖上
// 呼叫 PageRank 演算法，將結果 "0-Max" 方法歸一化，然後倒序排列輸出
CALL gapl.PageRank({order:true,scale:'Max',vertexTypes:[' 使用者 '],edgeTypes:[' 關
注 '],writeFileName:'PageRank.csv'})
YIELD id,centrality
MATCH (n)
WHERE id(n)= toInteger(id)
// 將 PageRank 歸一化後的結果乘以 100，作為影響力得分，取影響力前五的使用者
RETURN n. 昵稱 AS 昵稱 ,centrality *100 AS 影響力評分 LIMIT 5
```

③查詢結果。如表 12-6 所示，被稱為「龐包」的使用者具有最高的影響力評分，這表明該帳號是樣本群眾中最有影響力的帳號。它不僅在社交群眾中擁有大量粉絲，而且也被許多其他同樣有影響力的使用者關注。對需要在這個群眾中進行行銷活動的品牌來說，如果行銷的產品是廣大公眾導向的日用品，那麼這樣的 KOL 可以幫助實現更好的行銷效果。

▼ 表 12-6 影響力分析結果

排名	昵稱	影響力評分
1	龐包	100
2	陳展顏	99.4
3	白首不分離	98.3
4	LA 哥	88.8
5	我是兔兔小淘氣	86.0

2）業務訴求 2：使用者分群。

隨著商品經濟的進步，社會職能的細分越來越明顯，產品目標人物誌也變得更加多元化。面對這種趨勢，為多種類型的使用者提供個性化服務顯得尤為關鍵。依據使用者的不同偏好，需要在產品設計上進行個性化訂製。同時，根據不同使用者社群的特性，選擇最能精確觸達使用者的 KOL 進行行銷。

使用者細分的一種策略是利用他們的興趣標籤，將使用者劃分到不同的興趣群眾中，這樣同一群體內的使用者將有類似的興趣偏好。透過建構「使用者—興趣標籤」的二分圖，並執行魯汶演算法（基於模組度進行聚類），能把具有相同興趣的使用者分配到同一群眾。每個群眾內的使用者興趣高度相似，而不同群眾的使用者興趣則有明顯差異。

舉例來說，不同的時尚品牌在選擇設計專案或進行 IP 聯名時，需要了解目標消費群眾的其他興趣。這時，可以透過「使用者—興趣」二分圖進行聚類，找出不同使用者間的興趣差異，從而進行精準的設計和商業決策。

① 查詢說明。

- 提取對不同服裝品牌感興趣的人群，並發現他們的其他興趣。

- 建立該人群的「使用者—興趣」子圖，執行魯汶演算法，劃分人群興趣群落。

- 根據不同服裝品牌群落統計群落成員對不同 IP 的興趣偏好，這裡的 IP 涵蓋了電影、動漫、遊戲，個人興趣度，用 log（提及次數）+1 來衡量，群落興趣度為該群落個人興趣度之和。傳回各品牌使用者社群適合聯名的 IP，分群落展現興趣度排名。樣例資料中限定至少有 5 名成員的群落為值得分析的群落。

② 查詢敘述 1。

```
// 提取對不同服裝品牌感興趣的人群，並發現他們的其他興趣
MATCH p = (n:`服裝品牌`)-[]-(:`使用者`)-[:`興趣`]-()
RETURN p
```

③ 查詢結果 1。圖 12-7 展示了所有對服裝領域感興趣的人群，包括他們所感興趣的其他領域，即組成了服裝興趣人群的「使用者—興趣標籤」二分圖。

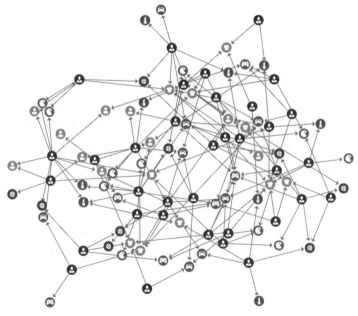

▲ 圖 12-7 服裝領域興趣人群

④ 查詢敘述 2。

```
// 建立該人群 " 使用者 - 興趣 " 子圖，執行魯汶演算法，劃分人群興趣群落
CALL gapl.Louvain()
YIELD id,communityId
WITH communityId,collect(id)AS ids
UNWIND ids AS id

MATCH (n:` 使用者 `)WHERE id(n)= toInteger(id)
// 忽略小群，只關注統計價值較高的大群，樣例資料中限定至少有 5 名成員的群落為值得分析的群落
WITH communityId,count(n)AS cnt,collect(n)AS col,ids
WHERE cnt > 4
WITH communityId,col,ids
UNWIND ids AS id
// 查詢上述群落中包含的服裝品牌
MATCH (n:` 服裝品牌 `)WHERE id(n)= toInteger(id)
WITH communityId,col,collect(n. 品牌名稱 )AS cb
UNWIND col AS co
// 根據不同服裝品牌群落統計群落成員對不同 IP 的興趣偏好
// 這裡的 IP 涵蓋了電影、動漫、遊戲、個人興趣度，用 log( 提及次數 )+1 來衡量，
// 群落興趣度為該群落個人興趣度之和
MATCH (co)-[i:` 興趣 `]-(ip)
WHERE (ip:` 電影 `)OR (ip:` 動漫 `)OR (ip:` 遊戲 `)
WITH communityId,ip,count(ip)AS cc,sum(log(i. 提及數 )+ 1)AS 社群興趣度 ,cb
// 傳回各品牌使用者社群適合聯名的 IP，分群落展現興趣度排名
RETURN communityId AS 社群編號 ,cb AS 品牌列表 ,labels(ip)[0]AS IP 類型 ,ip._id AS
IP 名稱 ,cc AS 感興趣人數 , 社群興趣度 ORDER BY communityId ASC, 社群興趣度 DESC
```

⑤ 查詢結果 2。查詢敘述 2 的結果顯示，只有社群 5 和社群 8 同時包含服裝品牌，並且群眾人數超過 4 人（見表 12-7）。社群 5 中包含服裝品牌 B、C 和 O，使用者對動漫《戰爭意識形態》、電影《毒液：致命守護者》等 IP 感興趣；而社群 8 包含 E、M 和 J 品牌，使用者對遊戲《振幅》、電影《哈爾的移動城堡》等 IP 感興趣。根據資料，服裝品牌商 E 在設計專案時，可以考慮與上述 IP 進行聯動，以拓展使用者圈層。透過同樣的無監督學習方法，也可以分析出各個群眾中使用者最喜歡的汽車品牌、食品品牌、明星，最適合進行推廣的 KOL、最常使用的 App 等，以輔助制定精準行銷決策。

▼ 表 12-7 細分人群的 IP 偏好

社群編號	IP 類型	IP 名	感興趣人數	社群興趣度
5	動漫	戰爭意識形態	2	4.71
5	電影	毒液：致命守護者	1	3.20
5	電影	唐人街探案	1	3.08
5	遊戲	我的夜間工作	1	2.79
5	遊戲	救援行動 2：全職英雄	1	2.39
8	遊戲	振幅	2	4.08
8	動漫	徐老師不扒瞎	1	2.95
8	遊戲	我的夜間工作	2	2.69
8	動漫	寶石寵物	1	2.61
8	電影	哈爾的移動城堡	1	1.00

製造業供應鏈管理

　　自工業 4.0 概念提出以來，工業發展已步入智慧化時代。深化資訊化與工業化的融合已成為製造業的核心戰略任務。其中，供應鏈系統和物流管理系統的數位化與智慧化成為兩個關鍵領域。現如今，企業間的競爭很大程度上源自供應鏈的競爭。由於專業化細分，大部分企業越來越依賴外部供應商資源，因此有效的供應鏈風險管理變得至關重要。物流管理作為供應鏈管理和供應鏈工程的一部分，在製造業成本結構中佔據了極大的比例。有效的物流管理可以降低倉儲和運輸成本，提升資金周轉率，大幅降低企業的成本和營運風險。更為重要的是，物流成為衡量企業服務品質的重要標準，對客戶選擇有決定性影響，也是企業核心競爭力的關鍵。

高效的供應鏈管理需要供應鏈上下游的資訊流、物流、資金流整合,形成點對點的完整視圖。其中包括生產、製造、行銷等不同領域和角度的資料整合,存在著大量容錯的資料、複雜的實體間關係,以及缺乏通用統一的資料定義等問題,這些都導致鏈條上下游資料整合困難,無法從業務角度實現有效的資料驅動的商業決策。

利用圖技術處理複雜連結資料的優勢,可以有效打破「資料孤島」,彌補傳統資料儲存方案在分析處理巨量複雜連結資料方面的顯著缺陷,完成全鏈資料的聯動分析與挖掘,助力製造業企業高效率地完成供應鏈風險的追溯分析,實現需求驅動的柔性製造。

本章以供應鏈風險管理和物流最佳化兩個場景為切入點,介紹如何利用圖技術幫助製造企業迅速定位風險供應模式,最佳化物流成本。

13.1 供應鏈風險管理

1 · 背景

工業 4.0 的核心在於橫向、縱向和點對點的價值鏈整合。當前,工業智慧化主要關注點在縱向整合的智慧工廠實現方面,而在供應鏈的橫向整合方面,有效的解決方案仍然不足。在製造企業的數位化轉型過程中,資料貫穿於各個環節,由於系統間普遍缺乏統一的資料定義,資料欄位的含義不一,跨業務部門、跨企業的資料整合變得極為困難,無法形成點對點的統一視圖。這些難題使得儲存在不同供應鏈管理系統中的孤立報表難以為企業管理者提供基於全域供應鏈的風險分析決策支援。

同時,日漸複雜的全球環境對供應鏈的智慧敏捷回應提出了更高要求。一方面,隨著供應鏈複雜度與日俱增,如全球供應鏈的普及和多層級供應商關係的形成,對企業的跨地域上下游供應鏈資訊追溯能力帶來了極大的挑戰。另一方面,市場需求和供應情況變化加速,不可預測性增加,對企業的彈性供應鏈能力和應急回應速度提出了更高要求。供應鏈斷裂和產生額外成本的可能性也因此增加。

2 · 痛點分析

傳統的表格式儲存，以及由此產生的跨業務線、跨系統的離散資料，無法滿足動態多變的市場對業務決策即時性和智慧化的需求。

天生適應處理複雜深鏈關係的圖技術正是供應鏈橫向整合的最佳技術解決方案。圖模型的特性就在於直觀地還原業務，企業可以透過圖技術將多來源資料以所有參與者都能理解的方式建模、連接。這種模型可以靈活調整，有效完成各類深鏈查詢，實現全鏈路的資訊透明化。在供應鏈中涉及的需求變化、價格變動、供應調整、原材料問題、生產缺陷等需要向上追溯、向下追蹤影響範圍、評估影響大小的業務問題，圖資料的深鏈查詢性能為即時業務決策提供最有力的技術支援。

本節以車商供應鏈為例，演示圖技術如何賦能供應鏈管理，尋找供應風險模式。

3 · 圖技術實踐：供應風險模式辨識

供應商的生產系統發生故障，其上游供應商因故（發生交通事故、自然災害或區域衝突等不可控事件）延遲交貨導致的無法生產或延遲生產都能造成供應鏈風險。由於這些突發情況通常不可預測，想要降低這些風險的影響，需要在系統層面增強供應鏈的韌性，辨識風險供應模式。舉例來說，當一個或多個零組件的供應過分集中在少數原材料供應商時，一旦該供應商受到內外部不利因素的影響，不能正常提供採購的原材料，而零組件供應商的庫存又不充足時，便會造成供應鏈斷裂，影響下游的正常生產營運。雖然企業通常對於產品的直接供應商非常熟悉於規避風險，但是對上游間接供應商的了解程度往往不夠，容易忽略風險供應模式。本質上講，供應鏈風險是由決策資訊的可獲得性、透明性、可靠性不足造成的。針對上述典型的供應風險模式，把供應商和零組件抽象為點，供應關係和零組件相互組成關係抽象為邊，整合供應鏈點對點的資訊，組成一張統一大圖，透過圖模式辨識，能夠快速、直觀地將風險辨識出來。

（1）樣本資料

1）樣本資料集下載網址：存取本書原始程式位址，並下載 supply_chain_solution.tar.gz。

2）樣本資料集內容：物料資訊、生產與供應資訊，如下所示。

- 物料資訊：如車輛、部件、元件、零件、車輛與零組件之間的關係，以及零部件之間的組成關係等。
- 生產與供應資訊：如車商、組裝商、生產商，以及零件、元件、部件與供應商之間的關係、組裝商與車商關係，生產商與組裝商之間的關係等。

3）樣本資料集規模：樣本資料集包含 2 輛車、9 個部件、18 個元件、22 個零件、21 家生產商、8 家組裝商；8 個屬於關係、2 個擁有關係、9 個組裝關係、29 個供應關係、60 個生產關係；共包含 81 個點資料，148 條邊資料。

（2）圖模型設計

分析供應鏈問題需要點對點的視覺化，從供應端到需求端，包括組裝商、供應商、車輛、零組件和元件等元素，可以將它們各自建立為實體節點。在物料層面，車輛由部件組成，部件由元件組成，元件由零件組成，需要分別由一條有向的「組成」邊來表示它們之間的關係。在生產與供應層面，供應商和組裝商生產部件、元件、零件，需要設立有向的「生產」邊來表示它們之間的關係。供應商向組裝商提供零組件，需要設立「提供」的邊來代表它們的關係。最後，供應鏈中所有的組成要素及其生產關係都被納入圖模型中，企業可以根據模型全面、快速地獲取整數個供應鏈中的物料關係，供應商之間的關係，以及供應商與物料的關係，如圖 13-1 所示。

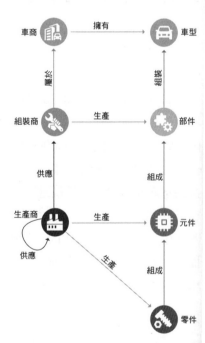

▲ 圖 13-1 供應鏈生產關係模型

圖模型中的點類型如表 13-1 所示。

▼ 表 13-1 圖模型中的點類型

點類型	屬性	點類型	屬性
車商	品牌名稱	零件	編號、類型
車型	車型編號	組裝商	編號、等級、地域
部件	編號、類型	生產商	編號、等級、地域
元件	編號、類型		

圖模型中的邊類型如表 13-2 所示。

▼ 表 13-2 圖模型中的邊類型

邊類型	起始點類型	終止點類型	屬性
擁有	車商	車型	—
屬於	組裝商	車商	—
組裝	部件	車型	—
生產	組裝商	部件	—
組成	元件	部件	—
生產	生產商	元件	—
供應	生產商	組裝商	—
組成	零件	元件	—
生產	生產商	零件	—
供應	生產商	生產商	—

（3）圖型分析範例

圖資料庫可以提供供應鏈完整鏈筆資訊的快速查詢，如查詢給定車型的所有零組件供應商以及其供應關係。基於供應鏈全鏈路關係圖，可以快速辨識鏈路中的供應風險模式，以便及時做出反應，預防供應鏈風險。

1）業務訴求 1：尋找供應鏈網路中的脆弱點。

如果供應鏈中的一家供應商是連接供應鏈上下游的重要節點，那麼一旦該供應商發生風險事件導致無法生產，整條供應鏈就極易發生斷裂。透過圖技術中的中介中心性演算法，結合圖的展示，可以直觀地發現供應鏈網路中的瓶頸和脆弱點，從系統層面降低供應鏈斷裂風險。

① 查詢說明。

- 查詢車商 P1 擁有的所有車型的零組件組成網路以及對應的供應商。

- 查詢車商所有車型的供給網路。

- 執行中介中心性演算法，傳回中介中心性最大的三個供應商節點。

- 展示風險供應模式。

注意：演算法解釋是衡量一個頂點位於其他兩個頂點之間最短路之上的次數，次數越多，中介中心性越大。

在場景意義方面，如果一個供應商節點位於越多其他頂點之間最短路徑上，則該供應商連接上下游供應商的重要性越大，如果出現問題，則對整體供應鏈的損害越大。需要找到這種供應商，提前做好準備，降低供應鏈系統風險。

② 查詢敘述。

```
// 查詢車商 P1 的 C00001 車型的零組件供應商及其供給網路
MATCH p1 = (b: 車商 { 品牌名稱 :'P1'})-[a: 擁有 ]-(c: 車型 { 車型編號 :'C00001'})-[r: 組裝 ]-
(i: 部件 )-[: 生產 ]-(j),p2 = (i)-[: 組成 ]-(k: 元件 )-[: 生產 ]-(l),p3 = (k)-[: 組成 ]-(m: 零
件 )-[: 生產 ]-(n)
RETURN p1,p2,p3
// 查詢車商 P1 的所有車型組成零組件供應商和其供給網路
MATCH p1 = (b: 車商 { 品牌名稱 :'P1'})-[a: 擁有 ]-(c: 車型 )-[r: 組裝 ]-(i: 部件 )-[: 生產 ]-
(j),p2 = (i)-[: 組成 ]-(k: 元件 )-[: 生產 ]-(l),p3 = (k)-[: 組成 ]-(m: 零件 )-[: 生產 ]-(n),
q = (j)-(l)-(n)
RETURN q

// 呼叫中介中心性演算法，輸出供應網路中中介中心性最大的三個頂點
// 第一個參數表示選點策略，第二個參數表示對結果進行降冪排序，第三個參數表示輸出外部唯一標識，第
四個參數表示限制結果輸出數量，第五個參數表示網路中只包含固定類型的點
```

```
CALL gapl.RABrandesBetweennessCentrality({strategy:'degree',order:true,
primaryKey:true,limit:3,vertexTypes:[' 組裝商 ',' 生產商 ']})
YIELD id,centrality


CALL gapl.RABrandesBetweennessCentrality({strategy:'degree',order:true,
primaryKey:true,limit:3,vertexTypes:[' 組裝商 ',' 生產商 ']})
YIELD id
WITH id
MATCH p = (n)-[: 供應 ]-(m)
WHERE n. 編號 = id
RETURN p
```

③ 查詢結果。如圖 13-2 與圖 13-3 所示，透過圖技術的統一建模，整車產品到零件的物料組成網路，以及企業及其組裝商到零件供應商的供應網路都可以直觀地展示出來，從而實現了兩個角度下點對點的視覺化。透過中介中心性演算法，可以快速地定位供應鏈網路中的脆弱節點（見表 13-3 和圖 13-4）。因此，車商需要考慮尋找其他能夠完成相同任務的生產商，以規避供應鏈風險。

2）業務訴求 2：供應風險模式辨識 - 供應商集中風險。

供應商依賴關係：如果供應鏈中企業 A 的生產所需物料需要企業 B 供應，則企業 B 的產量會對企業 A 的產量產生影響，則稱企業 A 對企業 B 有依賴關係。

① 供應商集中風險如下：

- 如果某供應商 A 的生產所需物料完全由上級供應商 B 供應，則這種依賴關係更強，如果供應商 B 發生風險，則一定會導致供應商 A 以及所有依賴供應商 A 的下游企業無法生產，供應商 A 與供應商 B 之間存在直接供應商集中風險，如圖 13-5 所示。

- 如果供應商 A 與其直接上游供應商之間並不存在供應商集中風險，但是經過多個層級、多個上游供應商的依賴關係，最終集中在同一個間接上游供應商 C 上，若供應商 C 發生風險，同樣會導致供應商 A 以及依賴供應商 A 的企業無法生產，則稱這種情況為間接供應商集中風險，如圖 13-6 所示。

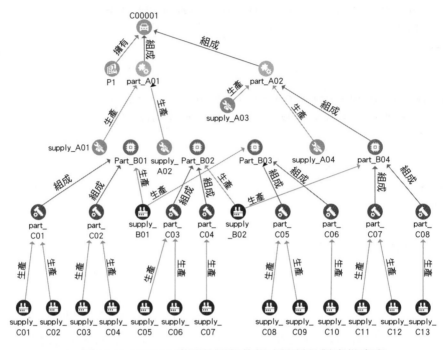

▲ 圖 13-2　C00001 車型的零組件組成關係及對應供應商

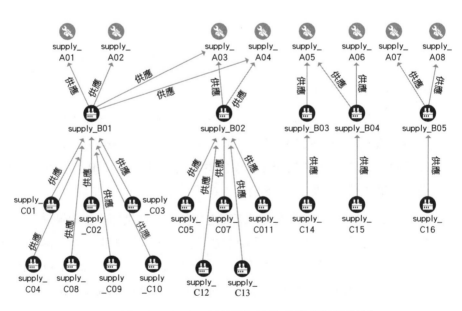

▲ 圖 13-3　C00001 車型的供應商及其供給關係

▼ 表 13-3 車商 P1 所有供應網路中中介中心性最大的節點

Id	Centrality
supply_B01	12
supply_B02	8
supply_B04	2

兩種供應模式都可能顯著增加整條供應鏈的系統風險。然而，在存在於生產製造關係表中的龐大且複雜的供應鏈資料中，這些模式往往難以透過人工方式挖掘出來。這就是圖技術的自動化挖掘能力可以解決的問題。

由於 Cypher 的底層實現是基於深度優先搜尋的，因此在實現供應鏈場景時會有一定的局限性，因為這個場景的想法是基於廣度優先搜尋實現的。用 Cypher 實現的話，無法應對業務場景中具有層次結構的擴充。舉例來說，該需求需要查詢各個層的供應鏈中供應商和組裝商的數量。並且該需求與業務邏輯強相關，所以無法實現通用性查詢演算法。因此，本文將基於更為靈活的 Galaxybase 參數化演算法程序（Parameterized Algorithm Routine，PAR）來實現集中風險供應商的辨識。

PAR 是 Galaxybase 提供的個性化程式設計介面。它可以直接在伺服器端對資料進行查詢、計算等操作，以實現 Cypher 難以表達的自訂函式，滿足個性化查詢的需求，同時極大地提升查詢性能。

② PAR 實現的演算法想法。

• 找到組成某車型的所有部件，以及這些部件對應的完整供應鏈路。

• 從部件點開始，沿部件→組裝商（部件生產商）→元件生產商→零件生產商的供應鏈路向上遍歷。

• 按照廣度優先搜尋，找到所有的組裝商和供應商，直到網路無法再向上游拓展（即到最上游的原料供應商），標記所有原料供應商。

• 如果原料供應商只有一個，則該供應鏈是存在風險的。

- 從風險供應鏈原料供應商開始，往下游擴充，如果下游供應商有且僅有一個，則標記該下游供應商為風險供應商，直到網路無法再向下游擴充。

- 輸出所有的風險供應商。

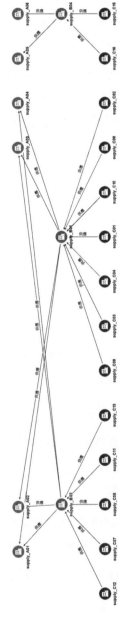

▲ 圖 13-4　車商 P1 所有供應網路中中介中心性最大的節點供應風險模式

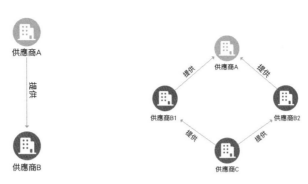

▲ 圖 13-5 直接供應商集中風險供應模式 ▲ 圖 13-6 間接供應商集中風險供應模式

③ PAR 實現關鍵程式。

```java
public class SupplyChainRefactor {
    @Context
    public Graph graph;
    @Procedure("scm.chain.SupplyChain")
    @Description(" 供應鏈風險查詢 ")
    public Stream<ResultValue> supplyChain(@Name("vehicleModel")String vehicleModel){
        List<ResultValue> results = new ArrayList<>();
        // 找到車型各個部件
        Long vehicleId = graph.getVertexIdByPk(vehicleModel," 車型 ");
        ParUtil.extendEdge(graph,vehicleId,"(n)<-[r: 組裝 ]-(m: 部件 )",edge -> {
            // 得到組裝車的部件
            long partId = edge.getFromId();
            Set<Long> currentIds = Collections.singleton(partId);
            // 記錄該部件的所有依賴的供應商
            Set<Long> dependentSuppliers = new HashSet<>(currentIds);
            Set<Long> coreSuppliers = new HashSet<>();
            boolean assembler = true;
            do{
                // 查詢所有組裝商的核心組裝商或供應商
                Set<Long> newSupplier = new HashSet<>();
                for (Long currentId :currentIds){
                    AtomicBoolean existedSupplier = new AtomicBoolean(false);
                    ParUtil.extendEdge(graph,currentId,
                        assembler ?"(n)<-[r: 生產 ]-(m)":"(n)<-[r: 供應 ]-(m)",
                        supplierEdge -> {
                            long otherId = supplierEdge.getFromId();
                            if (dependentSuppliers.add(otherId)){
```

```
                                newSupplier.add(otherId);
                        }
                        existedSupplier.set(true);
                            });
                    // 如果不存在供應邊，則為核心供應商
                    if (!existedSupplier.get()){
                        coreSuppliers.add(currentId);
                    }
                }
                currentIds = newSupplier;
                assembler = false;
            }while (currentIds.size()> 0 &&!graph.isStop());
            // 至少存在兩個核心供應商，則暫無風險
            if (coreSuppliers.size()== 1){
                // 路徑回溯，如果為唯一供應，則存在風險
                List<String> riskVertex = new ArrayList<>();
                Long supplier = coreSuppliers.iterator().next();
                while (supplier != null){
                    riskVertex.add(graph.getPk(supplier));
                    Set<Long> newSupplier = new HashSet<>();
                    ParUtil.extendEdge(graph,supplier,"(n)-[r: 供應 ]->(m)",supplierEdge->{
                        long otherId = supplierEdge.getToId();
                        if (dependentSuppliers.contains(supplierEdge.getToId())){
                            newSupplier.add(otherId);
                        }
                    });
                    supplier = newSupplier.size()==1 ?newSupplier.iterator().next():null;
                }
                results.add(new ResultValue(graph.getPk(partId),riskVertex));
            }
        });
    return results.stream();
}
public static class ResultValue {
    public String partId;
    public List<String> paths;

    public ResultValue(String partId,List<String> paths){
        this.paths = paths;
        this.partId = partId;
```

```
        }
    }
}
```

④ 查詢結果。如表 13-4 所示，車型 C00002 的四個部件的供應鏈中都存在集中風險供應商。根據圖 13-7，可以看出車型 C00002 共有七個部件。部件 part_A01 與 part_A02 的供應鏈路相似，它們上游各有兩個組裝商（部件生產商）——supply_A08 和 supply_A09，並且這兩個組裝商在下一層級並未完全匯聚到同一元件生產商，所以這兩個部件的供應鏈路都沒有集中風險。在部件 part_A03 的供應鏈中，下級有兩個組裝商 supply_A09 和 supply_A10，但這兩個組裝商在下一層級也並未完全匯聚到同一元件生產商，所以該部件的供應鏈路也沒有集中風險。

▼ 表 13-4 車型 C00002 存在供應商集中風險的部件及相關依賴供應商

風險部件	依賴供應商
part_A04	[supply_A10,supply_B14,supply_C17]
part_A05	[supply_B14,supply_C17]
part_A06	[supply_A10,supply_B14,supply_C17]
part_A07	[supply_A11,supply_B14,supply_C17]

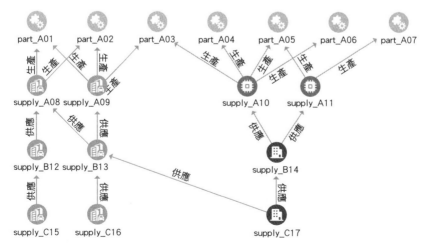

▲ 圖 13-7 車型 C00002 存在供應商集中風險的部件及相關依賴供應商視覺化視圖

部件 part_A04 與 part_A06 的供應鏈路完全相同，它們上游只有一個組裝商 supply_A10，所以 part_A04 與 part_A06 都存在供應商集中風險，它們重度依賴的供應商是 supply_A10，supply_A10 的上游只有一個元件生產商 supply_B14，supply_B14 的上游只有一個零件生產商 supply_C17，所以 supply_B14 和 supply_C17 也是 part_A04 與 part_A06 重度依賴的企業。part_A07 的情況與 part_A04、part_A06 相似。

在部件 part_A05 的供應鏈中，下級有兩個組裝商——supply_A10 和 supply_A11，但是這兩個組裝商在下一層級全部匯聚到同一元件生產商 supply_B14，所以 part_A05 雖然沒有直接供應商集中風險，但是存在間接供應商集中風險，supply_B14 和 supply_C17 是其重度依賴的企業。

綜上，存在供應商集中風險的部件有四個，它們都重度依賴零件生產商 supply_C17 和元件生產商 supply_B14。如果這兩個供應商出現問題，車型 C00002 的供應鏈就極易出現斷裂。因此，需要對這兩個供應商給予特別關注，並立刻尋找替代供應商，以降低供應鏈的系統風險。

採用同樣的方法，企業還能發現存在供應商集中風險的部件、零件和元件，以及它們各自重度依賴的供應商。透過圖建模及圖型演算法，完整、全面地整理供應鏈風險，從而預先進行風險防範。

13.2　物流管理

1·背景

作為供應鏈管理和供應鏈工程的重要組成部分，物流管理需要即時監控貨物及其運輸的相關資訊，以確保貨物的高效流動。一個出色的物流管理系統需要在滿足客戶服務體驗和降低物流成本之間找到平衡，以最低的成本使客戶滿意。物流管理需要科學地建構運輸網路，合理地規劃分揀和裝運，並透過合理的庫存規劃來降低倉儲和運輸成本。此外，在保證服務品質和物流穩定性的前提下，管理者還需要對需求變化做出快速反應。

2·痛點分析

　　貨物的運輸可以透過飛機、鐵路、汽車、輪船和管道等多種方式運輸，不同的運輸方式表示不同的成本和效率。要做到根據需求迅速進行判斷並提出適合的運輸方式組合策略以實現商業目標，這對資訊系統的查詢和計算效率提出了極高的要求。同時，基於已有的運輸方式和線路，如何選擇最佳的倉儲地點以降低系統運輸成本、提升運輸效率也是一個重要的圖型計算問題。然而，傳統的關聯式資料庫在查詢、計算、分析長鏈資料時需要對多個表進行連結，由於關聯資料儲存和圖型計算引擎的分離，查詢和計算資料的時效性較差，無法滿足當前敏捷物流管理的需求。

　　本節將以物流成本最佳化場景為例，演示圖資料庫如何整合供應鏈資訊，以實現配送路線成本最佳化、最佳發貨倉庫選擇、集散中心選址等需求。

3·圖技術實踐：物流成本最佳化

　　在物流運送過程中，貨物從發貨地倉庫運往轉運中心，然後在多個轉運中心之間進行中轉，抵達目標城市後，從轉運中心發往離收貨地址最近的配送點。在此過程中可能存在多種運輸方式，如公路運輸、鐵路運輸、水路運輸和航空運輸。每種運輸方式都有其相應的時間和成本，而且倉庫之間可能存在可供互相調貨的路線。將倉庫、配送中心、配送點等地理位置抽象為點，將兩點之間的不同運輸方式抽象為不同類型的邊，然後將兩點間透過特定運輸方式進行運輸的距離、時間和經濟成本設定為該條邊的權重屬性，就可以建構一張物流圖譜。透過加權遍歷邊，可以直觀、快速地找出兩地之間可能的所有路徑、每條路徑需要經過的中間點、總距離，並能精確計算相同路徑透過不同運輸方式所需的總時間和總經濟成本。最後，根據業務需求，選擇最佳的物流成本最佳化策略。

（1）樣本資料

　　1）樣本資料集下載網址：存取本書原始程式位址，並下載 logistics_solution.tar.gz。

　　2）樣本資料集內容：倉儲資訊，各地點資訊以及各地點間的運輸資訊，以下所示。

- 倉儲資訊：商品在倉庫內的庫存。

- 各地點資訊：倉庫 ID、轉運中心 ID、配送點 ID。

- 各地點間的運輸資訊：倉庫與轉運中心間的運輸方式、成本、耗時等；倉庫與倉庫間的運輸方式、成本、耗時等；轉運中心與轉運中心間的運輸方式、成本、耗時等；轉運中心與配送點間的運輸路徑、成本、耗時等。

3）樣本資料集規模：1 個商品、5 個倉庫、3 個轉運中心、8 個配送點；12 個商品與倉庫間的庫存關係，11 個倉庫間運輸詳情及成本資料，24 個倉庫與轉運中心間運輸詳情及成本資料，6 個轉運中心與轉運中心間運輸詳情及成本資料，13 個轉運中心與配送點間運輸詳情及成本資料。共包含 17 個點資料，59 條邊資料。

（2）圖模型設計

圖 13-8 是依據上述業務邏輯建構的圖模型。

▲ 圖 13-8　物流圖模型

圖模型中的點類型如表 13-5 所示。

▼ 表 13-5　圖模型中的點類型

點類型	屬性	點類型	屬性
轉運中心	ID	商品	ID、價格、毛利率
倉庫	ID	配送點	ID

圖模型中的邊類型如表 13-6 所示。

▼ 表 13-6　圖模型中的邊類型

邊類型	起始點類型	終止點類型	屬性
運輸	倉庫	轉運中心	ID、耗時、成本、運輸方式、展示耗時、展示成本
運輸	倉庫	倉庫	ID、耗時、成本、運輸方式、展示耗時、展示成本
運輸	轉運中心	轉運中心	ID、耗時、成本、運輸方式、展示耗時、展示成本
配送	轉運中心	配送點	ID、耗時、成本、運輸方式、展示耗時、展示成本
庫存	商品	倉庫	最大庫存量、當前庫存量

（3）圖型分析範例

1）業務訴求 1：配送路線成本最佳化。

一批貨物需要完成「次日達」需求，在 1 天內從倉庫 5 配送到配送點 1，選取其中成本最低的配送路線。

① 查詢說明。

- 查詢倉庫 5 與配送點 1 之間的所有可能運輸路線。

- 分別計算所有的路徑耗時總和及成本總和。

- 從總耗時在 24 小時以內的運輸路徑中，篩選出成本最低的路徑。

② 查詢敘述。

```
// 找到倉庫 5 到配送點 1 的所有物流路徑
MATCH p1 = (i: 倉庫 )-[: 運輸 *..4]-(j: 轉運中心 ),p2 = (j)--(k: 配送點 )
WHERE i.ID = ' 倉庫 5'
AND k.ID = ' 配送點 1'
return p1,p2

// 找到倉庫 5 到配送點 1 滿足耗時條件且成本最低的物流路徑
MATCH p = (i: 倉庫 )-[r*2..5]-(j: 配送點 )
WHERE i.ID = ' 倉庫 5'
AND j.ID = ' 配送點 1'
```

```
AND ALL (x IN nodes(p)WHERE (NOT (x: 商品 )))
UNWIND(r)AS r1
WITH p,sum(r1. 耗時 )AS total_time,sum(r1. 成本 )AS total_cost
WHERE total_time < 24
RETURN p,total_time,total_cost
ORDER BY total_cost
LIMIT 1
```

③ 查詢結果。如圖 13-9 所示，最左側的點「倉庫 5」和最右側的點「配送點 1」之間有大量可能的運輸路線。經過查詢和計算，最終得出滿足耗時條件的最低成本路徑如圖 13-10 所示，為「倉庫 5」透過水路到達「轉運中心 2」，然後透過空運送達「倉庫 1」，接著透過水路送達「轉運中心 1」，最後經過公路送達「配送點 1」，總成本為 6 萬元 +60 萬元 +6 萬元 +7 萬元 =79 萬元。如果沒有圖技術的幫助，可能會根據經驗選擇從「倉庫 5」透過水路送達「轉運中心 1」，然後再經公路送達「配送點 1」的路徑，儘管這條路徑的成本更低，但耗時超過 24 小時，無法滿足客戶需求，因此不能被認為是最佳路徑。

2）業務訴求 2：發貨倉選擇。

客戶採購了 200 件的商品 A，要在最短的時間內送達配送點 4，選取能最快送達目的地的發貨倉發貨。

① 查詢說明。

- 查詢商品 A 庫存超過 200 件的所有倉庫，查詢每個倉庫送達配送點 4 的路徑。

- 分別計算所有運輸路徑耗時總和及成本總和。

- 從總成本低於產品總毛利的路徑中，篩選出總耗時最短的路徑。

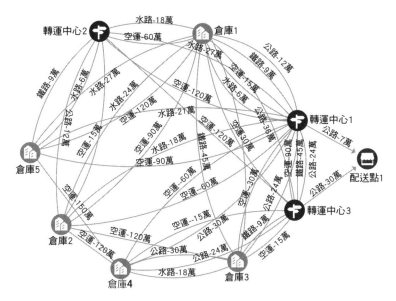

▲ 圖 13-9 倉庫 5 與配送點 1 之間的所有可能運輸路線

▲ 圖 13-10 滿足耗時條件的最低成本路徑

② 查詢敘述。

```
// 查詢滿足庫存條件的發貨倉以及它們到配送點 4 的運輸路徑
MATCH p = (i: 商品 {ID:` 商品 A`})-[r1: 庫存 ]-(j: 倉庫 )-[r2*2..4]-(k: 配送
點 4`})
WHERE r1. 當前庫存量 >= 200
```

```
RETURN p

// 查詢到可以送達配送點 4，滿足成本條件且總耗時最短的發貨倉
MATCH p = (i: 商品 {ID:` 商品 A`})-[r1: 庫存 ]-(j: 倉庫 )-[r2*2..4]-(k: 配送
點 4`})
WHERE r1. 當前庫存量 >= 200
UNWIND(r2)AS r3
// 計算每條運輸路徑上的耗時屬性總和
WITH p,i,sum(r3. 耗時 )AS total_time,sum(r3. 成本 )AS total_cost
WHERE total_cost < i. 價格 *i. 毛利率 *200
// 篩選耗時最短的路徑
RETURN p,total_time,total_cost
ORDER BY total_time
LIMIT 1
```

③ 查詢結果。如圖 13-11 所示，當前滿足訂單需求的庫存量的倉庫包括「倉庫 1」「倉庫 3」「倉庫 4」。它們與「配送點 4」之間存在大量可能的運輸路線，如果沒有圖技術的幫助，選擇會非常困難。如圖 13-12 所示，經過圖查詢計算，在滿足總成本條件的情況下，發貨時間最短的發貨倉為「倉庫 1」，物流路線為從「倉庫 1」經空運送達「轉運中心 2」，再經公路送至「配送點 4」，總耗時為 6 小時 +6 小時 =12 小時。

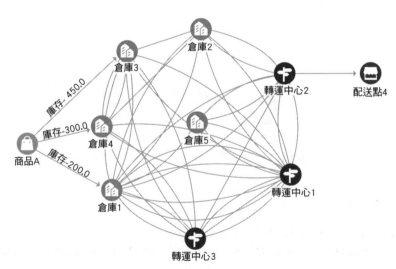

▲ 圖 13-11　滿足儲存量條件的倉庫到配送點的路徑

▲ 圖 13-12 滿足成本條件最短耗時路徑圖

3）業務訴求 3：集散中心選址分析。

從現有的幾個倉庫中，選取其中一個進行改造以建構集散中心。集散中心需要頻繁地向各個倉庫及其他集散中心發送和運輸貨物，因此選取到其他倉庫和集散中心耗時最低的倉庫作為優先選擇的集散中心。

① 查詢說明。

我們可以使用緊密中心性演算法來找出與其他倉庫和轉運中心的物流路線耗時最低的倉庫或轉運中心。緊密中心性演算法反映了網路中一個頂點到達其他頂點的難易程度。它的計算方法是，對於指定頂點在連通分量中，該頂點到其他頂點最短路徑長度和的倒數同可達頂點數量的乘積。因此，緊密中心性越高的頂點，就越接近其他頂點。在資訊傳輸網路中，緊密中心性常用來衡量一個頂點傳輸到其他頂點的時間長短。在本案例中，倉庫與轉運中心組成的網路是一個連通圖，邊記載了兩個頂點間的運輸時間，因此緊密中心性最高的頂點，到其他頂點的總運輸時間最短。

② 查詢敘述。

```
// 呼叫緊密中心性演算法時，第一個參數指定權重屬性，第二個參數確定是否對結果進行降冪排序，其中，
//true 表示進行降冪排序；第三個參數確定是否輸出外部唯一標識，true 表示輸出外部唯一標識；第四個
// 參數用於設定是否限制傳回的數量，例如，設為 1 表示只傳回一個頂點及其緊密中心性；第五個參數指定
// 連通圖中包含哪些類型的頂點
CALL gapl.ClosenessCentrality(relationshipWeightProperty:' 耗時 ',
config:{order:true,primaryKey:true,limit:1,vertexTypes:[' 倉庫 ',' 轉運中心 ']})
// 輸出權重最小的樹包含的點以及邊的權重
```

```
YIELD id,centrality
// 展示選中的集散中心
MATCH (n {ID:id})
RETURN n
```

③ 查詢結果。

　　如圖 13-13 所示，向其他倉庫和轉運中心運輸貨物，到達其他倉庫及轉運中心總物流耗時最短的倉庫是倉庫 1，因此最佳改造地應該選擇倉庫 1。

▲ 圖 13-13　倉庫距離圖

企業資產管理

　　隨著數位化時代的來臨以及資訊化技術的高速發展，企業資訊產生和流動的速度加快，給企業的 IT 資產管理帶來了巨大的挑戰。從內部來看，企業的職能設置變得越來越複雜，人員變動更加常態化，這使得企業經營管理的工作變得複雜且充滿不確定性。從外部來看，現代化的技術手段使企業的關鍵資料面臨更嚴重的洩露威脅。

　　網路攻擊資料、許可權管理資料和裝置資產資料等都具有資料連結關係複雜、資料模型變化頻繁以及決策時效性要求高的特點。圖技術恰好擅長處理多來源異質資料的複雜連結關係，能靈活地調整資料模型以適應場景變化，滿足複雜連結資料的即時處理要求。

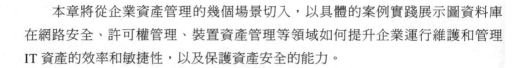

　　本章將從企業資產管理的幾個場景切入，以具體的案例實踐展示圖資料庫在網路安全、許可權管理、裝置資產管理等領域如何提升企業運行維護和管理IT 資產的效率和敏捷性，以及保護資產安全的能力。

14.1 網路安全

1 · 背景

　　對依賴數位化營運的企業來說，數位化資訊系統的安全是企業生存的基石。以商業銀行為例，如果網路銀行系統的漏洞未及時修復，被不法分子利用，將可能導致巨額資金損失和大量客戶隱私資訊的洩露。除財務損失外，銀行可能會面臨監管機構降低監管評級和主體評級的處罰。

2 · 痛點分析

　　網路安全威脅分為已知威脅和未知威脅。已知威脅擁有相對成熟的防護理論和防護手段；而未知威脅需要基於系統日誌、對話、連接等資訊，透過挖掘和分析連結關係來發現攻擊來源，並制定專項防護機制以及有效的監測防護機制。

　　當前創新型攻擊手段層出不窮，傳統的網路安全防護手段往往顯得捉襟見肘。傳統網路安全威脅檢測需要整合並遍歷多個資料來源中的巨量日誌、警告資料（如網路流量擷取分析平臺 Netflow、APM、NPM，以及日誌擷取分析平臺，網路及安全裝置狀態資訊、監控警告資訊等）。這對攻擊的定位及影響範圍感知提出了巨大的挑戰，往往需要數小時才能分析出網路安全威脅。網路安全檢測的有效視窗期通常只有幾秒鐘，現有的基於關聯式資料庫的系統遠遠不能滿足當前企業的安全需求。因此，如何大幅度縮短企業對未知威脅的感知時間，提升網路威脅感知敏銳性，是安全產業未來需要解決的首要任務。

　　下面以網路攻擊溯源場景為例，演示圖資料庫如何整合網路資訊，有效地助力風險節點的溯源。

3 · 圖技術實踐：網路攻擊追溯

圖資料庫是檢測網路安全威脅的理想工具。網路是由各種元件和流程組成的拓撲結構。網際網路是一個由伺服器端的軟硬體裝置、網路側的路由器交換機，以及內部閘道通訊協定（Interior Gateway Protocol，IGP）、邊界閘道協定（Border Gateway Protocol，BGP）等路由交換通訊協定層、網域名稱系統（Domain Name System，DNS）、使用者端的軟硬體終端設備等組成的互聯系統。任何攻擊都依賴於這些實體的互連才能成功，攻擊是這些實體之間的一系列事件。圖資料庫是網路拓撲的理想表現形式。任何攻擊，無論是來自外部還是內部，都可以利用圖資料庫進行建模，直觀地還原攻擊路徑，追溯錯誤警示問題的源頭，從而有效地防禦網路安全威脅。

（1）樣本資料

1）樣本資料集下載網址：存取本書原始程式位址，並下載 dataset/cyber_threat_trac-ing.tar.gz。

2）樣本資料集內容：使用者基本資訊、警示類型資訊、事件資訊，如下所示。

- 使用者基本資訊：如使用者 ID。
- 警示類型資訊：如不同警示。
- 事件資訊：如 IP 位址呼叫電腦資源，產生服務處理程序。
- 樣本資料集規模：樣本資料集包含 1 個警示類型、10 個警示、38 個事件、10 個服務處理程序、3 個 IP 位址、3 個使用者 ID 資訊、7 個資源。

（2）圖模型設計

追蹤網路威脅需要根據具體的警示追溯到特定的服務，這些服務會被系統記錄在事件（即日誌）中。這些事件同時也記錄了執行這次服務呼叫的資源，同一資源又會被其他事件呼叫。這些事件是因某些使用者產生的，可以追溯到他們的 IP，從而實現對威脅的追蹤和溯源，對下一次同類型的攻擊進行預警，從而大幅降低網路威脅風險。如圖 14-1 所示，這是根據多使用者建構的簡單網路安全圖模型，包括使用者 ID、IP、資源、事件、服務處理程序、警示和警示類型。

▲ 圖 14-1　網路安全圖模型

圖模型中的點類型如表 14-1 所示。

▼ 表 14-1　圖模型中的點類型

點類型	屬性
警示類型	名稱
事件	編號、開始時間、結束時間、事件類型、傳回程式
服務處理程序	編號、服務處理程序名稱、服務處理程序類型
IP	IP 位址
使用者 ID	使用者 ID、類型
資源	編號、類型、URL
警示	編號、警示類型

圖模型中的邊類型如表 14-2 所示。

▼ 表 14-2　圖模型中的邊類型

邊類型	起始點類型	終止點類型	屬性
service_alert	服務處理程序	警示	時間
to_service	事件	服務處理程序	時間

邊類型	起始點類型	終止點類型	屬性
has_ip	事件	IP	時間
output_to_resource	事件	資源	時間
user_event	使用者 ID	事件	時間
read_from_resource	資源	事件	時間
alert_has_type	警示	警示類型	時間
from_service	服務處理程序	事件	時間

（3）圖型分析範例：警示溯源

根據多使用者的簡單網路安全圖模型，可以分析特定警示類型下的風險來源。在特定警示類型下的具體警示，可以追溯到具體的服務，這些服務被記錄在事件中。事件中也記錄了呼叫的資源，而同一個資源也會被其他事件呼叫。這些事件是由某些使用者產生的，可以追溯到他們的 IP 位址。

① 查詢說明。

- 追溯警示類型 A 下面包含的 10 個警示的 IP 位址來源。

- 傳回查詢到的具體 IP 位址。

② 查詢敘述。

```
// 追溯警示類型 A 下所有警示的來源
MATCH p = (n: 警示類型 { 名稱 :' 警示類型 A'})<--(: 警示 )<--(: 服務處理程序 )-->(: 事件 )<--(: 資
源 )--(: 事件 )<--(: 使用者 ID)-->(: 事件 )-->(:IP)
// 傳回執行結果圖
RETURN p
```

③ 查詢結果。圖 14-2 展示了警示類型 A 下的 8 跳查詢溯源圖，可以直觀地看到，警示類型 A 被追溯到了 3 個 IP 位址，說明這些位址容易產生類型 A 的警示，應該提前記錄這個結果。下一次當這三個 IP 位址存取時，就需要特別注意，看看是否會產生違規操作，並提前發出預警。

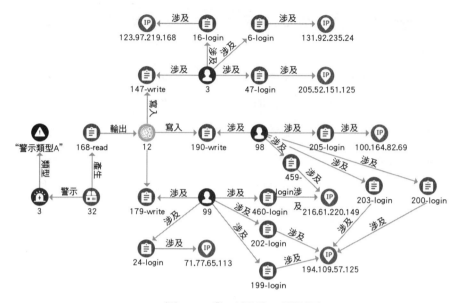

▲ 圖 14-2　警示類型 A 溯源圖

14.2　許可權管理

1·背景

　　企業組織是為最佳化管理和推進業務而建立的人員集合，擁有樹狀、網路狀等複雜的內部層級結構。企業需要透過許可權管理實現資源的安全高效設定，許可權管理系統已成為企業不可或缺的核心數位化元件。它的目標是對不同的人員和部門的資源存取進行許可權控制，避免因許可權控制缺失或操作不當引發的營運風險，如操作錯誤導致的安全事故、不當存取導致的隱私資料洩露等。現代的許可權管理系統還需要能靈活地應對企業組織的調整和變化，並精確分析組織結構調整、人員最佳化、業務線調整和資源調整規劃等對企業組織工作的影響。一個合理、高效的許可權管理系統，是保障企業安全管理營運核心資產、高效應對不斷變化的市場機遇和挑戰的關鍵。

2 · 痛點分析

目前，業界標準的企業許可權管理系統主要基於角色的存取控制（Role-based Access Control，RBAC）模型來訂製。這種方法的核心思想是在人員和許可權之間增加一個角色層，角色可以視為模組化的許可權集合。在 RBAC 中，人員和角色（有時也會簡化為職位、使用者群組等）之間是多對多的關係，角色和許可權之間也是多對多的關係。調整某個人員的許可權只需更新其連結的角色，新角色連結的所有權限會立即生效。同理，如果某個角色的許可權發生變化，只需要調整該角色與不同許可權之間的關係，所有屬於該角色的人員無須做任何操作，新角色的所有權限會自動分配給他們。因此，這種方法在更新和調整許可權時具有極高的靈活性和擴充性。

然而，與傳統企業的樹狀組織結構相比，當今企業的業務模式創新已產生了更多業務線與組織結構複雜的新型企業。由於業務線多、業務線間的關係錯綜複雜、每個業務線涉及的部門多、組織層級深，組織結構日益複雜化、動態化和網路化。同時，全球化、供應鏈整合、靈活用工等社會經濟趨勢也讓跨地域、跨公司、跨員工類型的管理增加了組織許可權的複雜性。巨量資料、雲端運算等技術趨勢也極大地增加了公司需要管理的資料量、物理及虛擬資產的數量和類型，對許可權管理提出了更高的挑戰。

在傳統許可權管理系統中，不同人員、組織部門、分公司 / 子公司、集團企業、供應鏈企業、資源、角色及其許可權資訊被儲存在大量不同的資訊表中。這些實體之間存在的錯綜複雜的關係，在關聯式資料庫中以表的外鍵形式存在。管理許可權需要在龐大的各種表之間進行連結查詢（Join），當人員數量大、資料資源種類多且相互關係複雜、部門層級深、業務 / 部門多（即表多）、需要跨系統查詢時，查詢速度會變得十分緩慢，管理效率低下。同時，關聯式資料庫對外鍵的約束使得傳統許可權管理系統在面對日益 VUCA（易變性、不確定性、複雜性和模糊性）的商業環境時，缺乏支援企業業務及組織迅速調整變化的靈活性。

3・圖技術實踐：許可權管理

　　許可權管理解決方案的儲存內容包括企業員工、角色（職位、職級、部門）和資源（如檔案、硬體、裝置、產品、服務等），以及這些資源的存取規則，也就是許可權（如不同選單的操作許可權，以及唯讀、寫入、修改、分享等資料許可權）。這些規則決定了哪些員工可以以哪種角色存取或操作哪些資源。圖資料庫非常擅長處理這類實體許多、關係複雜且隨時間變化的資料集。企業員工、角色和資源作為節點，由於跨部門專案合作等關係，員工可以長期或臨時擁有不同的角色，每種角色對不同資源有不同的存取權限，許可權類型作為邊的屬性存在。基於圖模型為許可權管理系統進行建模，可以極大地提升模型的靈活性，並高效率地支援組織人員和資源許可權等多層級連結實體導向的毫秒級查詢。

　　本節以不同部門、不同角色對不同資料庫的資料資源的讀寫許可權管理為例，演示圖資料庫如何整合公司的資料資產和人員資訊，從而高效率地提升許可權管理的能力。

（1）樣本資料

　　1）樣本資料集下載網址：存取本書原始程式位址，並下載 cyber_auth.tar.gz。

　　2）樣本資料集內容：部門資源資料、職位職能資料、公司組織架構資料、極限資料、職員資訊資料，如下所示。

- 部門資源資料：部門名稱、資源序號、資源名稱等。

- 職位職能資料：職位 ID、職位名稱、所屬部門等。

- 公司組織架構資料：部門 ID、部門名稱等。

- 許可權資料：職位名稱、對應的系統角色、操作許可權、資源名稱等。

- 職員資訊資料：員工編號、姓名、狀態、性別、年齡、職位名稱、所屬部門等。

　　3）樣本資料集規模：樣本資料集包含企業的 13 個職位人員對 5 個資源庫下的 32 個資源的許可權資料。

（2）圖模型設計

職員入職後，將被任命為某個具體的職位，一個部門由不同職能的多個職位組成。不同的職位對不同的軟硬體資源、資料資源，以及上層應用系統有不同的許可權。許可權分為兩類，一類是資料許可權，另一類是操作許可權。舉例來說，經理通常能看到的資料範圍比最前線職員更廣，能對資料進行的操作也更多。不同職員共用的許可權可以被提煉為系統角色，舉例來說，「管理員」角色具有「普通使用者」角色所不具有的更全面的系統操作許可權。

部門之間存在層級關係，一個部門可以擁有多個子部門和同等級部門。不同層級的部門擁有不同的許可權，部門內的職員可以繼承其所在部門的許可權，但不能繼承上級部門的許可權。在特殊情況下，如跨部門專案合作中，職員可能會被特別授權以獲得臨時的資源存取權限。這是依據大型企業和組織管理規則的身份和存取管理，包括職員、職位、系統角色、部門、資源等方面的資料設計的極限管理圖模型如圖 14-3 所示。

圖模型中的點類型如表 14-3 所示。

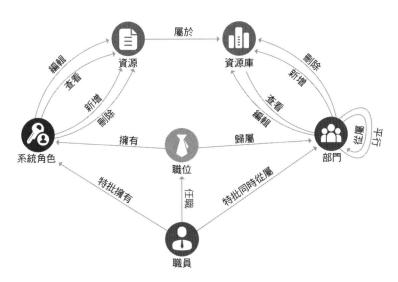

▲ 圖 14-3 許可權管理圖模型

▼ 表 14-3 圖模型中的點類型

點類型	屬性	點類型	屬性
職員	員工編號、狀態、年齡、姓名、性別	資源庫	資源庫 ID、資源庫名
職位	職位 ID、職位名	資源	資源 ID、資源名
部門	部門 ID、部門名	系統角色	職位編號

圖模型中的邊類型如表 14-4 所示。

▼ 表 14-4 圖模型中的邊類型

邊類型	起始點型	終止點型	屬性
歸屬	職位	部門	—
從屬	部門	部門	—
平行	部門	部門	—
任職	職員	職位	任職開始時間、任職結束時間
擁有	職位	系統角色	許可權適用開始時間、許可權適用結束時間
特批擁有	職員	系統角色	特批擁有開始時間、特批擁有結束時間
特批同時從屬	職員	部門	許可權適用開始時間、許可權適用結束時間
查看	部門	資源庫	許可權適用開始時間、許可權適用結束時間
新增	部門	資源庫	許可權適用開始時間、許可權適用結束時間
編輯	部門	資源庫	許可權適用開始時間、許可權適用結束時間
刪除	部門	資源庫	許可權適用開始時間、許可權適用結束時間
查看	系統角色	資源	許可權適用開始時間、許可權適用結束時間
新增	系統角色	資源	許可權適用開始時間、許可權適用結束時間
編輯	系統角色	資源	許可權適用開始時間、許可權適用結束時間
刪除	系統角色	資源	許可權適用開始時間、許可權適用結束時間
屬於	資源	資源庫	—

（3）圖型分析範例：職位變動後許可權變更

在實施企業部門結構調整、業務線合併和職位裁撤等涉及組織人員調整和最佳化的政策措施時，需要高效率地分析相關員工、組織結構及資源許可權，並了解這些變化對組織的影響和波及範圍。舉例來說，當員工進行部門調動時，管理人員可以依據許可權管理圖譜快速辨識其在職位變動前的許可權範圍，及時收回該員工在前部門的資源許可權並開放新職位角色所授權的資源，以此建構更敏捷的資源管理系統。

① 查詢說明。

員工編號為 CL005 的員工在 2021-01-01 13:33:31 至 2021-12-01 16:33:31 期間的職位是行銷部下的售前部的金融解決方案架構師，由於職業規劃調整，於 2021-12-02 08:33:31 被調到行銷部下的平行部門銷售部，職位調整為金融銷售經理，並享有銷售經理職位系統角色的許可權。作為系統管理員，可以快速了解到該員工在職位變動後的資源許可權發生了哪些變化。

- 查詢員工編號為 CL005 的員工在職務變動前後，資源許可權的變化。
- 輸出需要關閉、開啟的資源許可權。
- 查詢員工編號為 CL005 的員工在職務變動前後，資源庫許可權的變化。
- 輸出需要關閉、開啟的資源庫許可權。

② 查詢敘述。

```
// 查詢員工編號為 CL005 的員工在職務變動前後，資源許可權的變化
MATCH (:`職員` {`員工編號`:"CL005"})-[:`任職`]-(:`職位` {`職位名稱`:"金融解決方案
架構師"})--(:`系統角色`)-[r1]-(table1:`資源`)
WITH collect([type(r1),table1.資源名稱 ])AS f1
MATCH (:`職員` {`員工編號`:"CL005"})-[:`任職`]-(:`職位`{`職位名稱`:"金融銷售經理"})-
-(:`系統角色`)-[r2]-(table2:`資源`)
WITH f1,collect([type(r2),table2.資源名稱 ])AS f2
// 輸出需要關閉、開啟的資源許可權
RETURN apoc.coll.subtract(f1,f2)AS 需要關閉的資源許可權 ,apoc.coll.subtract(f2,f1)
AS 需要開啟的資源許可權

// 查詢員工編號為 CL005 的員工在職務變動前後，資源庫許可權的變化
```

```
MATCH (:`職員` {`員工編號`:"CL005"})-[:`任職`]-(:`職位` {`職位名稱`:"金融解決方案架構
師"})--(:`部門`)-[r1]-(table1:`資源庫`)
WITH collect([type(r1),table1.資源庫名稱])AS f1
MATCH (:`職員` {`員工編號`:"CL005"})-[:`任職`]-(:`職位` {`職位名稱`:"金融銷售經理"})--
(:`部門`)-[r2]-(table2:`資源庫`)
WITH f1,collect([type(r2),table2.資源庫名稱])AS f2
// 輸出需要關閉、開啟的資源庫許可權
RETURN apoc.coll.subtract(f1,f2)AS 需要關閉的資源庫許可權,apoc.coll.subtract(f2,
f1)AS 需要開啟的資源庫許可權
```

③ 查詢結果。如圖 14-4 所示，左邊框選的是該員工現在具備的許可權，右邊框選的為該員工在職務變動之前具備的許可權。

如表 14-5 所示，職位變更後需要關閉「技術文件庫」「解決方案庫」「標書庫」三個資源庫的「查看」許可權，並回收「金融行業解決方案 A」的「查看」「新增」「編輯」「刪除」許可權、「金融行業解決方案 B」「金融行業競品對比表」「金融行業客戶標書表」的「查看」許可權。

需要開啟「客戶資訊庫」的「查看」許可權，並新增「金融行業客戶資訊表 A」的「查看」「新增」「編輯」「刪除」許可權、「金融行業客戶資訊表 B」「金融行業產品價格表」「產品價格表」的「查看」許可權。

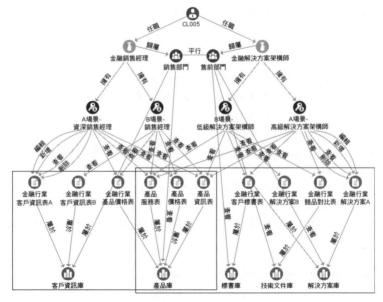

▲ 圖 14-4　員工編號為「CL005」的職工許可權圖

▼ 表 14-5 需關閉 / 開啟的許可權清單

需要關閉的資源許可權		需要開啟的資源許可權	
許可權	資源	許可權	資源
查看	金融行業解決方案 A	查看	金融行業客戶資訊表 A
新增	金融行業解決方案 A	新增	金融行業客戶資訊表 A
編輯	金融行業解決方案 A	編輯	金融行業客戶資訊表 A
刪除	金融行業解決方案 A	刪除	金融行業客戶資訊表 A
查看	金融行業解決方案 B	查看	金融行業客戶資訊表 B
查看	金融行業競品對比表	查看	產品價格表
查看	金融行業客戶標書表	查看	金融行業產品價格表
需要關閉的資源庫許可權		需要開啟的資源庫許可權	
許可權	資源庫名稱	許可權	資源庫名稱
查看	技術文件庫	查看	客戶資訊庫
查看	解決方案庫		
查看	標書庫		

14.3 裝置資產管理之智慧運行維護

1・背景

在萬物互聯的時代下，雲端運算、巨量資料等技術的高速發展與應用讓資料中心資源物件的資料規模越來越大、資源物件之間的連結複雜度也呈指數級增長。不斷擴大的網路以及虛擬化和微服務的興起，更加劇了這種趨勢。

雲端運算技術透過虛擬化為業務系統提供虛擬機器、雲硬碟、虛擬網路、負載平衡等虛擬化的基礎設施資源。這些虛擬化的基礎設施資源又進一步依賴資料中心最底層的伺服器、交換機、路由器等多種物理設施。從底層物理設施到業務系統之間，基礎裝置、作業系統、資料庫、應用服務等運行維護物件之間有著錯綜複雜的動態呼叫、依賴、影響和部署關係。當某個節點出現問題時，故障的根因定位、真假警告辨識、影響分析都需要對運行維護物件之間的複雜多層級呼叫關係進行層層研判，才能精準定位問題所在並實現對潛在風險的預測，及時採取對應的措施。

運行維護人員需要將網路、資料中心和 IT 裝置連結起來，進行企業裝置的智慧運行維護，從而保障企業服務正常執行。

2 · 痛點分析

傳統資料中心的資源物件與關係類型較為單一、資料量小，設定管理資料庫（Configuration Management Data Base，CMDB）系統可以透過關聯式資料庫對資源物件和關聯資料進行分析和處理。但在雲端運算環境中，巨量資料應用帶來的大規模複雜運行維護管理下，裝置資產的數量越來越多，相互關係越來越複雜，在支援裝置異常問題溯源、根因定位等複雜連結查詢的問題上，關聯式資料庫的性能缺陷越發明顯，已無能力支撐即時智慧運行維護的企業需求。

同時，現有 CMDB 系統缺乏統一的關係框架視圖來描述複雜運行維護物件之間的拓撲結構，對運行維護物件的監控仍然是靜態、獨立個體的監控，因而面臨大量警告時很難系統地進行歸集分析，造成誤警告多，真假警告不均衡。需要大量運行維護人員人工參與對警告資訊的問題鎖定，極度依賴運行維護人員自己的管理經驗，人為誤判較多，效率低下。

本節以裝置資產智慧運行維護場景為例，演示如何透過圖資料庫建構運行維護圖譜，並支撐快速警告上下游影響範圍定位等運行維護業務需求。

3 · 圖技術實踐：智慧運行維護

圖資料庫能夠整合許多監控工具，獲取資料中心內不同網路、物理裝置、虛擬機器、作業系統、伺服器和應用服務之間的關聯資料，將每一層的運行維護物件建構為資源節點，並將不同系統間存在的依賴、影響、連結等關係進行建模。

利用圖資料庫技術，能夠打破「只見樹木，不見森林」的局面——將原本離散的資產目錄系統整合起來，用統一的框架視圖描述整個應用服務、基礎設施之間的依賴關係，形成全域視圖。從底層物理設施的最小單元到上層應用程式、應用服務和業務系統，圖技術能夠視覺化地展示這些物理裝置和虛擬裝置、資產的部署情況，讓運行維護人員在故障定位和影響分析時不受限於自身的應用系統，幫助他們即時、精準地定位問題所在，分析受影響業務的潛在範圍，增強運行維護物件的動態洞察能力，支援開展全面的警告根因定位、故障影響分析、變更方案評估等工作，從而實現智慧運行維護。

（1）樣本資料

1）樣本資料集下載網址：存取本書原始程式位址，並下載 dataset/cyber_infra.tar.gz。

2）樣本資料集內容：物理或虛擬 IT 裝置基本資訊、應用基本資訊、裝置應用間的關係，如下所示。

- 物理或虛擬 IT 裝置基本資訊：伺服器、網路服務器虛擬機器、資料庫虛擬機器、儲存區域網路等。

- 應用基本資訊：網站、客戶關係管理系統等。

- 裝置應用間的關係：如依賴於等。

3）樣本資料集規模：樣本資料集包含 7 台普通伺服器、5 台網路服務器虛擬機器、5 台資料庫虛擬機器、10 個網站、3 套客戶關係管理系統、2 個儲存區域網路、85 條裝置之間的依賴關係。

（2）圖模型設計

建構網路裝置資產之間的互聯關係時，可以根據實際情況從底層的物理機向上層應用逐層展開，也可從上層應用向下整理對下層伺服器的依賴關係。物理或虛擬的裝置、應用可設置為節點，裝置間的依賴關係設置為邊。假定有網站和客戶關係管理系統兩個應用，它們同時共用一個資料庫。

如圖 14-5 所示，網站應用的連結關係為：網站—【依賴於】→網路服務器虛擬機器—【依賴於】→伺服器—【依賴於】→儲存區域網路；網站—【依賴於】→資料庫虛擬機器—【依賴於】→伺服器—【依賴於】→儲存區域網路。

▲ 圖 14-5 網路服務架構模型

客戶關係管理系統的連結關係為：客戶關係管理系統—【依賴於】→資料庫虛擬機—【依賴於】→伺服器—【依賴於】→儲存區域網路。

圖模型中的點類型如表 14-6 所示。

▼ 表 14-6 圖模型中的點類型

點類型	屬性	點類型	屬性
網站	URL 等	儲存區域網路	SAN 編號等
網路服務器虛擬機器	VM 編號等	資料庫虛擬機器	DBVM 標號等
伺服器	伺服器編號等	客戶關係管理系統	管理系統編號等

圖模型中的邊類型如表 14-7 所示。

▼ 表 14-7 圖模型中的邊類型

邊類型	起始點類型	終止點類型	屬性
依賴於	網站	網路服務器虛擬機器	—
依賴於	網站	資料庫虛擬機器	—

邊類型	起始點類型	終止點類型	屬性
依賴於	伺服器	伺服器	—
依賴於	網路服務器虛擬機器	伺服器	—
依賴於	資料庫虛擬機器	伺服器	—
依賴於	伺服器	儲存區域網路	—
依賴於	客戶關係管理系統	資料庫虛擬機器	—

（3）圖型分析範例

1）業務訴求 1：伺服器影響範圍查詢。

因裝置之間的依賴關係非常複雜。在對裝置資產的管理中，需要清楚因某伺服器出現故障後可能受到影響的內容有哪些，來最佳化裝置資產架構。

① 查詢說明。

- 為分析伺服器「Server07」故障帶來的影響，查詢其連結的其他裝置。

- 探索可能被影響的裝置所服務的網站或管理系統，得到故障伺服器帶來的潛在影響範圍。

- 展示故障伺服器的潛在影響網路。

② 查詢敘述。

```
// 查詢在裝置資產關係網絡中依賴於伺服器 'Server07' 的內容，如伺服器、網路 / 資料庫虛擬機器等
MATCH p = (n3: 儲存區域網路 )<-[r3]-(n2: 伺服器 { 伺服器編號 :"Server07"})<-[r2]-(n: 伺服器 )
<-[r]-(m)<-[r1]-(n1: 網站 )
WITH p,m
// 查詢依賴於受到影響的資料庫虛擬機器的客戶關係管理系統
OPTIONAL MATCH q = (m)<-[r4]-(n4: 客戶關係管理系統 )
// 受伺服器 "Server07" 出現故障後影響的關係網（建議圖展示版面配置選擇：樹形版面配置）
RETURN p,q
```

③ 查詢結果。如圖 14-6 所示，可以看到所有依賴於「Server07」的虛擬機器、資料庫、客戶關係管理系統 CRM 以及網頁，如「Sever03」、「Server02」

和「URL08」等。當「Server07」出現故障時，這些服務也可能會受到相應的影響。

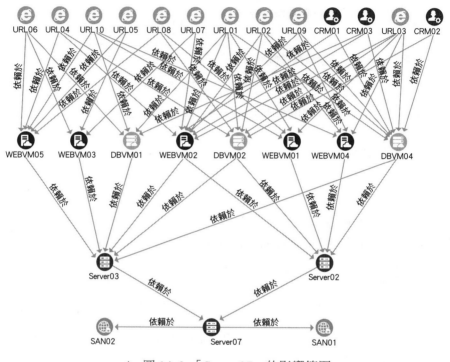

▲ 圖 14-6 「Server07」的影響範圍

2）業務訴求 2：網站故障原因溯源。

在現實中，更常見的場景是，管理員發現某個網站無法顯示，需要排除該網站背後所依賴的伺服器及資料庫等裝置，以找出問題並定位故障。本案例將尋找「URL04」無法顯示的問題根源。

① 查詢說明。

• 為知道網站無法顯示的原因，查詢其 4 跳連結網路中的相關裝置。

• 展示問題網站的連結裝置網路。

② 查詢敘述。

```
// 查詢網站 "URL04" 依賴的所有裝置
MATCH(n: 網站 { 網站編號 :"URL04"})-[r*1..4]->(m)
// 傳回網站 'URL04'down 的可能的所有原因的關係網絡
RETURN p
```

③ 查詢結果。如圖 14-7 所示，根據傳回結果，我們可以發現「URL04」背後所依賴的所有裝置，包括「WEBVM02」「Server02」「SAN01」等。接下來，可以一個一個檢查這些裝置的工作狀態，以便排除故障。

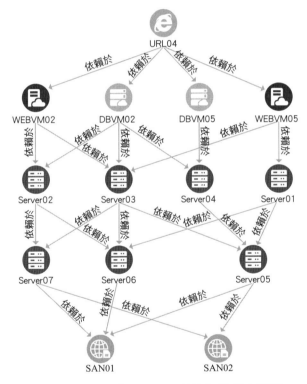

▲ 圖 14-7 「URL04」所依賴的所有裝置

MEMO

生命科學

　　生命科學是當前最熱門的領域之一，它涵蓋了大量的資料，無論是農產品間的遺傳特性關係，還是生物學中的基因、蛋白質、細胞組織間的關係，都存在許多複雜的聯繫。然而，這些資料被儲存在許多分散的文字檔或不同類型的資料庫中，形成了大量的「資料孤島」，無法有效地分析這些資料之間的關係，導致無論是農業育種還是藥物研發的週期都過於漫長。圖資料庫天然適應於連結性，其底層以節點和邊為基本存放裝置單元的儲存結構調配生命科學中的遺傳特性關係、生物基因組織關係等，能夠為生命科學領域提供更直觀的資料模型和高效的連結查詢能力，幫助從事生命科學研發的相關企業快速洞察領域資料的內在連結關係，推動生命科學領域的發展。

本章將從農業育種和新藥研發兩個場景切入，透過具體的案例實踐展示圖資料庫在農作物親子代溯源、遺傳特性預測，以及新藥候選化合物預測等場景的應用價值。

15.1 農業育種

1．背景

隨著人類對遺傳學的深入了解，20 世紀 40 年代，科學家發現可以透過農作物的雜交來創造新品種。隨後，分子生物學的誕生使人們能夠逐漸分離出與特性直接相關的特定 DNA 部分。進入 21 世紀後，人們甚至可以有針對性地修改 DNA，以實現預期的育種目標。

伴隨著城鎮化建設的持續發展，越來越多的土地被轉為城市用地，可耕地面積和農業人口都在持續減少。透過科技改進育種效果以提高糧食產量，對社會經濟的發展具有重大的戰略意義。

2．痛點分析

農業育種工作是以育種週期為基礎的，育種研究員會選定兩個具有理想特性的親本進行雜交，每一個育種週期都可能產生數十萬甚至數百萬個後代。研究員會從中篩選出具有特定理想特性的後代，在下一個育種週期讓它們進行相互雜交授粉或自交授粉，如此迭代，直到找到最終具有理想且穩定特性的種子。

連續的研究和育種實驗會產生大量複雜的親代和子代之間的系譜關聯資料，其中包含大量的基因、性狀、親子連結關係。同時，這些育種記錄因種子儲存倉庫的差異、種植地的差異等因素被分散在不同的資料檔案或表格中。使用傳統技術手段進行這些複雜關係的跨檔案、跨表查詢與分析的效率極低，這極大地限制了育種的效率和效果，同時無效的雜交也會增加育種失敗的成本。

以下將以農作物的遺傳分析場景為例，演示圖資料庫如何支援農作物的親子代關係查詢和穩定的可遺傳特性篩選。

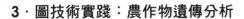

3・圖技術實踐：農作物遺傳分析

根據農作物性狀等資訊，可以建構農業育種的親子代關係圖譜，並利用圖資料庫對農作物之間的親子關係及農作物的遺傳特性進行全方位的展示。農業育種的研究員能夠更快速、直觀和全面地了解每一顆種子和每一株農作物的相關情況。

（1）樣本資料

1）樣本資料集下載網址：存取本書原始程式位址，並下載 agriculture_solution.tar.gz。

2）樣本資料集內容：農作物之間的親子代連結資訊、農作物的多樣化性狀資訊，如下所示。

- 農作物之間的親子代連結資訊：雜交母本、雜交父本、自交親本。
- 農作物的多樣化性狀資訊：農作物編號、性狀名稱等。

3）樣本資料集規模：樣本資料集包含 13 個農作物的 4 代培育關係，與種子的性狀資訊。

（2）圖模型設計

農作物可以培育出下一代農作物，每代農作物各自具有不同的性狀，根據這些現實情況，可以建構如圖 15-1 所示的圖模型。

▲ 圖 15-1　農業育種圖模型

圖模型中的點類型如表 15-1 所示。

▼ 表 15-1　圖模型中的點類型

點類型	屬性
農作物	農作物編號
性狀	性狀名稱

圖模型中的邊類型如表 15-2 所示。

▼ 表 15-2　圖模型中的邊類型

邊類型	起始點類型	終止點類型	屬性
雜交母本	農作物	農作物	—
雜交父本	農作物	農作物	—
自交親本	農作物	農作物	—
具有	農作物	性狀	—

（3）圖型分析範例

1）業務訴求 1：顯示給定農作物完整親本世代關係圖譜。

基於農業育種圖譜，科學研究人員能快速查詢親本培育的全部子代資訊，進行親本育種情況的整理分析，總結遺傳規律，以助力農業育種工作。

① 查詢說明。快速查詢編號為「農作物 02」的作物，並找到其所有的配種農作物及子代農作物。

- 查詢編號為「農作物 02」的農作物。
- 以編號為「農作物 02」的農作物為起點，查詢其所有子代。
- 儲存查詢結果，同時尋找所有子代的其他配種農作物。

② 查詢敘述。

```
// 查詢編號為 " 農作物 02" 的所有子代
MATCH p1 = (:農作物 { 農作物編號 : ' 農作物 02'})-[*]->(n: 農作物 )
// 同時找出所有子代的其他配種父代
OPTIONAL MATCH p2 = (:農作物 )-->(n)
RETURN p1,p2
```

③ 查詢結果。從圖 15-2 可知「農作物 02」已配種 1 代，子代「農作物 03」已自交育種了 3 代。

2）業務訴求 2：穩定性狀培育鏈路挖掘。

農業育種工作需要產出具有穩定遺傳性狀的種子。利用農業育種圖譜，研究人員能自訂設定規則，在複雜的培育關係（見圖 15-3）中挖掘具有目標「性狀 03」的農作物，並透過多代自交驗證，篩選出「性狀 03」可穩定遺傳的農作物。

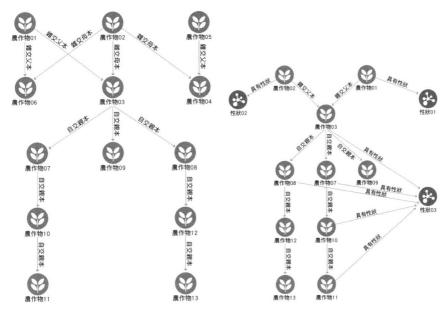

▲ 圖 15-2 「農作物 02」親本世代關係圖譜　　▲ 圖 15-3 「農作物 03」親子代關係

① 查詢說明。

- 搜尋「農作物 03」的 3 代子代。

- 對子代鏈路進一步篩選，找到連續 3 代性狀保持不變的路徑。

- 傳回滿足條件的培育路徑及該穩定性狀。

② 查詢敘述。

```
// 搜尋 " 農作物 03" 的 3 代子代
MATCH(x:` 性狀 `{ 性狀名稱 :" 性狀 03"}),path = (n1: 農作物 { 農作物編號 :" 農作物 03"})-[: 自交
親本 ]->(n2: 農作物 )-[: 自交親本 ]->(n3: 農作物 )-[: 自交親本 ]->(n4: 農作物 )
// 篩選連續 3 代性狀保持不變的培育路徑
WHERE (n1)-->(x)AND (n2)-->(x)AND (n3)-->(x)AND (n4)-->(x)
// 傳回滿足條件的培育路徑及相關穩定性狀
MATCH (n1)-[r1]->(x),(n2)-[r2]->(x),(n3)-[r3]->(x),(n4)-[r4]->(x)
RETURN x,path,r1,r2,r3,r4
```

③ 查詢結果。從圖 15-4 可知，「農作物 03」「農作物 07」「農作物 10」「農作物 11」的培育鏈路存在 3 代穩定的遺傳「性狀 03」。如果「性狀 03」是商業上理想的性狀，則可以將同批次的最後一代種子作為具備「性狀 03」的種子出售或選擇為父本 / 母本進行進一步的雜交培育。反之，如果該性狀在商業上並不理想，則應該放棄這條培育路徑，避免後續子代穩定地出現不理想的「性狀 03」。

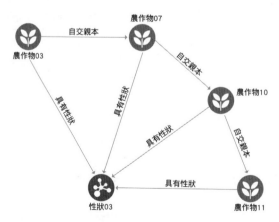

▲ 圖 15-4 可穩定遺傳「性狀 03」的親子代路徑

15.2 新藥研發

1 · 背景

新藥研發是一項消耗巨大的工作，無論是在資金、時間、人力，還是物力上。即使是頂尖的醫藥公司，藥物篩選的成功率也只有 3%。因此，一種新藥成功進入市場的成本往往超過 10 億美金，且耗時超過 10 年。新藥的研發階段包括標靶確定、建立篩選模型、尋找苗頭化合物、最佳化先導化合物、確定候選藥物、新藥的臨床前毒理學研究，以及新藥的臨床研究等七個重要環節。

2 · 痛點分析

數十年的藥物研究使各大製藥公司累積了上百億筆資料，這些資料隱藏了大量的化合物與疾病、化合物與標靶基因、化合物與相關副作用的複雜關係。這些資料量大、結構多樣、連結複雜，並且分散儲存在不同的文字檔或資料庫中。在這些巨量的資料中，洞察潛在規律，挖掘「化合物－標靶基因－疾病－副作用」之間的潛在連結關係，對於縮短新藥研發週期、降低試驗成本具有重要意義。然而，傳統的儲存和分析技術無法處理這些複雜、大量的異質資料的連結挖掘和查詢。因此，過去的藥物研發過程在很大程度上依賴於研究員的專業知識和經驗累積，既費時又耗力。

3 · 圖技術實踐：苗頭化合物的預測

新藥研發週期非常長，其中最重要的環節之一就是預測苗頭化合物。這個階段需要從巨量可能的化合物中進行篩選，挑選出目標化合物進行後續的研究。本節將以苗頭化合物預測的場景為例，演示如何透過圖資料庫建構「化合物－標靶基因－疾病－副作用」之間的關係圖譜。這個圖譜可以為科學研究人員提供高品質的連結資料，幫助他們挖掘隱藏的資料關係，快速建構基礎實驗假設，有效地進行苗頭化合物篩選。

（1）樣本資料

1）樣本資料集下載網址：存取本書原始程式位址，並下載 drug_discovery_solution.tar.gz。

2）樣本資料集內容：化合物資訊、疾病資訊、標靶基因資訊和副作用資訊，如下所示。

- 化合物資訊：化合物 ID、化合物名稱、資料來源、國際化合物標識、URL、兩化合物相似性和化合物相似性資料來源等。

- 疾病資訊：疾病 ID、疾病名稱、資料來源、URL 和疾病相似性資料來源等。

- 標靶基因資訊：標靶基因 ID、標靶基因名稱、資料來源、URL、基因描述和染色體等。

- 副作用資訊：副作用 ID、副作用名稱、資料來源和 URL 等。

3）樣本資料集規模：樣本資料集包含 137 個疾病、1552 種化合物、5734 種副作用、20945 個標靶基因，以及各點間相似、治療、造成等 17 萬筆邊的關係。

（2）圖模型設計

如圖 15-5 所示，以疾病、標靶基因、化合物、副作用作為實體，它們之間的相互關係作為邊，可以建構出「化合物 - 疾病」關係圖譜。類似的疾病往往能被相似的化合物治療，而相似的化合物往往具有類似的性質，並可能引發相似的副作用。透過整合大量歷史實驗資料並將其輸入圖譜，並進行圖譜遍歷，可以快速定位出與苗頭化合物相似度最高的化合物，為研究人員提供方向，加快新藥的研發進度。

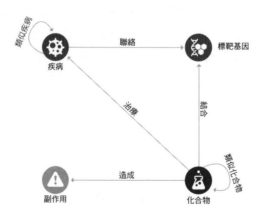

▲ 圖 15-5 「化合物 - 疾病」關係圖模型

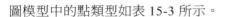

圖模型中的點類型如表 15-3 所示。

▼ 表 15-3　圖模型中的點類型

點類型	屬性
化合物	化合物 ID、化合物名稱、資料來源、國際化合物標識、URL
疾病	疾病 ID、疾病名稱、資料來源、URL
標靶基因	標靶基因 ID、標靶基因名稱、資料來源、URL、基因描述、染色體
副作用	副作用 ID、副作用名稱、資料來源、URL

圖模型中的邊類型如表 15-4 所示。

▼ 表 15-4　圖模型中的邊類型

邊類型	起始點類型	終止點類型	屬性
類似化合物	化合物	化合物	相似性、資料來源
結合	化合物	標靶基因	資料來源
治療	化合物	疾病	資料來源
造成	化合物	副作用	資料來源
聯繫	疾病	標靶基因	資料來源
類似疾病	疾病	疾病	資料來源

（3）圖型分析範例：篩選苗頭化合物

在新藥研發過程中，尋找苗頭化合物佔據了大量時間和精力。目前，尋找苗頭化合物主要依賴於研究人員透過專業知識進行人工篩選，有其局限性。利用圖技術，可以從巨量的跨專業領域、跨專案的試驗資料中，找到具有相似性和相同作用機制的苗頭化合物，將極大地提高新藥研發的效率和成功率。

1）方法 1：透過類似疾病治療效果查詢。

① 查詢說明。

• 尋找與子宮頸癌（cervical cancer）類似的疾病。

• 找到能夠治療類似疾病的化合物。

• 按這些化合物能夠治療的類似疾病的數量排序，與其相似的化合物作為預測的苗頭化合物。

② 查詢敘述。

```
// 尋找與疾病 cervical cancer 類似的疾病，以及對類似疾病具有治療作用的化合物
MATCH p = (j: 疾病 {name:'cervical cancer'})-[r: 類似疾病 ]-(h1)-[r1: 治療 ]-(f)
// 傳回疾病與預測的苗頭化合物
RETURN p
// 結果對應圖 15-6
-------------------------------------------------------------------

// 按這些化合物能夠治療的類似疾病的數量排序，與其相似的化合物作為預測的苗頭化合物
MATCH p = (j: 疾病 {name:'cervical cancer'})-[r: 類似疾病 ]-(h1)-[r1: 治療 ]-(f)
// 傳回疾病與預測的苗頭化合物
WITH f,count(f)AS cnt
RETURN f.name,cnt ORDER BY cnt DESC
// 結果對應表 15-5
```

③ 查詢結果。從圖 15-6 可知，圖資料庫能夠透過查詢與子宮頸癌相似的疾病，找出可能治療子宮頸癌的化合物。對於那些能同時治療兩種相似疾病的化合物，如卡鉑（Carboplatin）、阿黴素（Doxorubicin）、泛阿黴素（Epirubicin），可以將它們作為具有高優先順序的預測苗頭化合物進行實驗驗證。

從表 15-5 可知，圖資料庫可以將化合物按照治療相似疾病的數量進行排列，並以表格的形式展示結果。

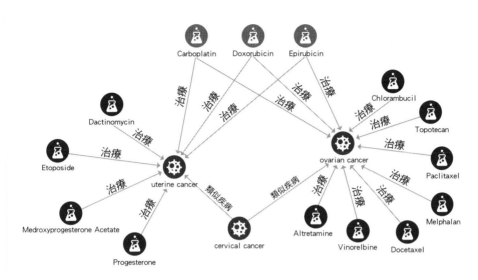

▲ 圖 15-6 苗頭化合物預測查詢傳回結果

▼ 表 15-5 化合物治療相似疾病的數量排列表

化合物	數量	化合物	數量
Carboplatin	2	Chlorambucil	1
Doxorubicin	2	Paclitaxel	1
Epirubicin	2	Vinorelbine	1
Altretamine	1	Medroxyprogesterone Acetate	1
Docetaxel	1	Dactinomycin	1
Melphalan	1	Etoposide	1
Topotecan	1	Progesterone	1

方法 2：透過相似化合物尋找。

① 查詢說明。

• 尋找能夠治療疾病肉瘤（sarcoma）的化合物。

• 尋找上述化合物的相似化合物，擴大苗頭化合物的搜尋範圍。

② 查詢敘述。

```
// 尋找能夠治療疾病 sarcoma 的化合物的相似化合物
MATCH p = (j: 疾病 {name:'sarcoma'})-[r: 治療 ]-(h1)-[r1: 類似化合物 ]-(f)
// 傳回治療疾病 sarcoma 的化合物，作為預測的苗頭化合物
RETURN p
```

③ 查詢結果。從圖 15-7 中可知，透過化合物的相似性找到可能治療疾病 sarcoma 的化合物，可對化合物的相似度進行排序後再進行實驗驗證。

這種查詢在真實的業務場景下的資料規模較大，涉及分散式叢集任務，並需要對化合物間的相似性屬性進行排序等操作，因此，使用 PAR 進行這些操作會更加有效，能顯著提升查詢性能。

▲ 圖 15-7 苗頭化合物預測查詢傳回結果

PAR 實現方法 2 的關鍵程式如下。

```java
public class FindCompoundSimilarity {
    @Context
    public Graph graph;

    @Procedure("findSarcoma.similarity")
    @Description(" 苗頭化合物的預測，透過相似化合物尋找 ")
    public Stream<Result> findCompoundSimilarity(@Name("sick")String sick){
        // 查詢輸入疾病連結的可治療的化合物點集合
        Set<Long> compoundIds = graph.parKit().createIdVectorById(graph.getVertexId
ByPk(sick," 疾病 "))
            .setStructure("(n: 疾病 )<-[r: 治療 ]-(m: 化合物 )")
            .varLengthExpandCount(1,1);
        // 擴充每個可治療化合物
        ListAccumulator<Result> result = new ListAccumulator<>();
        graph.parKit().createIdVectorById(new ArrayList<>(compoundIds),result)
            .setStructure("(n: 化合物 )-[r: 類似化合物 ]-(m: 化合物 )")
            .setIncludeProps(true)
            .parallel()
            .distributed()
            .expand(quadruple -> {
                Graph graph = quadruple.getGraph();
                // 可治療化合物名稱
                String treatCompoundName = (String)graph.retrieveVertex(quadruple.
getSource()).getProperty("name");
                // 類似化合物名稱
                String simCompoundName = (String)graph.retrieveVertex(quadruple.getTarget()).
getProperty("name");
                // 獲得兩個化合物之間的相似度屬性
                Double similarity = (Double)quadruple.getEdge().getProperty
("similarity");
                result.add(new Result(treatCompoundName,simCompoundName,
similarity));
            });
        // 對相似度結果按降冪排序
        result.value().sort((o1,o2)-> Double.compare(o2.similarity,o1.similarity));
        return result.value().stream();
    }
```

```
// 傳回結果類型
    public static class Result{
    public String compoundName;// 可治療的化合物名稱
    public String simCompoundName;// 類似化合物名稱
    public double similarity;// 類似化合物相似度

    public Result(String compoundName,String simCompoundName,double similarity){
        this.compoundName = compoundName;
        this.simCompoundName = simCompoundName;
        this.similarity = similarity;
    }
  }
}
```

完整的 Java 套件可在資料集下載網址中獲取。具體呼叫方法見第 6 章。

3）方法 3：透過化合物特性相似性尋找。

① 查詢說明。

- 尋找能夠治療疾病原發性膽汁性肝硬化（primary biliary cirrhosis）的化合物。

- 找到該化合物的標靶基因與副作用。

- 找到與該化合物具有相同標靶基因與副作用的化合物，將這些化合物作為預測的苗頭化合物。

② 查詢敘述。

```
// 尋找能夠治療疾病 primary biliary cirrhosis 的化合物，以及
// 與該化合物具有相同副作用與結合標靶基因的化合物
MATCH p = (j: 疾病 {name:'primary biliary cirrhosis'})<-[r: 治療 ]-(h1: 化合物 )-[r1:
造成 ]->(f)<-[r2: 造成 ]-(h2: 化合物 )-[r3: 結合 ]->(b)<-[r4: 結合 ]-(h1)
// 傳回與能治療疾病 sarcoma 有相同副作用和結合基因的化合物
// 並將其視為預測的苗頭化合物
RETURN p
```

③ 查詢結果。從圖 15-8 中可知，治療疾病 primary biliary cirrhosis 的化合物 Colchi-cine 與 Pazopanib 具有多個相同的標靶基因且副作用，故 Pazopanib 可以作為潛在苗頭化合物進行實驗驗證。

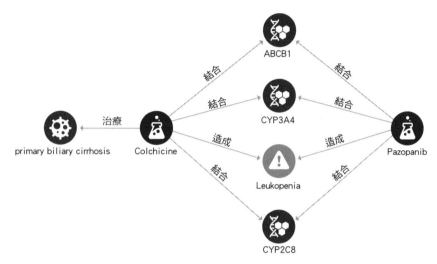

▲ 圖 15-8 苗頭化合物預測查詢傳回結果

上述三種查詢方法可以結合起來使用，如從方法 1 和方法 2 中尋找到大量潛在的化合物，進一步用方法 3 來篩選。具體實現程式本文不再贅述。